电力生产安全知识读本

主　编　孙建勋
副主编　原　东　岳雪岭

U0300038

中国电力出版社
CHINA ELECTRIC POWER PRESS

内 容 提 要

本书是为电力系统职工学习电力安全知识与技术而编写的，共分为八章，其主要内容包括现代安全管理理论、电力安全生产与安全管理、电能对人体的伤害、防止人身触电的技术措施、电气作业的安全措施、安全工器具与安全设施、电力消防工作、触电急救等。

本书可供电力行业从事安全相关工作的职工阅读，也可作为电力及相关行业安全培训用书及电力院校教材或教学参考用书。

图书在版编目（CIP）数据

电力生产安全知识读本 / 孙建勋主编. —北京：中国电力出版社，2015.3（2019.7重印）
ISBN 978-7-5123-7379-2

Ⅰ. ①电… Ⅱ. ①孙… Ⅲ. ①电力安全–基本知识 Ⅳ. ①TM7

中国版本图书馆 CIP 数据核字（2015）第 050827 号

中国电力出版社出版、发行
（北京市东城区北京站西街 19 号　100005　http://www.cepp.sgcc.com.cn）
三河市百盛印装有限公司印刷
各地新华书店经售
*
2015 年 3 月第一版　　2019 年 7 月北京第二次印刷
787 毫米×1092 毫米　16 开本　25.75 印张　611 千字
印数 3001—4000 册　定价 **70.00** 元

前　言

进入 21 世纪，我国电网建设成绩斐然，500kV 电压等级主干网架已基本实现全国联网，随着 1000kV 特高压交流输电线路和±800kV 特高压直流输电线路投入运行，特高压电网正在逐步形成。电网的发展趋势是电压等级与智能化程度越来越高，规模越来越大，运行技术越来越复杂，相应地对电力安全技术和电力职工安全素质的要求也越来越高。

随着电源和电网建设的快速发展，在电力安全理论与技术方面，我国逐渐与国际先进水平接轨，并有所创新。特别是近 20 年，我国电力安全方面的国家标准和行业标准不断修改和更新，更多地采用或融合了国际先进标准（主要是国际电工委员会 IEC 标准），摒弃了一些落后或错误的观念，引进了一些先进的安全技术，在生产现场使用的安全工器具也有了很大改进，保证了电网企业的安全生产。

本书在阐述常用电力安全基本原理及应用情况的过程中，着力反映了我国电力安全技术和理论的发展变化，汇集了目前最新的安全知识与技术，并采用现行最新的国家标准和行业标准，力求给读者耳目一新的感觉；同时着重于理论知识的实际应用，力求简明实用。为了使读者对国家电网公司有关规程的理解更透彻，本书对其进行了深入细致的解读。

本书由国网河南省电力公司技能培训中心孙建勋担任主编，国网河南省电力公司原东、国网焦作供电公司岳雪岭担任副主编，参加编写的还有国网濮阳供电公司王晓华、国网郑州供电公司陈昕、国网河南省电力公司检修公司梁向阳，以及国网河南省电力公司技能培训中心赵玉谦、李建明等，全书由国网河南省电力公司技能培训中心惠自洪审阅并提出了宝贵意见。编写过程中还得到了国网河南省电力公司各基层单位安全管理方面的专家和技术人员的大力支持，在此一并表示感谢。

限于编者水平，书中难免存在不足与疏漏之处，敬请广大读者批评指正。

编　者

2015 年 1 月 23 日

目 录

前言

第一章　现代安全管理理论 ··· 1

　　第一节　安全管理的基本原理 ·· 1

　　第二节　事故致因理论 ·· 5

　　第三节　事故及其预防 ··· 13

第二章　电力安全生产与安全管理 ·· 21

　　第一节　电力安全生产基本知识 ·· 21

　　第二节　国家电网公司安全管理概述 ·· 26

　　第三节　电力班组安全管理 ·· 36

　　第四节　电力事故管理 ··· 49

　　第五节　反违章工作 ··· 58

　　第六节　生产作业风险管控 ·· 70

第三章　电能对人体的伤害 ·· 78

　　第一节　电流对人体的伤害 ·· 78

　　第二节　电弧对人体的伤害 ·· 88

　　第三节　触电（电击）的方式和规律 ·· 93

第四章　防止人身触电的技术措施 ··· 104

　　第一节　绝缘防护 ·· 104

　　第二节　屏护 ··· 111

　　第三节　安全距离 ·· 113

　　第四节　特低电压 ·· 123

　　第五节　高压电气装置的接地保护 ··· 126

　　第六节　低压配电系统的接地保护 ……………………………………… 134

　　第七节　剩余电流动作保护装置 ………………………………………… 141

　　第八节　等电位连接 ……………………………………………………… 156

　　第九节　接触电压、跨步电压的限制和防护 …………………………… 161

第五章　电气作业的安全措施 …………………………………………………… 164

　　第一节　保证安全的组织措施（变电部分） …………………………… 164

　　第二节　变电工作票制度 ………………………………………………… 168

　　第三节　保证安全的技术措施（变电部分） …………………………… 174

　　第四节　保证安全的组织措施（线路部分） …………………………… 184

　　第五节　电力线路工作票制度 …………………………………………… 190

　　第六节　保证安全的技术措施（线路部分） …………………………… 194

　　第七节　保证安全的组织措施（配电部分） …………………………… 199

　　第八节　配电工作票制度 ………………………………………………… 203

　　第九节　低压电气工作的安全措施 ……………………………………… 207

　　第十节　倒闸操作的安全措施和要求 …………………………………… 210

　　第十一节　防止电气误操作管理措施 …………………………………… 216

　　第十二节　现场标准化作业 ……………………………………………… 220

　　第十三节　电力高处作业安全措施 ……………………………………… 225

第六章　安全工器具与安全设施 ………………………………………………… 231

　　第一节　安全工器具分类与管理 ………………………………………… 231

　　第二节　基本绝缘安全工器具 …………………………………………… 235

　　第三节　常用安全用具 …………………………………………………… 252

　　第四节　电力安全设施 …………………………………………………… 265

第七章　电力消防工作 …………………………………………………………… 276

　　第一节　消防基本理论 …………………………………………………… 276

　　第二节　灭火剂和灭火器 ………………………………………………… 284

　　第三节　变电站消防设计与消防设施 …………………………………… 294

　　第四节　电气火灾的原因与预防 ………………………………………… 306

　　第五节　变电站电气火灾的扑救 ………………………………………… 316

　　第六节　动火工作的安全措施和要求 …………………………………… 320

第八章 触电急救 ·· 324

第一节 触电急救 ·· 324

第二节 心肺复苏 ·· 329

附录 ·· 337

附录 A 变电站（发电厂）第一种工作票格式 ·· 337

附录 B 电力电缆第一种工作票格式 ··· 340

附录 C 变电站（发电厂）第二种工作票格式 ·· 344

附录 D 电力电缆第二种工作票格式 ··· 346

附录 E 变电站（发电厂）带电作业工作票格式 ··· 348

附录 F 变电站（发电厂）事故紧急抢修单格式 ··· 350

附录 G 现场勘察记录格式 ·· 351

附录 H 电力线路第一种工作票格式 ··· 352

附录 I 电力线路第二种工作票格式 ··· 354

附录 J 电力线路带电作业工作票格式 ·· 355

附录 K 电力线路事故紧急抢修单格式 ·· 357

附录 L 配电第一种工作票格式 ·· 358

附录 M 配电第二种工作票格式 ··· 361

附录 N 配电带电作业工作票格式 ·· 363

附录 O 低压工作票格式 ··· 365

附录 P 配电故障紧急抢修单格式 ·· 367

附录 Q 变电站（发电厂）倒闸操作票格式 ·· 369

附录 R 电力线路倒闸操作票格式 ·· 370

附录 S 二次工作安全措施票格式 ·· 371

附录 T 变电检修作业指导书 ··· 372

附录 U 国家电网公司常用安全标志及设置规范 ··· 378

附录 V 国家电网公司常用设备标志及设置规范 ··· 393

附录 W 变电站一级动火工作票格式 ·· 398

附录 X 变电站二级动火工作票格式 ·· 400

第一章

现代安全管理理论

第一节　安全管理的基本原理

安全生产管理是企业管理范畴的一个分支，也遵循管理的一般规律和基本原理。其基本原理有系统原理、人本原理、弹性原理、预防原理、强制原理。

一、系统原理

1. 系统论基本观点

所谓系统，指由若干相互联系、相互作用、相互依赖的要素组成的具有特定功能和确定目标的有机整体。世界上任何事物都可以看成是一个系统，系统是普遍存在的。系统论的基本思想方法，就是把所研究和处理的对象，当作一个系统。

任何管理对象都可以看作一个系统，系统可以分为若干个子系统，子系统可以分为若干个要素，即系统是由要素组成的。

2. 系统原理

系统原理是人们在从事管理工作时，运用系统的观点、理论和方法对管理活动进行充分的分析，以达到管理的优化目标，即从系统论的角度来认识和处理管理中出现的问题。

3. 系统原理的应用——系统分析

安全生产管理系统是生产管理的一个子系统，它包括各级安全管理人员、安全防护设备与设施、安全管理规章制度、安全生产操作规范和规程以及安全生产管理信息等。

安全贯穿生产活动的方方面面，安全生产管理是全方位、全天候和涉及全体人员的管理。对企业安全管理来说，依据系统原理对企业进行系统分析是一项重要的工作。

系统分析的步骤是：① 界定所分析的系统；② 分析与安全有关的要素；③ 分清安全管理的层次结构，明确各层的管理职责和权利；④ 对企业安全隐患进行定性定量的辨识、分析和评价，确定安全工作的管理重点，制定管理的总目标和各层次、环节的局部目标；⑤ 明确各级安全管理的职能和任务，选择最优的工作方案，以保证安全管理目标的实现。

4. 运用系统原理的原则

（1）整分合原则。现代高效率的管理必须在整体规划下明确分工，在分工基础上进行有效的综合，这就是整分合原则。

该原则的基本要求是充分发挥各要素的潜力，提高企业的整体功能，即首先要从整体功能和整

1

体目标出发，对管理对象有一个全面的了解和谋划；其次，要在整体规划下实行明确的必要的分工和分解；最后，在分工或分解的基础上，建立内部横向联系或协作，使系统协调配合、综合平衡地运行。其中，分工或分解是关键，协作或综合是保证。

（2）动态相关性原则。构成系统的各个要素是运动和发展的，而且是相互关联的，它们之间的相互联系又相互制约，这就是动态相关性原则。

该原则是指任何企业管理系统的正常运转，不仅要受到系统本身条件的限制和制约，还要受到其他有关系统的影响和制约，并随着时间、地点以及人们的不同努力程度而发生变化。企业管理系统内部各部分的动态相关性是管理系统向前发展的根本原因。要提高安全管理的效果，必须掌握各管理对象要素之间的动态相关特征，充分利用相关因素的作用。

（3）反馈原则。反馈是把控制系统的输出信号反送回来，与输入信号进行比较，差值作为系统新的输入信号，再作用于系统，对系统起到控制的作用。

反馈原则指的是：成功的高效的管理，离不开灵敏、准确、迅速的反馈。实际管理工作是计划、实施、检查、处理，也就是决策、执行、反馈、再决策、再执行、再反馈的过程。

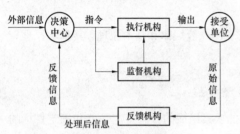

图 1-1　管理系统的基本封闭回路

（4）封闭原则。在任何一个管理系统内部，管理手段、管理过程等必须构成一个连续封闭的回路，才能形成有效的管理活动，这就是封闭原则。

如图 1-1 所示，一个有效的现代管理系统，必须是一个封闭系统，而且为使系统运转状态优良，可以采用多级闭环反馈系统。

二、人本原理

1. 基本概念

在管理活动中必须把人的因素放在首位，体现以人为本的指导思想，这就是人本原理。搞好企业安全管理，避免工伤事故与职业病的发生，是人本原理的直接体现。

以人为本有两层含义：

（1）一切管理活动都是以人为本展开的，人既是管理的主体，又是管理的客体，每个人都处在一定的管理层面上。离开人，就无所谓管理。

（2）管理活动中，作为管理对象的诸要素和管理系统各环节（组织机构、规章制度等），都是需要人去掌管、运作、推动和实施。因此，应该根据人的思想和行为规律，运用各种激励手段，充分发挥人的积极性和创造性，挖掘人的内在潜力。

2. 人本原理的基本原则

（1）能级原则。现代管理认为组织中的单位和个人都具有一定的能量，并且可按能量大小的顺序排列，形成现代管理中的能级。

能级原则是说管理系统必须是由若干分别具有不同能级的不同层次有规律地组合而成。在实际管理中如决策层、管理层、执行层、操作层就体现能级原则。

（2）动力原则。推动管理活动的基本力量是人，管理必须有能够激发人的工作能力的动力，这就是动力原则。

物质动力、精神动力和信息动力是三种基本动力。物质动力是以适当的物质利益刺激人的行为动机；精神动力是运用理想、信念、鼓励等精神力量刺激人的行为动机；信息动力则通过信息的获取与交流产生奋起直追或领先他人的动机。

（3）激励原则。管理中的激励就是利用某种外部诱因的刺激调动人的积极性和创造性。以科学的手段，激发人的内在潜力，使其充分发挥出积极性、主动性和创造性，这就是激励原则。

三、弹性原理

1. 概念

企业管理必须保持充分的弹性，即必须有很强的适应性和灵活性，以及时适应客观事物各种可能的变化，实行有效的动态管理，这称为企业管理的弹性原理。

2. 弹性原理对于安全管理的意义

安全管理面临的是错综复杂的环境和条件，尤其是事故致因是很难完全预测和掌握的，而系统的情况还在不断发生变化。因此安全管理必须尽可能保持良好的弹性。

3. 弹性原理的要点

（1）要不断推进安全管理的科学化、现代化，加强系统安全性分析和危险性评价，做到对危险因素的不断识别、消除和控制，以适应系统不断发生的变化。

（2）要采取全方位、多层次的事故防止对策，实行全面、全员、全过程的安全管理，从人、物、环境等持续改进。

（3）安全管理人员要有高超的人际交流和沟通的能力，要能适应企业管理的各种变化，及时调整工作方法，协调好各方面的关系，尽可能取得理解和支持，这样遇到意外情况时容易得到各方面的配合和帮助。

四、预防原理

（一）基本概念

安全管理工作应当以预防为主，即通过有效的管理和技术手段，防止人的不安全行为和物的不安全状态出现，从而使事故发生的概率减到最小，这就是预防原理。

安全管理以预防为主，其基本出发点源自生产过程中的事故是能够预防的观点。除了自然灾害以外，凡是由于人类自身的活动而造成的危害，总有其产生的因果关系，探索事故的原因，采取有效的对策，原则上能够预防事故的发生。

（二）使预防工作真正发挥作用

由于预防是事前的工作，因此正确性和有效性十分重要。为了使预防工作真正发挥作用，一方面要重视经验的积累，对既成事故和大量的未遂事故进行统计分析，从中发现规律，做到有的放矢；另一方面要采用科学的安全分析、评价技术，对生产中的人和物的不安全因素及其后果作出准确的判断，从而实施有效的对策，预防事故的发生。

（三）预防原理的原则

1. 偶然损失原则

事故所产生的后果（人员伤亡、健康损害、物质损失等），以及后果的大小如何，都是随机的，是难以预测，这就是事故损失的偶然性。所以，不管事故是否造成了损失，为了防止事故损失的发生，唯一的办法是防止事故再次发生。

这个原则强调在安全管理实践中，一定要重视各类事故，包括未遂事故，只有将未遂事故都控制住，才能真正防止事故损失的发生。

2. 因果关系原则

事故是许多因素互为因果连续发生的最终结果。从事故的因果关系中认识必然性，发现事故发生的规律性，变不安全条件为安全条件，把事故消灭在早期起因阶段。

事故的必然性中包含着规律性。必然性来自于因果关系，深入调查、了解事故因素的因果关系，就可以发现事故发生的客观规律，从而为防止事故发生提供依据。

3. 3E 原则

造成人的不安全行为和物的不安全状态的主要原因可归结为四个方面：技术的原因、教育的原因、身体和态度的原因、管理的原因。

针对上述四个方面的原因，在安全管理上应该采取三种防止对策，即工程技术（Engineering）对策、教育（Education）对策、法制（Enforcement）对策，就是所谓的 3E 原则。

（1）工程技术对策：运用工程技术手段消除设施设备的不安全因素，改善作业环境条件，完善防护与报警装置，实现生产条件的安全和卫生。

（2）教育对策：提供各种层次、形式和内容的教育和训练，使职工牢固树立"安全第一"的思想，掌握安全生产所必须的知识和技能。

（3）法制对策：利用法律、规程、标准以及规章制度等必要的强制性手段约束人们的行为，达到消除不重视安全、违章作业等现象的目的。

4. 本质安全化原则

该原则的含义是指从一开始和从本质上实现了安全化，就从根本上消除事故发生的可能性，从而达到预防事故发生的目的。

所谓本质安全化指的是：设备、设施或技术工艺含有内在的能够从根本上防止发生事故的功能。

本质安全化是安全管理预防原理的根本体现，也是安全管理的最高境界。实际上目前还很难做到，但是我们应该坚持这一原则。

五、强制原理

1. 基本概念

采取强制管理的手段控制人的意愿和行为，使个人的活动、行为等受到安全生产管理要求的约束，从而实现有效的安全生产管理，这就是强制原理。

一般来说，管理均带有一定的强制性。管理是管理者对被管理者施加作用和影响，并要求被管理者服从其意志，满足其要求，完成其规定的任务。不强制便不能有效地抑制被管理者的无拘个性，将其调动到符合整体管理利益和目的的轨道上来。

安全管理需要强制性是由事故损失的偶然性、人的"冒险"心理、事故损失的不可挽回性和安全管理的目的性所决定的。

2. 强制管理的实现途径

安全强制性管理的实现，离不开严格合理的法律、法规、标准和各级规章制度，这些法规、制度构成了安全行为的规范。同时，还要有强有力的管理和监督体系，以保证被管理者始终按照行为规范进行活动，一旦其行为超出规范的约束，就要有严厉的惩处措施。

3. 强制原理的原则

（1）安全第一原则。在进行生产和其他活动的时候把安全工作放在一切工作的首要位置；当生产和其他工作与安全发生矛盾时，要以安全为主，生产和其他工作要服从安全，这就是安全第一原则。

安全第一原则可以说是安全管理的基本原则，也是我国安全生产方针的重要内容。

（2）管生产必须同时管安全的原则。安全是生产的第一属性，是质量、效益等属性的基础，因此企业的管理者在抓生产时必须亲自抓安全工作。这就是管生产必须同时管安全的原则。

坚持这个原则，要求企业的各级管理者，特别是高层管理者要亲自抓安全工作。

（3）监督原则。为了促使各级生产管理部门严格执行安全法律、法规、标准和规章制度，保护职工的安全与健康，实现安全生产，必须授权专门的部门和人员行使监督、检查和惩罚的职责，以揭露安全工作中的问题，督促问题的解决，追究和惩戒违章失职行为，这就是安全管理的监督原则。

第二节 事 故 致 因 理 论

事故致因理论是从大量典型事故的本质原因的分析中所提炼出的事故机理和事故模型。这些理论反映了事故发生的规律性，能够为事故原因的定性、定量分析，为事故的预测预防，为改进安全管理工作，从理论上提供科学的、完整的依据。

一、能量转移论

能量转移理论是美国的安全专家哈登（Haddon）于 1966 年提出的一种事故致因和控制理论，其理论的立论依据是对事故的本质定义。哈登把事故的本质定义为"能量的不正常转移"。从这个本质定义出发，预防事故的本质就是控制能量，而研究事故控制的主要任务就是研究能量作用的类型、能量转移作用的规律和能量的控制技术。

1. 基本观点

人类在利用能量的时候必须采取措施控制能量的产生、转换和做功。能量一旦失去控制，就会发生能量违背人的意愿的意外释放或逸出，使进行中的活动中止而发生事故。如果事故时意外释放的能量作用于人体，并且能量的作用超过人体的承受能力，则将造成人体伤害；如果意外释放的能量作用于物体等，并且能量的作用超过其抵抗能力，则将造成物体的损坏。

2. 造成事故的原因

根据这个观点，造成事故的原因可以概括为：具有能量的物质（物体）和受害对象在同一空间范围内，由于能量未按照人们希望的途径转移，而是与受害对象发生接触，就造成事故。

3. 能量造成伤害的原因

能量的种类有许多，如动能、势能、电能、热能、化学能、原子能、辐射能、声能和生物能等。人受到伤害都可以归结为上述一种或若干种能量的异常或意外转移。

在解释事故造成的人身伤害或财物损坏的机理时，能量转移论认为所有的伤害事故（或损坏事故）都是因为：

（1）接触了超过机体组织（或结构）抵抗力的某种形式的过量能量；

（2）有机体与周围环境的正常能量交换受到了干扰（如窒息、淹溺等）。

人体自身也是个能量系统，当人体与外界的能量交换受到干扰时，即人体不能进行正常的新陈代谢时，人员将受到伤害，甚至死亡。

根据此观点，可以将能量引起的伤害分为两大类：

第一类伤害是由于转移到人体的能量超过了局部或全身性损伤阈值而产生的。人体各部分对每一种能量的作用都有一定的抵抗能力，即有一定的伤害阈值。当人体某部位与某种能量接触时，能否受到伤害及伤害的严重程度如何，主要取决于作用于人体的能量大小。作用于人体的能量超过伤害阈值越多，造成伤害的可能性越大。例如，球形弹丸以 4.9N 的冲击力打击人体时，最多轻微地擦伤皮肤，而重物以 68.9N 的冲击力打击人的头部时，会造成头骨骨折。

第二类伤害则是由于影响局部或全身性能量交换引起的。例如，因物理因素或化学因素引起的窒息（如溺水、一氧化碳中毒等），因体温调节障碍引起的生理损害、局部组织损坏或死亡（如冻伤、冻死等）。

4. 能量转移论对预防事故的作用

（1）提醒人们，事故隐患实际上就是接近于失控状态的能量；一切有足够质和量的能量和能够引起人体内部能量交换紊乱的因素，都是危险源。

（2）在生产中可以根据此理论制订预防事故的技术措施。

5. 根据此理论制订的预防措施

（1）限制能量的大小。方法有二：① 限制能量在安全的范围内，如采用熔断器限制线路流过的能量过大；② 在生产工艺中尽量采用低能量的工艺或设备，这样即使发生了意外的能量释放，也不致发生严重伤害，例如利用特低电压设备防止电击，限制设备运转速度以防止机械伤害等。

（2）用较安全能源代替危险能源。例如，在容易发生触电的作业场所，用压缩空气动力代替电力，可以防止发生触电事故。

（3）防止能量蓄积，开辟能量释放的安全途径。能量的大量蓄积会导致能量突然释放而造成破坏。因此要开辟能量释放的安全途径，及时泄放多余的能量防止能量蓄积。例如，通过接地装置消除静电蓄积，利用避雷针泄放雷电保护重要设施，在压力容器上设置安全阀等。

（4）延缓或减弱能量的释放（缓慢地转移能量）。缓慢地释放能量可以降低单位时间内转移的能量，减轻能量对人体的作用。例如，各种减振装置可以吸收冲击能量，防止人员受到伤害；高处作业使用防坠落安全网；采用通风系统控制易燃易爆气体的浓度等。

（5）防止能量违背人的意愿流动或逸散。如电气设备或导线加上绝缘，建筑物设置防火墙等。

（6）在能量的途径上设置屏护装置，保护能量转移可能加害的对象。屏护装置是一些防止人员与能量接触的物理实体。例如在机械转动部分外面安装防护罩、带电设备周围装设防护网或安全围栏等。人员佩戴的个体防护用品可被看作是设置在人员身上的屏护装置，如带电作业中穿屏蔽服、戴绝缘手套、穿绝缘靴等。这是在空间上把能量与人隔离的一种方法。

（7）人员脱离能量转移的范围。例如，使用绝缘棒进行带电操作；人员远离发生火灾、有毒有害物质泄漏事故的场合。这是在空间上把能量与人隔离的另一种方法。

（8）在时间上把能量与人隔离。例如，道路交通的信号灯控制；在生产过程中使用危险能量时工作人员远离工作现场，危险的工艺过程结束后，工作人员重新进入工作现场。

（9）设置警告信息和使用报警装置。各种警告信息和报警装置可以阻止人员的不安全行为或避免发生行为失误，防止人员接触危险能量。例如电力生产中，在有触电危险的场合设置各种标志牌，工作人员使用近电报警器等。

二、轨迹交叉论

轨迹交叉论是一种从事故的直接和间接原因出发研究事故致因的理论，其基本思想是：伤害事故是许多相互关联的事件顺序发展的结果，这些事件可分为人和物（包括环境）两个发展系列，当人的不安全行为和物的不安全状态在各自的发展过程中，在一定时间、空间发生了接触，使能量逆流于人体时，伤害事故就会发生。

（一）基本观点

轨迹交叉理论认为，在事故发展进程中，人的因素和物的因素在事故归因中占有同样重要的地位。人的因素运动轨迹与物的因素运动轨迹的交点就是事故发生的时空，即人的不安全行为和物的不安全状态发生于同一时空或者说人的不安全行为与物的不安全状态相遇时，将在此时空点发生事故。

简单说就是：在一个系统中，人的不安全行为和物的不安全状态的形成过程中，一旦发生时间和空间的轨迹交叉，就会造成事故。

图 1-2 所示为轨迹交叉论的事故模型。

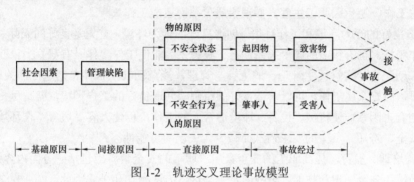

图 1-2　轨迹交叉理论事故模型

用能量转移论解释就是：具有危害能量的物体的运动轨迹与人的运动轨迹在某一时刻交叉，就会造成事故。

轨迹交叉理论反映了绝大多数事故的情况。在实际生产过程中，只有少量的事故仅仅由人的不安全行为或物的不安全状态引起，绝大多数的事故是与二者同时相关的。例如：日本劳动省通过对50 万起工伤事故调查发现，只有约 4%的事故与人的不安全行为无关，而只有约 9%的事故与物的不安全状态无关。

在人和物两大系列的运动中，二者往往是相互关联，互为因果，相互转化的。有时人的不安全行为促进了物的不安全状态的发展，或导致新的不安全状态的出现；而物的不安全状态可以诱发人的不安全行为。因此，事故的发生可能并不是图示的那样简单地按照人、物两条轨迹独立地运行，而是呈现较为复杂的因果关系。

（二）基于轨迹交叉论的事故预防措施

在实际工作中，应用轨迹交叉论预防事故，可以从三个方面考虑：

1. 防止人、物发生时空交叉

照轨迹交叉论的观点，防止和避免人和物的运动轨迹的交叉是避免事故发生的根本出路。

防止交叉第一层意思，就是防止空间交叉。例如，防止能量逸散、屏护、开辟能量释放的安全途径、脱离能量转移范围等防止能量转移的措施，也都是防止空间交叉的措施。

防止交叉还有另一层意思，就是防止时间交叉，也就是人和物都在同一空间范围内，但占用空间的时间不同。例如，电气设备防止误操作采用联锁装置，电气作业中切断电源、挂标志牌，十字路口的车辆、行人指挥灯系统等，都是防止时间交叉的措施。

2. 控制人的不安全行为

控制人的不安全行为的目的是切断轨迹交叉中行为的形成系列。人的不安全行为在事故形成的过程中占有主导位置，因为人是机械、设备、环境的设计者、创造者、使用者、维护者。人的行为受多方面影响，如作业时间紧迫程度、作业条件的优劣、个人生理心理素质、安全文化素质、家庭社会影响因素等。

安全行为科学、安全人机工程学等对控制人的不安全行为都有较深入的研究。概括起来，主要有如下控制措施：

（1）职业适应性选择。选择合格的职工以满足职业的要求，对预防不安全行为发生有重要作用。工作的类型不同，对职工的要求亦不同。因此，在招工和职业聘用时应根据工作的特点、要求，选择适合该工作的人员，并认真考虑其各方面的素质，特别是对从事特种作业的职工的选择，以及有职业禁忌症的工作。避免因职工生理、心理素质欠缺而造成工作失误。

（2）创造良好的行为环境和工作环境。创造良好的行为环境，首先是良好的人际关系、积极向上的团队合作精神。融洽和谐的同事关系、上下级关系，能使工作集体具有凝聚力，职工工作心情舒畅，积极主动配合；实行民主管理，职工参与管理，能调动其积极性、创造性；关心职工生活，解决实际困难，做好家属工作，可以营造良好的氛围。创造良好的工作环境，就是尽一切努力消除工作环境中的有害因素，使机械、设备、环境适合人的工作，也使人容易适应工作环境，使工作环境真正达到安全、舒适、卫生的要求，从而减少人失误的可能性。

（3）加强培训、教育，提高职工的安全素质。职工的安全素质应包括三方面内容：文化素质、专业知识和技能、安全知识和技能。事故的发生与这三方面密切相关。因此，企业安全管理除了应注意提高职工的安全知识和技能以外，还应密切注视文化层次低、专业技能差的人群，坚持一切行之有效的安全教育制度、形式和方法，注重他们文化知识、专业知识和技能的提高。

（4）加强安全管理。加强安全管理的主要措施有：建立健全安全管理组织、机构，按国家要求配备安全人员；完善管理制度；贯彻执行国家安全生产方针和各项法规、标准；制订、落实企业安全生产长期规划和年度计划；坚持第一把手负责，实行全面、全员、全过程的安全管理等。

只有严格管理，才能有效防止"三违"现象的发生。

3. 控制物的不安全状态

控制物的不安全状态的目的是切断轨迹交叉中致害物的形成轨迹（见图1-2）。最根本的解决办法是创造本质安全条件，采用可靠性高、结构完整性强的系统和设备，大力推广保险系统、防护系统和信号系统及高度自动化和遥控装置，使系统在人发生失误的情况下，也能控制住物不安全状态的发展，不会发生事故。

但是，受实际的技术、经济等客观条件的限制，完全地杜绝或消除生产过程中的不安全因素几乎是不可能的，我们只能尽量控制不安全因素，或采取防护措施，以削弱不安全状态的影响程度，使事故不容易发生。这就要求，在系统的设计、制造、使用等阶段，采取严格的措施，使危险被控制在允许的范围之内。

三、海因里希因果连锁论（骨牌理论）

海因里希因果连锁论又称海因里希模型或多米诺骨牌理论，该理论由美国的海因里希首先提出，用以阐明导致伤亡事故的各种原因及与事故间的关系。

1. 基本观点

一种可防止的人身伤害事故的发生是一系列不安全事件顺序发生的结果。事故发生的各个环节就像一个个的骨牌，如果一个骨牌被碰倒后，其他骨牌连锁式反应，则事故将会发生。

2. 事故模型

海因里希把工业伤害事故的发生、发展过程描述为具有一定因果关系的事件的连锁发生过程，即：

（1）人员伤亡的发生是事故的结果。

（2）事故的发生是由于人的不安全行为和物的不安全状态所造成的。

（3）人的不安全行为或物的不安全状态是由于人的缺点造成的。

（4）人的缺点是由于不良环境诱发的，或者是由先天的遗传因素造成的。

在该理论中，海因里希借助于多米诺骨牌形象地描述了事故的因果连锁关系，即事故的发生是一连串事件按一定顺序互为因果依次发生的结果。

如一块骨牌先倒下，则将发生连锁反应，使后面的骨牌依次倒下。

如图1-3所示，海因里希提出的事故因果连锁过程包括如下五种因素：

（1）遗传及社会环境（M）：遗传及社会环境是造成人的缺点的原因。遗传因素可能使人具有鲁莽、固执、粗心等对于安全来说属于不良的性格；社会环境可能妨碍人的安全素质培养，助长其不良性格的发展。这种因素是因果链上最基本的因素。

（2）人的缺点（P）：即由于遗传和社会环境因素所造成的人的缺点。人的缺点是使人产生不安全行为或造成物的不安全状态的原因。这些缺点既包括诸如鲁莽、固执、易过激、神经质、轻率等性格上的先天缺陷，也包括诸如缺乏安全生产知识和技能等后天不足。

（3）人的不安全行为或物的不安全状态（H）：这二者是造成事故的直接原因。海因里希认为，人的不安全行为是由于人的缺点而产生的，是造成事故的主要原因。

（4）事故（D）：事故是一种由于物体、物质或放射线等对人体发生作用，使人员受到或可能受到伤害的、出乎意料的、失去控制的事件。

（5）伤害（A）：即直接由事故产生的人身伤害。

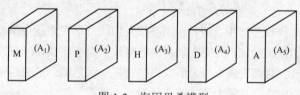

图1-3　海因里希模型

3. 因果连锁论在企业安全工作中的应用

该理论的积极意义在于，如果移去因果连锁中的任一块骨牌，则连锁被破坏，事故过程即被中止，可以达到控制事故的目的。

海因里希还强调指出，企业安全工作的中心就是要移去中间的骨牌，即防止人的不安全行为和物的不安全状态，从而中断事故的进程，避免伤害的发生。

通过改善社会环境使人具有更为良好的安全意识，加强培训使人具有较好的安全技能，或者加强应急抢救措施，也都能移去事故连锁中的某一骨牌，使事故得到预防和控制。

4. 不足之处

海因里希理论也有明显的不足，就是它对事故致因连锁关系描述过于简单化、绝对化，也过多地考虑了人的因素。但尽管如此，由于其的形象化和其在事故致因研究中的先导作用，使其有着重要的历史地位。后人都在此基础上进行了进一步的修改和完善，使因果连锁的思想得以进一步发扬光大，收到了较好的效果。

四、系统安全理论

系统安全理论认为，按照系统安全的观点，世界上不存在绝对安全的事物，任何人类活动中都潜伏着危险因素。系统中存在的危险源是事故发生的根本原因，防止事故就是消除、控制系统中的危险源。

该理论把系统中存在的、可能发生意外释放的能量或危险物质称为第一类危险源；导致约束、限制能量措施失效或破坏的各种不安全因素称为第二类危险源。第二类危险源主要包括人、物、环境三个方面的问题。

（一）危险源的本质及产生原因

危险源是指"可能造成人员伤亡、疾病、财产损失、工作环境破坏的根源或状态"；风险是指"特定危害性事件发生的可能性与后果的结合"。危险源是引发风险的原因，风险是危险源引发的结果，正是由于危险源和风险的存在，才有可能造成人员伤亡的事故或损害人体健康导致职业病产生。

1. 存在能量及有害物质

企业的生产活动就是将能量及相关物质（包括有害物质）转化为产品的过程，因而存在能量及有害物质是不可避免的。这类危险源一般称为第一类危险源，它是危险产生的物质基础和内在原因，一般决定了事故后果的严重程度。

（1）能量：能量就是做功的能力，它既可以造福人类，也可以造成人员伤亡和财产损失。因而，一切产生、供给能量的能源和能量的载体在一定条件下，都可能是危险源。

（2）有害物质：有害物质包括工业粉尘、有毒物质、腐蚀性物质、窒息性气体等。当它们直接与人体或物体发生接触，能损伤人体的生理机能和正常代谢功能，破坏设备和物品的效能，导致人员的死亡、职业病产生、健康损害，财产损失或环境的破坏等。

2. 能量和有害物质失控

在生产中，能量、物质按人们的意愿在系统中流动、转换来生产产品；但同时也必须采取必要的控制措施，约束、限制这些能量及有害物质。一旦发生失控，就会发生能量、有害物质的意外释放，从而造成事故。所以失控也是一种危险。造成约束、限制能量和危险物质措施失控的各种不安全因素，被称为第二类危险源。

事故的发生是两类危险源共同作用的结果，第一类危险源是事故发生的前提，第二类危险源的出现是第一类危险源导致事故的必要条件。第一类危险源是事故的主体，决定事故的严重程度；第二类危险源出现的难易，决定事故发生的可能性大小。

造成失控的原因主要有以下三个方面：设备故障、人员失误、管理缺陷。

3. 危险源产生的根源分析

危险源产生的根源在于以下三个方面：

（1）物的不安全状态。物的不安全状态包括：能量及有害物质的存在；设备故障。

（2）人的不安全行为。人的生理、心理状态容易受到环境的干扰和影响，从而出现因一些偶然因素而产生事先难以预防的错误行为的现象。所以在职业活动过程中，职工产生违反劳动纪律、操作程序和方法等不安全行为，有时候是事先难以预防的。

（3）管理及环境缺陷。管理及环境方面的缺陷对危险源产生的影响主要在于缺陷的存在加剧了物的不安全状态和人的不安全行为的危险程度，从而诱发事故的发生。另外，它们也会直接导致事故的发生。

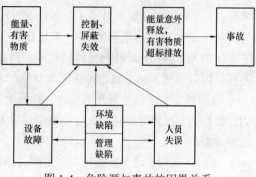

图 1-4 危险源与事故的因果关系

（二）危险源产生因素和事故之间的关系

生产过程危险源产生的各种因素之间以及它们与事故的关系，即从系统安全观点分析事故发生的因果连锁图，如图 1-4 所示。

五、瑟利模型

1. 内容

如图 1-5 所示，瑟利把事故的发生过程分为危险出现和危险释放两个阶段，这两个阶段各自包括一组类似人的信息处理过程，即感觉、认识和行为响应过程。

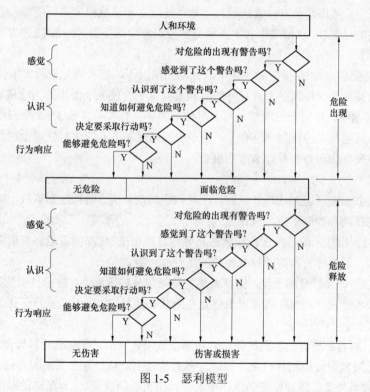

图 1-5 瑟利模型

在危险出现阶段，如果人的信息处理的每个环节都正确，危险就能被消除或得到控制；反之，只要任何一个环节出现问题，就会使操作者直接面临危险。

在危险释放阶段，如果人的信息处理过程的各个环节都是正确的，则虽然面临着已经显现出来的危险，但仍然可以避免危险释放出来，不会带来伤害或损害；反之，只要任何一个环节出错，危险就会转化成伤害或损害。

由图 1-5 可以看出，两个阶段具有相类似的信息处理过程，即分为感觉、认识、行为响应 3 个部分，6 个问题则分别是对这 3 个部分的进一步阐述，分别是：

（1）对危险的出现（或释放）有警告吗？这里警告的意思是指工作环境中对安全状态与危险状态之间的差异的指示。任何危险的出现或释放都伴随着某种变化，只是有些变比易于察觉，有些则不然。而只有使人感觉到这种变化或差异，才有避免或控制事故的可能。

（2）感觉到了这个警告吗？这包括两个方面：一是人的感觉能力问题，包括操作者本身感觉能力，如视力、听力等较差，或过度集中注意力于工作或其他方面；二是工作环境对人的感觉能力的影响问题。

（3）认识到了这个警告吗？这主要是指操作者在感觉到警告信息之后，是否正确理解了该警告所包含的意义，进而较为准确地判断出危险的可能后果及其发生的可能性。

（4）知道如何避免危险吗？主要指操作者是否具备为避免危险或控制危险，做出正确的行为响应所需要的知识和技能。

（5）决定要采取行动吗？无论是危险的出现还是释放，其是否会对人或系统造成伤害或破坏是不确定的。而且在某些情况下，采取行动固然可以消除危险，却要付出相当大的代价。究竟是否立即采取行动，应主要考虑两个方面的问题：一是该危险立即造成损失的可能性；二是现有的措施和条件控制该危险的可能性，包括操作者本人避免和控制危险的技能。当然，这种决策也与经济效益、工作效率紧密相关。

（6）能够避免危险吗？在操作者决定采取行动的情况下，能否避免危险则取决于人采取行动的迅速、正确、敏捷与否，以及是否有足够的时间等其他条件使人能做出行为响应。

上述 6 个问题中，前两个问题都是与人对信息的感觉有关的，第 3～5 个问题是与人的认识有关的，最后一个问题与人的行为响应有关。这 6 个问题涵盖了人的信息处理全过程，并且反映了在此过程中有很多发生失误进而导致事故的机会。

2. 作用

瑟利模型不仅分析了危险出现、释放直至导致事故的原因，而且还为事故预防提供了一个良好的思路，即要想预防和控制事故，应该做到：

（1）首先应采用技术的手段使危险状态充分地显现出来，使操作者能够有更多的机会感觉到危险的出现成释放，这样才有预防或控制事故的条件和可能。

（2）应通过培训和教育的手段，提高人感觉危险信号的敏感性，包括抗干扰能力等。同时，也应采用相应的技术手段帮助操作者正确地感觉危险状态信息，如采用能避开干扰的警告方式或加大警告信号的强度等。

（3）应通过教育和培训的手段使操作者在感觉到警告之后，准确地理解其含义，并知道应采取何种措施避免危险发生或控制其后果。同时，在此基础上，结合各方面的因素做出正确的决策。

（4）应通过系统及其辅助设施的设计使人在做出正确的决策后，有足够的时间和条件做出行为响应，并通过培训的手段使人能够迅速、敏捷、正确地做出行为响应。

这样，事故就会在相当大的程度上得到控制，取得良好的预防效果。

六、综合论

1. 基本观点

综合论认为，事故的发生绝不是偶然的，而是有其深刻原因的，包括直接原因、间接原因和基础原因。事故乃是社会因素、管理因素和生产中的危险因素被偶然事件触发所造成的结果。

2. 事故模型

如图 1-6 所示，即事故的发生过程是由"社会因素"产生"管理因素"，进一步产生"生产中的危险因素"，通过偶然事件触发而发生伤亡和损失。

调查分析事故的过程则与上述方向相反：通过事故现象，查询事故经过，进而了解物的环境原因和人的原因等直接造成事故的原因；依此追查管理责任（间接原因）和社会因素（基础原因）。

很显然，这个理论综合地考虑了各种事故现象和因素，因而比较有利于各种事故的分析、预防和处理，是当今世界上最为流行的理论。美国、日本和我国都主张按这种模式分析事故。

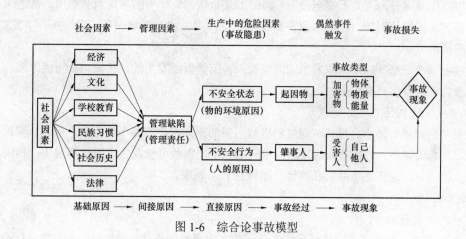

图 1-6 综合论事故模型

第三节 事故及其预防

一、事故的基本概念

（一）事故

在事故的种种定义中，伯克霍夫（Berckhoff）的定义较为著名。

伯克霍夫认为，事故是人（个人或集体）在为实现某种意图而进行的活动过程中，突然发生的、违反人的意志的、迫使活动暂时或永久停止、或迫使之前存续的状态发生暂时或永久性改变的事件。

简单来说，事故是在人们生产、生活活动过程中突然发生的、违反人们意志的、迫使活动暂时或永久停止，可能造成人员伤害、财产损失或环境污染的意外事件。

事故的含义包括：

（1）事故是一种发生在人类生产、生活活动中的特殊事件，人类的任何生产、生活活动过程中都可能发生事故。

（2）事故是一种突然发生的、出乎人们意料的意外事件。由于导致事故发生的原因非常复杂，往往包括许多偶然因素，因而事故的发生具有随机性质。在一起事故发生之前，人们无法准确地预测什么时候、什么地方、发生什么样的事故。

（3）事故是一种迫使进行着的生产、生活活动暂时或永久停止的事件。事故中断、终止人们正常活动的进行，必然给人们的生产、生活带来某种形式的影响。因此，事故是一种违背人们意志的事件，是人们不希望发生的事件。

（二）事故的特性

1. 客观实在性

人类的生产、生活过程中总是伴随着各种各样的危险因素，既然危险因素是客观存在的，那么发生事故的可能性也是客观存在的。承认事故的客观实在性，才能引起对危险因素的警惕，有助于克服麻痹思想和重视安全生产。

2. 因果相关性

事故是由系统中相互联系、相互制约的多种因素共同作用的结果。导致事故的原因多种多样，从总体上事故原因可分为人的不安全行为、物的不安全状态、环境的不良刺激作用；从逻辑上又可分为直接原因和间接原因等。这些原因在系统中相互作用、相互影响，在一定的条件下发生突变，其结果即酿成事故。

通过事故调查分析，探求事故发生的因果关系，搞清事故发生的直接原因、间接原因和主要原因，对于预防事故发生具有积极作用。

3. 偶然性（随机性）

事故发生的时间、地点、形式、规模和事故后果的严重程度都是不确定的；何时、何地、发生何种事故，其后果如何，都很难准确预测；相同条件下，事故可能发生也可能不发生；相同事故的后果有巨大的差异，这就是事故的偶然性（随机性）的表现。

4. 必然性

必然性的含义有两个：

（1）按照安全系统的观点，只要系统中存在着发生事故的条件，事故终究要发生，只不过是时间长短、事故损失程度不同而已。

（2）事故是一种客观现象，内部各因素之间有着必然的联系，其发生往往看似意外，实际也遵循客观规律，即具有规律性。这一点决定了事故具有可知可防性。

在一定的范围内，事故的随机性遵循数理统计规律，亦即在大量事故统计资料的基础上，可以找出事故发生的规律，预测事故发生概率的大小（因此，事故统计分析对制定正确的预防措施具有重要作用）；在一定的生产领域，事故的发生还遵循该领域的能量转移规律。

5. 潜伏性

事故的发生具有突变性，但事故发生的条件往往隐藏在许多表面现象之下（因而称为事故隐患），在事故发生之前存在一个量变过程，所以事故具有潜伏性。

一个系统，可能长时间没有发生事故，但这并非就意味着该系统是安全的，因为它可能潜伏着事故隐患。当某一触发因素出现，即可导致事故。

事故的潜伏性往往会导致人们的麻痹思想，从而酿成重大恶性事故。

6. 突变性

系统由安全状态转化为事故状态实际上是一种突变现象。事故一旦发生，往往十分突然，令人措手不及。因此，制定事故预案，加强应急救援训练，提高作业人员的应激反应能力和应急救援水平，对于减少人员伤亡和财产损失尤为重要。

7. 再现性

同样的事故可以不断反复发生。

8. 可知可防性

尽管事故的发生是有偶然性，但又是有规律的。通过事故调查和科学研究，就可以掌握和预测事故发生的原因和规律，进而采取预防措施，来防止事故的发生，或者延长事故发生的时间间隔，或者降低事故发生的概率。

二、事故预防理论

（一）墨菲定律

1. 墨菲定律的来源

墨菲定律源自于一位名叫墨菲的美国上尉。由于他认为某位同事是个倒霉蛋，便不经意地说了句笑话："如果一件事情有可能被弄糟，让他去做就一定会弄糟。"后来这句话也就被延伸拓展，出现了一些其他的表达形式，例如："如果坏事有可能发生，不管这种可能性多么小，它总会发生，并引起最大可能的损失""会出错的，终将会出错""如果你担心某种情况发生，那么它就更有可能发生"等。

实质上，墨菲定理阐述了一种偶然中的必然性。

2. 对事故预防的作用

（1）提醒我们不能忽视小概率危险事件。安全管理的目标是杜绝事故的发生，而事故是一种不经常发生和不希望有的意外事件，这些意外事件发生的概率一般比较小，就是人们所称的小概率事件。由于这些小概率事件在大多数情况下不发生，所以往往被人们忽视，产生侥幸心理和麻痹大意思想，这恰恰是事故发生的主观原因。墨菲定律告诫人们，安全意识时刻不能放松。要想保证安全，必须从现在做起，从我做起，采取积极的预防方法、手段和措施，消除人们不希望有的和意外的事件。

（2）发挥警示职能，提高事故预防水平。安全管理的警示职能是指在人们从事生产劳动和有关活动之前将危及安全的危险因素和发生事故的可能性找出来，告诫有关人员注意并引起操作人员的重视，从而确保其活动处于安全状态。

（二）蝴蝶效应

1. 蝴蝶效应的来源

美国气象学家爱德华·罗伦兹在他的气象论文中写道："一只南美洲亚马逊河流域热带雨林中的蝴蝶，偶尔扇动几下翅膀，可以在两周以后引起美国德克萨斯州的一场龙卷风。"

蝴蝶效应可以理解为：在一个动力系统中，初始条件下微小的变化能带动整个系统长期的巨大的连锁反应。

2. 对事故预防的作用

蝴蝶效应提醒我们：

（1）看似微不足道的细小隐患，却能以某种方式对安全产生微妙的影响，甚至影响整个安全系统的正常运行，发生严重的事故。

（2）预防事故要防微杜渐，不能忽视小的漏洞和差错。

（三）海因里希法则

1. 海因里希法则提出的历史背景

海因里希法则又称"海因里希安全法则"或"海因里希事故法则"，是美国著名安全工程师海因里希提出的 300:29:1 法则。

海因里希法则是海因里希 1941 年通过分析工伤事故的发生概率,为保险公司经营提出的法则。当时,海因里希统计了 55 万件机械事故,其中死亡、重伤事故 1666 件,轻伤 48 334 件,其余则为无伤害事故,从而得出一个重要结论,即在机械事故中,死亡、重伤、轻伤和无伤害事故的比例为 1:29:300。这个法则说明,在机械生产过程中,每发生 330 起意外事件,有 300 件未产生人员伤害,29 件造成人员轻伤,1 件导致重伤或死亡。

2. 海因里希法则对企业安全管理工作的启示

海因里希法则虽然是海因里希为保险公司经营提出的法则,但是这一法则完全可以用于企业的安全管理,它提示我们在一件重大的事故背后必有 29 件轻度的事故,还有 300 件潜在的隐患。这也充分印证了哲学上的"质量互变"规律,即事故隐患——"量"的累积必然导致重大事故——"质"的改变。

这一法则对企业安全管理工作的启示主要有以下两个方面:

(1)对于不同的生产过程,不同类型的事故,上述比例关系不一定完全相同,但这个统计规律说明了在进行同一项生产活动中,无数次意外事件的出现,必然导致重大伤亡事故的发生;或者说在现实生产中,一起严重事故的背后,一定能够找到多起轻微事故或者更多的事故隐患。

这个结论提醒我们,要防止重大事故的发生必须减少和消除无伤害事故,就必须要重视事故的苗头和未遂事件;当一件重大事故发生后,在处理事故本身的同时,还要及时对同类问题的"事故征兆"和"事故苗头"进行排查处理,以此防止类似问题的重复发生,及时解决再次发生重大事故的隐患,把事故消灭在萌芽状态。

具体地讲,要预防死亡重伤事故,必须预防轻伤害事故;要预防轻伤害事故,必须预防无伤害事故;要预防无伤害事故,必须消除日常不安全行为与不安全状态;而能否消除日常不安全行为与不安全状态,取决于日常管理是否到位。

(2)海因里希法则也有力地驳斥了一些人的"事故不可避免论"。如果我们能够始终坚持"安全第一、预防为主、综合治理"的思想,有效杜绝"三违"现象,实现安全生产零隐患,那么就一定能够实现安全零事故的本质化安全目标。

3. 利用"海因里希法则"进行安全管理的主要步骤

(1)首先任何生产过程都要程序化、标准化,这样使整个生产过程都可以进行考量,这是发现事故征兆的前提。

(2)对每一个程序都要划分相应的责任,可以找到相应的负责人,要让他们认识到安全生产的重要性,以及安全事故带来的巨大危害。

(3)根据生产程序的可能性,列出每一个程序可能发生的事故,以及发生事故的先兆,培养员工对事故先兆的敏感性。

(4)在每一个程序上都要制定定期的检查制度,便于及早发现事故的征兆。

(5)在任何程序上一旦发现事故隐患、事故征兆或者小事故,即使微小,也要及时报告、及时排除。当事人即使不能排除,也应该向安全负责人报告,以避免安全事故的发生。

三、工业伤害事故原因分析

1. 事故的直接原因或基本原因

根据海因里希在《工业事故预防》一书中总结的工业安全理论,导致事故发生的基本原因有两类。

（1）物的不安全状态：如直接导致事故发生的机械设备故障或缺陷，操作条件不安全，电气设备绝缘破坏造成触电，干燥环境出现静电，恶劣天气出现大风、雨雪、雷电等。

（2）人的不安全行为：如生产中常见的直接导致事故发生的违章操作等。

2. 事故的间接原因

（1）技术的原因：包括主要装置、机械、建筑物的设计，建筑物竣工后的检查、保养，机械装备的布置，工厂地面、室内照明以及通风、机械工具的设计和保养，危险场所的防护设备及警报设备，防护用具的维护和配备等所存在的技术缺陷。

（2）教育的原因：包括与安全有关的知识和经验不足，对作业过程中的危险性及其安全运行方法无知、轻视、不理解，训练不足，不良习惯，缺乏经验等。

（3）身体的原因：包括人的心理和生理缺陷，例如头疼、眩晕、癫痫病等疾病，近视、耳聋等残疾，由于睡眠不足而疲劳等。

（4）精神的原因：包括怠慢、反抗、不满等不良态度、不良情绪，焦躁、紧张、恐怖、不和、心不在焉等精神状态，偏激、固执等性格缺陷。

（5）管理的原因：包括企业主要领导人对安全的责任心不强，安全责任制不健全，作业标准不明确，缺乏检查，人事配备不完善等管理上的缺陷。

（6）社会或历史的原因：社会发展过程中有关安全的法规或行政机构不完善，产业发展的历史过程中安全管理混乱等。新中国成立以来，我国的工业建设经历过三次大的事故多发时段：第一次是在"大跃进"年代；第二次是在"文革"时期；第三次是在改革开放初期。目前，我国安全生产形势依然严峻，死亡事故频发。

3. 电力系统生产人员人身伤害事故原因分析

多年来电力系统生产人员人身伤害事故统计分析的结论为：导致事故发生的主要原因是人的不安全行为，而主要的不安全行为是违章操作、监护不力、安全措施不到位。

四、危险性（风险度）分析、评估

（一）危险性分析步骤

（1）熟悉工作系统（包括系统的目的、工艺流程、操作和运行条件、周围环境等）；

（2）辨识危险因素；

（3）找出危险因素产生的原因和由危险因素发展为事故的条件；

（4）确定危险因素的危险等级；

（5）研究防范事故发生的安全措施；

（6）以危险性预先分析表的形式展示分析结果。

（二）事故隐患危险性（风险度）评估方法

1. 危险性（风险度）评估公式

在实践中，危险性（风险度）评估所用的计算公式主要有以下两种：

公式一：风险度=危害发生的可能性×危害后果严重性

公式二：风险度=风险存在的频率×危害发生的可能性×危害后果严重性

2. 人身伤害事故危险性（风险度）评估公式和分值表

（1）评估公式：危险性分值=发生危险的可能性分值×出现于危险环境的可能性分值×事故发生后危害程度分值

（2）评估分值表由表 1-1～表 1-4 组成。注意，此处主要是给出一种评估的方法和形式，仅供参考，表格中每种情况的具体分值应根据实际情况确定。

表 1-1　　　　　　　　　　　发生危险的可能性分值

发生危险的可能性	分　值	发生危险的可能性	分　值
完全被预料到会发生	10	有一定可能性	0.5
相当可能发生	6	基本不可能	0.2
不经常但会发生	3	实际不可能	0.1

表 1-2　　　　　　　　　　出现于危险环境的可能性分值

出现于危险环境的可能性	分　值	出现于危险环境的可能性	分　值
连续出现	10	每月出现一次	2
每天出现几次	6	每年出现一次	1
每周出现一次	3	几年出现一次	0.1

表 1-3　　　　　　　　　　事故发生后危害程度分值

可能结果	分　值	可能结果	分　值
大灾难群死群伤	100	重大手足致残	5
灾难多人死亡	40	受伤较重	3
非常严重死一人	15	引人注目轻伤	1
严重伤害	7		

表 1-4　　　　　　　　　　　危　险　性　等　级　分　值

危险性等级	分　值	危险性判断	整改要求
1	>320	极其危险	立即停产整顿
2	320～160	高度危险	立即整改
3	159～70	显著危险	限期整改
4	69～20	有危险	需要整改
5	<20	危险性不确定	需要监视

3. 隐患治理登记表

常用的隐患治理登记表形式见表 1-5。

表 1-5　　　　　　　　　　　隐　患　治　理　登　记　表

序号	登记时间	项目名称	地　点	类　型	危险等级
1					
2					
3					
4					

五、事故隐患（危险因素）的查找方法

对经常性工作中存在事故隐患，从以下方面进行查找：

（1）本行业、企业、车间、班组已经发生的事故；

（2）本班组已经发生过的未遂事件；

（3）本班组成员的习惯性违章行为；

（4）劳动工器具、机器设备、防护设施的缺陷，操作使用的危险性；

（5）本班组所从事的生产过程以及外部与之联系的生产过程的危险性（能量转移、轨迹交叉、工作程序）；

（6）生产环境的危险性（粉尘、湿度、照明、温度、地面湿滑、操作空间是否足够、易燃易爆气体、液体）；

（7）开工前员工的情绪、思想状况；

（8）上级的错误指挥；

（9）规程的错误规定，图纸的错误画法，检修、运行记录不全；

（10）不可抗力意外因素（雨雪、雷电、大风、高温、寒冷、停电）。

六、危险因素防护原则

1. 消除潜在危险的原则

即从本质上消除事故隐患，是理想的、积极的事故预防措施。其基本的做法是以新的系统、新的技术和工艺代替旧的不安全系统和工艺，改进机器设备或系统，消除人体操作对象和作业环境的危险因素，从根本上消除事故发生的基础，实现本质安全。例如，消除工作环境的噪声、粉尘和有毒气体，电气设备检修作业中可靠停电等。

2. 降低危险程度的原则

即在系统危险不能根除的情况下，尽量地降低系统的危险程度，使系统一旦发生事故，所造成的危害程度最小。例如，手电钻工具采用双层绝缘；利用变压器降低回路电压；电气工作中戴安全帽、绝缘手套，容易发生电弧的环境穿防电弧服等。

3. 冗余原则

即通过多重保险、后援系统等措施，提高系统的安全系数，增加安全余量。例如，高处作业的安全带设置后备保险绳；起重作业中增加钢丝绳强度；飞机系统的双引擎；自动控制系统的计算机冗余配置等。

4. 距离防护原则

生产中的危险和有害因素的作用，依照与距离有关的某种规律而减弱。许多因素的这一性质可以很有效地加以运用。采取自动化和遥控，使操作人员远离作业地点，以实现生产设备高度自动化，是很好的方法。例如，远离有危害的辐射，电气工作中与高压电气设备设置保持安全距离等。

5. 时间防护原则

这一原则是使人暴露于危险、有害环境的时间缩短到安全程度之内。例如，在有害环境（有放射性物质、粉尘、毒气、噪声或高温等）工作要限制工作时间。

6. 隔离（屏护）原则

这一原则是在危险和有害作用的范围内设置障碍，使人不能落入危险和有害因素作用的范围，或者在人操作的范围内消除危险和有害因素。例如，高压电气设备设置安全护栏、隔离网等屏护装

置，等电位带电作业中作业人员穿屏蔽服，线路和变电站巡视及地电位作业人员免受交流高压电场的影响而身穿感应电防护服等。

7. 坚固原则

这个原则是与以安全为目的，提高结构强度相联系的，通常称为强度安全系数。例如防爆电机、变压器的加强结构等。

8. 设置薄弱环节原则

利用薄弱的元件，当它们在危险因素达到危险值之前已预先破坏。例如熔断器、安全阀等。

9. 闭锁原则

这一原则是以采用闭锁装置的方法，强制一些装置的部件或系统的部分按照设定的安全逻辑发生相互作用（动作或不动作），以防止发生误操作。例如，载人或载物的升降机（电梯），其安全门不关上就不能合闸启动；高压配电装置的屏护门，当合闸送电后就自动锁上，维修时只有配电装置停电后才能打开；变电站设置机械程序锁、微机闭锁等防误装置等。

10. 取代操作人员的原则

能消除危险和有害因素的条件下，为摆脱不安全因素对工人的危害，可用机器人或自动控制器来代替人。

11. 停用能量原则

在不可能消除和控制危险能量的条件下，停用危险能量，保证操作安全。例如检修时机器停运，电气设备和线路停电。

12. 个体防护原则

根据不同作业性质和条件配备相应的保护用品及用具，以减轻或避免事故和灾害造成的伤害或损失。电力系统的个体防护用品有：安全帽、安全带、绝缘手套、绝缘靴、正压式消防空气呼吸器、个人保安线、护目镜、防电弧服等。

13. 警告和禁止信息原则

以主要系统及其组成部分的人为目标，运用组织和技术如光、声信息和标志，不同颜色的信号，安全仪表等，应用信息流来保证安全生产。例如，城市交通设置红绿灯，电力生产中使用标志牌。

第二章

电力安全生产与安全管理

第一节　电力安全生产基本知识

一、对安全的认识

1. 安全的实质

顾名思义，"无危则安，无缺则全"，安全即意味着没有危险。安全的实质就是防止事故发生，消除导致死亡、伤害、各种财产损失及环境危害（或破坏）发生的条件。

2. 安全的定义

随着对安全问题研究的逐步深入，人类对安全的概念有了更深的认识，并从不同的角度给它下了各种定义。

（1）定义一：安全是指客观事物的危险程度能够为人们普遍接受的状态。

该定义明确指出了安全的相对性及安全与危险之间的关系，即安全和危险不是互不相容的。当将系统的危险性降低到某种程度时，该系统便是安全的，而这种程度即为人们普遍接受的状态。

类似地，GB/T 28001—2011《职业健康安全管理体系　要求》对"安全"给出的定义是"免除了不可接受的损害风险的状态"，指出了安全与风险之间的辩证关系。

（2）定义二：安全是指没有引起死亡、伤害、职业病或财产、设备的损坏或损失或环境危害（或破坏）的条件。

这种定义对安全的定义从开始时仅仅关注人身伤害，进而到关注职业病，财产或设备的损坏、损失直至环境危害，体现了人们对安全问题认识的全过程，也从一个角度说明了人类对安全问题研究的不断扩展。

（3）定义三：安全是指不因人、机、媒介的相互作用而导致系统损失、人员伤害、任务受影响或造成时间的损失。

这种定义又进一步把安全的概念扩展到了任务受影响或时间损失，这意味着系统即使没有遭受直接的损失，也可能是安全科学关注的范畴。

3. 安全对人类社会的意义

（1）对生命——安全是一种尊严。尊严是生命的价值所在，失去尊严，人活着便无意义，而安全是人类尊严的一种基本体现，可以说没有安全就没有尊严。遵守安全规章制度，搞好安全生产，既是对他人的尊重，也是自尊。

（2）对个人——安全是责任、权利，也是义务。安全是一种责任，是人人都要为他人、为自己承担的责任；安全是一种权利，是人人都应享有的权利。安全是义务，每个人行使这个权利的同时必须尊重别人行使这个权利，才能实现整体的安全。

（3）对企业——安全是搞好任何工作的前提；安全是企业形象的一部分；安全是企业竞争力的一部分；安全是企业文化的一部分。安全不是可有可无的事情，而是必须有，没有就绝对不行的事情；安全时时都要有，安全要年年讲、月月讲、天天讲、时时讲。

（4）对经济发展——安全也是生产力。

1）由于劳动力是生产力，劳动力的安全素质的提高，使劳动力的直接和间接的生产潜力得以保障和提高，因此，围绕劳动安全素质提高的安全活动（安全教育、安全管理等）具有生产力意义。

2）安全装置与设施是生产资料（物的生产力）的重要组成部分。生产资料是生产力，而安全装置与设施是生产资料不可缺少的组成部分，因此，安全装置与设施是生产力的组成部分。

3）安全环境和条件保护生产力作用的发挥，体现了安全间接的生产力作用。

（5）对社会——安全是一种文化，是一种文明。文化是一个社会、一个国家、一个民族、一个时代普遍认同并追求的价值观和行为准则，是生活方式的理性表达。重视安全、尊重生命，是先进文化的体现；忽视安全，轻视生命，是落后文化的表现。安全是社会文明的一种基本体现，安全是以人为本，是人类社会发展的根本利益。安全技术要靠科学技术，靠文化教育，要靠社会的进步和人的素质的提高。

二、电力安全生产的重要性及主要内容

1. 电力安全生产的重要性

（1）电力安全生产影响各行各业和社会稳定，电力安全成为国家安全的重要组成部分。电力是国民经济的基础产业，是具有社会公用事业性质的行业，它为各行各业的生产和人民生活提供电力。如果供电中断，特别是电网事故造成大面积停电，将使各行各业的生产停顿或瘫痪，有的还会产生一系列次生事故，带来一系列次生灾害；会给社会和人民生活秩序带来混乱，甚至造成社会灾难，造成极坏的政治影响。

电力安全已经成为一个世界性问题，经济越发展，由电力系统造成的影响就越大。我国电网结构仍然相对薄弱、大容量远距离输电、弱联网和电磁环网的现状使得电网抗扰动能力较弱；同时，我国台风、泥石流、雷击等引发电网系统事故的自然灾害频繁，大面积停电的风险依然存在。因此，电力安全问题已经上升为国家安全问题，推进坚强智能电网建设显得日益重要。

美加大停电事故

2003 年 8 月 14 日，美国中西部、东北部及加拿大安大略省遭受了大面积停电事件。事故开始于美国东部时间 16 时左右，在美国部分地区，电力供应在 4 日后仍未恢复，而在全部电力供应恢复之前，安大略省部分地区的停电持续了一个多星期。停电事件影响到约 5000 万人口，造成美国俄亥俄、密歇根、宾夕法尼亚、佛蒙特、麻萨诸塞、康涅狄格、新泽西以及加拿大安大略等地区约 61 800MW 的负荷损失，停电范围 9300 多平方英里。美国因停电造成的损失估计为 40 亿～100 亿美元。

（2）电力安全生产影响电力企业本身的发展。安全是电力生产的基础，如果系统经常发生事故，将使系统中的发电厂和变电站不能正常运行，电力生产处于混乱状态。因此电力企业本身需要安全生产。

（3）电力生产的特点需要安全生产。由发电厂生产的电能经升压变电站、输电线路、降压变电站、配电线路送到用户。由于电能不能大规模储存，因此，电能的生产、输送、使用一次性同时完成并随时处于平衡。电力生产的这个特点决定了电力生产必须有极高的可靠性和连续性，任何一个环节发生事故，都可能带来连锁反应，造成人身伤亡、主设备损坏或大面积停电，甚至造成全网崩溃的灾难性事故。因此，电力生产的特点需要安全生产。特别是目前的电网已是大机组、大电厂、大容量、特高压的电网，对安全生产提出了更新、更高的要求，安全生产就显得更加重要。

（4）电力生产的劳动环境要求安全生产。具体到电网系统，劳动环境具有高压带电工作环境多、特种作业（如带电作业、高处作业等）多等特点。

这些特点表明，电力生产的劳动条件和环境相当复杂，本身具有诸多不安全因素，潜在的危险性大，工作中稍有疏忽，潜在的危险就会转化为人身事故。因此，电力生产环境要求我们对安全生产要高度重视。

2. 国家电网公司电力安全的基本内容

（1）确保人身安全，杜绝人身伤亡事故。人身安全，是电力安全生产的重要组成部分，关系到家庭幸福和社会稳定。人身安全事故的发生，一方面使本来幸福美满的家庭变得支离破碎，给亲人的心灵带来创伤，另一方面会影响其他员工的工作积极性，甚至产生不良的社会影响和政治影响，并会消耗不必要的人力、物力、财力，给国家、给企业带来经济损失。因此，避免人身伤亡事故、保证人身安全，是电力行业安全工作的首要内容，也是"以人为本"安全管理思想的根本要求。

（2）确保设备安全，保证设备正常安全运行。电力是资金和技术密集型产业，电力设备价格昂贵，技术成本高。电力系统运行中，任何设备发生事故，都可能造成供电中断、设备损坏，或者人员伤亡，使国民经济、人民生活遭到严重损失，同时也会直接导致电网事故。所以，保证设备安全也是电网企业安全工作的重要内容。

（3）确保电网安全，消灭电网瓦解和大面积停电事故。由于电网事故影响面大、蔓延速度快、后果严重，防止电网安全事故的发生，是电网企业安全工作的重要内容。

我国电网安全还没有实现长治久安的局面，电网运行过程中仍然存在多方面的安全问题。随着电网企业设备规模的不断扩大，特高压网架结构的逐步形成，国家电网公司实施建设坚强智能电网的战略决策，是适应我国电网发展新形势的必然选择。

三、安全生产及相关概念

1. 安全生产

指在生产过程中消除或控制危险及有害因素，保障人身安全健康、设备完好无损及生产顺利进行。

2. 安全生产工作

为了使劳动过程在符合安全要求的物质条件和工作秩序下进行，防止伤亡事故、设备事故、电网事故及各种灾害的发生，保障劳动者的安全健康和生产、劳动过程的正常进行而采取的各种措施和从事的一切活动。

3. 本质安全

（1）概念：本质安全是指通过设计、监控等手段使生产设备或生产系统本身具有安全性，即使在误操作或发生故障的情况下也不会造成事故。具体包括两方面的内容：

1）失误—安全功能，即误操作不会导致事故发生或自动阻止误操作；

2）故障—安全功能，即设备、工艺发生故障时还能暂时正常工作或自动转变安全状态。

上述两种安全功能应该是设备、设施和技术工艺本身固有的，即在它们的规划设计阶段就被纳入其中，而不是事后补偿的。

广义的本质安全是指"人—机—环境—管理"这一系统表现出的安全性能，也就是通过优化资源配置和提高其完整性，使整个系统安全可靠。

（2）实质：本质安全就是通过追求企业生产流程中人、物、系统、制度等诸要素的安全可靠和谐统一，使各种危害因素始终处于受控制状态，进而逐步趋近本质型、恒久型安全目标。

（3）本质安全理念认为，所有事故都是可以预防和避免的。

4. 危险与风险

危险与风险是与安全相对的概念。

（1）危险：危险是指某一系统、产品、设备或操作所具有的，可能造成人员伤害、职业病、财产损失、作业环境破坏的状态。

（2）风险：在工业系统中，风险指特定危害事件发生的可能性与后果严重性的结合。它是描述系统危险程度的客观量，又称风险度或危险度。

用公式表示即：风险度=概率×后果的严重程度

5. 事故及事故隐患

（1）事故：在人们生产、生活活动过程中突然发生的、违反人们意志的、迫使活动暂时或永久停止，可能造成人员伤害、财产损失或环境污染的意外事件。

（2）事故隐患（危险点、安全隐患）：可能导致事故发生的因素，包括物的危险状态、人的不安全行为及管理上的缺陷等。

《国家电网公司安全生产事故隐患排查治理管理办法》指出，安全生产事故隐患（简称"事故隐患"）是指安全风险程度较高，可能导致事故发生的作业场所、设备及设施的不安全状态、非常态的电网运行工况、人的不安全行为及安全管理方面的缺失。

6. 特种作业及特种作业人员

特种作业是指容易发生人员伤亡事故，对操作者本人、他人及周围设施的安全可能造成重大危害的作业。直接从事特种作业的人员称为特种作业人员。

国家安全生产监督管理局与国家煤矿安全监察局于 2002 年 12 月 28 日发布安监管人字 124 号文《关于特种作业人员安全技术培训考核工作的意见》规定：特种作业范围的第一类即为电工作业，含发电、送电、变电、配电工，电气设备的安装、运行、检修（维修）、试验工，矿山井下电钳工。由此可见，国家电网公司系统的大部分工种都属于特种作业工种。

7. 劳动保护

劳动保护是为了保护劳动者在劳动、生产过程中的安全、健康，在改善劳动条件、预防工伤事故及职业病，实现劳逸结合和女职工、未成年工的特殊保护等方面所采取的各种组织措施和技术措施的总称。

四、安全生产的一般内容

安全生产的一般内容具体包括以下几个方面：

（1）防止人身伤害：积极开展控制工伤的活动，采取各种技术和管理措施，减少或消灭工伤事故，保障劳动者安全地进行生产建设。

（2）防止职业病：积极开展控制职业中毒和职业病的活动，防止职业中毒和职业病的发生，保障劳动者的身体健康。

（3）搞好劳逸结合：保障劳动者有适当的休息时间，使其经常保持充沛的精力和体力，更好地进行经济建设。

（4）搞好妇女和未成年工的保护：针对妇女和未成年工的特点，对他们进行特殊的保护，保障其身体健康。

（5）保证设备和系统安全：搞好设备管理，保证设备运行安全；采用各种措施，保证系统运行安全。

五、安全生产的基本方针

1. 我国安全生产基本方针

2006 年以前，我国各项法律法规关于安全生产基本方针的叙述都是"安全第一、预防为主"。

2006 年，第十六届五中全会第一次提出了安全生产 12 字方针，即"安全第一、预防为主、综合治理"的方针，使我国安全生产方针进一步发展和完善，更好地反映了安全生产工作的规律和特点。

2. 对基本方针的理解

（1）"安全第一"，体现了人们对安全生产的一种理性认识。要发展经济，必须坚持以人为本，把安全生产作为经济工作中的首要任务来抓；安全是生产经营活动的基本条件，不允许以生命为代价来换取经济的发展。

（2）"预防为主"，体现了人们在安全生产活动中的方法论。消除事故的最好办法就是消除隐患，或者控制隐患转化为事故的条件，把事故消灭在萌芽状态。因此，应把预防作为事故控制的主要方法。

（3）"综合治理"，是指适应我国安全生产形势的要求，自觉遵循安全生产规律，正视安全生产工作的长期性、艰巨性和复杂性，抓住安全生产工作中的主要矛盾和关键环节，综合运用经济、法律、行政等手段，人管、法治、技防多管齐下，并充分发挥社会、职工、舆论的监督作用，有效解决安全生产领域的问题。

六、国家电网公司安全生产目标

1. 国家电网公司安全生产总体目标

《国家电网公司安全工作规定》规定，公司系统安全工作的总体目标是防止发生对社会造成重大影响、对资产造成重大损失的事故（事件），包括：人身死亡；大面积停电；大电网瓦解；主设备严重损坏；电厂垮坝；重大火灾；煤矿透水、瓦斯爆炸；其他对公司和社会造成重大影响的事故（事件）。

2. 省电力公司级单位[是指国家电力调度控制中心、省（自治区、直辖市）电力公司、国家电网公司生产性直属公司]的安全目标

（1）不发生人身死亡事故；

（2）不发生一般及以上电网、设备、火灾事故；

（3）不发生五级信息系统事件；

（4）不发生煤矿一级及以上非伤亡事故；

（5）不发生本单位负主要及同等责任的特大交通事故。

3．**基层单位**（是指省电力公司级单位所属的输变电、供电、发电、集中检修、施工、调度控制中心、煤矿、信息系统运维单位）的安全目标

（1）不发生人身重伤、死亡事故；

（2）不发生五级及以上电网、设备事件；

（3）不发生火灾事故；

（4）不发生六级信息系统事件；

（5）不发生煤矿二级及以上非伤亡事故；

（6）不发生本单位负主要及同等责任的重大交通事故。

第二节 国家电网公司安全管理概述

一、安全管理概述

1．**概念**

安全生产管理（简称安全管理）就是企业为消除或控制企业中的危险及有害因素，满足生产系统的安全性，保障人身安全健康、设备完好及生产正常进行，在生产过程中进行的计划、组织、指挥、协调和控制等一系列管理活动。

安全管理是企业为了保证安全工作顺利进行而进行的管理工作，是安全生产工作的一部分。其目的是保护员工在生产过程中的安全与健康，保护国家财产不受损失，促进社会发展。

2．**我国安全生产管理体制**

我国目前实行"企业负责、行业管理、国家监察、群众监督、劳动者遵章守纪"的安全生产管理体制。这个管理体制把"企业负责"放在第一条，表明企业在安全生产中所占的重要位置。

3．**安全生产管理的主要任务**

（1）贯彻落实国家安全生产法规，落实"安全第一、预防为主、综合治理"的安全生产方针。

（2）制定安全生产的各种规程、规定和制度，并认真贯彻实施。

（3）制定并落实各级安全生产责任制。

（4）积极采取各项安全生产技术，保证职工有一个安全可靠的作业条件，减少和杜绝各类事故。

（5）采取各种劳动卫生措施，不断改善劳动条件和环境，防止和消除职业病和职业危害，做好女工和未成年工的特殊保护，保障劳动者的身心健康。

（6）定期对企业的各级领导、特种作业人员和所有职工进行安全教育，强化安全意识。

（7）及时完成各类事故的调查、处理和报告。

（8）推动安全生产目标管理，推广和应用现代化安全管理技术与方法，深化企业安全管理。

4．**安全管理的意义和作用**

（1）搞好安全管理是防止伤亡事故和职业危害的根本对策。

任何事故的发生不外乎四个方面的原因，即人的不安全行为、物的不安全状态、环境的不安全条件和安全管理的缺陷。而人、物和环境方面出现问题的原因常常是安全管理出现失误或存在缺陷。因此，可以说安全管理缺陷是事故发生的根源，是事故发生的深层次的本质原因。生产中伤亡事故

统计分析也表明，80%以上的伤亡事故与安全管理缺陷密切相关。因此，要从根本上防止事故，必须从加强安全管理做起，不断改进安全管理技术，提高安全管理水平。

（2）搞好安全管理是贯彻落实"安全第一、预防为主、综合治理"方针的基本保证。

"安全第一、预防为主、综合治理"是我国安全生产的根本方针，是多年来实现安全生产的实践经验的科学总结。为了贯彻落实这一方针，一方面需要各级领导有高度的安全责任感和自觉性，千方百计实施各方面防止事故和职业危害的对策；另一方面需要广大职工提高安全意识，自觉贯彻执行各项安全生产的规章制度，不断增强自我防护意识。所有这些都有赖于良好的安全管理工作。只有合理设立目标，健全安全生产管理体系，科学地规划、计划和决策，加强监督监察、考核激励和安全宣传教育，综合运用各种管理手段，才能够调动起各级领导和广大职工的安全生产积极性，才能使安全生产方针得以真正贯彻执行。

（3）安全技术和劳动卫生措施要靠有效的安全管理，才能发挥应有的作用。

安全技术指各专业有关安全的专门技术，如防触电、防火、防爆等安全技术。劳动卫生指对尘毒、噪声、辐射等各方面物理及化学危害因素的预防和治理。毫无疑问，安全技术和劳动卫生措施对于从根本上改善劳动条件，实现安全生产具有巨大作用。然而安全技术和劳动卫生措施需要人们计划、组织、督促、检查，进行有效的安全管理，才能发挥它们应有的作用。再者，单独某一方面的安全技术，其安全保障作用是有限的。电力工业的特点要求综合应用各方面的安全技术，才能求得整体的安全。"三分技术，七分管理"，这已经成为当代社会发展的必然趋势，安全领域当然也不能例外。

（4）搞好安全管理，有助于改进企业管理，全面推进企业各方面工作的进步，促进经济效益的提高。

安全管理是企业管理的重要组成部分，与企业的其他管理密切联系、互相影响、互相促进。为了防止伤亡事故和职业危害，必须从人、物、环境以及它们的合理匹配这几方面采取对策。包括人员素质的提高，作业环境的整治和改善，设备与设施的检查、维修、改造和更新，劳动组织的科学化以及作业方法的改善等。为了实现这些方面的对策，势必加强对生产、技术、设备、人事等的管理，进而对企业各方面工作提出越来越高的要求，从而推动企业管理的改善和工作的全面进步。企业管理的改善和工作的全面进步反过来又为改进安全管理创造了条件，促使安全管理水平不断得到提高。

实践表明，一个企业安全生产状况的好坏可以反映出企业的管理水平。企业管理得好，安全工作也必然受到重视，安全管理也比较好；反之，安全管理混乱，事故不断，职工无法安心工作，领导人也经常要分散精力去处理事故，在这种情况下，就无法建立正常、稳定的工作秩序，企业管理就较差。

二、安全生产责任制

（一）概述

1. 概念

安全生产责任制指规定企业的各级领导、职能部门和在一定岗位上的劳动者个人对安全生产工作应负责任的一种管理制度。它是企业安全管理的一项基本制度。

这一制度最早见于国务院 1963 年 3 月 30 日颁布的《关于加强企业生产中安全工作的几项规定》（即《五项规定》）。《五项规定》中要求，企业的各级领导、职能部门、有关工程技术人员和生产工人，各自在生产过程中应负的安全责任，必须加以明确的规定。

2. 安全生产责任制的地位

（1）安全生产责任制是企业岗位责任制的一个组成部分，是企业中最基本的一项安全制度，也是企业安全生产管理制度的核心。

（2）安全生产责任制经过长期的安全生产管理实践，证明是一种适应社会主义经济制度、在安全生产方面获得成功、已经比较完善和成熟的制度。

3. 建立安全生产责任制的目的

（1）增强生产经营单位各级负责人员、各职能部门及其工作人员和各岗位人员对安全生产的责任感。

（2）明确生产经营单位中各级负责人员、各职能部门及其工作人员和各岗位生产人员在安全生产中应履行的职能和应承担的责任，以充分调动各级人员和各部门在安全生产方面的积极性和主观能动性，确保安全生产。

4. 建立安全生产责任制的必要性

（1）建立安全生产责任制是落实我国安全生产方针和有关安全生产法规和政策的具体要求，核心是贯彻"安全生产，人人有责"的原则。

（2）建立安全生产责任制是加强安全管理的主要措施，通过明确责任使所有工作人员认真履行安全职责，形成一个"安全生产有人管，出了事故有人查，事故责任有人担，事故状况有人报"的各个环节紧密衔接的安全工作体系，确保安全生产得以实现。

（二）国家电网公司安全生产责任制

1. 概念

国家电网公司为使电力企业实现安全生产目标，对从事电力生产全过程的所有岗位的员工落实安全生产责任的制度化规定，称为国家电网公司安全生产责任制。

2. 《国家电网公司安全工作规定》对公司系统的安全生产责任制的有关规定

（1）公司各级单位行政正职是本单位的安全第一责任人，对本单位安全工作和安全目标负全面责任。

（2）公司各级单位行政副职对分管工作范围内的安全工作负领导责任，向行政正职负责；总工程师对本单位的安全技术管理工作负领导责任；安全总监协助负责安全监督管理工作。

（3）公司各级单位的各部门、各岗位应有明确的安全管理职责，做到责任分担，并实行下级对上级的安全逐级负责制。安全保证体系对业务范围内的安全工作负责，安全监督体系负责安全工作的综合协调和监督管理。

（4）公司各级单位实行上级单位对下级单位的安全责任追究制度，包括对责任人和责任单位领导的责任追究。在公司各级单位内部考核上，上级单位为下级单位承担连带责任。

3. 主要特点

在实践中，国家电网公司安全生产责任制有如下主要特点：

（1）各级行政正职为安全第一责任人。

（2）安全生产级级有责，并实行下级对上级负责、上级对下级追责。

（3）安全生产人人有责，各部门、各岗位应有明确的安全职责。

（4）基层单位通过签订安全生产责任书将岗位安全职责落到实处。

安全生产责任书（又称安全目标责任书）就是把履行安全生产的法定责任以保证书（或承诺书）的形式确定下来。安全生产责任书的主要内容是：

1）本部门或本岗位的安全生产目标。

2）本部门或本岗位认真履行安全职责的承诺。

3）本部门或本岗位岗位安全职责。

4）安全职责的监督、检查与考核规定。

5）本部门负责人或本岗位员工及上级领导签字。

三、安全生产管理体系

国家电网公司的安全生产管理体系包括电力安全生产的保证体系和监督体系。

（一）安全生产保证体系

1. 概念

安全生产保证体系，就是指为实现安全生产，由人员、设备和管理三个基本要素构成的有机整体。

三个基本要素中，人员素质的高低是安全生产的决定性因素，优良的设备和设施是安全生产的物质基础和保证，科学的管理则是安全生产的重要措施和手段。只有通过人员、设备和管理这三个基本要素在安全生产过程中有机地结合，并不断地提高和发展，才能使电力安全生产水平逐步提高，并保持长期稳定的安全生产局面。

2. 电力企业安全生产保证体系的组成

电力企业安全生产保证体系由决策指挥保证系统、执行运作保证系统、规章制度保证系统、安全技术保证系统、设备管理保证系统、政治思想工作和职工教育保证系统六大系统组成。

（1）决策指挥保证系统的主要功能。

根据国家和上级安全生产的方针政策、法律法规，制定企业安全、环境、质量方针和目标；健全安全生产责任制，对安全生产实行全员、全方位、全过程的闭环管理，发挥激励机制作用；保证安全经费的有效投入，重视员工的安全教育，健全三级安全监督网；审核批准企业安全文化创建方案和目标等。

（2）执行运作保证系统的主要功能。

加强班组建设，健全规范化班组安全管理机制；实行规范化、标准化、程序化管理，提高运行检修工作质量；严格现场管理，强化安全纪律，有效治理习惯性违章；开展安全技术、业务技能培训，提高员工技术水平和防护能力。

（3）规章制度保证系统的主要功能。

建立和完善企业的各项规章制度，实行安全生产法制化管理；从严要求，从严考核，杜绝"有法不依、执法不严"；认真执行"四不放过"原则，用重锤敲响警钟，做到警钟长鸣。

（4）设备管理保证系统的主要功能。

加强设备管理，不断提高设备安全运行水平；强化设备缺陷管理，提高设备完好率；落实"反事故措施计划"，保证设备安全运行；应用新技术、新设备、新工艺，提高设备装备水平。

（5）安全技术保证系统的主要功能。

加强技术监督和技术管理，应用、推广新的技术监测手段和装备；落实"安全技术和劳动保护措施计划"；改进和完善设备、人员防护措施。

（6）政治思想工作和职工教育保证系统的主要功能。

领导干部安全思想、安全纪律教育和考核；党、工、团结合企业安全生产工作开展有针对性的竞赛活动和宣传活动；职业安全和职业健康监督、检查；员工爱岗敬业、职业道德教育和岗位技能培训。

3. 安全生产保证体系的根本任务

从上述概念的内涵出发，安全生产保证体系的根本任务，就是要通过持之以恒的努力，不断地提高安全生产三个要素的品质，实现三个要素的最优组合和协调发展。具体地说有以下三大任务：

（1）努力造就一支高素质的职工团队组织。这个团队，应具备高度的事业心、强烈的责任感、良好的安全意识、娴熟的业务技能、遵章守纪的优良品质和严肃认真、一丝不苟的工作作风。

（2）保持设备和设施的健康水平，充分利用现代科学技术改善和提高设备、设施的性能，使电力设备设施性能先进、配置合理，最大限度地发挥现有设备、设施的潜力。

（3）加强安全生产管理，不断创新管理机制，改善管理办法，提高安全管理水平。

安全生产保证体系是电力安全生产管理的主导体系，是保证电力安全生产的关键。当前，各级电力企业的安全保证体系是比较完善和有效的。从公司经理到各部室、工区、班组、职工，形成了一个纵向到底的安全保证体系。这个体系的有效运作，对保证电力系统的安全生产起到了至关重要的作用。

（二）安全生产监督体系

国家电网公司系统实行内部安全监督管理制度，上级对下级进行安全监督，各级安全监督管理机构行使安全监督职能。

1. 安全生产监督体系的组成

国家电网公司安全生产监督体系由各级安全监督管理机构、专职安全员、兼职安全员和安全生产委员会组成。

（1）设立安全监督管理机构的单位有：公司、省公司级单位和省公司级单位所属的检修、运行、发电、施工、煤矿企业（单位）以及地市供电企业、县供电企业。

（2）设专职或兼职安全员的部门或单位有：省公司级单位所属的电力科学研究院、经济技术研究院、信息通信（分）公司、物资供应公司、培训中心、综合服务中心等下属单位，地市供电企业、县供电企业两级单位所属的建设部、调控中心、业务支撑和实施机构及其二级机构（工地、分场、工区、室、所、队等）等部门、单位。

（3）设专职或兼职安全员的班组有：地市供电企业、县供电企业两级单位所属业务支撑和实施机构下属二级机构的班组。

（4）设立安全生产委员会的单位或项目：

公司各级单位应设立安全生产委员会，主任由单位行政正职担任，副主任由党组（委）书记和分管副职担任，成员由各职能部门负责人组成。

公司各级单位承、发包工程和委托业务（包括对外委托和接受委托开展的输变电设备运维、检修以及营销等运营业务）项目，若同时满足以下条件，应成立项目安全生产委员会，主任由项目法人单位（或建设管理单位）主要负责人担任：

1）项目同有 3 个及以上中标施工企业参与施工；

2）项目作业人员总数（包括外来人员）超过 300 人；

3）项目合同工期超过 12 个月。

2. 安全监督管理机构的职责

（1）贯彻执行国家和上级单位有关规定及工作部署，组织制定本单位安全监督管理和应急管理方面的规章制度，牵头并督促其他职能部门开展安全性评价、隐患排查治理、安全检查和安全风险管控等工作，积极探索和推广科学、先进的安全管理方式和技术。

（2）监督本单位各级人员安全责任制的落实；监督各项安全规章制度、反事故措施、安全技术劳动保护措施和上级有关安全工作要求的贯彻执行；负责组织基建、生产、发电、供用电、农电、信息等安全的监督、检查和评价；负责组织交通安全、电力设施保护、防汛、消防、防灾减灾的监督检查。

（3）监督涉及电网、设备、信息安全的技术状况，涉及人身安全的防护状况；对监督检查中发现的重大问题和隐患，及时下达安全监督通知书，限期解决，并向主管领导报告。

（4）监督建设项目安全设施"三同时"（与主体工程同时设计、同时施工、同时投入生产和使用）执行情况；组织制定安全工器具、安全防护用品等相关配备标准和管理制度，并监督执行。

（5）参加和协助本单位领导组织安全事故调查，监督"四不放过"（即事故原因未查清不放过、责任人员未处理不放过、整改措施未落实不放过、有关人员未受教育不放过）原则的贯彻落实，完成事故统计、分析、上报工作并提出考核意见；对安全作出贡献者提出给予表扬和奖励的建议或意见。

（6）参与电网规划、工程和技改项目的设计审查、施工队伍资质审查和竣工验收以及安全方面科研成果鉴定等工作。

（7）负责编制安全应急规划并组织实施；负责组织协调公司应急体系建设及公司应急管理日常工作；负责归口管理安全生产事故隐患排查治理工作并进行监督、检查与评价；负责人武、保卫管理；负责指导集体企业安全监察相关管理工作。

3. 安全监督的特点

安全监督体系在电力生产活动中，监督是全方位的，也是全过程的。

所谓全方位，就是"横向到边，纵向到底"，不留任何死角；所谓全过程，就是包括发、变、输、配、用各个环节，从规划设计，到设备制造、安装、调试、运行维修，直至报废全过程每一阶段。在全方位和全过程的每个环节、每个阶段和每项具体的作业中，电力企业安监部门和安监人员可根据有关安全的规程、制度，进行监督。

4. 安全保证体系和安全监督体系的关系

电力安全保证体系和电力安全监督体系虽然其共同目标都是保证电力安全生产，但其各自的职责和分工有所不同。

安全保证体系要保证企业在完成生产任务的过程中实现安全、可靠，在实施全员、全方位、全过程的闭环管理过程中，落实安全职责，使企业生产的每项工作、每个岗位人员都时时处处考虑到安全问题，落实好安全保证措施，确保企业安全生产目标的实现。安全监督体系则直接对企业安全第一责任人或安全主管领导负责，监督安全保证体系在完成生产任务的全过程中，严格遵守各项规章制度，落实安全技术措施和反事故技术措施，保证企业生产的安全可靠。

安全保证体系负责组织、实施安全生产，安全监督体系则负责监督检查整个生产过程，都是为实现企业的安全生产目标而建立和工作的，是从属于安全生产这一系统工程中的两个子系统。两个体系协调、有效地运作，共同保证企业生产任务的完成和安全目标的实现。

从安全生产保证体系和安全监督体系对生产安全的作用因素看,安全生产保证体系起到内因的作用,安全监督体系起到外因的作用。

四、安全生产管理的基本原则

(1)"谁主管,谁负责"的原则。企业安全工作实行各级行政首长负责制,企业法人是安全生产第一责任人,对安全生产负全面领导责任。

(2)"管生产必须管安全"的原则。

(3)"五同时"原则。

国务院于1963年3月30日颁布的《关于加强企业生产中安全工作的几项规定》(即《五项规定》)中要求:企业单位的各级领导人员在管理生产的同时,必须负责管理安全工作,认真贯彻执行国家有关劳动保护的法令和制度,在计划、布置、检查、总结、评比生产的同时,计划、布置、检查、总结、评比安全工作(即"五同时"制度)。

1997年10月20日国务院批转劳动部《关于认真落实安全生产责任制的意见》,对责任到位提出了具体要求,把"管生产必须管安全""谁主管,谁负责"作为安全生产的原则;明确企业法定代表人是安全生产第一责任人,对本企业安全生产应负全面责任。

《国家电网公司安全工作规定》规定:公司各级单位应贯彻"谁主管,谁负责"的原则,坚持"管业务必须管安全",做到计划、布置、检查、总结、考核业务工作的同时,计划、布置、检查、总结、考核安全工作。

(4)"安全具有否决权"原则。安全具有否决权的原则是指安全工作是衡量企业经营管理工作好坏的一项基本的和首要的内容。该原则要求,在对企业各项指标考核、评选先进时,必须要首先考虑安全指标的完成情况,安全生产指标具有一票否决的作用。

安全否决权还表现在:区域位置的环境安全不合格不准建厂(站);企业的本质安全不符合国家规定不准投资;工程或设备不符合安全要求不准使用等。

这个原则虽然没有明确的出处,但是早已得到全社会的公认,并在我国政府管理和企业管理中得到广泛应用。

(5)"三同时"原则。

《安全生产法》第二十四条规定:生产经营单位新建、改建、扩建工程项目(以下统称建设项目)的安全设施,必须与主体工程同时设计、同时施工、同时投入生产和使用。安全设施投资应当纳入建设项目概算。

《国家电网公司安全工作规定》中规定,监督建设项目安全设施"三同时"是安全监督管理机构的职责之一。

(6)"四不放过"原则。

国家电网公司"四不放过"原则是:事故原因未查清不放过、责任人员未处理不放过、整改措施未落实不放过、有关人员未受教育不放过。

(7)"全面管理"原则。

国家电网公司提出"四全管理"即全面、全员、全方位、全过程的全面管理原则,要求每一个环节都要贯彻安全要求,每一名员工都要落实安全责任,每一道工序都要消除安全隐患,每一项工作都要促进安全供电。

（8）"四不伤害"原则。

"四不伤害"原则即不伤害自己，不伤害他人，不被他人伤害，保护他人不被伤害。能否做到，取决于自己的安全意识、安全知识、对工作任务的熟悉程度、岗位技能、工作态度、工作方法、精神状态、作业行为等多方面因素。

1）不伤害自己，就是要提高自我保护意识，不能由于自己的疏忽、失误而使自己受到伤害。

2）不伤害他人，就是在多人同时作业时，自己的行为或行为后果不能给他人造成伤害。

3）不被他人伤害，就是每个人都要加强自我防范意识，工作中要避免他人的错误操作或其他隐患对自己造成伤害。

4）任何组织中的每个成员都是团队中的一分子，要担负起关心爱护他人的责任和义务，不仅自己要注意安全，还要保护团队的其他人员不受伤害，这是每个成员对集体中其他成员的承诺。

五、安全管理的例行工作

以下介绍《国家电网公司安全工作规定》规定的安全管理例行工作。

1. 安全生产委员会议

省公司级单位至少每半年，地市公司级单位、县公司级单位每季度召开一次安全生产委员会议，研究解决安全重大问题，决策部署安全重大事项。

按要求成立安全生产委员会的承、发包工程和委托业务项目，安全生产委员会应在项目开工前成立并召开第一次会议，以后至少每季度召开一次会议。

2. 安全例会

（1）年度安全工作会。公司各级单位应在每年初召开一次年度安全工作会，总结本单位上年度安全情况，部署本年度安全工作任务。

（2）月、周、日安全生产例会。省公司级单位、地市公司级单位、县公司级单位应建立安全生产月、周、日例会制度，对安全生产实行"月计划、周安排、日管控"，协调解决安全工作存在的问题，建立安全风险日常管控和协调机制。

（3）安全监督例会。省公司级单位应每半年召开一次安全监督例会，地市公司级单位、县公司级单位应每月召开一次安全网例会。

3. 班前会和班后会

班前会应结合当班运行方式、工作任务，开展安全风险分析，布置风险预控措施，组织交待工作任务、作业风险和安全措施，检查个人安全工器具、个人劳动防护用品和人员精神状况。班后会应总结讲评当班工作和安全情况，表扬遵章守纪，批评忽视安全、违章作业等不良现象，布置下一个工作日任务。班前会和班后会均应做好记录。

4. 安全活动

公司各级单位应定期组织开展各项安全活动。

（1）年度安全活动。根据公司年度安全工作安排，组织开展专项安全活动，抓好活动各项任务的分解、细化和落实。

（2）安全生产月活动。根据全国安全生产月活动要求，结合本单位安全工作实际情况，每年开展为期一个月的主题安全月活动。

（3）安全日活动。班组每周或每个轮值进行一次安全日活动，活动内容应联系实际，有针对性，并做好记录。班组上级主管领导每月至少一次参加班组安全日活动并检查活动情况。

5. 安全检查

公司各级单位应定期和不定期进行安全检查，组织进行春季、秋季等季节性安全检查，组织开展各类专项安全检查。

安全检查前应编制检查提纲或"安全检查表"，经分管领导审批后执行。对查出的问题要制定整改计划并监督落实。

6. "两票"管理

公司各级单位应建立"两票"管理制度，分层次对操作票和工作票进行分析、评价和考核，班组每月一次，基层单位所属的业务支撑和实施机构及其二级机构至少每季度一次，基层单位至少每半年一次。基层单位每年至少进行一次"两票"知识调考。

7. 反违章工作

公司各级单位应建立预防违章和查处违章的工作机制，开展违章自查、互查和稽查，采用违章曝光和违章记分等手段，加大反违章力度。定期通报反违章情况，对违章现象进行点评和分析。

8. 安全通报

公司各级单位应编写安全通报、快报，综合安全情况，分析事故规律，吸取事故教训。

六、安全风险管理

1. 风险管理工作的主要内容

国家电网公司风险管理工作主要包括运行方式分析、安全性评价、隐患排查治理、生产作业风险管控等。

2. 运行方式分析

开展电网 2～3 年滚动分析校核及年度运行方式分析工作，全面评估电网运行情况、安全稳定措施落实情况及其实施效果，分析预测电网安全运行面临的风险，组织制定风险专项治理方案。

开展月度计划、周计划电网运行方式分析工作，评估临时方式、过渡方式、检修方式的电网风险，建立电网运行风险预警管控机制，分级落实电网风险控制的技术措施和组织措施。

3. 安全性评价

安全性评价在国外也称为危险性评价或风险评价。安全性评价的定义是：综合运用安全系统工程的方法，对系统的安全性进行度量和预测，通过对系统存在的危险性或不安全因素进行辨识定性和定量分析，确认系统发生危险的可能性及其严重程度，对该系统的安全性给予正确的评价，并相应地提出消除不安全因素和危险的具体对策措施；通过全面系统、有目的、有计划地实施这些措施，达到安全管理标准化、规范化，以提高安全生产水平，超前控制事故的发生。

《国家电网公司安全工作规定》规定：以 3～5 年为周期，依据各专业评价标准，按照"制定评价计划、开展自评价、组织专家查评、实施整改方案"过程，建立安全性评价闭环动态管理工作机制。对安全性评价查评发现的问题，应建立定期跟踪和督办工作制度，保证问题整改落实到位；对暂不能完整整改的重点问题，要制定落实预控措施和应急预案。

电力企业安全性评价应覆盖电力安全生产工作的各个环节、各个方面，系统梳理电力企业安全隐患和薄弱环节。主要包括输电网安全性评价、城市电网安全性评价、电网调度系统安全生产保障能力评估、水（火）电厂安全性评价、升压站安全性评价、设备评估等。

4. 隐患排查治理

公司各级单位应按照"全方位覆盖、全过程闭环"的原则，实施隐患"发现、评估、报告、治理、验收、销号"的闭环管理。按照"预评估、评估、核定"步骤定期评估隐患等级，建立隐患信息库，实现"一患一档"管理，保证隐患治理责任、措施、资金、期限、预案"五落实"。建立隐患排查治理定期通报工作机制。

2009年国家电网公司制定了《国家电网公司安全生产事故隐患排查治理管理办法》，把事故隐患排查治理纳入日常工作中，实现了隐患排查治理的常态化、规范化和闭环动态管理。

（1）事故隐患分级。根据可能造成的事故后果，事故隐患分为重大事故隐患和一般事故隐患两个等级。

1）重大事故隐患：指可能造成人身死亡事故，重大及以上电网、设备事故，由于供电原因可能导致重要电力用户严重生产事故的事故隐患。

2）一般事故隐患：指可能造成人身重伤事故，一般电网和设备事故的事故隐患。

（2）事故隐患分类。事故隐患划分为输电、变电、调控及二次系统、发电、配电、电网规划、信息、施工机具、交通、消防、其他共十一大类进行统计，每一类均包含设备、系统、管理及其他隐患。

5. 作业安全风险管控

公司各级单位应针对运维、检修、施工等生产作业活动，从计划编制、作业组织、现场实施等关键环节，分析辨识作业安全风险，开展安全承载能力分析，实施作业安全风险预警，制定落实风险管控措施，落实到岗到位。

七、反事故措施计划和安全技术劳动保护措施计划

《国家电网公司安全工作规定》规定：省公司级单位、地市公司级单位、县公司级单位及他们所属的检修、运行、发电、煤矿企业（单位）每年应编制年度反事故措施计划和安全技术劳动保护措施计划。

反事故措施计划与安全技术劳动保护措施计划（简称为《反措》和《安措》，通常称为"两措"），是电力工业企业组织职工进行反事故斗争工作，保证设备安全运行，改善劳动条件，防止职业病的重要方法。企业通过"两措"做到有预见、有重点、有计划地消灭人身事故和设备事故，消除电力生产中存在的各种不安全因素，保证安全生产。

八、生产现场安全管理

（一）重要性

生产现场是电力企业进行电力生产的主要场所，也是产生事故隐患、发生安全事故的主要场所。因此，生产现场安全管理是企业安全管理的基础，是企业管理的重要内容，是企业安全生产工作的中心环节，必须认真做好生产现场的安全管理工作，避免和减少各类事故的发生。

（二）内容

电网企业生产现场安全管理的内容主要包括"两票三制"管理、现场标准化作业、检修施工"四措一案"、反违章工作、生产作业风险管控等。

1. "两票三制"管理

这里的"两票"是指工作票、操作票；"三制"是指交接班制度、巡回检查制度、设备定期试验轮换制度。

"两票三制"是电力安全生产保证体系中最基本的管理制度，是多年来电力行业在生产实践中总结出来的成功经验，是预防人身事故、误操作事故和设备事故发生的主要和重要措施。

2. 现场标准化作业

按照标准的作业方法和流程实施的作业称为标准化作业。

现场标准化作业是一种科学而实用的现代化安全生产管理方法，它可以弥补安全操作规程的不足，有效地防止人的失误和各种违章行为的出现和安全或质量事故的发生，是搞好现场作业安全管理和质量管理的重要措施。

3. 检修施工"四措一案"

为了确保工程施工、安全、质量和进度，规范施工人员工作行为和工作程序，目前电力企业凡是在 35kV 及以上电力一、二次设备上进行大修、技改、基建安装及改扩建施工的工程，都要求编制"四措一案"（组织措施、技术措施、安全措施、文明施工和环境保护措施、施工方案）。实践证明，"四措一案"为施工工作安全、有序地开展提供了一个科学、可靠的依据，可以有效地减少事故的发生，提高施工作业的安全和技术水平。

4. 反违章工作

反违章工作是指企业在预防违章、查处违章、整治违章等过程中，在制度建设、培训教育、监督检查、评价考核等方面开展的相关工作。

多年来，为了搞好反违章工作，国家电网公司发布和实施《国家电网公司安全生产反违章工作管理办法》，按照"查防结合，以防为主，落实责任，健全机制"的基本原则，发挥安全保证体系和安全监督体系的共同作用，建立了行之有效的预防违章和查处违章的工作机制，持续深入地开展反违章活动，对控制杜绝违章现象、防范各类事故的发生，起到了重要作用。

5. 生产作业风险（现场作业风险）管控

所谓风险，是指某一特定危险情况发生的可能性和后果（严重程度）的组合。

安全事故的发生，归根结底是由于人的不安全行为、物的不安全状态、环境的不安全因素所致，这些因素的存在就是安全风险，就是事故隐患。

安全管理的实质是风险管理。实施风险管理的目的就是要建立风险预警机制，最大限度地减少风险失控而导致事故发生。

生产作业风险管控作为国家电网公司风险管理工作内容的一部分，以生产作业项目为单元，以避免和阻止人身伤害和人为责任事故为目的，以提高企业的安全绩效为最终目标，作为一种能够最大程度地消除或减少企业的安全风险，是提升企业安全工作水平的重要途径。

第三节　电力班组安全管理

一、班组概述

1. 概念

班组是按照本企业的特点，根据工作性质、劳动分工与协作的需要而划分的基本作业单位，是企业内部最基层的劳动和管理组织。一般由同工种或相近、配套协作的工种的职工组成。

电网企业的班组按照工作性质，一般可分为生产班组、辅助生产班组、后勤班组等。

2. 性质

班组是企业的细胞，是企业从事生产经营活动的基层管理组织，是企业各项工作的落脚点，是企业物质文明和精神文明建设的主要阵地。

3. 班组的基本任务

根据企业经营目标和计划，安全、文明、优质、高效地全面完成生产工作任务。

4. 班组的主要工作

根据《电力企业班组建设规定》，班组的主要工作是：

（1）贯彻"安全第一、预防为主、综合治理"的方针，认真执行安全规程，做到安全、文明生产。

（2）树立"质量第一"的思想，做好质量管理的基础工作，把好质量关。

（3）强化班组管理，严格执行生产工作标准，岗位责任具体明确，认真做好原始记录、凭证、台账、报表和信息反馈工作，实行定置管理物品摆放有序，经常开展技术培训活动，积极推行现代化管理的方法和手段。

（4）组织职工广泛开展技术革新、合理化建议活动，组织劳动竞赛。

（5）开展增产节约、增收节支活动，加强物资、费用、劳动定额管理，搞好班组经济核算。

（6）加强思想政治工作，实行民主管理，关心职工生活，做好计划生育工作。

5. 班组安全管理的重要性

从企业的整体来看，班组虽小，但对电力生产的作用很大。特别是生产班组，往往对整个生产过程起到关键的作用。生产中一个班组发生事故，就会使生产脱节，影响局部甚至整个企业的正常生产秩序，造成严重的后果。

在当前的电力生产技术水平条件下，伤亡事故中，因为不可抗拒的自然灾害或目前技术上还不能解决的原因而造成的事故是极少的，绝大多数属于责任事故。而这些责任事故大多数发生在班组，大多数是由于违章指挥、违章作业和设备隐患没能及时发现并消除等人为因素造成的。

因此，从安全管理角度来说，班组是控制事故的前沿阵地，班组安全管理是企业安全管理的基础，加强班组安全管理是企业加强安全生产管理的关键环节，也是减少伤亡事故和各类灾害事故最切实、最有效的办法。

二、班组安全职责

1. 班组长通用安全职责

（1）班组长是本班组安全第一责任人，对本班组在生产作业过程中的安全和健康负责，把保证人身安全和控制电网、设备异常事件作为安全目标，组织全班人员开展设备运行安全分析、预测，做到及时发现异常并进行安全控制。

（2）认真执行安全生产规章制度和操作规程，及时对现场规程提出修改建议；做好各项工作任务（倒闸操作、检修、试验、施工、事故应急处理等）的事先"两交底"（即技术交底和安全措施交底）工作，有序组织各项生产活动；遵守劳动纪律，不违章指挥，不强令作业人员冒险作业。

（3）负责组织编制重大（或复杂）作业项目的安全技术措施，履行到位监督职责或到现场指挥作业，及时纠正或制止各类违章行为。

（4）及时传达上级有关安全工作的文件、通知、事故通报等，组织开展安全事故警示教育活动，做好安全事故防范措施的落实，防止同类事故重复发生。规范应用风险辨识、承载力分析等风险管控措施，实施标准化作业，对生产现场安全措施的合理性、可靠性、完整性负责。

（5）对班组全体人员进行经常性的安全思想教育；协助做好岗位安全技术培训以及新入职人员、调换岗位人员的安全培训考试；组织全班人员参加紧急救护法的培训，做到全员正确掌握救护方法。

（6）经常检查本班组工作场所的工作环境、安全设施（如消防器材、警示标志、通风装置、氧量检测装置、遮栏等）、设备工器具（如绝缘工器具、施工机具、压力容器等）的安全状况，定期开展检查、试验，对发现的问题做到及时登记上报和处理。对本班组人员正确使用劳动防护用品进行监督检查。

（7）负责主持召开班前、班后会和每周一次（或每个轮值）的班组安全日活动，丰富活动内容，增强活动针对性和时效性，并指导做好安全活动记录。

（8）开展定期安全检查、隐患排查、"安全生产月"和专项安全检查活动，及时汇总反馈检查情况，落实上级下达的各项反事故技术措施。

（9）严格执行电力安全事故（事件）报告制度，及时汇报安全事故（事件），保证汇报内容准确、完整，做好事故现场保护，配合开展事故调查工作。

（10）支持班组安全员履行岗位职责。对本班组发生的事故（事件）、异常、违章等，及时登记上报，并组织开展原因分析，总结教训，落实改进措施。

2. 班组安全员的安全职责

（1）专责安全员是本班组长在安全生产管理工作上的助手，负责监督检查现场安全措施是否正确完备、个人安全劳动防护措施是否得当，积极与违章现象做斗争，杜绝各类违章现象；遵守劳动纪律，不违章指挥，不强令作业人员冒险作业。

（2）负责贯彻执行上级单位及本单位安全管理规章制度、电网调度管理条例、规程及运行、检修规程等，教育本班组人员严格执行，做好人身、电网、设备安全事件防范工作。

（3）负责制定本班组年度安全培训计划，做好新入厂人员、变换岗位人员的安全教育培训和考试；培训班组人员正确使用劳动保护用品和安全设施。

（4）组织或参加周安全日活动，对本班组安全生产情况进行总结、分析，开展员工安全思想教育，联系实际，布置当前安全生产重点工作，批评忽视安全、违章作业等不良现象，并做好记录。

（5）负责本班组安全工器具的保管、定期校验，确保安全防护用品及安全工器具处完好状态。组织开展安全设施和设备（如安全工器具、安全警示标志牌、剩余电流动作保护器等）、作业工器具、消防器材等的安全检查，并做好记录。组织开展安全大检查、专项安全检查、隐患排查和安全性评价工作，及时汇报、处理有关问题。

（6）参与班组所承担基建、大修、技改等重点工作的"三大措施"的制订，做好对重点、特殊工作的危险点分析。积极开展技术革新，开展新技术研究应用；制定本班组保证安全的技术措施，为安全生产提供技术保证。

（7）按时上报本班安全活动总结、各类安全检查总结、安全情况分析等资料，负责本班组"两票"的检查、统计、分析和上报工作。

（8）参加安全网会议或有关安全事件分析会，协助开展事故调查工作。

3. 班组员工的安全职责

（1）认真学习安全生产知识，提高安全生产意识，增强自我保护能力；接受相应的安全生产教育和岗位技能培训，掌握必要的专业安全知识和操作技能；积极开展设备改造和技术创新，不断改善作业环境和劳动条件。

（2）严格遵守安全规章制度、操作规程和劳动纪律，服从管理，坚守岗位，对自己在工作中的行为负责，履行工作安全责任，互相关心工作安全，不违章作业。

（3）接受工作任务，应熟悉工作内容、工作流程，掌握安全措施，明确工作中的危险点，并履行安全确认手续；严格执行"两票三制"并规范开展作业活动。

（4）保证工作场所、设备（设施）、工器具的安全整洁，不随意拆除安全防护装置，正确操作机械和设备，正确佩戴和使用劳动防护用品。

（5）有权拒绝违章指挥，发现异常情况及时处理和报告。在发现直接危及人身、电网和设备安全的紧急情况时，有权停止作业或在采取可能的紧急措施后撤离作业场所，并立即报告。

（6）积极参加各项安全生产活动，做好安全生产工作。

三、班组安全管理的主要内容

（一）建立和健全安全生产责任制

安全生产责任制班组一项基本的安全制度，也是班组安全生产、劳动保护管理制度的核心。安全生产人人有责，班组的每位员工必须认真履行各自的安全职责，做到各司其职、各负其责。经班组会议讨论通过，制定班组安全责任制。

班组安全生产责任制包括班组安全职责、班组长安全职责、安全员安全职责、班组成员安全职责。

（二）班组安全目标管理

班组安全目标管理是指班组围绕公司、部门的总目标及安全生产所要达到的最终目标，通过层层分解，确定行动管理方案，安排工作进度和有效地组织实施，并对班组成员进行考核的一系列的组织、激励、控制活动。

班组安全管理最高目标：无异常，无未遂，无误操作，无违章，两票合格率达到100%。

班组安全奖惩制度是安全目标管理一种很有效的方法。通过安全奖惩，尤其是实行安全一票否决制，达到鼓励先进、鞭策落后，调动全体人员搞好安全工作的积极性和创造性。实行奖惩公开化，对促进职工做好安全工作的作用很大。奖惩直接关系到职工的切身利益，一定要慎重从事，必须以事实为依据，秉公执法，奖惩严明，使大家心服口服，心情舒畅，从而更加努力地工作，树立起良好的遵章守纪风气。

1. 安全目标的制定

（1）企业年度安全管理的总目标是制订班组安全管理目标的基本依据。要在企业总体目标的指导下，形成个人向班组、班组向车间、车间向企业负责的层次管理，并制定安全生产目标责任书。

目前，各单位安全生产目标责任书的格式不一致，基本内容包括安全目标、安全承诺、安全职责、管理措施、奖惩规定等。

（2）确定的班组安全目标要符合实际。安全目标值是班组技术水平与管理水平的综合反映，应从班组的实际出发，恰如其分地确定。可由班组长和安全员根据班组专业性质和近年安全实绩、安全管理基础、人员素质、设备状况拟订班组安全目标初步设想，将控制要求分解，具体列出目标限额。

2. 安全目标的分解

（1）安全目标的分解要着重于展开，逐个落实，使企业、车间对班组的各项安全管理工作都能够简便化、统一化、正规化地全面展开。

（2）分解时具体目标做到量值数据化。班组的安全管理、安全教育、安全活动、隐患整改都要用数值反映，用定量为主的数据指标代替定性为主的形式内容，使班组安全目标反馈出的各种数据真实、清晰、完整、准确。

3. 安全目标的实施

安全目标确定、分解以后，就必须着重加强相互间的责任感，激发班组全员潜在的积极性、主动性、创造性，努力实现班组安全管理方法的科学化、内容的规范化、基础工作的制度化。

（1）以安全责任制促进安全目标的实施。把考核个人的主要经济技术指标与安全工作目标纳入岗位安全责任制中，以百分制或其他方式进行考核，其内容应该是公共性指标和班组安全方针目标。

（2）以小指标单项竞赛促进安全目标的实施。运用激励的方法，组织班组成员开展"比学赶帮超"活动，如增产赛、降耗赛、连运赛、岗位练兵、安全合理化建议、消除隐患、封堵漏洞等。

4. 安全目标的考核

安全目标的考核要与责任制挂钩，要避免重硬轻软的倾向，更不能以硬指标掩盖或取代软指标。

（1）安全检查。即每月对安全目标进行检查，由工区组织专人查，或班组工会组长牵头查，或班组长组织安全员参加检查。

（2）安全考核。在考核中，一是要从严从实；二是要认真把关。对于经济技术指标和班组安全管理指标，严格按照定量要求进行考核，做到不降标准不漏项目；对于安全文化建设方面的定性指标，则要特别注意考核知识技能、进取精神、劳动态度、团结协作等。

（三）班组安全教育

1. 教育内容

（1）安全思想教育：事故多为人为因素造成，在一定条件下，安全思想起着决定性作用。班组长要积极组织组员开展各种学习活动，确实提高员工安全意识。

（2）安全纪律教育：有严格的纪律约束，才能规范员工的行为，这是保证安全生产的最基本条件。

（3）安全法制教育：对员工进行党和政府有关安全生产的法律、方针、政策、法令、法规、制度的宣传教育。通过教育，提高政策水平和法制观念。

（4）安全技术知识教育：包括生产技术知识、一般安全技术知识和专业安全技术知识教育。

生产技术知识的主要内容是：班组的基本生产概况，生产技术过程，作业方法或工艺流程，与生产技术过程和作业方法相适应的各种机器设备的性能和有关知识，工人在生产中积累的生产操作技能和经验，以及产品的构造、性能、质量和规格等。

专业安全技术知识教育，是指对某一工种（专业）的职工进行必须具备的专业安全知识教育，包括工业卫生技术方面的内容和专业安全技术（措施）。

例如，国家电网公司 2010 年 11 月 30 日颁布的《预防交流高压开关柜人身伤害事故措施》有关一般安全技术知识主要包括：班组内危险设备和区域，安全防护基本知识和注意事项；有关防火、防爆、防尘、防毒等方面的基本知识；企业、车间、班组内常见的安全标志、安全色介绍；个人防护用品性能和正确使用方法；本岗位各种工具、器具及安全防护装置的作用、性能和使用、维护、保养方法等。

（5）典型经验和事故教训教育：结合典型和事故经验进行安全教育，它可以直观地看到由于事故给受害者本人造成的悲剧、给人民生命财产带来的损失、给国家带来的不良政治影响，从而使职工能从中吸取教训，有针对性地采取措施，避免各种事故的发生。

此外，有针对性地开展反事故演习活动，也属于这种教育的范畴。

2. 班组安全教育类型

（1）按教育对象分：

1）新员工安全教育：使新员工熟悉班组人员和设备状况、生产工艺、工作环境和条件、危险区域、安全设施，熟悉岗位责任制，学习安全操作规程，掌握必要的安全知识和技术，考核合格后方可上岗。

2）全员安全教育：为不断提高安全意识和操作技能，除企业每年应进行一次全员安全教育和考试外，班组每年至少应进行两次，并进行登记。

3）临时工安全教育：要进行有针对性的安全培训。

4）外包人员安全教育：承包工作任务的人员随班组工作时先进行安全培训。

（2）按培训时机分：

1）日常性安全教育：班前会讲、工作中查、班后会评。

2）复工安全教育：员工长期（三个月）离岗后复工，要重新进行安全培训和考核。

3）调岗安全教育：要针对新岗位进行安全培训和考核。

（四）开展反习惯性违章活动

1. 反习惯性违章工作的目的和要求

反习惯性违章工作的主要目的是杜绝人身死亡、重伤和误操作事故的发生，大幅度地减少人身轻伤。

要求从风险管控着手，抓异常、抓未遂，重点预防电力生产中常见的触电、高处坠落、机械伤害、物体打击、起重伤害、车辆伤害、烧烫伤、窒息中毒等人身伤害事故的发生。

2. 反习惯性违章的常用措施

（1）加强案例分析教育。

（2）加强正面的常规安全思想教育。

（3）不断完善安全规章制度，做到有章可循、违章必究。

（4）排查员工习惯性违章行为，制定针对性防范措施。

（5）加强现场安全管理，严格执行"两票三制"，开展安全标准化作业。

（6）党政工团齐抓共管。

（7）发现问题，严肃处理。

（五）班组安全检查

班组安全检查对安全工作的促进作用很大。通过经常性和规范性的安全检查，可以及时发现和查明各种"险情"和"隐患"，并采取相应的措施，加以有效地防范和整改，化险为夷；可以及时监督各项安全规章制度和操作规程的贯彻实施，及时制止违章作业，确保安全生产的实现。

1. 基本要求

班组坚持每天巡回检查，每周一小查，每月一次专项检查，发现隐患及时消除，做到本班组安全责任区内无隐患，日常生产无违章。

2. 班组安全生产检查的形式

班组安全检查形式较多。按检查人员划分有自检（自我检查）、互检（互相检查）、专检（专人检查）；按检查内容划分有普通性检查、专业性检查、特种检查；按时间划分有季节性检查、节假日检查和工作中检查；按检查时机划分有定期检查、临时检查和突击检查等。

其中，工作中检查分为班前检查、班中检查和班后检查。班前检查是为了督促工人穿戴好防护用品，并对现场和机械器具等进行检查，以便及时清除作业环境中的事故隐患。班中检查是为落实安全作业措施，及时制止或纠正违章作业行为，消灭事故苗子。班后检查主要是清理作业现场，做到工完场清，不留隐患。

3. 班组安全检查的内容

（1）查思想。检查职工是否树立"安全第一"的思想，安全责任心是否强，是否自觉遵守安全技术操作规程以及各种安全生产制度，对于不安全的行为是否敢于纠正和制止，是否严格遵守劳动纪律，是否做到安全文明生产。

（2）查管理。主要查班组安全管理的基础是否牢固，包括安全生产责任制、安全工作规程、"两票三制"和"四不放过"原则等的执行情况，以及安全台账记录情况、各种安全活动开展情况等。

（3）查安全教育。主要查新进人员、实习人员、调岗人员三级教育和特殊工种专门培训是否执行；查参加班组工作的民工、临时工的安全教育是否进行；查安规考试是否认真，是否人人持证（安全合格证、特殊工种操作证）上岗等。

（4）查遵章守纪。主要查有无违章违纪；查有无隐瞒事故、障碍、异常情况；查人身受到伤害后是否到医疗部门医治并到安监部门登记等。

（5）查生产作业风险。包括：

1）查不安全状态。检查生产现场、设备设施是否存在不安全状态。

2）查不安全行为。检查职工在生产过程中是否存在习惯性违章等不安全行为。例如劳保用品穿戴、安全工器具的使用。

3）查作业环境。检查作业环境存在哪些危险因素。

（6）查安全措施。检查针对作业风险制定的管控措施是否到位。

（7）查安全工器具。检查安全工器具有无缺陷，是否到了试验周期。

4. 使用安全检查表

班组不论采用何种形式的安全检查，对查出的隐患，应及时填写安全检查表。安全检查表所列项目可以包括场地、周边环境、设施、设备、操作、管理等各方面。对检查表进行分析，可以判断系统、场所、人员是否处于安全状态。

班组使用的安全检查表样式很多，表 2-1 和表 2-2 为安全检查表的两个应用实例。

表 2-1　　　　　　　　送变电安全检查表

检查人员：×××　　　　工作岗位：送变电　　　　区域：高低压

序号	检查项目	检查标准	未达标的主要后果	现有控制措施	L	S	R	风险等级	建议改进措施
1	控制盘	表面干净、清洁、无灰尘	电气设备散热不良	定期清扫				较严重	
2	直流蓄电池	表面无灰尘，连接片无腐蚀和松动	散热不良，影响充电效果，不能及时投入	定期清扫				严重	

序号	检查项目	检查标准	未达标的主要后果	现有控制措施	L	S	R	风险等级	建议改进措施
3	继电保护	定值准确	损坏高压变电设备	定期校验				严重	
4	仪表	仪表指示准确	值班人员误操作	定期更换				严重	
5	高压熔断器	触点清洁并接触良好	触点发热，误操作	定期检修				严重	
6	操作室"五防"	设备、设施完好	爆炸燃烧，跳闸停电	安全措施落到实处				严重	
7	报警系统	各报警系统正常	损坏电气设备停电	定期检查				严重	
8	高压备用设备	备用设备能够正常及时投入	影响正常生产	定期检查				严重	
9	变压器	温度和油位正常，磁件无放电损坏现象	突然停电	加强巡视				严重	
		接地线安装良好	巡视人员触电事故	定期检查				严重	
		变压器外观整洁	灰尘多，放电	定期清扫				较严重	
		变压器冷却系统正常	变压器温度高，停电	及时维护、维修				严重	

说明：风险度 R＝可能性 L×后果严重性 S

检查人：×××　　保存部门：×××　　保存期限：2 年

表 2-2　　　　　　　　　　　　变电检修现场安全检查表

序号	项目	内　容	合格	不合格	整改情况
1	停电检修	1. 工作班成员精神饱满			
		2. 安全帽、防护服、劳保鞋穿戴规范			
		3. 工作票手续齐全，工作负责人对工作票各项内容清楚明了，认真履行工作许可手续后方可开始工作			
		4. 工作现场认真开好开工会，按工作票内容和要求，明确分工，认真交代并落实各项安全措施，认真履行工作票保证书制度			
		5. 安全工器具必须合格、齐全，安全带应在试验有效期内使用			
		6. 工器具符合检修要求，性能良好			
		7. 仪器仪表性能良好，满足检修的测试要求			
		8. 工作前应认真核对名称、编号、工作范围、内容及与相邻带电间隔设备需保持的安全距离（10kV 为 0.7m，35kV 为 1m，110kV 为 2m，220kV 为 3m，500kV 为 5m）			
		9. 检修中工作负责人监护到位，若现场条件复杂应增加专人监护，工作人员要相互关心检修安全，及时纠正习惯性违章行为及不安全因素			
		10. 工作终结前，对检修设备环境进行全面检查，并认真开好收工会，确定无异常情况后即可终结工作			

序号	项目	内　容	合格	不合格	整改情况
2	电气试验	1. 试验现场装设遮栏，向外悬挂"止步、高压危险！"标志牌			
		2. 加压前必须认真检查试验接线，表计倍率、量程、调压器零位等应正确无误			
		3. 试验过程中，应派专人监护			
		4. 高压试验人员在加压过程中，应精力集中，不得与他人闲谈，随时警戒异常现象发生			
		5. 变更接线或试验结束后，应首先断开试验电源，充分放电并将升压设备的高压部分短路接地			
		6. 试验结束时，试验人员应拆除临时接地短路线，并对被试物、设备进行检查和清查			
3	继电保护校验	1. 校验现场应将运行设备与检修设备明确分开，并装设遮布，向外应印有"运行设备禁止触动"标志，检修设备前后悬挂"有人在此工作"标志牌，并断开相应的连接片			
		2. 校验前必须认真检查试验接线，表计倍率、量程等应正确无误			
		3. 校验人员在校验过程中，应精力集中，不得与他人闲谈，随时警戒异常现象发生			
		4. 变更接线或试验结束时，应首先断开试验电源			
		5. 试验结束时，试验人员应拆除临时接地短路线，并对被试物、设备进行检查和清理			
4	危险点控制	1. 在邻近带电设备工作中，应确保与带电设备的安全距离（10kV 为 1m，35kV 为 2.5m，110kV 为 3m，220kV 为 4m），并设置遮栏或警示标志牌			
		2. 临近带电设备进行导线拆、搭及高压试验测试线引下时，两端应连接牢固，防止松脱、弹碰至有电设备上			
		3. 因试验或检修需要断开设备接线时，拆开前应做好标记，恢复时应认真检查核对			
		4. 继电保护装置做传动试验或一次通电时，应通知值班人员，并由工作负责人或其派人到现场监视，方可进行			
		5. 在带电的电流互感器二次回路上工作时，严禁将变流器二次侧开路			
		6. 在带电的电压互感器二次侧回路上工作时，严格防止二次侧短路或接地			
		7. 在梯子上工作时，梯与地面的倾斜角 60° 左右，工作人员必须在距梯顶不少于 1m 的梯蹬上工作，并设专人监护，人在梯子上禁止移动梯子			
		8. 登高作业时，必须规范使用安全带，安全带应系在设备牢固的构件上，扣环应牢固，上下工具用绳索传递			
		9. 起吊工具应按周期试验，现场检查钢丝绳应无扭结，无断股及明显散股，吊索带警示牌无脱落，起吊中作业范围内不允许任何人通过或逗留			
	检查人员			监督检查（分）站（章）	

检查的意见和建议：

单位：　　　　　　　　　　　　　　负责人签字：

　　　　　　　　　　　　　　　　　　　　　年　月　日

（六）安全工器具、劳动防护用品管理

1. 总体要求

班组的安全工器具和劳防用品应做到规范管理，特别注意安全工器具定期检验、更换，按规定保存、保养，切不可让安全工器具存在安全隐患。

2. 安全工器具管理的一般要求

（1）大型工器具、专用工器具、精密工器具等，一般都集中管理。要根据企业有关制度分层次保管的原则，该由班组管理的工具，应由班组长指定专人负责保管或兼管，要有领取制度、检查制度，并有适当的存放地点。

（2）零星工器具由个人保管，放入个人工具箱内，要求摆放整齐、清洁，丢失和损坏要赔偿。

（3）班组所有工器具，不论个人保管还是集中保管，都要建立台账，做到账物相符。

（4）做好工器具的检查、维护、保养工作，以防变形、锈蚀或损坏。

（5）定期做好工器具的送检工作，以保证使用精度和安全性。

3. 个人防护用品管理的一般要求

这类防护用品包括安全帽、安全带、防护眼镜、绝缘鞋（靴）等，它们的特点是按工种发放给个人保管使用。对这类防护用品，要注意做到以下几点：

（1）建立个人账卡，按规定期限发新换旧。

（2）对安全带等编号并定期试验。

（3）使用前要按上述有关要求检查是否完好。

（七）事故管理

发生事故后，班组的任务是：

（1）首先要做好人员的抢救、事故处理和现场保护工作，并立即向上级汇报。

（2）在调查事故时班组主要责任是提供事故的基本情况，接受上级管理部门和安监人员的查询，按《国家电网公司电力生产事故调查规程》的规定，为事故分析提供完整准确的信息。

（3）事故调查结束并作出结论后，班组的主要工作是接受事故教育和执行反事故措施。

（八）班组安全台账（档案、记录）管理

1. 班组安全台账的重要性

班组安全台账的建立和规范是班组进行日常安全管理的指南，有助于理清思路，提高管理效率；同时，台账又是班组安全管理的缩影和原始记录，可以反映出班组的安全管理状态，有助于追溯事故原因的责任。因此，要认真做好班组安全资料的记录和整理工作。

2. 主要内容

（1）班组安全生产管理制度（安全责任制等）；

（2）班组安全生产计划、措施、总结；

（3）班组安全活动（班前班后会、安全分析会等）记录；

（4）班组安全教育、安全培训与考核（考试）记录；

（5）班组违章记录（以"三违"为重点，区别于安全奖惩记录）；

（6）班组安全作业天数以及发生的未遂、异常、障碍、事故情况及其分析记录；

（7）班组安全工器具与特种安全设施档案、检查试验记录；

（8）班组安全奖惩记录；

（9）班组安全技术措施交底签字记录；

（10）班组安全检查及整改记录；

（11）班组各种资料：主要有安全工作的规程、规定、措施、操作票、工作票、文件、事故通报、安全简报等。

3. 主要问题

班组台账既是班组建设的记录，又能从中反映出班组建设的实际水平。主要问题是在一些企业，班组台账普遍存在弄虚作假、为应付检查而去记录台帐的现象。真正具有真实性，字迹工整的台账极少。各种形式的造假现象，极大地影响了安全活动的效果。

（九）作业现场安全风险管控

班组在日常生产中开展作业现场安全风险管控活动，控制违章行为的发生，能使危险因素处于可控和在控状态，提高企业安全生产水平。

（十）"两票三制"管理

据不完全统计，一半的人身触电事故和大量的误操作事故是由于两票管理不严发生的。实践证明，班组加强"两票三制"管理，是预防人身触电事故、误操作事故和设备事故发生的主要和重要措施。

（十一）班组安全性评价

安全性评价，是指综合运用安全系统工程学的理论方法，对系统存在的危险性进行定性和定量分析，确认系统发生危险的可能性及其严重程度，提出必要的控制措施，以寻求最低的事故率、最小的事故损失和最优的安全效益。

班组安全性评价是企业安全性评价的重要组成部分，是对班组生产全过程和安全管理全过程进行的综合性评价。对班组进行安全性评价可以确定班组安全水平的等级，其深度和广度是安全检查和班组安全评比所不能比拟的。

（十二）标准化作业

班组推行标准化作业，手段就是认真执行现场标准化作业指导书，规范现场作业过程；目的是杜绝作业人员主观随意性和盲目性，确保现场作业的安全和质量，降低成本；落实责任制，提高工作效率，实现安全生产的可控、能控、在控。

（十三）执行施工现场"四措一案"

凡是从事电力一、二次设备的大型检修、技改、基建安装及改扩建施工的工程，都应编制"四措一案"即组织措施、技术措施、安全措施、文明施工与环境保护措施和施工方案。

班组执行"四措一案"，就是要正确执行各项措施，确保安全、文明施工，顺利完成施工任务。

（十四）班组日常安全管理工作

1. 班前会

班前会应结合当班运行方式和工作任务，做好安全风险分析，布置风险预控措施。

根据各工种工作性质的不同，其召开班前会的侧重点也不同。生产现场有一个通常的说法，就是班前会的主要内容要突出"两交"（交代工作任务、交代安全措施）、"三查"（检查个人安全工器具、检查个人劳动防护用品、检查人员精神状态），做到"四清楚"（作业任务清楚、作业风险清楚、作业程序清楚、安全措施清楚），并做好记录。

具体内容有：

（1）交代工作任务，根据当前工作进度，综合考虑本班组工作人员的技术水平、经验及健康状况等进行任务分配，指派工作负责人、专职监护人等，并向每个工作人员交代清楚安全注意事项，对安全工作提出明确要求。

（2）交代当前系统运行方式、设备运行环境，两票使用情况，工作中应注意的事项。

（3）了解本班组人员身体和精神状态，对情绪不良人员的工作应给予妥善安排。

（4）在安排工作任务的同时，应根据任务难易程度、生产现场和设备系统运行状况，提出可能发生的危险情况，做好作业风险管控工作。

（5）检查安全工器具和安全防护用品配备情况，是否符合工作现场的要求。

（6）采用多种形式对班组成员进行安全教育或安全忠告，如结合当天作业性质，学习相似的可能发生的事故案例教训，做好各种突发事故的预想。

（7）听取大家对当天工作提出的安全方面的建议和要求。

2. 班后会

班后会的主要内容是：总结讲评当班工作和安全情况，表扬遵章守纪，批评忽视安全、违章作业等不良现象，布置下一个工作日任务，并做好记录。

具体内容有：

（1）各作业组人员汇报当天完成的工作情况及安全工作的情况。

（2）评价当天作业中安全作业条件，防护用品、安全工器具使用情况，安全措施执行情况，人员安排情况，找出问题和差距，总结经验。

（3）说明当前系统接线方式、设备运行情况。

（4）评价当天作业中执行安全工作规程、"两票"执行情况，对安全工作表现好的员工给予表彰。

（5）对出现的不安全问题、不规范行为或违章现象给予严厉的批评和纠正，并按规定对违章者给予处罚。

3. 安全日活动

班组每周或每个轮值进行一次安全日活动，活动内容应联系实际，有针对性，并做好记录。

一般内容为：

（1）学习上级和本单位的安全文件、事故报表、快报、安全简报，联系单位实际，提出防范措施。

（2）学习本单位专业安全规章制度、安全工作规程以及安全生产责任制、消防管理制度、安全工器具使用管理制度等，检查有无违章现象、行为。

（3）一周来的安全状况分析、讲评、总结以及下周安全工作要求和安排，认真贯彻"五同时"。

（4）结合实际工作，针对现场工作中遇到的安全技术问题进行讨论和分析，列出工作中的危险点、习惯性违章现象等，提出解决措施。

（5）本单位发生的未遂、异常、违章等事件的专题分析。

（6）安全技术培训和考核，包括事故预想、反事故演习、安规培训，安全知识考试等。

（7）每月班组对年度安全目标和"两措"及"两票三制"执行情况进行对照检查，提出存在问题、整改要求，进行月度安全分析评价工作、事故预想、安全技术知识考问等。

（8）布置落实安全大检查工作和专项安全检查工作。

（9）班组管辖的安全工器具的试验检查。

（10）班组管辖的设备（机具）及现场设备检查后的分析和研究。

（11）班组安全工作台账的检查整理等。

4. 安全月活动

班组应根据本单位的部署，结合班组实际，认真组织本班组的安全月活动。通过安全月活动对班组人员进行一次集中深入的安全思想和安全知识宣传教育，对班组安全生产工作进行一次全面系统的回顾、检查和总结，找出问题，提出并落实改进措施，进一步搞好班组安全工作。安全月活动应有书面计划，活动结束后半个月之内应写出书面总结。

安全月活动的内容主要包括对班组制订的安全规章制度进行一次全面的清理和检查，修订不合适部分；对班组管辖的设备进行一次全面的检查，找出隐患和薄弱环节，提出对策，对班组发生的不安全情况进行一次全面的回顾，从中吸取教训；对本班组发生的违章情况进行一次全面的评议，补充本班组的《班组常见的习惯性违章事例》；对本班组安全生产目标完成情况进行一次全面的检查和评价，进一步落实保证措施。

5. 运行班组的事故预想和反事故演习

事故预想和反事故演习是运行班组人员进行安全技能培训的有效方法，对提高处理突发性事故的能力，帮助很大。运行班组都应针对电力生产过程中可能发生的事故，做好事故预想，组织反事故演习。

事故预想每人每月至少做一次，反事故演习由企业统一组织。反事故演习预先要制订方案，演习过程中必须保证人身和运行设备的安全，演习结束应对事故预想和反事故演习进行评议和评价，并写出书面总结。

（十五）班组的安全竞赛活动

安全竞赛活动的内容很多，如安全知识竞赛、百日无事故竞赛、安全操作技术表演赛、安全演讲赛等。

开展百日无事故竞赛，由于目标明确、组织严密、赏罚分明、措施具体，因而能够把全体职工动员起来，为实现既定目标而努力奋斗。但结束时一定要认真评比，奖励先进，鞭策后进，防止出现虎头蛇尾、"半截子工程"。

安全操作技术表演赛，是提高职工安全素质的有效方式。表演赛可以班内，亦可班际间或企业内外进行，能够动员全体职工努力学习和掌握安全技术知识。

（十六）非电力类特殊工种的安全管理

按规定，具有较高职业危险性的电工、焊工、起重机司机、起重挂钩工（起重工）、架子工、潜水工、爆破工、生活锅炉司炉工、电梯操作工、汽车（铲车电瓶车）司机、船舶驾驶、机车司机等非电力类特殊工种，一般由劳动安全监察部门办班或者由公安、交通、铁道、航运部门归口办班考试发证，然后持证上岗、定期复训。

电力企业班组对此类人员除必须让其参加归口管理的专业培训和考试取证外，尚应结合电业生产进行教育，补足必须具备的电业安全知识。

（十七）班组外来人员的安全管理

（1）班组对参加本班组工作的临时工、民工、实习人员和其他人员，必须与正式职工等同进行安全管理，在某些薄弱环节还要加强管理。

（2）班组有权拒绝没有经过必要的安全知识培训和安全教育，以及安全考试不合格的外来人员在本班组工作。

（3）外来人员必须配置必要的劳动防护用品和安全工器具才能进入作业区工作。

（4）外来人员在班组开始工作前，班组长和安全员必须进行针对性的安全教育和安全知识培训，交代安全注意事项，指定专人负责监护，不允许单独工作。

四、电网企业班组安全建设标准

根据国家电网公司企业协会 2010 年 6 月 24 日发布的《国网公司班组建设管理标准》，班组安全建设标准如下。

1. 安全目标及责任制

（1）结合班组实际制定可量化考核的安全目标，逐级签订安全承诺书（责任书），提高班组成员安全意识。

（2）年度班组全员安规考试合格率应达到 100%。

（3）建立健全安全生产责任制，全面有效落实班组长、安全员、工作负责人、工作许可人和班组成员的安全生产岗位职责。

2. 安全管理

（1）作业现场的安全、技术措施必须严格执行《国家电网公司电力安全工作规程》和相关规程的规定。

（2）开展作业安全风险辨识和防范，根据生产组织和作业管理流程，系统辨识和防范作业过程事故风险，落实安全组织措施、技术措施和应急预案相关措施，确保作业安全得到有效控制。

（3）积极开展班组安全性评价、事故隐患排查治理、日常安全自查整改工作和安全日活动，落实员工"四不伤害"要求，严格执行"两票三制"，坚持"四不放过"原则，深刻吸取事故教训，举一反三，落实整改措施，提高员工自我防范能力。

（4）加强班组劳动保护和职业安全卫生工作，保障员工在生产劳动中的安全健康。

3. 反违章工作

（1）认真执行各种安全规程和各项安全规章制度，以班组长为第一责任人杜绝班组人员"三违"（违章指挥、违章作业、违反劳动纪律）。

（2）建立员工反违章常态机制，开展创无违章班组活动。

（3）应制定班组反违章工作措施，对反违章工作进行总结分析和考核。

第四节　电力事故管理

一、电力安全事故体系

2012 年颁发的《国家电网公司安全事故调查规程》规定，电力安全事故体系由人身、电网、设备和信息系统四类事故组成，分为一至八级事件，其中一至四级事件对应国家相关法规定义的特别重大事故、重大事故、较大事故和一般事故。

（一）人身事故

1. 人身事故的类别

（1）在公司各级单位工作场所或承包、承租、承借的工作场所发生的人身伤亡。

（2）被单位派出到用户工程工作过程中发生的人身伤亡。

（3）乘坐单位组织的交通工具发生的人身伤亡。

（4）单位组织的集体外出活动过程中发生的人身伤亡。

（5）员工因公外出发生的人身伤亡。

2. 人身事故等级划分

（1）特别重大人身事故（一级人身事件）：一次事故造成30人以上死亡，或者100人以上重伤者。

（2）重大人身事故（二级人身事件）：一次事故造成10人以上30人以下死亡，或者50人以上100人以下重伤者。

（3）较大人身事故（三级人身事件）：一次事故造成3人以上10人以下死亡，或者10人以上50人以下重伤者。

（4）一般人身事故（四级人身事件）：一次事故造成3人以下死亡，或者10人以下重伤者。

（5）五级人身事件：无人员死亡和重伤，但造成10人以上轻伤者。

（6）六级人身事件：无人员死亡和重伤，但造成5人以上10人以下轻伤者。

（7）七级人身事件：无人员死亡和重伤，但造成3人以上5人以下轻伤者。

（8）八级人身事件：无人员死亡和重伤，但造成1～2人轻伤者。

（二）电网事故

根据事故影响的范围和造成的影响，划分为特大电网事故、重大电网事故、一般电网事故和障碍（此划分标准与国务院《电力安全事故应急处置和调查处理条例》一致）。

1. 特别重大电网事故（一级电网事件）

有下列情形之一者，为特别重大电网事故（一级电网事件）：

（1）造成区域性电网减供负荷30%以上者；

（2）造成电网负荷20 000MW以上的省（自治区）电网减供负荷30%以上者；

（3）造成电网负荷5000MW以上20 000MW以下的省（自治区）电网减供负荷40%以上者；

（4）造成直辖市电网减供负荷50%以上，或者60%以上供电用户停电者；

（5）造成电网负荷2000MW以上的省（自治区）人民政府所在地城市电网减供负荷60%以上，或者70%以上供电用户停电者。

2. 重大电网事故（二级电网事件）

有下列情形之一者，为重大电网事故（二级电网事件）：

（1）造成区域性电网减供负荷10%以上30%以下者；

（2）造成电网负荷20 000MW以上的省（自治区）电网减供负荷13%以上30%以下者；

（3）造成电网负荷5000MW以上20 000MW以下的省（自治区）电网减供负荷16%以上40%以下者；

（4）造成电网负荷1000MW以上5000MW以下的省（自治区）电网减供负荷50%以上者；

（5）造成直辖市电网减供负荷20%以上50%以下，或者30%以上60%以下的供电用户停电者；

（6）造成电网负荷2000MW以上的省（自治区）人民政府所在地城市电网减供负荷40%以上60%以下，或者50%以上70%以下供电用户停电者；

（7）造成电网负荷2000MW以下的省（自治区）人民政府所在地城市电网减供负荷40%以上，或者50%以上供电用户停电者；

（8）造成电网负荷600MW以上的其他设区的市电网减供负荷60%以上，或者70%以上供电用户停电者。

3. 较大电网事故（三级电网事件）

有下列情形之一者，为较大电网事故（三级电网事件）：

（1）造成区域性电网减供负荷 7% 以上 10% 以下者；

（2）造成电网负荷 20 000MW 以上的省（自治区）电网减供负荷 10% 以上 13% 以下者；

（3）造成电网负荷 5000MW 以上 20 000MW 以下的省（自治区）电网减供负荷 12% 以上 16% 以下者；

（4）造成电网负荷 1000MW 以上 5000MW 以下的省（自治区）电网减供负荷 20% 以上 50% 以下者；

（5）造成电网负荷 1000MW 以下的省（自治区）电网减供负荷 40% 以上者；

（6）造成直辖市电网减供负荷达到 10% 以上 20% 以下，或者 15% 以上 30% 以下供电用户停电者。

（7）造成省（自治区）人民政府所在地城市电网减供负荷 20% 以上 40% 以下，或者 30% 以上 50% 以下供电用户停电者；

（8）造成电网负荷 600MW 以上的其他设区的市电网减供负荷 40% 以上 60% 以下，或者 50% 以上 70% 以下供电用户停电者；

（9）造成电网负荷 600MW 以下的其他设区的市电网减供负荷 40% 以上，或者 50% 以上供电用户停电者；

（10）造成电网负荷 150MW 以上的县级市电网减供负荷 60% 以上，或者 70% 以上供电用户停电者；

（11）发电厂或者 220kV 以上变电站因安全故障造成全厂（站）对外停电，导致周边电压监视控制点电压低于调度机构规定的电压曲线值 20% 并且持续时间 30min 以上，或者导致周边电压监视控制点电压低于调度机构规定的电压曲线值 10% 并且持续时间 1h 以上者。

4. 一般电网事故（四级电网事件）

有下列情形之一者，为一般电网事故（四级电网事件）：

（1）造成区域性电网减供负荷 4% 以上 7% 以下者；

（2）造成电网负荷 20 000MW 以上的省（自治区）电网减供负荷 5% 以上 10% 以下者；

（3）造成电网负荷 5000MW 以上 20 000MW 以下的省（自治区）电网减供负荷 6% 以上 12% 以下者；

（4）造成电网负荷 1000MW 以上 5000MW 以下的省（自治区）电网减供负荷 10% 以上 20% 以下者；

（5）造成电网负荷 1000MW 以下的省（自治区）电网减供负荷 25% 以上 40% 以下者；

（6）造成直辖市电网减供负荷 5% 以上 10% 以下，或者 10% 以上 15% 以下供电用户停电者；

（7）造成省（自治区）人民政府所在地城市电网减供负荷 10% 以上 20% 以下，或者 15% 以上 30% 以下供电用户停电者；

（8）造成其他设区的市电网减供负荷 20% 以上 40% 以下，或者 30% 以上 50% 以下供电用户停电者；

（9）造成电网负荷 150MW 以上的县级市电网减供负荷 40% 以上 60% 以下，或者 50% 以上 70% 以下供电用户停电者；

（10）造成电网负荷 150MW 以下的县级市电网减供负荷 40% 以上，或者 50% 以上供电用户停电者；

（11）发电厂或者 220kV 以上变电站因安全故障造成全厂（站）对外停电，导致周边电压监视控制点电压低于调度机构规定的电压曲线值 5%以上 10%以下并且持续时间 2h 以上者；

（12）发电机组因安全故障停止运行超过行业标准规定的小修时间两周，并导致电网减供负荷者。

5. 五级电网事件

未构成一般以上电网事故（四级以上电网事件）符合下列条件之一者定为五级电网事件：

（1）造成电网减供负荷 100MW 以上者。

（2）220kV 以上电网非正常解列成三片以上，其中至少有三片每片内解列前发电出力和供电负荷超过 100MW。

（3）220kV 以上系统中，并列运行的两个或几个电源间的局部电网或全网引起振荡，且振荡超过一个周期（功角超过 360°），不论时间长短，或是否拉入同步。

（4）变电站内 220kV 以上任一电压等级母线非计划全停。

（5）220kV 以上系统中，一次事件造成同一变电站内两台以上主变压器跳闸。

（6）500kV 以上系统中，一次事件造成同一输电断面两回以上线路同时停运。

（7）±400kV 以上直流输电系统双极闭锁或多回路同时换相失败。

（8）500kV 以上系统中，开关失灵、继电保护或自动装置不正确动作致使越级跳闸。

（9）电网电能质量降低，造成下列后果之一者：

1）频率偏差超出以下数值：在装机容量 3000MW 以上电网，频率偏差超出（50±0.2）Hz，延续时间 30min 以上。在装机容量 3000MW 以下电网，频率偏差超出（50±0.5）Hz，延续时间 30min 以上。

2）500kV 以上电压监视控制点电压偏差超出±5%，延续时间超过 1h。

（10）一次事件风电机组脱网容量 500MW 瓦以上。

（11）装机总容量 1000MW 以上的发电厂因安全故障造成全厂对外停电。

（12）地市级以上地方人民政府有关部门确定的特级或一级重要电力用户电网侧供电全部中断。

6. 六级电网事件

未构成五级以上电网事件符合下列条件之一者定为六级电网事件：

（1）造成电网减供负荷 40MW 以上 100MW 以下者。

（2）变电站内 110kV（含 66kV）母线非计划全停。

（3）一次事件造成同一变电站内两台以上 110kV（含 66kV）主变跳闸。

（4）220kV（含 330kV）系统中，一次事件造成同一变电站内两条以上母线或同一输电断面两回以上线路同时停运。

（5）±400kV 以下直流输电系统双极闭锁或多回路同时换相失败；或背靠背直流输电系统换流单元均闭锁。

（6）220kV 以上 500kV 以下系统中，开关失灵、继电保护或自动装置不正确动作致使越级跳闸。

（7）电网安全水平降低，出现下列情况之一者：

1）区域电网、省（自治区、直辖市）电网实时运行中的备用有功功率不能满足调度规定的备用要求；

2）电网输电断面超稳定限额连续运行时间超过 1h；

3）220kV 以上线路、母线失去主保护；

4）互为备用的两套安全自动装置（切机、切负荷、振荡解列、集中式低频低压解列等）非计划停用时间超过 72h；

5）系统中发电机组 AGC 装置非计划停用时间超过 72h。

（8）电网电能质量降低，造成下列后果之一者：

1）频率偏差超出以下数值：在装机容量 3000MW 以上电网，频率偏差超出（50±0.2）Hz。在装机容量 3000MW 以下电网，频率偏差超出（50±0.5）Hz。

2）220kV（含 330kV）电压监视控制点电压偏差超出±5%，延续时间超过 30min。

（9）装机总容量 200MW 以上 1000MW 以下的发电厂因安全故障造成全厂对外停电。

（10）地市级以上地方人民政府有关部门确定的二级重要电力用户电网侧供电全部中断。

7. 七级电网事件

未构成六级以上电网事件符合下列条件之一者定为七级电网事件：

（1）35kV 以上输变电设备异常运行或被迫停止运行，并造成减供负荷者。

（2）变电站内 35kV 母线非计划全停。

（3）220kV 以上单一母线非计划停运。

（4）110kV（含 66kV）系统中，一次事件造成同一变电站内两条以上母线或同一输电断面两回以上线路同时停运。

（5）直流输电系统单极闭锁，或背靠背直流输电系统单换流单元闭锁。

（6）110kV（含 66kV）系统中，开关失灵、继电保护或自动装置不正确动作致使越级跳闸。

（7）110kV（含 66kV）变压器等主设备无主保护，或线路无保护运行。

（8）地市级以上地方人民政府有关部门确定的临时性重要电力用户电网侧供电全部中断。

8. 八级电网事件

未构成七级以上电网事件，符合下列条件之一者定为八级电网事件：

（1）10kV（含 20、6kV）供电设备（包括母线、直配线）异常运行或被迫停止运行，并造成减供负荷者。

（2）10kV（含 20、6kV）配电站非计划全停。

（3）直流输电系统被迫降功率运行。

（4）35kV 变压器等主设备无主保护，或线路无保护运行。

（三）设备事故

1. 特别重大设备事故（一级设备事件）

有下列情形之一者，为特别重大设备事故（一级设备事件）：

（1）造成 1 亿元以上直接经济损失者；

（2）600MW 以上锅炉爆炸者；

（3）压力容器、压力管道有毒介质泄漏，造成 15 万人以上转移者。

2. 重大设备事故（二级设备事件）

有下列情形之一者，为重大设备事故（二级设备事件）：

（1）造成 5000 万元以上 1 亿元以下直接经济损失者；

（2）600MW 以上锅炉因安全故障中断运行 240h 以上者；

（3）压力容器、压力管道有毒介质泄漏，造成 5 万人以上 15 万人以下转移者。

3. 较大设备事故（三级设备事件）

有下列情形之一者，为较大设备事故（三级设备事件）：

（1）造成 1000 万元以上 5000 万元以下直接经济损失者；

（2）锅炉、压力容器、压力管道爆炸者；

（3）压力容器、压力管道有毒介质泄漏，造成 1 万人以上 5 万人以下转移者；

（4）起重机械整体倾覆者；

（5）供热机组装机容量 200MW 以上的热电厂，在当地人民政府规定的采暖期内同时发生 2 台以上供热机组因安全故障停止运行，造成全厂对外停止供热并且持续时间 48h 以上者。

4. 一般设备事故（四级设备事件）

有下列情形之一者，为一般设备事故（四级设备事件）：

（1）造成 100 万元以上 1000 万元以下直接经济损失者；

（2）特种设备事故造成 1 万元以上 1000 万元以下直接经济损失者；

（3）压力容器、压力管道有毒介质泄漏，造成 500 人以上 1 万人以下转移者；

（4）电梯轿厢滞留人员 2h 以上者；

（5）起重机械主要受力结构件折断或者起升机构坠落者；

（6）供热机组装机容量 200MW 以上的热电厂，在当地人民政府规定的采暖期内同时发生 2 台以上供热机组因安全故障停止运行，造成全厂对外停止供热并且持续时间 24h 以上者。

五级及以下设备事件、信息系统事件略。

二、事故即时报告

（1）公司各级单位事故发生后，事故现场有关人员应当立即向本单位现场负责人报告。现场负责人接到报告后，应立即向本单位负责人报告。情况紧急时，事故现场有关人员可以直接向本单位负责人报告。

（2）各有关单位接到事故报告后，应当依照下列规定立即上报事故情况：

1）发生五级以上人身、电网、设备和信息系统事故，应立即按资产关系或管理关系逐级上报至国家电网公司；省电力公司上报国家电网公司的同时，还应报告相关分部；

2）发生六级人身、电网、设备和信息系统事件，应立即按资产关系或管理关系逐级上报至省电力公司或国家电网公司直属公司；

3）发生七级人身、电网、设备和信息系统事件，应立即按资产关系或管理关系上报至上一级管理单位。每级上报的时间不得超过 1h。

（3）安全事故报告应及时、准确、完整，任何单位和个人对事故不得迟报、漏报、谎报或者瞒报。必要时，可以越级上报事故情况。

（4）即时报告可以电话、电传、电子邮件、短信等形式上报。五级以上的即时报告事故均应在 24h 以内以书面形式上报，其简况至少应包括以下内容：

1）事故发生的时间、地点、单位；

2）事故发生的简要经过、伤亡人数、直接经济损失的初步估计；

3）电网停电影响、设备损坏、应用系统故障和网络故障的初步情况；

4）事故发生原因的初步判断。

（5）即时报告后事故出现新情况的，应当及时补报。

三、事故调查

（一）调查组织

（1）公司各级单位根据事故等级的不同组织调查，并按要求填写事故调查报告书。上级管理单位可根据情况派员督查。

（2）一般（四级）以上人身、五级以上电网、较大（三级）以上设备事故，以及五级信息系统事件由国家电网公司或其授权的分部、省电力公司、国家电网公司直属公司组织调查。

（3）五级人身、六级电网事件，一般（四级）设备事故和五级设备事故，以及六级信息系统事件由省电力公司（国家电网公司直属公司）或其授权的单位组织调查，国家电网公司认为有必要时可以组织、派员参加或授权有关单位调查。

（4）六级人身、七级电网、六级设备和七级信息系统事件由地市供电公司级单位（或其授权的单位）或事件发生单位组织调查，上级管理单位认为有必要时可以组织、派员参加或授权有关单位调查。

（5）七级人身、八级电网、七级设备和八级信息系统事件由事件发生单位自行组织调查，上级管理单位认为有必要时可以组织、派员参加或授权有关单位调查。

（6）八级人身和设备事件由事件发生单位的安监部门或指定专业部门组织调查。

（7）人身事故调查组由相应调查组织单位的领导或其指定人员主持，安监、生产（生技、基建、营销、农电等）、监察、人力资源（社保）、工会等有关部门派员参加。

（二）调查程序

1. 保护事故现场

（1）事故发生后，事故发生单位必须迅速抢救伤员并派专人严格保护事故现场。未经调查和记录的事故现场，不得任意变动。

（2）事故发生后，事故发生单位安监部门或其指定的部门应立即对事故现场和损坏的设备进行照相、录像、绘制草图、收集资料。

（3）因紧急抢修、防止事故扩大及疏导交通等需要变动现场，必须经单位有关领导和安监部门同意，并做出标志，绘制现场简图，写出书面记录，保存必要的痕迹、物证。

2. 收集原始资料

（1）事故发生后，事故发生单位安监部门或其指定的部门应立即组织当值值班人员、现场作业人员和其他有关人员在离开事故现场前，分别如实提供现场情况并写出事故的原始材料。应收集的原始资料包括：有关运行、操作、检修、试验、验收的记录文件，系统配置和日志文件，以及事故发生时的录音、故障录波图、计算机打印记录、现场影像资料、处理过程记录等。安监部门或指定的部门要及时收集有关资料并妥善保管。

（2）事故调查组成立后，安监部门或指定的部门应及时将有关材料移交事故调查组。

（3）事故调查组在收集原始资料时应对事故现场搜集到的所有物件（如破损部件、碎片、残留物等）保持原样，并贴上标签，注明地点、时间、物件管理人。

（4）事故调查组要及时整理出说明事故情况的图表和分析事故所必需的各种资料和数据。

（5）事故调查组有权向事故发生单位、有关部门及有关人员了解事故的有关情况并索取有关资料，任何单位和个人不得拒绝。

3. 调查事故情况

（1）人身事故应查明：

1）伤亡人员和有关人员的单位、姓名、性别、年龄、文化程度、工种、技术等级、工龄、本工种工龄等；

2）事故发生前伤亡人员和相关人员的技术水平、安全教育记录、特殊工种持证情况和健康状况，过去的事故记录、违章违纪情况等；

3）事故发生前工作内容、开始时间、许可情况、作业程序、作业时的行为及位置、事故发生的经过、现场救护情况等；

4）事故场所周围的环境情况（包括照明、湿度、温度、通风、声响、色彩度、道路、工作面状况以及工作环境中有毒、有害物质和易燃、易爆物取样分析记录）、安全防护设施和个人防护用品的使用情况（了解其有效性、质量及使用时是否符合规定）。

（2）电网、设备事故应查明：

1）事故发生的时间、地点、气象情况，以及事故发生前系统和设备的运行情况；

2）事故发生经过、扩大及处理情况；

3）与事故有关的仪表、自动装置、断路器、保护、故障录波器、调整装置、遥测、遥信、遥控、录音装置和计算机等记录和动作情况；

4）事故造成的损失，包括波及范围、减供负荷、损失电量、停电用户性质，以及事故造成的设备损坏程度、经济损失等；

5）设备资料（包括订货合同、大小修记录等）情况以及规划、设计、选型、制造、加工、采购、施工安装、调试、运行、检修等质量方面存在的问题。

4. 分析原因责任

（1）根据事故调查的事实，通过对直接原因和间接原因的分析，确定事故的直接责任者和领导责任者；根据其在事故发生过程中的作用，确定事故发生的主要责任者、同等责任者、次要责任者、事故扩大的责任者；根据事故调查结果，确定相关单位承担主要责任、同等责任、次要责任或无责任。

（2）凡事故原因分析中存在下列与事故有关的问题，确定为领导责任：

1）安全生产责任制不落实；

2）规程制度不健全；

3）对职工教育培训不力；

4）现场安全防护装置、个人防护用品、安全工器具不全或不合格；

5）反事故措施、安全技术劳动保护措施计划和应急预案不落实；

6）同类事故重复发生；

7）违章指挥或决策不当；

8）政府相关部门规定的工程项目有关安全施工证件不全；

9）事故调查组确定的应为领导责任的其他情形。

5. 提出防范措施

事故调查组应根据事故发生、扩大的原因和责任分析，提出防止同类事故发生、扩大的组织（管理）措施和技术措施。

6. 提出人员处理意见

（1）事故调查组在事故责任确定后，要根据有关规定提出对事故责任人员的处理意见，由有关单位和部门按照人事管理权限进行处理。

（2）对下列情况应从严处理：

1）违章指挥、违章作业、违反劳动纪律造成事故发生的；

2）事故发生后迟报、漏报、瞒报、谎报或在调查中弄虚作假、隐瞒真相的；

3）阻挠或无正当理由拒绝事故调查或提供有关情况和资料的。

（3）在事故处理中积极抢救、安置伤员和恢复设备、系统运行的，在事故调查中主动反映事故真相，使事故调查顺利进行的有关事故责任人员，可酌情从宽处理。

（三）事故调查报告

由政府有关机构组织的事故调查，调查完成后，有关调查报告书应由事故发生单位留档保存，并逐级上报至国家电网公司。

1. 事故调查报告书

（1）下列事故应由调查组填写事故调查报告书：

1）人身死亡、重伤事故，填写《人身事故调查报告书》；

2）五级以上电网事故填写《电网事故调查报告书》；

3）五级以上设备事故填写《设备事故调查报告书》；

4）六级以上信息系统事件填写《信息系统事件调查报告书》；

5）其他由国家电网公司、省电力公司、国家电网公司直属公司根据事故性质及影响程度指定填写的。

（2）事故调查报告书由事故调查的组织单位以文件形式在事故发生后的 30 日内报送。特殊情况下，经上级管理单位同意可延至 60 日。

（3）上级管理单位接到事故调查报告后，15 日内以文件形式批复给事故调查的组织单位。

（4）符合（1）条所列事故（重伤除外）的，应随事故调查报告书上报事故影像资料。

2. 资料归档

事故调查结案后，事故调查的组织单位应将有关资料归档，资料必须完整，根据情况应有：

（1）人身、电网、设备、信息系统事故报告；

（2）事故调查报告书、事故处理报告书及批复文件；

（3）现场调查笔录、图纸、仪器表计打印记录、资料、照片、录像（视频）、操作记录、配置文件、日志等；

（4）技术鉴定和试验报告；

（5）物证、人证材料；

（6）直接和间接经济损失材料；

（7）事故责任者的自述材料；

（8）医疗部门对伤亡人员的诊断书；

（9）发生事故时的工艺条件、操作情况和设计资料；

（10）处分决定和受处分人的检查材料；

（11）有关事故的通报、简报及成立调查组的有关文件；

（12）事故调查组的人员名单，内容包括姓名、职务、职称、单位等。

四、安全记录

（1）安全周期安全天数达到 100 天为一个安全周期。

（2）发生五级以上人身事故，中断有责任单位的安全记录。

（3）发生负同等责任以上的重大以上交通事故，中断事故发生单位的安全记录。

（4）除下述免责条款外，无论原因和责任，发生六级以上电网、设备和信息系统事故均中断事故发生单位的安全记录。发生七级电网、设备和信息系统事件，中断发生事故的县供电公司级单位或地市供电公司级单位所属车间（工区、分部、分厂）的安全记录。

1）因暴风、雷击、地震、洪水、泥石流等自然灾害超过设计标准承受能力和人力不可抗拒而发生的电网、设备和信息系统事故。

2）为了抢救人员生命而紧急停止设备运行构成的事故。

3）示范试验项目以及事先经过上级管理部门批准进行的科学技术实验项目，由于非人员过失所造成的事故。

4）非人员责任引起的直流输电系统单极闭锁。

5）新投产设备（包括成套性继电保护及安全自动装置）一年以内发生由于设计、制造、施工安装、调试、集中检修等单位负主要责任造成的五至七级电网和设备事件。

6）地形复杂地区夜间无法巡线的 35kV 以上输电线路或不能及时得到批准开挖检修的城网地下电缆，停运后未引起对用户少送电或电网限电，停运时间不超过 72h 者。

7）发电机组因电网安全运行需要设置的安全自动切机装置，由于电网原因造成的自动切机装置动作，使机组被迫停机构成事故者。若切机后由于人员处理不当或设备本身故障构成事故条件的，仍应中断安全记录。

8）电网因安全自动装置正确动作或调度运行人员按事故处理预案进行处理的非人员责任的电网失去稳定事故。若由于人员处理不当或设备本身故障构成事故者，仍应中断安全记录。

9）不可预见或无法事先防止的外力破坏事故。

10）无法采取预防措施的户外小动物引起的事故。

11）公司系统内产权与运行管理相分离，发生五级及以下电网和设备事件且运行管理单位没有责任者。

12）发生公司系统内其他单位负同等责任以上的七级电网、设备和信息系统事件，运行管理单位负同等责任以下者，不中断其安全记录。

第五节 反 违 章 工 作

一、违章概述

1. 概念

国家电网公司《安全生产反违章工作管理办法》指出：违章是指在电力生产活动过程中，违反国家和行业安全生产法律法规、规程标准，违反国家电网公司安全生产规章制度、反事故措施、安全管理要求等，可能对人身、电网和设备构成危害并诱发事故的人的不安全行为、物的不安全状态和环境的不安全因素。

2. 分类

（1）按照违章性质，分为管理违章、行为违章和装置违章三类。

1）管理违章：指各级领导、管理人员不履行岗位安全职责，不落实安全管理要求，不执行安全规章制度等的各种不安全行为。

2）行为违章：指现场作业人员在电力建设、运行、检修等生产活动过程中，违反保证安全的规程、规定、制度、反事故措施等的不安全行为。

3）装置违章：指生产设备、设施、环境和作业使用的工器具及安全防护用品不满足规程、规定、标准、反事故措施等的要求，不能可靠保证人身、电网和设备安全的不安全状态。

（2）按照违章可能造成的事故、伤害的风险大小，分为严重违章和一般违章。

根据国家电网公司《安全生产反违章工作管理办法》的规定，严重违章是指可能对人身、电网、设备安全构成较大危害、容易诱发事故的违章现象。其他违章现象为一般违章。

二、习惯性违章

发生的各种事故，几乎都与习惯性违章分不开，它是导致人身伤亡的重要隐患，严重危及企业生产经营正常运行。因此反"习惯性违章"是各行各业面临的一项艰巨任务，是安全生产工作的当务之急，是遏制事故强有力措施之一，也是安全生产工作者面临的重要课题。

（一）习惯性违章的定义

对于习惯性违章，目前流行的定义有两种：

（1）指那些固守旧有的不良作业传统和工作习惯，违反安全工作规程的行为。

（2）指在某项作业中长期逐渐形成并被一定群体或个体主观和客观认可的、经常性的违反安全工作规程的一种行为。

（二）习惯性违章的表现形式

习惯性违章一般属于行为违章的范畴，一般表现为以下两种形式：

（1）习惯性违章操作或作业。即那些在操作中，沿袭不良的传统习惯做法，违反安全规程规定的操作技术或操作程序的行为，随心所欲地进行生产或施工活动。

例如，多年来，无论是国家电力公司还是国家电网公司，其《电力安全工作规程　变电部分》都规定在电气设备上工作时保证安全的技术措施是"停电、验电、装设接地线、悬挂标识牌或装设遮栏"，按理说操作人员应该养成按规程办事的习惯。但事实上，图省事、不做安全措施的现象仍时有出现。

【案例 2-1】 习惯性违章造成人员死亡

事故经过：

2002 年 3 月 11 日，某供电公司项目部对某电站 1B 主变压器检修，1B 主变压器差动保护动作，主变压器高压侧断路器跳闸，电站现场运行负责人林××要求项目部人员协助查找原因。在检查 1 号机 10kV 开关室内时，林××要求项目部人员检查 1 号机出口断路器的主变压器差动电流互感器的二次侧端子（在发电机出口开关柜内的电流互感器上）。经双方口头核实安全措施以后，邓×便进开关柜内去检查电流互感器接线端子是否松动，随即柜内出现强烈电弧光，邓×被电击伤，后因伤势过重抢救无效而死亡。

事故主要原因：

邓×进入开关柜检查前，没有采取"停电—验电—装设接地线"的安全措施,没有合上开关柜内的接地开关，严重违章。

事故直接原因：

主变压器 1B 保护动作后,1F 出口开关跳闸,机组自动转入有励空载运行,出口开关下端带电,造成 10kV 开关柜有电。

事故间接原因：

参加检查人员工作图省事，没有办理工作票，也没有执行监护制度。

（2）习惯性违章指挥。即工作负责人在指挥作业过程中，违反安全规程的要求，按不良的传统习惯进行指挥的行为。

例如，按照《国家电网公司电力安全工作规程　线路部分》规定，在线路已经送电的情况下，命令工作班成员到带电设备上检查柱上油断路器端子，工作负责人"必须交代清楚安全距离和安全措施""认真执行监护"。可是，在实际执行过程中，有的负责人竟然按照不良的传统习惯进行盲目指挥，该交待的项目不交待，该执行的监护不执行，由此而带来的必然是不堪设想的后果。正如有的工人所说"习惯性违章指挥无异于杀人。"

（三）习惯性违章的特点

（1）方便性。习惯性违章操作一般都跨越或省去一个或几个正常的操作程序步骤，作业过程比较方便、省力等，正规的程序则很可能要花更多的时间，比较"繁琐"，特别是一部分操作技能强的员工在实践中总结出一套自己的"作业程序"，认为这样做很实用、方便，便自觉或不自觉地为之。例如，按正规操作要求需要用 25min 而员工按自己的"土办法"只需 5min。因此，方便性具有很大的认可群体。

（2）麻痹性。有人曾经做过温水煮蛙的实验，把两只青蛙分别放入已经烧开的锅里和一个刚烧温的锅里，放入沸水锅里的青蛙会立即拼命从沸水锅里蹦出来，而放入温水锅里的青蛙，由于水温的适宜，仍然在锅里无动于衷，结果被煮死。

在日常的安全生产中，习惯性违章的危害与这个实验有异曲同工之处。经常违章的却没有必然地发生事故，就容易将其看成是正确的操作，或者看成是"虽然违章但是小心点不会出事"的操作，久而久之习惯成自然，使作业人员对这种违章行为丧失警惕，也就是大家常说的麻痹大意，甚至完全丧失安全意识。

从一些事故案例中发现，某些习惯性违章行为，往往不是行为者有意识所为，而是行为习惯使然。行为者尽管在作业前采取了周密的安全措施，但由于在长期实践中形成的不良习惯发生了作用，无意识地违反安全规程，因此出现误操作或误作业，导致事故的出现。

（3）顽固性。一般来说，人的习惯性与其本身的心理、生理、受教育程度、气质特点、环境等多方面因素有关，一旦形成一种习惯性的动作方式甚至思维定式，往往不容易纠正。

习惯性违章是受一定的心理支配的，并且是一种习惯性动作方式，只要其安全心理、工作态度不变，习惯性违章行为就会反复发生，除非行为人受到事故伤害而改变其行为方式。

顽固性的典型表现是，有习惯性违章的人员固守不良的传统做法，总认为自己的习惯性工作方式"管用""省力"，而不愿意接受新的工艺和操作方式，即使是被动参加过培训，但还是"旧习不改"。

如进入施工现场应戴好安全帽，高处作业必须正确系好保险带等措施讲了多少年，但实际总有那么一部分人员有章不循，进入施工现场不正确戴好安全帽，高处作业不系安全带，还辩解说"多少年都这样干下来了，也未见出什么问题""哪有这么巧，上面掉的东西正好打在头上，几十年过来了，我们不是一直这样在做吗"等等，一旦出了事故还怪运气不好。

又例如有人在杆塔上往下抛扔工器具、材料时砸伤了地面工作人员，现场指挥却批评杆塔上人员："你为什么不看看下面再扔!"《国家电网公司电力安全工作规程　线路部分》上规定"必须用绳索将物件放下、严禁抛扔"，显然，指挥者与操作者都犯了习惯性违章的错误。

事实证明纠正一种具体的违章行为比较容易，但要改变或消除受心理支配的不良习惯并非易事，需要经过长期的努力，才能纠正不良的工作习惯。

（4）继承性。有些工作人员的习惯性违章行为并不是自己发明的，而是从一些老师傅身上"学""传"下来的。当他们看到一些老师傅违章作业既省力，又未出事故，也就盲目效仿，就这样又把这些不良的违章作业习惯传给了下一代，从而导致某些违章作业的不良习惯一脉相承，代代相传。经常有工人因违章受到批评时说："老工人都是这么干的，我们是从老工人那里学来的。"而老工人却说："我们的师傅也是这么干的，但他们动作利索未出事。"

由此可以看出，习惯性违章是一种长期沿袭下来的违章行为。

（5）误导性。这一特性是针对指挥者、管理者的违章行为对操作者形成违章习惯的影响而言的。

如果项目经理不重视安全，作业队长就更不重视安全；作业队长不纠正违章，班长也不愿去"得罪人"。违章得不到及时纠正，员工就认为冒险作业是对的，这无形中对员工安全行为起到潜移默化的误导作用。从这个角度看，员工的习惯性违章行为在一定的程度上源于领导的安全意识。

（6）传染性。由于习惯性违章本身所具有的一些"特点"和"优势"，很容易被那些安全意识淡薄的员工所接受，一次次都不被发现，一次次能侥幸躲过不出事故，相反还能获得更多的休息或利益，逐渐削弱了其安全意识，不但跟风效仿，还把习惯性违章当成工作"经验"加以传播。因此习惯性违章行为的传染能力具有很强的生命力，会一层影响一层，造成"一脉相承"的后果，危害极大。

（7）普遍性、经常性、反复性。习惯性违章涉及面广，有操作者、指挥者和管理者；因为一般情况下不导致严重后果，所以容易被人忽视，也因此具有一定的生存土壤和环境，而成为一种普遍倾向。习惯性违章大多属行为性违章的范畴，很多职工多少都有这样的行为，因而在长期的工作中反复发生、经常出现。

（8）阻碍性。具有习惯性违章的员工，通常会产生对标准的安全规程、新规定的逆反心理，总以为自己的习惯性方式好用、管用，其结果必然严重地妨碍安全规程的贯彻执行和落实。

如果生产管理干部固守错误的违章指挥习惯，缺乏对新的安全思维方式、新的安全观念、新的安全管理机制的学习，或不接受或理解差，势必会对它们的贯彻落实起到一定的阻碍作用。

（四）习惯性违章的危害

（1）习惯性违章容易使人丧失应有的警惕性，习惯性违章麻痹性已经说明了这一点。

（2）习惯性违章必然会引发事故。违章是安全生产的"天敌"，是发生安全事故的重要原因。"违章不一定造成事故，但发生事故则一定存在着违章"，违章与事故之间在一定程度上构成了因果关系，尤其是习惯性违章危害更大。事实就是，一个人或一个组织，违章次数多了，出现事故就是必然。

（五）习惯性违章的成因

1. 主观原因

习惯性违章的主体是人，人的错误思想认识是导致不安全行为的主要根源。由于职工个体的文化层次、社会阅历、家庭状况、思想素质等各不相同，造成违章的主观原因也是多种多样，大致可分为以下十三种。

（1）侥幸心理。

一些职工自认为自我控制能力强，可以驾驭所熟悉的作业环境和作业项目，加上以前偶尔违章没有受到伤害，就把潜在的危险抛之脑后，认为自己运气好，再干一次也不会造成事故，这就是侥幸心理的表现。

实际上，伤害事故是一种小概率事件，一次或几次不违章行为不一定会导致伤害。但是，如果一旦环境、设备、人员发生变化，就很可能引发事故。

（2）麻痹心理。

这类情况中员工已开始接受了正轨的培训教育，思想认识是到位的。但是在单位安全生产形势较为稳定的情况下，安全思想和警惕性就会不自觉地松懈下来，加上周而复始、形式单一的工作内容，就容易把安全规程、防范措施淡化，产生轻视已掌握的操作规程的心理，不严格按规程办事，时间一长就养成了违章习惯。

（3）取巧心理。

这种情况的员工往往手脚比较麻利、脑子灵活，干一般性的工作速度快、效率高，为了获得更多的安逸舒服时间，或有时为了抢时间赶工作进度，图省时省劲，往往会总结分析投机取巧冒险违章违纪中的"经验教训"，简化操作过程、跨越操作工序等，久而久之养成了违章习惯。

（4）惰性心理。

惰性心理也可称为"省能心理"，它是指在作业中尽量减少能量支出，"能省力便省力，能凑合就凑合"的一种心理状态，它是懒惰行为的心理根据。在实际工作中，常常会看到有些违章操作是由于干活图省事、嫌麻烦而造成的。

例如，有些人宁愿冒点险也不愿多伸一次手、多走一步路、多张一次口；有些人明知机器运转不正常，但也不愿停下来检查修理，而让它带"病"工作。凡此种种，都和惰性心理有关。

（5）马虎心理。

有些员工认为自己熟悉工作环境和作业程序，只要掌握主要的操作规程即可，作业时粗枝大叶、不拘细节，他们往往对违章作业所造成已发生的危险比较警醒，对暂时没有发生的、潜伏的危险掉以轻心，结果发生意想不到的事故。

（6）逞能心理。

这种情形主要表现在一些员工岗位技能比较高，有一定工作经验，理论上有一定水平，操作规程也熟悉，容易产生骄傲自满思想，认为别人不敢做的事自己却敢做，显示自己"技高胆大"。这种逞能心理一旦得逞就容易产生习惯心理，形成习惯性违章。

（7）蛮干心理。

有些员工有一定的技术能力，但工作方法简单粗暴，视循规蹈矩、小心谨慎为婆婆妈妈，把遵章守制当成是刻板，凭想象随意"创新"工作方法，只要能完成任务根本不去想是否违规，是否符合措施要求。

例如,《国家电网公司电力安全工作规程》规定高处作业必须系安全带,但一些员工图省事,不系安全带。虽然有时候侥幸没有出事,但在一定条件下就有可能引发事故。

(8)无知心理。

这种情形主要反映在一些新员工和部分文化程度较低的员工身上。由于新员工刚参加工作,没有社会和工作经验,需要师傅教和自己学。而文化程度低的员工平时不注意加强学习,缺乏一定的安全技能,自我保护能力差。这些员工对操作规程、规章制度等或不了解或一知半解,工作起来凭本能、热情,作业中糊里糊涂违章,糊里糊涂出事,根本不知道错在哪里。

(9)麻木心理。

这种情形主要反映在一部分员工因长期、反复从事同一种作业,工作热情减退,积极性不高,产生厌倦情绪,工作中常抱有"事不关己,高高挂起"的消极态度,工作应付了事,对违章行为持无所谓态度,即使发现问题或工具损坏也不及时处理,发现他人违章也不制止,认为"别人违章与我无关",完全处于被动和放纵状态。

(10)逆反心理。

这种情形主要表现在个别员工因对某些社会现象不满,或对工作待遇、环境不满,或与管理人员有个人恩怨,或由于现场指挥人员态度粗暴、方式不当,引起操作人员的反感,明知有危险,赌一时之快,发泄心中的怨气,故意不按正确方法操作。

(11)从众心理。

这种情形主要是一些员工自身安全知识缺乏、安全意识不强,对问题的认识缺少主见,看到其他职工违章操作"既省力,又没出事",还没被追究和处理,盲目地把违章当成经验学习、运用。逐渐地,错误的操作方法反而代替正确的操作方法,养成了违章习惯。

(12)奉上心理。

这种情形主要是现行的体制约束了一些员工的思想,不敢坚持原则,不敢提意见,对上级的话唯命是从,明明知道是错的,总想着是领导让我干的,就算出了事也有上面顶着,查不到我,具有比较明显的"明哲保身"的特征。

(13)唯心心理。

极少数员工受消极思想影响,抱着"是福不是祸,是祸躲不过"的错误心理,靠惯性作业,凭经验操作,在主观认识上就有排斥安全操作的心理。

2. 客观原因

(1)岗位培训不到位。

由于企业的现行制度无法满足对员工进行定期的知识更新和技术培训,或现行的培训方式方法缺乏针对性,培训考核机制不健全,员工培训不能达到令人满意的效果,表现为员工对新技术、新工艺、新设备的操作规程一无所知,在不知情的状态下违章。

(2)作业环境不安全。

电力系统组成和生产过程复杂,有的工种操作和作业工艺危险性大,有的工种受多种自然条件影响易发生意想不到的灾害,有的工艺或工器具设计不符合人体生理特征,按正规的操作非常不方便等。此外,随着生产规模的扩大,部分设备、工器具不能满足当前生产需要,为保持正常生产"带病上阵"或"超龄服役"。这些外界存在的问题迫使员工违章操作。

(3)管理制度不完善。

由于现行制度对下要求多、要求严，对上缺乏约束，导致干部带头违章，容易挫伤员工参与安全管理积极性。此外，目前我们还没有建立"违章作为事故处理"的制度，对暂时没有造成后果的习惯性违章行为姑息迁就，不抵制，放松了对职工安全行为的严格要求和教育督导，最终导致事故发生。

（4）社会环境不理想。

随着社会的发展，员工参与社会生活的程度在不断增加，受不良风气的影响，与高收入人群攀比造成心理失衡，思想不稳定，导致员工在工作中注意力不集中，行为走样；此外，在与同事、朋友、亲属发生一些矛盾及生活中遇到挫折，也会使员工思想情绪波动，在特定的条件和环境下导致行为失调。

三、国家电网公司安全生产典型违章 100 条

1. 行为违章（60 条）

（1）进入作业现场未按规定正确佩戴安全帽。

（2）从事高处作业未按规定正确使用安全带等高处防坠用品或装置。

（3）作业现场未按要求设置围栏；作业人员擅自穿、跨越安全围栏或超越安全警戒线。

（4）不按规定使用操作票进行倒闸操作。

（5）不按规定使用工作票进行工作。

（6）现场倒闸操作不戴绝缘手套，雷雨天气巡视或操作室外高压设备不穿绝缘靴。

（7）约时停、送电。

（8）擅自解锁进行倒闸操作。

（9）防误闭锁装置未按规定使用。

（10）调度命令拖延执行或执行不力。

（11）专责监护人不认真履行监护职责，从事与监护无关的工作。

（12）倒闸操作前不核对设备名称、编号、位置，不执行监护复诵制度或操作时漏项、跳项。

（13）倒闸操作中不按规定检查设备实际位置，不确认设备操作到位情况。

（14）停电作业装设接地线前不验电，装设的接地线不符合规定，不按规定和顺序装拆接地线。

（15）漏挂（拆）、错挂（拆）标志牌。

（16）工作票、操作票、作业卡不按规定签名。

（17）开工前，工作负责人未向全体工作班成员宣读工作票，不明确工作范围和带电部位，安全措施不交代或交代不清，盲目开工。

（18）工作许可人未按工作票所列安全措施及现场条件，布置完善工作现场安全措施。

（19）作业人员擅自扩大工作范围、工作内容或擅自改变已设置的安全措施。

（20）工作负责人在工作票所列安全措施未全部实施前允许工作人员作业。

（21）工作班成员还在工作或还未完全撤离工作现场，工作负责人就办理工作终结手续。

（22）工作负责人、工作许可人不按规定办理工作许可和终结手续。

（23）进入工作现场，未正确着装。

（24）检修完毕，在封闭风洞盖板、风洞门、压力钢管、蜗壳、尾水管和压力容器人孔前，未清点人数和工具，未检查确无人员和物件遗留。

（25）不按规定使用合格的安全工器具、使用未经检验合格或超过检测周期的安全工器具进行作业（操作）。

（26）不使用或未正确使用劳动保护用品，如使用砂轮、车床不戴护目眼睛，使用钻床等旋转

机具时不戴手套等。

（27）巡视或检修作业，工作人员或机具与带电体不能保持规定的安全距离。

（28）在开关机构上进行检修、解体等工作，未拉开相关动力电源。

（29）将运行中转动设备的防护罩打开；将手深入运行中转动设备的遮栏内；戴手套或用抹布对转动部分进行清扫或进行其他工作。

（30）在带电设备周围使用钢卷尺、皮卷尺和线尺（夹有金属丝者）进行测量工作。

（31）在带电设备附近使用金属梯子进行作业；在户外变电站和高压室内不按规定使用和搬运梯子、管子等长物。

（32）进行高压试验时不装设遮栏或围栏，加压过程不进行监护和呼唱，变更接线或试验结束时未将升压设备的高压部分放电、短路接地。

（33）在电容器上检修时，未将电容器放电并接地或电缆试验结束，未对被试电缆进行充分放电。

（34）继电保护进行开关传动试验未通知运行人员、现场检修人员。

（35）在继电屏上作业时，运行设备与检修设备无明显标志隔开，或在保护盘上或附近进行振动较大的工作时，未采取防掉闸的安全措施。

（36）跨越运转中输煤机、卷扬机牵引用的钢丝绳。

（37）吊车起吊前未鸣笛示警或起重工作无专人指挥。

（38）在带电设备附近进行吊装作业，安全距离不够且未采取有效措施。

（39）在起吊或牵引过程中，受力钢丝绳周围、上下方、内角侧和起吊物下面，有人逗留和通过。吊运重物时从人头顶通过或吊臂下站人。

（40）龙门式起重机、塔式起重机拆卸（安装）过程中未严格按照规定程序执行。

（41）在高处平台、孔洞边缘倚坐或跨越栏杆。

（42）高处作业不按规定搭设或使用脚手架。

（43）擅自拆除孔洞盖板、栏杆、隔离层或因工作需要拆除附属设施时不设明显标志并及时恢复。

（44）进入蜗壳和尾水管未设防坠器和专人监护。

（45）凭借栏杆、脚手架、瓷件等起吊物件。

（46）高处作业人员随手上下抛掷器具、材料。

（47）在行人道口或人口密集区从事高处作业，工作地点的下面不设围栏，未设专人看守或采取其他安全措施。

（48）在梯子上作业，无人扶梯子或梯子架设在不稳定的支持物上，或梯子无防滑措施。

（49）不具备带电作业资格人员进行带电作业。

（50）登杆前不核对线路名称、杆号、色标。

（51）上下杆塔作业不使用防坠落装置。

（52）组立杆塔、撤杆、撤线或紧线前未按规定使用防倒杆装置等防倒杆塔措施或采取突然剪断导线、地线、拉线等方法撤杆撤线。

（53）动火作业不按规定办理或执行动火工作票。

（54）特种作业人员不持证上岗或非特种作业人员进行特种作业。

（55）未履行有关手续即对有压力、带电、充油的容器及管道施焊。

（56）在易燃物品及重要设备上方进行焊接，下方无监护人，未采取防火等安全措施。

（57）易燃、易爆物品或各种气瓶不按规定储运、存放、使用。

（58）水上作业不佩戴救生措施。

（59）无证驾驶，酒后驾驶，客货混装，不系或不正确系安全带，兼职驾驶员未持双证（驾驶证、兼驾证）驾驶公车。

（60）值班期间脱岗。

2. 装置违章（18 条）

（1）高低压线路对地、对建筑物等安全距离不够。

（2）高压配电装置带电部分对地距离不能满足规程规定且未采取措施。

（3）待用间隔未纳入调度管辖范围。

（4）电力设备拆除后，仍留有带电部分未处理。

（5）变电站无安防措施。

（6）易燃易爆区、重点防火区内的防火设施不全或不符合规定要求。

（7）深沟、深坑四周无安全警戒线，夜间无警告红灯。

（8）电气设备无安全警示标志或未根据有关规程规定设置"硬隔离"等固定遮（围）栏。

（9）开关设备无双重名称。

（10）线路杆塔无线路名称和杆号，或名称和杆号不唯一、不正确、不清晰。

（11）线路接地电阻不合格或架空地线未对地导通。

（12）平行或同杆架设多回路线路无色标。

（13）在绝缘配电线路上未按规定设置验电接地环。

（14）防误闭锁装置不全或不具备"五防"功能。

（15）机械设备转动部分无防护罩。

（16）电气设备外壳无接地。

（17）临时电源无漏电保护器。

（18）起重机械如绞磨、汽车式起重机、卷扬机等无制动和逆止装置，或制动装置失灵、不灵敏。

3. 管理违章（22 条）

（1）安全第一责任人不按规定主管安全监督机构。

（2）安全第一责任人不按规定主持召开安全分析会。

（3）未明确和落实各级人员安全生产岗位职责。

（4）未按规定设置安全监督机构和配置安全员。

（5）未按规定落实安全生产措施、计划、资金。

（6）未按规定配置现场安全防护装置、安全工器具和个人防护用品。

（7）设备变更后相应的规程、制度、资料未及时更新。

（8）现场规程没有每年进行一次复查、修订，并书面通知有关人员。

（9）新入厂的生产人员，未组织三级安全教育或员工未按规定组织《安规》考试。

（10）特种作业人员上岗前未经过规定的专业培训。

（11）没有每年公布工作票签发人、工作负责人、工作许可人、有权单独巡视高压设备人员名单。

（12）对事故未按照"四不放过"原则进行调查处理。

（13）对违章不制止、不考核。

（14）对排查出的安全隐患未制定整改计划或未落实整改治理措施。

（15）设计、采购、施工、验收未执行有关规定，造成设备装置性缺陷。

（16）未按要求进行现场勘察或勘察不认真、无勘察记录。

（17）不执行停电检修平衡会制度，不落实电网运行方式安排和调度计划。

（18）违章指挥或干预值班调度、运行人员操作。

（19）安排或默许无票作业、无票操作。

（20）大型操作、大型施工、重大险情抢修作业期间管理人员未到岗到位。

（21）对承包方未进行资质审查或违规进行工程发包。

（22）承发包工程未依法签订安全协议，未明确双方应承担的安全责任。

四、反违章管理措施

1. 完善反违章制度

必须要建立、健全反习惯性违章的各项制度，例如《反违章工作实施细则》、违章"说清楚"制度、违章曝光制度、违章记分管理制度等，使预防和纠正习惯性违章规范化、制度化。同时，把这些反习惯性违章规章制度细化到单位、细化到班组，落实到每一个岗位，做到岗岗有规可循，人人有章可遵，依靠"群防群治""综合治理"，全方位遏制习惯性违章行为。

习惯性违章现象之所以屡禁不止，一个重要原因就是处罚不严，失之于宽。严格检查考核，要做到发现问题严肃处理，但也不是要将违章者"一棍子打死"，而是依靠"行得通、用得上、鼓实劲、收实效"的检查考核制度，坚持从小事、细节上逐步规范员工行为。

2. 加强安全教育培训

习惯性违章的主要原因是人的因素，而安全知识与技能的培训和安全思想教育作为企业安全管理一项重要内容和工作，在一定程度上引导和决定着员工安全意识的强弱、操作技能的高低。

要杜绝习惯性违章，就必须坚持"以人为本"的思想，全面提高人员的素质。要做到安全生产，首先要加强安全思想教育，使职工具有较强的安全生产的意识；其次要加强安全知识与技能的培训，使职工有足够的相关安全知识和安全技能；最终在生产中通过安全知识的积累和安全技能运用来进一步增强安全意识、提高安全技能。

例如，某些单位通过开展"安全知识竞赛""安全天天讲""动作标准的制定、演练""每日一题""危险源辨识及风险评价"等活动，巩固学习《安全检查表》《岗位安全技术标准》《事故案例分析》等安全知识，使员工深刻认识到安全生产规章制度是用鲜血的教训换来的宝贵经验，按照规章制度作业和操作就是珍惜生命，使广大员工在实际作业中，自我保护的安全意识增强，绝大多数人做到了"我要安全、我能安全"，有效地预防了习惯性违章。

3. 排查员工习惯性违章行为，制定针对性防范措施

在实际工作中，把员工的习惯性违章行为当做一种危险点来排查、分析，应用事故致因理论，按照危险点预控的方法，做好作业前的危险点分析，事先制定出具体可行的预防措施，填好作业项目的《危险点预控卡》，在工作中执行，提高反违章措施的可操作性和实施效果。

4. 开展标准化作业

（1）意义：培养良好作业习惯是增强安全意识、预防习惯性违章进而杜绝责任事故的根本途径。现场标准化作业是安全生产管理的一个重要内容，也是培养良好作业习惯的重要途径。

（2）开展现场标准化作业的主要内容是：结合生产实际制定班组的各项安全标准，逐步实行作业程序标准化、生产操作标准化、生产设备和安全设施标准化、作业环境和工具摆放标准化、安全用语标准化、个体防护使用标准化、安全标志标准化。

（3）方法：班组可利用安全活动日，对本工种本岗位的作业程序、动作标准进行专项训练，促使良好习惯的形成；在日常作业中，员工之间养成彼此监督和提醒，切实做到联保互保，及时避免或终止违章行为，养成规范操作的习惯，达到安全生产的目的。

5. 发挥安全监察作用，落实检查制度

安全生产制度要靠好的监督机制来保证执行，除了日常组织的安全大检查外，还要求各级安全监督人员，经常到现场检查作业安全措施落实情况，检查"两票三制"的执行情况。例如，现场作业必须办理工作票，作业现场必须明确工作负责人；工作负责人每次开工前要对现场工作人员讲解安全注意事项，检查作业安全措施，检查安全工器具的完好情况，检查安全劳保用品的佩戴情况，检查现场安全围栏、安全警告牌是否设置妥当等。从班组外部和内部两方面进行安全检查，及时发现问题及时整改。

6. 监护人员认真监护，作业人员互相监护

监护人员做好现场监护是预防习惯性违章最直接的方法，也是最关键的环节。现场作业是否发生违章，往往就在关键的一念之差。在作业现场，监护人员要尽职尽责，能做到"举一反三抓防范，铁面无私纠违章"；要能在司空见惯、见怪不怪的行为和状态中发现不安全的因素，并采取相应的防范措施。

对于比较复杂的、人员较多的作业过程，监护人员很可能不会完全监护到位。因此，作业人员在工作中也应互相监护，彼此观察对方情绪，了解对方心理，判断对方行为动向，发现有不良行为的苗头，及时通过语言交流和肢体暗示来终止不良行为的发生和延续，真正做到联保互保，达到有效预防习惯性违章的目的。

7. 合理选择和配置岗位作业人员

人的素质、性格各异，作业分配时应尽量使操作者性格与作业要求相适应。例如，对于电气设备上作业或高处作业，应挑选性格稳定、细致、耐心、自制力强的人；而那些敢于冒险、性格外向者从事上述作业，就容易发生违章行为，应适当更换工作岗位。

8. 深入开展反违章活动

总结反违章活动工作经验，深入开展安全生产专项活动，组织开展"无违章企业""无违章班组""无违章员工"等创建活动，大力宣传遵章守纪典型，广泛交流反违章工作经验，形成党政工团齐抓共管的氛围。

9. 加强企业安全文化建设，营造反违章环境

人的心理活动是由客观事物引起的，又会在人的行为中表现出来，所以人的习惯性违章行为是对某些客观事物的特定反应，并受到心理支配和调节。行为心理学研究表明，环境因素对人的行为有着巨大的、无形的影响力。如一个电气倒闸操作行为不规范的人，加入到一个操作行为规范的班组里，其操作行为很快变得规范起来；反之，一个操作行为很规范的人，到了一个操作行为不规范

的班组里，其行为也会变得不规范。

所以，一方面通过宣传、教育，加强企业安全文化建设；另一方面通过培养遵章守纪的骨干，树立反违章的典型，结合激励和处罚等手段带动落后人员。这样能营造一个良好的反违章环境，使每一个员工长期受到安全文化的熏陶，习惯于遵章守纪，形成"违章可耻，遵章光荣"的习惯意识，也就达到了反习惯性违章的目的。

五、国家电网公司反违章工作

1. 各级领导及部门反违章工作职责

（1）各级安全第一责任人对本单位的反违章工作全面负责，为反违章工作提供人员、物质条件和管理平台。

（2）各级分管副职是对分管范围内的反违章工作负全责，策划、组织、开展分管范围内的反违章工作。

（3）安全生产保证体系是反违章工作的责任主体。在组织和实施各项生产活动的全过程落实反违章工作，定期进行班组生产承载力评估分析，定期对管辖范围内的管理违章、装置违章进行统计、分析、整改。

（4）安全生产监督体系是反违章工作的监督主体。制定完善反违章工作制度，组织开展并严格监督反违章工作，负责反违章工作的考核评估，定期分析通报反违章工作，提出改进措施。

（5）生产工区、专业所、车间、县供电企业（以下简称工区）是反违章工作的实施主体。严格按照规章制度开展生产活动，强化作业安全管理，严厉打击违章。

（6）班组是反违章工作的执行主体。自觉遵章守纪，严格执行标准化作业，开展自查自纠反违章，把违章现象消灭在萌芽状态。

（7）各级党群组织应围绕反违章开展思想政治、创优评先等工作，培育企业反违章安全文化，提高员工安全自保互保意识和技能。

2. 教育培训

（1）定期组织反违章培训教育，分层次、分专业开展安全生产规章制度的宣贯培训，提高职工的反违章意识和自我防护能力。

（2）宣传反违章工作经验，树立反违章工作典型；及时曝光违章现象，定期汇编典型事故，开展警示教育。

（3）定期对相关领导、管理人员、从事安全生产工作人员进行《国家电网公司电力安全工作规程》和安全生产知识调考和考试。严格审核"三种人"（工作票签发人、工作负责人、工作许可人）的资格。

3. 监督检查

（1）监督检查应坚持宣贯与打击、指导与考核相结合的原则。

（2）对发现的违章现象，必须立即指出、及时纠正，并下达整改通知书，督促整改。

（3）监督检查可通过安全检查、专项监督、现场稽查进行，也可结合隐患排查、风险评估、事故分析、基层调研等进行。

（4）各单位应建立完善反违章监督检查标准，明确监督检查的流程、内容、要求，规范反违章监督检查工作。

（5）地市公司应建立作业信息网上公布制度，及时公布作业信息，明确作业任务、时间、人员、地点，利于领导干部和管理人员到岗到位的落实以及现场安全稽查工作的开展。

（6）各单位宜组织专门人员，配置专用交通工具和装备，开展安全稽查工作，建立安全稽查的常态机制。

安全稽查人员宜由在职生产管理人员、安监人员或有关领导担任，也可抽调或外聘。安全稽查人员应具备较强的业务素质和工作经验，熟悉当前安全生产相关规程制度，作风正派，原则性强，身体健康，并定期进行培训。

第六节 生产作业风险管控

一、概述

1. 国家电网公司开展生产作业风险管控的背景

风险管理是以工程、系统、企业等为对象，分别实施危险源辨识、风险分析、风险评估、风险控制，从而达到控制风险、预防事故、保障安全的目的。风险管理的应用最早出现在 20 世纪 30 年代，并从 50 年代开始发展了风险分析和风险控制的相关理论，到现在经过 70 多年的历程，形成了很多理论、方法和应用技术。目前，以安全性评价为主要形式的风险管理已在机械、化工、石化、冶金、电力等工业部门得到了广泛的应用，并逐渐走上了规范化、法制化轨道。

随着电网规模的快速发展，企业生产中总是客观存在着人的不安全行为、物的不安全状态和环境的不安全因素，这些危险因素暴露在具体的生产活动中就形成了风险，一旦风险失控就可能导致安全事故的发生。在国家电网公司系统进行企业安全风险管理是提升安全管理水平的重要方式和必然途径。

为了开展企业安全风险管理工作，国家电网公司 2005 年底编制完成了《供电企业安全风险评估规范》（简称《评估规范》）和《供电企业作业安全风险辨识防范手册（第一～第四册）》（简称《辨识手册》）；2006 年制订下发了《国家电网公司企业安全风险评估试点指导意见》；2007 年制订下发了《国家电网公司安全风险管理体系实施指导意见》；2008 年正式下发《国家电网公司供电企业安全风险管理工作推进方案》。

国家电网公司风险管理工作主要包括年度方式分析、安全性评价、隐患排查治理、生产作业风险管控等内容，而生产作业风险（习惯称为现场作业风险）管控是国家电网公司风险管理工作最重要的一个部分。

为了实施生产作业风险管控，2011 年 2 月 15 日国家电网公司发布了《生产作业风险管控工作规范（试行）》，要求各企业对作业活动安全风险实施超前分析，实现流程化控制，形成"流程规范、措施明确、责任落实、可控在控"的安全风险管控机制。

2. 生产作业风险的定义

在工业系统中，风险指特定危害事件发生的概率与后果的结合，是描述系统危险程度的客观量，又称风险度或危险度。

国家电网公司《生产作业风险管控工作规范（试行）》指出：生产作业风险是指在生产作业活动过程中，由于组织不完善、管理不到位、行为不规范、措施不落实等可能引起安全生产事故的风险。

3. 生产作业风险分类

（1）根据形成的主要原因，生产作业风险分为管理类风险和作业行为风险两类。

1）管理类风险：主要指计划编制、作业组织、现场实施阶段相关领导和管理人员由于管理不到位，致使关键环节、关键节点失控而造成安全事故的风险。主要包括：作业计划编制因考虑不周全导致发生计划遗漏、重复停电、不均衡、时期不当、计划冗余和电网运行风险等；作业组织过程中因管理不到位发生任务分配不合理、人员安排不合适、组织协调不力、方案措施不全面、安全教育不力等；作业现场实施过程中领导干部和管理人员未按照到岗到位标准深入现场检查、监督、指导和协调等。

2）作业行为风险：主要指现场实施阶段由于管理人员、关键岗位人员、具体作业人员违反《国家电网公司电力安全工作规程》等规程规定，行为不规范而造成安全事故的风险。主要包括：发生触电、高处坠落、物体打击、机械伤害等人员伤害事故风险；发生恶性电气误操作，一般电气误操作，继电保护及安全自动装置的人员误动、误碰、误（漏）接线，继电保护及安全自动装置的定值计算、调试错误，以及验收传动误操作等人员责任事故风险。

（2）根据生产作业进行的过程，生产作业风险分为作业组织风险和现场实施风险。

1）作业组织风险：主要包括任务安排不合理、人员安排不合适、组织协调不力、方案措施不全面、安全教育不充分等。

2）现场实施风险（主要是作业行为风险）：主要包括电气误操作、继电保护"三误"[误碰（误动）、误整定、误接线]、触电、高处坠落、物体打击、机械伤害等。

二、生产作业风险管控的主要措施与要求

1. 作业组织风险管控的主要措施与要求

（1）任务安排要严格执行落实月、周工作计划，系统思考人、材、物的合理调配，综合分析时间与进度、质量、安全的关系，合理布置日工作任务，保证工作顺利完成。

（2）人员安排要开展班组承载力分析，合理安排作业力量。工作负责人胜任工作任务，作业人员技能符合工作需要，管理人员到岗到位。

（3）组织协调停电手续办理，落实动态风险预警措施，做好外协单位或需要其他配合单位的联系工作。

（4）资源调配满足现场工作需要，提供必要的设备材料、备品备件、车辆、机械、作业机具以及安全工器具等。

（5）开展现场勘察，填写现场勘察单，明确需要停电的范围、保留的带电部位、作业现场的条件、环境及其他作业风险。

（6）方案制定科学严谨。根据现场勘察情况组织制订施工"三措"、作业指导书，有针对性和可操作性。危险性、复杂性和困难程度较大的作业项目工作方案，应经本单位分管生产领导（总工程师）批准后结合现场实际执行。

（7）组织方案交底。组织工作负责人等关键人、作业人员（含外协人员）、相关管理人员进行交底，明确工作任务、作业范围、安全措施、技术措施、组织措施、作业风险及管控措施。

2. 现场实施风险管控的主要措施与要求

（1）作业人员作业前经过交底并掌握方案。

（2）危险性、复杂性和困难程度较大的作业项目，作业前必须开展现场勘察，填写现场勘察单，明确工作内容、工作条件和注意事项。

（3）严格执行操作票制度。解锁操作应严格履行审批手续，并实行专人监护。接地线编号与操

作票、工作票一致。

（4）工作许可人应根据工作票的要求在工作地点或带电设备四周设置遮栏（围栏），将停电设备与带电设备隔开，并悬挂安全警示标志牌。

（5）严格执行工作票制度，正确使用工作票、动火工作票、二次安全措施票和事故应急抢修单。

（6）组织召开开工会，交代工作内容、人员分工、带电部位和现场安全措施，告知危险点及防控措施。

（7）安全工器具、作业机具、施工机械检测合格，特种作业人员及特种设备操作人员持证上岗。

（8）对多专业配合工作要明确总工作协调人，负责多班组各专业工作协调；复杂作业、交叉作业、危险地段、有触电危险等风险较大的工作要设立专责监护人员。

（9）操作接地是指改变电气设备状态的接地，由操作人员负责实施，严禁检修工作擅自移动或拆除。工作接地是指在操作接地实施后，在停电范围内的工作地点，对可能来电（含感应电）的设备端进行的保护性接地，由检修人员负责实施，并登录在工作票上。

（10）严格执行安全工作规程，严格现场安全监督，不走错间隔，不误登杆塔，不擅自扩大工作范围。

（11）全部工作完毕后，拆除临时接地线、个人保安接地线，恢复工作许可前设备状态。

（12）根据具体工作任务和风险度高低，相关生产现场领导干部和管理人员到岗到位。

三、生产作业风险管控的主要工作内容

生产作业风险管控工作，要根据生产作业风险分析辨识作业中存在的危险因素及其导致的风险，分层次采用施工计划书、作业指导书、工作票等原有的方法进行作业安全控制，形成作业全过程的安全控制机制，从而预知危害、控制风险，实现作业安全。主要工作内容有：

（1）基础工作：① 编制作业风险辨识范本；② 建立风险数据库；③ 编制标准化安全监督范本（用于制订"标准化安全监督检查表"）。

（2）公司安全生产管理部门和工区发布作业风险预报。

（3）作业风险分析：作业前责任人进行作业风险分析，制定控制措施，形成"作业风险分析及控制表"，纳入作业指导书（有的单位称为"风险防范执行卡"），与工作票捆绑使用。

（4）落实控制措施：① 各责任人落实完成准备阶段的控制措施；② 班组按照规范的程序开展作业，责任人落实作业阶段的控制措施。

（5）风险库责任人更新完善风险数据库。

（6）管理人员进行标准化安全监督检查。

四、生产作业风险管控的实施流程

根据国家电网公司《供电企业安全风险评估规范》的规定，生产作业风险控制流程（如图 2-1所示）如下：

1. 安全生产管理部门发布作业风险预报

安全生产管理部门适时预报企业范围内可能发生风险的作业，对月度检修计划中安排的多工区或多单位大型联合作业等有重大风险的工作任务、外界环境和内部条件发生的重大变化，以及出现了曾发生过事故的类似征兆或问题等影响作业安全的因素，适时发布作业风险预报，提醒相关单位关注，提出控制要求。根据风险预报要求，生产管理部门对有重大风险的作业编制施工计划书，并召开施工协调会。

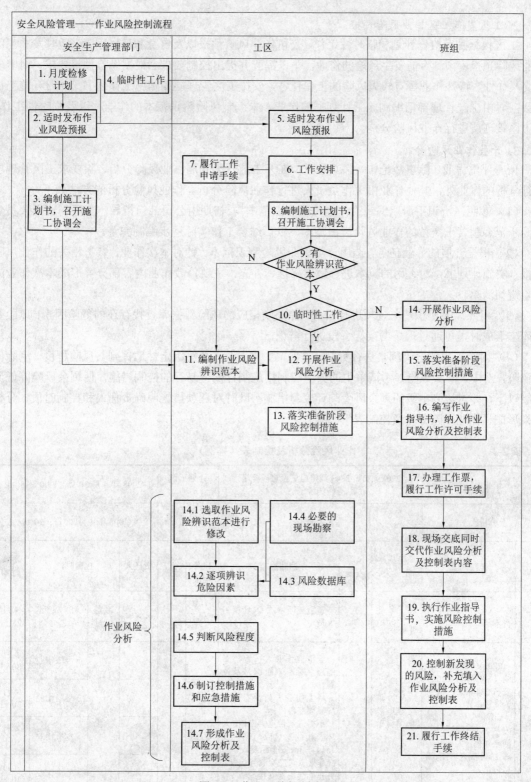

图 2-1 作业风险控制流程

2. 工区发布工区作业风险预报

工区根据月度检修计划和临时性工作、公司作业风险预报以及自身和环境因素,适时发布工区作业风险预报,预测可能发生风险的作业,予以提醒并提出控制要求。根据风险预报要求,对多班组交叉作业、特殊作业等有较大风险的工作任务,安排工区管理层编制施工计划书,并召开施工协调会;对由生产管理部门编制施工计划书的作业、未编制风险辨识范本的作业,以及临时性工作,由工区管理层进行作业风险分析。

3. 开展作业风险分析

所有停电作业(除事故抢修)都必须至少在开工前一天开展作业风险分析,除要求工区管理层进行分析的作业外,其他作业由工作负责人进行作业风险分析。作业风险分析的方法如下:

(1)参照《辨识手册》编制"作业风险辨识范本"。初期由公司部门指导,工区和班组人员参与,示范编制若干类型的作业风险辨识范本,以后结合工作实际逐步编制完善。

(2)根据开展的作业任务,选用该类作业风险辨识范本。针对本次作业,参考相关的作业风险预报、实施计划书,对选用的范本进行适用筛选、补充,主要修改作业内容部分,形成本次作业的风险辨识清单。

(3)对照风险辨识清单逐项进行辨识,并关联相应的风险数据库查找存在的危险因素;风险数据库未形成时,可通过现场勘察等手段进行辨识。

(4)对辨识出的危险因素进行分析,按照高、中、低三个等级定性地评判其风险程度。剔除低级风险,对中、高级风险参考清单中的典型控制措施制订简便易行的控制措施,使剩余风险降低到中级以下,并对达到中级的剩余风险制订应急措施;同时对逐项措施明确责任人和控制时段。分析结果形成"作业风险分析及控制表"(见表2-3)。

表2-3　　　　　　　　　　作业风险分析及控制表(样例)

作业项目	220kV 安热 2843 线停电更换直线杆塔导线绝缘子				计划工作时间		2008 年 4 月 30 日　8:00~18:00			
分析人	×××				分析完成时间		2008 年 4 月 28 日　10:19			
序号	危险因素	风险描述及后果	风险程度	控制措施	剩余风险程度	应急措施	责任人	控制时段		落实时间
1	作业人员及骨干人员不足	人员少而抢进度引发事故	高	请示工区增加 2 名精干人员	低		×××	准备阶段	4 月 29 日之前	4 月 28 日
2	220kV 安热 2843 线 1~4 号与 220kV 安石 2844 线 1~4 号为同杆架设(面向大号:220kV 安热 2843 线为左侧、横档红色,220kV 安石 2844 线为右侧、横档白色)	人员误登带电杆塔,导致触电	高	登塔前作业人员应核对线路名称、双重编号及位置。塔上作业人员及监护人应佩戴红色色标。不得进入带电侧横档,人体及作业工具应与带电线路保持 3m 安全距离。作业人员应穿着导电鞋,并正确使用保安接地线	低		×××	作业阶段	1 号塔作业	4 月 30 日
							×××		2 号塔作业	4 月 30 日
							×××		3 号塔作业	4 月 30 日
							×××		4 号塔作业	4 月 30 日

序号	危险因素	风险描述及后果	风险程度	控制措施	剩余风险程度	应急措施	责任人	控制时段		落实时间
3	14～15 号、16～17 号交跨 10kV 集东 06、集南 07 线路	上下传递材料时，安全距离不符合要求导致触电	中	人员上下传递绝缘子及工具材料时，应与 10kV 带电线路保持 1m 以上的安全距离。 更换绝缘子作业时，应采取导线后备保护绳	低		×××	作业阶段	14 号塔更换绝缘子	4 月 30 日
							×××		15 号塔更换绝缘子	4 月 30 日
							×××		16 号塔更换绝缘子	4 月 30 日
							×××		17 号塔更换绝缘子	4 月 30 日
现场补充	6 号塔攀登通道发现蜂巢	马蜂袭击造成人员中毒伤害	高	安排×××清除蜂巢，其他人远视现场，工作负责人负责监护。 ×××穿着全封闭防护服，采用塑料袋罩住并取下蜂巢，在远离工作现场处挖土掩埋蜂巢。 待剩余马蜂散去后再开展工作	低		×××	作业阶段	6 号塔作业前	4 月 30 日

4. 落实完成准备阶段的控制措施

根据作业风险分析及控制表中的控制时段要求，各责任人必须至少在开工前一天落实完成准备阶段的控制措施。经分析人确认后，滤去作业风险分析及控制表中已消除风险的内容。

5. 作业风险分析及控制表纳入作业指导书

工作负责人提取滤除后的作业风险分析及控制表，在编写作业指导书时纳入其中，取代原作业指导书范本中的"危险点分析"和"安全措施"栏。

6. 按照规范的程序开展作业

办理工作票、履行工作许可手续后，工作负责人向工作班成员进行现场交底时，同时交代作业风险分析及控制表的内容；作业过程执行作业指导书，按照作业风险分析及控制表，责任人在相应的时段落实风险控制措施，记录落实时间，并及时控制现场新发现的风险，补充填入作业风险分析及控制表中。

7. 更新完善风险数据库

作业终结后，根据已执行的完整的作业风险分析及控制表，风险库责任人更新完善风险数据库。

8. 标准化安全监督检查

（1）根据专业特点将作业进行分类，工作管理人员参照《评估规范》第四章的内容和《辨识手册》，制订每类作业的"标准化安全监督检查表"（见表 2-4，有的单位称为"标准化安全监督卡"）。

（2）按照作业现场分级监督控制的要求，针对到位监督的作业，安全监督控制人员对照标准化安全监督检查表进行监督检查，并记录监督情况。

（3）作业结束后，对监督检查情况进行总结，分析作业中暴露出的问题，提出改进措施和建议，填写监督意见。

表 2-4   标准化安全监督检查表（样例）

作业类别	输电线路停电检查			
作业任务	220kV 安热 2843 线停电更换直线杆塔导线绝缘子			
监督项目	项目序号	重点监督内容		监督记录
作业管理监督内容				
作业组织	《评估规范》4.1.2.1	工作所需各类生产工器机具、备品备件、仪器仪表、图纸、作业文件等资料是否准备充分，满足现场工作需要		
	......	......		
作业过程控制	《评估规范》4.2.2.2	现场工作使用的工作票（含动火工作票）是否填写规范，执行严格		
	......	......		
防触电监督内容				
误登带电杆或横档	《辨识手册》3.1.1	1. 输电线路停电作业现场有同杆架设、平行、邻近、交叉跨越线路时，工作负责人在现场布置工作任务时应向工作班成员指认工作线路双重编号、称号、位置并发给相应的识别标识。		
杆塔上作业的电气安全距离	《辨识手册》3.1.2	1. 在交跨带电杆塔上传递材料时，应与带电线路保持足够的安全距离。		
防高处坠落监督内容				
攀登杆塔	《辨识手册》2.1	1. 发现杆塔脚钉、梯挡短缺时，应在安全带的保护下位移。 2. 禁止携带器材登杆或携带器材在杆塔上移位。		
绝缘子导线上工作	《辨识手册》2.2	1. 上绝缘子作业前，安全带、后保绳分别系挂在不同的牢固构件上。 2. 更换绝缘子作业，应采用导线后备保护措施。		
......		......		
评估意见：				

五、风险预警

1. 要求

国家电网公司《生产作业风险管控工作规范（试行）》要求风险预警实行分类、分级管理，形成以企业、工区、班组为主体的风险预警管理体系。生产管理部门应适时预测电力生产范围内可能发生的作业风险，根据检修计划，针对具体的作业项目，发布作业风险预警通知，提醒相关单位关注，落实现场安全措施。

2. 内容

风险预警内容由主题、事由、时段、风险分析、控制建议措施、各部门（单位）响应措施等组成。常用的生产作业风险预警通知书格式见表 2-5。

表 2-5　　　　　　　　　××公司生产作业风险预警通知书（样例）

发布单位_____　　　　　　　　发布日期_____

主题	关于 220kV××线停电期间风险预警的通知
事由	220kV××线 28～29 号塔迁移
时段	2011 年 1 月 11 日 7:00 至 15 日 18:00
风险分析	甲变、乙变 220kV 单电源供四台 220kV 主变，在施工期间，如果运行的××线故障，将造成×市×区东南、西北等地区停电。
预控措施	（1）调度中心地调将甲变、乙变 220kV 运行方式调整仍然保持双电源供电，并尽可能将负荷移出；配调将丙变 10kV 重要双电源用户尽可能移出，并做好事故预案。 （2）输电部加强 220kV××线、110kV××线线路全时段特巡，确保其安全运行。 （3）需求侧管理部门通知以下客户做好两路全停预案：××单位；10kV 用户已发给需求侧管理部门。 （4）变电运行部和变电检修部应加强对甲变、乙变相关运行设备的巡视维护，确保其安全运行。
编制：××× 日期：2010 年 12 月 28 日	审核：××× 日期：2011 年 1 月 4 日
发布人：调度中心、输电部、需求侧、变电运行部、变电检修部已落实相应措施。 　　　　　　　　　　　　　　　　××× 日期：2011 年 1 月 4 日	
风险解除	
日期：2011 年 1 月 15 日 15 时 00 分，220kV××线停电检修工作完毕，220kV××线停电期间风险预警解除。 　　　　　　　　　　　　发布单位：××××	

六、班组开展作业风险管控的职责划分

（1）班组负责生产作业风险控制措施的执行，应做好人员安排、任务分配、安全交底、工作组织等风险管控工作。

（2）作为生产作业风险管控的关键人，"三种人"（工作票签发人、工作负责人、工作许可人）是生产作业风险管控现场安全和技术措施的把关人，负责风险管控措施的落实和监督。

（3）作业人员是生产作业风险控制措施的现场执行人，应熟悉和掌握风险控制措施，避免人身伤害和人员责任事故的发生。

（4）到岗到位人员（现场领导干部和管理人员）负责监督检查风险管控的方案、预案、措施的落实和执行，协调和指导生产作业风险管理的改进和提升。

电能对人体的伤害

第一节 电流对人体的伤害

当人体触及带电体，或者带电体与人体之间放电，或者电弧触及人体时，使电流通过人体进入大地或其他导体，形成导电回路，这种情况称为触电。

由于触电是外部能量进入人体，而电流对人体会产生各种效应，必然对人体造成伤害。

一、电流对人体的效应

1. 生物学效应

电流对人体的作用主要表现为生物学效应，包括复杂的理化过程。电流的生物学效应表现为使人体产生刺激和兴奋行为，使人体活的组织发生变异，从一种状态变为另外一种状态。

电流通过人体，会引起麻感、针刺感、压迫感、打击感、痉挛、疼痛等生理反应，以及呼吸困难、血压升高、昏迷、心律不齐、心室颤动等症状。

电流生物学效应是造成触电死亡的主要原因，主要表现在以下几个方面：

（1）电流通过肌肉组织，引起肌肉收缩，是一种常见的生理效应。这种效应常常使触电者手握电源线不能摆脱，或者发生高处坠落而致命。

（2）电流作用于呼吸肌，使呼吸肌直性痉挛不能进行呼吸运动而使人死于窒息。

（3）心脏受电流作用时，心室肌肉的不应期缩短，引起心肌频发兴奋，造成心室肌肉纤维颤动，人体死于急性循环衰竭。

（4）电流通过神经系统，会引起神经活动的抑制、传导短路，发生昏迷、休克和中枢性心搏呼吸停止死亡。

（5）在活的肌体上，特别是肌肉和神经系统，有微弱的生物电存在。如果引入局外电源，微弱的生物电的正常工作规律将被破坏，人体也将受到不同程度的伤害。

2. 热效应

电流通过人体时，在电阻比较大的部位发生电热效应，造成电流进出口部位烧灼伤，以及熔化的电极金属沉积于局部的皮肤，产生金属化现象。

另外，电流通过人体，会使所经过的血管、神经、心脏、大脑等器官热量增加而导致功能障碍。

3. 化学效应

电流通过人体，人体组织的化学成分因电解作用发生分解，例如肌体内液体物质发生分解而导致破坏。还会使肌体各种组织产生蒸气，乃至发生剥离、断裂等严重破坏。

　　4. 机械效应

　　电能转化为机械能，也能对人体造成损伤。强大的机械作用，可使人体抛离现场、组织洞穿、骨骼折断等。

二、电流对人体的伤害形式

　　电流对人体的伤害在极短时间内就可形成，触电时人体会受到某种程度的伤害，按其形式可分为电击和电伤两种。绝大部分触电事故中，危及到人生命安全的主要是电击。不过在高压触电事故中，电击和电伤会同时发生。

　　（一）电击

　　1. 定义

　　习惯上的定义是：当电流直接通过人体时，电流通过人体内部，对内部组织造成的伤害称为电击。

　　在 GB/T 4776—2008《电气安全术语》中则规定：电击是电流通过人体或动物体而引起的病理、生理效应。

　　2. 电击伤害效果

　　电击产生的主要伤害是伤害人体的心脏、呼吸系统和神经系统，破坏了人的正常生理活动，甚至直接危及生命。次要伤害是产生合并症和后遗症，影响人体健康。

　　从电击伤害效果来看，电击的习惯定义只涵盖了电击产生的主要伤害，而 GB/T 4776—2008《电气安全术语》定义更符合实际情况。

　　3. 电击致命原因

　　（1）心室纤维颤动。电流通过心脏、迷走神经或延髓的心血管中枢等部位时，均可引起心室纤维颤动，使心脏由原来正常跳动变为每分钟数百次以上的细微颤动。这种颤动足以使心脏不能再压送血液，导致血液终止循环和大脑缺氧，发生窒息死亡。一般心室颤动发生数秒至数分钟（6～8min）就会导致死亡。

心室纤维性颤动

　　当电流通过神经纤维刺激到肌肉时，肌肉即要收缩。心脏本身具有工作过程所需的电动势，形成心脏各个区域按正确顺序有节奏运动的控制电信号。这个电信号的平均电压为 1～1.6mV，心脏的一个搏动周期约为 0.75s。当通过人体的触电电流和通过时间超过某个限值时，心脏正常搏动的电信号便受到干扰而被打乱。这样，心脏便不能再进行强有力的收缩而出现心肌震动，这就是医学上所称的"心室纤维性颤动"。

　　在正常情况下，心脏有节律的搏动，向全身供血。当心肌因种种原因不能同步收缩而代之以每分钟颤动 800～1000 次以上，且幅值很小的颤动时，心脏的泵血功能就完全丧失，心房肌肉的颤动称为房颤，心室肌肉的颤动称为室颤。若这种颤动不及时消除，很快（数分钟内）会导致心脏停搏，造成死亡。

实验表明，高压事故不可能导致心室纤维颤动（见于 GB/T 13870.1—2008《电流对人和家畜的效应 第 1 部分：通用部分》）。

（2）呼吸衰竭（窒息）。电流通过人体时，使呼吸肌和横隔膜麻痹，而妨碍呼吸运动，或者因电流通过头部，使脑干失去作用从而造成中枢性呼吸麻痹，其结果都会导致呼吸衰竭，引起窒息而使人死亡。窒息又会造成缺氧或中枢神经反射而引起心室颤动。呼吸衰竭（窒息）的致命时间较长，为 10~20min。

一般来说，高压（1kV 以上）电先引起呼吸中枢麻痹、呼吸停止，再造成心跳停止；220~1000V 的交流电可同时影响心脏和呼吸中枢。

（3）电休克（昏迷）。电休克是机体受到电流的强烈刺激，发生强烈的神经系统反射，使血液循环、呼吸及其他新陈代谢都发生障碍，以致神经系统受到抑制，出现血压急剧下降、脉搏减弱、呼吸衰竭、神志昏迷的现象。电休克状态可以延续数十分钟到数天。其后果可能是得到有效的治疗而痊愈，也可能由于重要生命机能完全丧失而死亡。

（4）电击后延迟性死亡。由于广泛的电流烧伤而引起的机体组织断离或局部并发症引起的败血症而导致死亡，也可因高温烧伤引起的神经性或缺血性休克致死。

4. 电击伤合并症和后遗症

在临床医学中，常见的电击伤合并症和后遗症有：

（1）神经系统损害。可出现周围神经病变、脊髓病变和侧索硬化症及肢体瘫痪。

（2）心律失常。电击和心肺复苏术后 48h 内，均有各种严重心律失常，须进行心电监护。

（3）肢体坏死。由于大量软组织损伤后可出现局部和远端肢体坏死。

（4）高钾血症。由于大量软组织损伤，常有血钾增高，出现心脏传导阻滞和其他心律失常。

（5）急性肾功能衰竭。大量组织坏死后产生肌红蛋白尿，引起急性肾小管坏死和急性肾功能衰竭。

（6）关节脱位和骨折。肌肉强烈收缩和抽搐可使四肢关节脱位和骨折。

（7）少数受高电压损伤的患者可有胃肠功能紊乱、肠穿孔、胆囊和胰腺灶性坏死、肝损害伴有凝血机制障碍、白内障等。

5. 造成电击的几种情况

（1）人体直接接触带电体（一般指电气设备或电力线路）而造成电击。

（2）当人体与高压带电体的距离小于安全距离时，高压电场将空气击穿，使其成为导体，电流通过人体而造成电击（即高压电弧触电）。

（3）人体直接或间接遭受雷击而造成电击。

（4）人体的两个部位之间因某种特殊原因产生电压（如跨步电压）而造成电击。

（二）电伤

1. 概述

电伤是指电流对人体外部表面造成的局部创伤，即由电流的热效应、化学效应、机械效应对人体外部组织或器官的伤害。

触电伤亡事故中，纯电伤性质的及带有电伤性质的约占 75%（电烧伤约占 40%）。尽管大约 85% 以上的触电死亡事故是电击造成的，但其中大约 70% 的含有电伤成分。

相对而言，低压电发生电伤的几率要少些，高压电由于能量高，击穿能力强，发生电伤事故几率要大得多。

2. 电伤分类

（1）灼伤。是指电流通过人体时由于热效应而产生的伤害。灼伤的后果现象是皮肤发红，起泡，组织烧焦并坏死。

1）电流灼伤。电流灼伤是人体与带电体直接接触，电流通过人体时产生的热效应的结果。在人体与带电体的接触处，接触面积一般较小，电流密度可达很大数值，又因皮肤电阻较体内组织电阻大许多倍，故在接触处产生很大的热量，致使皮肤灼伤。

只有在大电流通过人体时才可能使内部组织受到损伤，但高频电流造成的接触灼烧可使内部组织严重损伤，而皮肤却仅有轻度损伤。

2）电弧灼伤。是指电气设备的电压较高时产生强烈的电弧或电火花，灼伤人体，甚至击穿部分组织或器官，并使深部组织烧死或使四肢烧焦的现象。它一般不会引起心脏纤维性颤动，而更为常见的是人体由于呼吸麻痹或人体表面的大范围烧伤而死亡。

电弧灼伤又分为直接电弧灼伤和间接电弧灼伤两种：

a. 直接电弧灼伤是人体过分靠近高压带电体，造成空气击穿而产生电弧对人体放电，直接烧伤人体的现象。这种灼伤对人体伤害较大，严重时会造成死亡，发生在高压系统中，如误操作带负荷拉隔离开关产生电弧。

b. 间接电弧灼伤是电弧发生在人体附近对人体造成的烧伤。这种灼伤对人体伤害较轻，多发生在低压系统中。如带负荷拉开裸露的开关产生电弧；线路短路时熔断器的熔丝熔断，炽热的金属微粒飞溅到人体表面。

（2）电烙印。是指在人体与带电体接触良好的情况下，由于电流化学效应和机械效应而在人体皮肤表面产生明显印痕的伤害现象。

电烙印后果现象：皮肤上留有与带电体表面形状相同的肿块印痕，与好皮肤有明显的界限，且受伤皮肤发硬。

（3）皮肤金属化。是指在电流作用下，产生的高温电弧使电弧周围的金属熔化、蒸发并飞溅渗入到皮肤表层所造成的电伤。

皮肤金属化电伤的后果现象：皮肤粗糙、硬化，并呈现一定颜色（铅为灰黄色、紫铜为绿色、黄铜为蓝绿色）。

金属化的皮肤经过一段时间后，会自行脱落。

（4）机械损伤。是指电流通过人体时产生的机械—电动力效应，使肌肉发生不由自主的剧烈抽搐性收缩，致使肌腱、皮肤、血管及神经组织断裂，甚至使关节脱位或骨折。

（5）电光眼。是指当发生弧光时，眼睛受到紫外线或红外线照射，眼睑皮肤红肿，结膜发炎，严重时角膜透明度受到破坏，瞳孔收缩，一般4~8h后发作。

三、影响电流对人体伤害程度的因素

1. 电流大小

目前，人类已有的研究，一般根据人体对电流的反应，将电流分为以下几个级别。

（1）感知电流（感觉阈值）。在一定概率下，通过人体引起人有感觉，但无伤害的最小电流。一般通过感知电流时人体有麻酥、针刺感。

感觉阈值的大小取决于若干参数，诸如人体与带电体接触的面积（接触面积）、接触条件（干

燥、潮湿、压力、温度），而且还取决于个人的生理特点，所以数值是固定的，其大小目前国际上还没有定论。

按照 GB/T 13870.1—2008《电流对人和家畜的效应　第 1 部分：通用部分》，工频交流电取为0.5mA（有效值），与时间无关。

与交流电不同，在感觉阈水平，直流电只有在接通或断开时人体才有感觉。在与交流电类似的研究条件下，直流电感觉阈值约为 2mA。

感知电流一般不会对人体构成伤害，但当电流增大时，人体感觉增强、反应加剧，可能导致高处坠落等二次事故。

（2）摆脱电流（摆脱阈值）。在一定概率下，人体触电后能自行摆脱带电体的最大电流。

人体对摆脱电流的反应除了有麻酥、针刺感外，主要有疼痛、心律障碍感。

类似感觉阈值，它也取决于若干参数。按照 GB/T 13870.1—2008《电流对人和家畜的效应　第1 部分：通用部分》，对成年男子，工频交流电取为 10mA（有效值），对所有人取 5mA。

与交流电不同，直流电只有在接通或断开时才会引起肌肉疼痛和痉挛状收缩，因此直流电没有确切的摆脱阈值。

摆脱电流是人体可以忍受但一般尚不致造成不良后果的电流。电流超过摆脱电流以后，人会感到异常痛苦、恐慌和难以忍受；如时间过长，则可能昏迷、窒息，甚至死亡。因此，可以认为摆脱电流是表明有较大危险的界限。

（3）室颤电流（室颤阈值）。在给定条件下，电流通过人体引起心室纤维性颤动的最小电流。

根据取自 GB/T 13870.1—2008《电流对人和家畜的效应　第 1 部分：通用部分》的图 3-1 以及对此图的说明（见表 3-1）可知：当电流不大于 50mA，电流持续时间在 1000ms 以内时（图 3-1 的c_1 左侧范围），一般不会发生心室颤动（概率小于 5%）；当心室纤维性颤动概率增大到 50% 时（图3-1 的 c_2-c_3 范围），引起心室纤维性颤动的最小电流值为 50mA（有效值）。

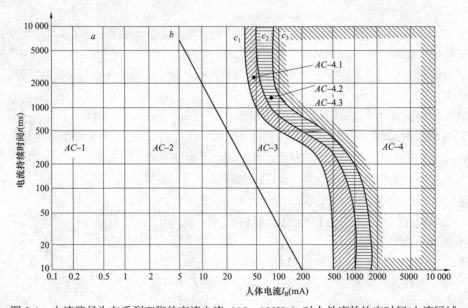

图 3-1　电流路径为左手到双脚的交流电流（15～100Hz）对人效应的约定时间/电流区域

因此工频交流电室颤阈值取为 50mA（有效值）。

表 3-1 图 3-1 的简要说明

区域	范围	生理效应
AC-1	0.5mA 的曲线 a 的左侧	有感知的可能性，但通常没有"吓一跳"的反应
AC-2	曲线 a 至曲线 b	可能有感知和不自主地肌肉收缩，但通常没有有害的电生理学效应
AC-3	曲线 b 至曲线 c	有强烈的不自主的肌肉收缩，呼吸困难，可逆性的心脏功能障碍，活动抑制可能出现，随着电流幅度和时间而加剧的效应，通常没有预期的器官破坏
AC-4[①]	曲线 c_1 以上	可能发生病例—生理学效应，如心脏停搏、呼吸停止以及烧伤或其他细胞的破坏。心室纤维性颤动的概率随着电流幅度和时间增加
	c_1-c_2	AC-4.1 心室纤维性颤动的概率增到大约 5%
	c_2-c_3	AC-4.2 心室纤维性颤动的概率增到大约 50%
	曲线 c_3 的右侧	AC-4.3 心室纤维性颤动的概率超过 50%以上

① 电流的持续时间在 200ms 以下，如果相关的阈被超过，心室纤维性颤动只有在易损期才能被激发。关于心室纤维性颤动，图 3-1 与从左手到双脚的路径中流通的电流效应相关。对其他电流路径，应考虑电流系数。

解读图 3-1　交流电流对人体效应的区域划分

曲线 a 为感知阈和反应阈。它与通电时间无关，电流值为 0.5mA，它是区域 AC-1 与区域 AC-2 的分界线，在此直线之左，通常无生理效应。尚未达到该电流值时，一般人体无任何感觉，达到或超过该电流值，人体才有感觉和反应。

曲线 b 为摆脱阈，交流电的平均值约为 10mA。它是区域 AC-2 与区域 AC-3 的分界线，在区域 AC-2 通常无有害的生理效应；区域 AC-3 存在较严重的病理生理效应，可能引起肌肉收缩和呼吸困难，以及可逆的心脏组织和心脏脉冲传导障碍，还可能引起心房颤动，以及转变为心脏停止跳动等可复性病理效应，但预计不会发生器质性损伤，它是到存在室颤概率难以划分的有害过渡区。

曲线 c 为心室纤维性颤动阈，是指通过人体能引起心室颤动的最小电流值，是存在较严重的病理生理效应的区域 AC-3 和会发生心室纤维性颤动的区域 AC-4 的分界线，在室颤概率曲线 c_1 以下，不大可能发生心室纤维性颤动；而在该曲线以上，不但引起有害的生理效应，而且随着该区域的右移使室颤概率从小于 5%到超过 50%，其安全程度相应下降。

在过去的研究中，通常把图 3-1 中的 AC-1 区域称为无感觉区，AC-2 区域称为感知区，AC-3 区域称为不易摆脱区，AC-4 区域称为致颤区。

实际上，50mA（有效值）以上的工频交流电流通过人体，一般既可能引起心室颤动或心脏停止跳动，也可能导致呼吸中止。但是，前者的出现比后者早得多，即前者是主要的。

2. 持续时间

电流持续时间越长危害越大。原因有：

（1）人体阻抗减小。通电时间愈长，人体阻抗就会因为角质层破坏、出汗或电解等原因降低，导致通过人体的电流更大，危险性也更大。

（2）能量积累。电流持续时间越长，能量积累越多，心室颤动电流减小（图 3-1 中曲线 c_1、c_2、c_3 随着电流持续时间变化），使危险性增加，允许的触电时间越短。

（3）与心脏易损期重合的可能性增大。在心脏舒张、收缩周期中，相应于心电图上约 200ms 的 T 波前段这一特定时间对电流最为敏感，在此期间心脏纤维处于不协调的兴奋状态，如果受到足够大的电流刺激，就会发生心室纤维性颤动，被称为易损期。

对于正弦交流（50Hz 或 60Hz），如果电流的流通被延长到超过一个心搏周期，则纤维性颤动阈值显著下降，这种效应是由于电流使心脏不协调兴奋状态加剧而导致的。

电流作用于收、舒间隔时，即使电流很小，也会造成心室颤动。

若通电时间短促，只有在心脏搏动周期特定的相位上才会引起室颤。电流持续时间越长，与易损期重合的可能性就越大，电击的危险性就越大。

触电电流与时间的综合指标

通过大量的动物试验和研究表明，是否会引起心室颤动不仅与通过人体的电流有关，而且与电流在人体中持续的时间有关，即由通过人体的电量来确定。

研究表明，当电击时间持续 0.1s，电流大于 500mA 时，心室纤维性颤动就可能会发生；只要电击发生在易损期内，数安培的电流幅度，很可能引起纤维性颤动。

也就是说，当通过电流较大时，即使通电时间很短（例如 500mA×0.1s），仍然会有引发心室颤动的危险，如果按照 50mA·s 控制通过人体的电量仍然不保险。因此用 30mA·s 作为电击保护装置的动作参数，即使电流达到 100mA，只要漏电保护器在 0.3s 之内动作并切断电源，人体尚不会引起致命的危险，与 50mA·s 相比较有 1.67 倍的安全率。

30mA·s 的动作参数，无论从使用的安全性还是制造方面来说都比较合适，故 30mA·s 这个限值也成为防止电击事故的漏电保护产品的选用依据。

3. 电压高低

当人体阻抗一定时，人体接触的电压越高，通过人体的电流越大，危险性就越大。

危险场所人体通过 10mA 以上的电流就会有危险，要使通过人体的电流小于 10mA，就必须使用特低电压。例如，若人体电阻按 1200Ω 算，根据欧姆定律：$U=IR=0.01×1200=12$（V）。则如果电压小于 12V，则触电电压小于 12V，电流小于 10mA，人体是安全的。

4. 电流频率

电流频率不同，对人体的伤害程度也不同。在直流和高频交流情况下，人体可以耐受较大的电流值。交流电的危害性大于直流电，因为交流电主要是麻痹、破坏神经系统，人往往难以自主摆脱。

研究表明，常用的 50～60Hz 的工频交流电对人体的伤害最严重。交流电的频率偏离工频越远，对人体伤害的危险性就越低；当电频率大于 2000Hz 时，所产生的损害明显减小。但高压高频电流对人体仍然是十分危险的。

5. 人体阻抗

触电对人体的伤害程度主要取决于触电电流的大小。而人体阻抗、接触电压等因素会引起触电电流大小的变化，从而造成伤害程度变化。

显然，人体阻抗越小，通过人体的电流就越大，也就越危险。

人体阻抗是包括人体皮肤、血液、肌肉、细胞组织及其结合部在内的含有电阻和电容的全阻抗，是确定和限制人体电流的参数之一。

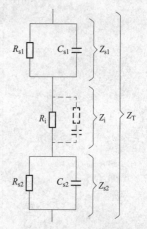

如图 3-2 所示，人体阻抗由体内阻抗、皮肤阻抗两部分组成，其中 R_{s1} 和 R_{s2} 是皮肤电阻，C_{s1} 和 C_{s2} 是皮肤电容，R_i 及其并联的虚线支路是体内阻抗。人体电容很小，在工频条件下可以忽略不计。皮肤阻抗在人体阻抗中占有较大比例。

皮肤表面 0.05～0.2mm 厚的角质层阻抗很大，在干燥和干净的状态下，其电阻率可达 $1 \times 10^5 \sim 1 \times 10^6 \Omega \cdot m$。但因为它是一张不完整的薄膜，又很容易受到破坏（角质层的击穿强度只有 500～2000V/m，数十伏的电压即可击穿），故计算人体阻抗时一般不予考虑。

图 3-2 人体阻抗等值电路

Z_i—体内阻抗；Z_{s1}、Z_{s2}—皮肤阻抗；Z_T—总阻抗

人体阻抗不是固定不变的，与下面几个因素有关：

（1）接触电压。人体阻抗的数值随着接触电压的升高而下降，如表 3-2 所示，图 3-3～图 3-5 也都表明了这个规律。

表 3-2   干燥条件、大的接触面积下 50Hz/60Hz 交流电流路径为手到手的人体总阻抗 Z_T

接触电压（V）	不超过下列三项的人体总阻抗值 Z_T（Ω）		
	被测对象的 5%	被测对象的 50%	被测对象的 95%
25	1750	3250	6100
50	1375	2500	4600
75	1125	2000	3600
100	990	1725	3125
125	900	1550	2675
150	850	1400	2350
175	825	1325	2175
200	800	1275	2050
225	775	1225	1900
400	700	950	1275
500	625	850	1150
700	575	775	1050
1000	575	775	1050
渐进值=内阻抗	575	775	1050

（2）接触表面积。人体阻抗随着电极与皮肤的接触表面积加大而减小，如图 3-3 所示。

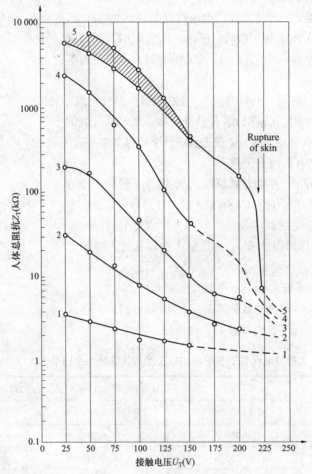

图 3-3　在干燥条件、50Hz 交流接触电压时一个活人的
总阻抗 Z_T 与接触表面积之间的关系曲线

1—接触表面积为 8200mm²；2—接触表面积为 1250mm²；3—接触表面积为 100mm²；

4—接触表面积为 10mm²；5—接触表面积为 1mm²

（3）皮肤状况。皮肤潮湿、多汗、有损伤、带有导电性粉尘等情况下，人体阻抗都会降低。如图 3-4 所示，在接触电压小于 300V 的范围内，随着皮肤上黏附的物质导电性能的增强，人体总阻抗减小；接触电压在 50～100V 以下时，这种降低非常明显。用导电性溶液浸湿皮肤后，人体阻抗锐减。表 3-3 也表明人体总阻抗随着皮肤状况而变化的规律。

（4）电流持续时间。人体阻抗随着电流增加，皮肤局部发热增加使汗液增多，同时人体内部液体被电解，人体总阻抗下降。电流持续时间越长，人体阻抗下降越多。

（5）电流频率。人体阻抗随着电流频率增大而减小，如图 3-5 所示。

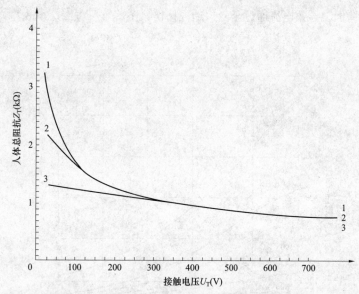

图 3-4　在干燥、水湿润和盐水湿润条件、大的接触表面积、电流路径为手到手、50Hz/60Hz

交流接触电压 U_T 为 25～700V 时 50%被测对象的人体总阻抗 Z_T（50%）

1—干燥条件；2—水湿润条件；3—盐水湿润条件

表 3-3　　在干燥、水湿润和盐水湿润及 B 型电极条件下人体总阻抗 Z_T 与偏差系数

条　件	人体总阻抗 Z_T（Ω）/偏差系数		
	被测对象的 5%	被测对象的 50%	被测对象的 95%
干燥	12 900/0.63	20 600	32 800/1.59
水湿润	5500/0.59	9350	15 900/1.70
盐水湿润	1850/0.76	2425	3175/1.31

注　1. B 型电极是 GB/T 13870.1—2008《电流对人和家畜的效应　第 1 部分：通用部分》规定的、试验时采用的电极的一种。

2. 偏差系数是指在给定的接触电压下，被测对象某百分数的人体总阻抗 Z_T 除以被测对象 50%百分数的人体总阻抗 Z_T 得到的数值。

（6）其他因素。不同类型的人，其人体阻抗也不同，一般女子的人体阻抗比男子的小，儿童的比成人的小，青年人的比中年人的小。遭受突然的生理刺激时，人体阻抗也可能明显降低。

6. 电流通过人体的路径

电流通过人体的路径不同，对人体的伤害程度也不同，一般认为电流通过人体的心脏、肺部和中枢神经系统的危险性比较大，特别是电流通过心脏时，危险性最大。这是因为电流通过心脏会引起心室颤动，较大的电流还会使心脏停止跳动，这两者都会因血液循环中断而导致人死亡；电流通过中枢神经系统会引起中枢神经强烈失调而导致死亡。

心脏电流系数被认为是各种电流路径造成心室颤动危险程度的相对估算指标。从表 3-4 中可以看出，若考虑通常人体都是四肢接触带电体的情况，首先从左手或双手到脚的电流路径最为危险。因为沿这条路径有较多的电流通过心脏、肺部和脊髓等重要器官。其次是从右手到左手、右脚或双脚的电流路径。第三是从左手到右手的电流路径。从左脚到右脚的电流路径虽然心脏电流系数较小，容易因剧烈痉挛而摔倒，导致电流通过全身，造成摔伤、坠落等严重二次事故。

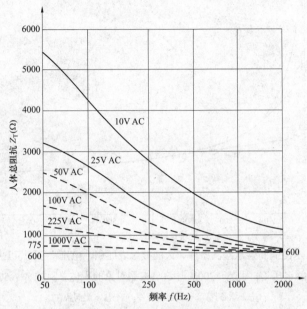

图 3-5　在干燥条件、大的接触表面积、电流路径为手到手或一手到一脚、接触电压为 10~1000V、频率范围为 50Hz~2kHz 时 50%被测对象的人体总阻抗 Z_T 与频率的关系曲线

表 3-4　　　　　　　　　　　　不同电流途径的心脏电流系数

电流途径	心脏电流系数	电流途径	心脏电流系数
左手到左脚、右脚或双脚	1.0	背脊到左手	0.7
双手到双脚	1.0	胸膛到右手	1.3
左手到右手	0.4	胸膛到左手	1.5
右手到左脚、右脚或双脚	0.8	臀部到左手、右手或双手	0.7
背脊到右手	0.3	左脚到右脚	0.05

7. 人体状况

（1）性别。在同等的触电电流下，女性比男性更难以摆脱。

（2）年龄。在遭受电击后，小孩的伤害程度要比成年人重。

（3）健康状况。患有心脏病、神经系统疾病、肺病等严重疾病或体弱多病者，由于身体抵抗能力较差，故比健康人更易受电伤害。

（4）心理、精神状态。有无思想准备，对电的敏感程度是有差异的；酒醉、疲劳过度、心情欠佳等情况会增加触电伤害程度。

第二节　电弧对人体的伤害

电弧伤害是现场电气工作人员除触电外隐藏的最大风险，其严重性和触电一样可能会致命或者更严重的电伤。但过去却往往被忽视：一是未被重视而开展积极的研究（如计算电弧的危害距离与能量）与防范，至今我国关于电弧伤害防范的正式文件只有 DL/T 320—2010《个人电弧防护用品通用技术要求》，而没有其他正式的标准、规范、规程或防护措施；二是现场工作人员也往往更重视意外触电（电击）的防护，而忽视对电弧伤害的防护。这些都是亟待改进的。

一、电弧的形成

1. 电弧的形成原理

当开关电器断开电路时，只要电压和电流达到一定数值，在热量和电场的作用下，在动、静触头分开瞬间，就会在气隙间出现大量电子流，使气体由绝缘体变成导体，气体的呈中性质点（分子和原子）被电离出大量带电质点（电子和离子）。这些带电质点在电场作用下向对应的极定向移动而形成电流，随之气体绝缘强度急剧下降，间隙被击穿，电流急剧增大，出现光效应和热效应而形成电弧。

所以，电弧的实质是一种气体放电现象。

电弧形成后，触头虽然已断开，但电路却并未切断，电流还在继续流通，只有熄灭电弧，电路才真正断开。

2. 电弧的形成阶段

根据国外的研究和试验结果，在开关柜柜体内，电弧的形成可分为以下四个阶段：

第一阶段为压缩阶段，持续时间 5～15ms。在这一阶段电弧持续地释放能量，导致对流和辐射，保留在柜内的空气被加热温度上升，并产生动态压力波。

第二阶段为膨胀阶段（又称为扩展阶段），持续时间 5～15ms。在这一阶段短暂的时间内，因燃弧区和周围空气之间存在压力差，开始产生气流。

第三阶段为排放阶段（又称为发射阶段），这一阶段可能持续几百毫秒。在这一阶段由于电弧能量继续输入燃弧点，产生空气流、气流和微粒流。这种强力高速气流的热量及所带的炽热微粒，内部电弧开始形成对外部的影响。由于电弧能量的持续释放，柜体内几乎所有的空气均被一个缓和但恒定的压力挤压出去。

第四阶段为热效应阶段（又称为放热阶段），亦即为燃弧的最后阶段。在驱逐出柜体内的空气后，柜内的温度几乎达到电弧的温度。最后阶段就由此开始，直至熄灭。此时，大部分燃弧能量作用于开关设备的固体零部件，开关设备有烧穿的危险。故障清除后，这一阶段随之结束。

3. 电弧效应的特点

（1）能量巨大。电弧产生的能量主要与电弧的燃烧时间以及短路电流的平方值成正比，其他相关因素则包括柜体几何尺寸以及所使用的材料等。一次故障电弧产生的总能量可高达 8～60MW，可能大于一场严重火灾产生能量的 3、4 倍。

例如，某 110kV 变电站，某操作岗位，作业系统电压 110kV，故障电流 5kA，电弧持续时间 0.06s，操作距离为 1.5m 时电弧的能量为 $31.4J/cm^2$。

（2）能量释放速度极快。电弧的形成过程是高强度、在瞬间完成的，在非常短的时间内高度集中释放的能量。如在低压开关设备中，故障电弧会在 10ms 内将温度升高到 13 000K（约 10 000℃），同时在约 15ms 内将压力上升到 $2×10^5～3×10^5Pa$。

电弧可以瞬间熔化开关柜体及金属工器具。

有试验表明，在开关柜中，电弧燃烧持续时间超过 100ms 后，所释放的能量就开始急剧增加，大约 150ms 电缆开始燃烧，200ms 左右铜排燃烧，到了 250ms 左右钢材开始燃烧。

而在这期间电弧燃烧释放的巨大能量对附近工作人员的伤害也是不可避免的，特别是在开关柜门打开的情形。

（3）温度极高。在电弧或电火花中，热能由电能转换而来。在高压电场的作用下，电子和离子得到加速和热能，因而温度上升；得到加速的电子与中性分子撞击，因此使分子的振荡运动加强，频繁互撞而使气体的温度增高；加速的电子也与原子撞击而使原子激发，由于受激发原子撞击次数的增加，它们的温度也上升。因此致使电弧具有极高的温度。

电弧或电火花所能达到的最大温度取决于放电的功率和消耗在电弧体积内的功率，所以在理论上它没有高限温度。

在电弧产生过程中，可能在几个微秒的时间内达到 4000～5000K 的高温，有人已测量出高达 50 000K（49 727℃）的电弧温度。一般情况下，电力设备的电弧表面温度可以达到几千摄氏度，而电弧核心温度可达到 20 000℃以上。

（4）伴随产生其他有害效应。除了触电、高温对人体有害以外，故障电弧还产生爆炸（产生冲击波、毒气和强光）、辐射等有害效应。

正是由于电弧效应具有这些特点，才会对人体产生严重的伤害。

二、电弧效应对人体的伤害

电弧对人体的主要伤害有以下几个方面：

1. 电效应的危害

当工作者直接触电时，电弧的强大电流可能造成触电死亡、休克或严重电灼伤。事实上，即使穿上具有防火性能的防护服也不能够使工作者免于触电身亡的危险。

2. 热效应产生的危害

由于电弧具有极高的温度、极高的辐射热（占总能量的 90%），炽热的空气流对位于附近的人体会造成以下伤害：

（1）炽热的空气流对位于附近的人体的裸露部位直接造成严重灼伤。

（2）衣服燃烧造成的严重灼伤。工人未必要被电弧接触到才会受伤，电弧产生的辐射热可以在很短的时间内使日常衣物起火燃烧，如棉衣及聚酯衣服在没有火焰的情况下也会起火燃烧，此种衣服一旦被点燃，便会继续燃烧而对穿着者造成致命的伤害。

（3）合成纤维内衣熔化造成严重灼伤。即使在外衣没有燃烧的情况之下，电弧所产生的高热足以熔化由合成纤维材料制成的内衣，由于内衣紧贴皮肤，而给穿着者造成非常严重的，甚至是致命的伤害。

（4）续发性火焰引起严重伤害。电弧的高热足以引起续发性火灾，使人体受到续发性火焰引起的严重伤害。

（5）超高温的电弧火球可严重烧伤工作人员的身体。

3. 爆炸产生的危害

（1）巨大而集中的辐射能量以冲击波（压力波）形式，从开关设备中以超过 300m/s 的速度向外爆发，可直接损伤人的耳膜和肺脏，或者对人体造成其他物理损伤；也可能使某些松脱的物件（比如损坏设备的碎片、工具和其他物件等）抛出对人造成伤害，即使是工作人员穿上最好的防护服也无法避免。

实验测量到在 480V 负荷中心断路器上，距闪络电弧 0.6m 远，电弧形成的冲击力产生的噪声水平是 1400dB、压力水平是 103kPa，而耳鼓膜击穿压力在 35kPa 左右，肺损坏的压力在 83～103kPa。

在封闭空间发生的电弧事故威力比在开放空间发生大 3 倍以上，即发生在封闭开关箱中的电弧事故远较开放的开关设备危险。因为一般开关箱结构设计是无法耐受电弧爆炸产生的冲击，箱体将会破坏变形、破裂，可能伤及附近的人和物。

（2）高强度的闪光损坏人的眼睛，损害人的视力，严重时可以致盲。

（3）衣服爆裂造成严重灼伤。电弧所产生的爆炸或震荡力会使日常衣服绷裂开，而使工作人员的身体直接暴露于高热、火焰或熔融的金属当中（如熔化的金属工具及设备等）而造成严重灼伤。

4. 有毒气体、金属烟尘的危害

电弧燃烧所产生的有毒气体（一氧化碳、铝及铜蒸气等）和金属（铜铝）烟尘对人的呼吸系统造成伤害，甚至产生生命危险。

金属熔融时所产生的蒸气在空气中迅速冷却氧化形成微粒，微粒直径小于 0.1μm 的称为烟；微粒直径为 0.1～10μm 的称为粉尘。有数据表面，铜金属的微粒从固态到气态，体积会扩大 67000 倍，从而使人被迫吸入，造成伤害。

5. 辐射射线的危害

电弧具有极高的辐射能。除了辐射热外，还辐射出复杂射线（例如红外线、紫外线等），对人体免疫系统产生强辐射攻击而造成伤害。

三、电弧伤害事故的特点

（1）电弧伤害不可预测、无法躲避。

与大多数人非常熟悉的火灾情况相比，电弧故障是一种发展非常快的事件，这是由于保护装置自动启动切除故障的原因，持续时间一般小于 1s。因而往往是不可预测、无法躲避的。

（2）伤害非常严重。

发生电弧故障所产生的总能量很大，而一般操作时人体距离电弧发生处距离很近，短时间内高能量的聚集会对电弧界面附近工人产生致命伤害。

（3）伤害的形式主要是烧伤。

由于辐射热占总能量的 90%，意味着即使事故只产生一点火焰或者根本没有火焰也会引起严重的伤害——电弧烧伤。

从发生的比例看，相比电弧造成的其他伤害，这种伤害是主要的。

从伤害的结果看，这种伤害是残酷的——电弧的发生虽然可能只是几分之一秒的时间，但电弧烧伤造成的残疾痛苦却可能持续终生。

另外一个不幸的事实是，电弧烧伤又是电气工作中较常见的伤害事故。有一个数据称，法国每年的电气事故中，电弧事故占 77%，其中 21%造成永久性残疾。

四、防止电弧伤害的措施

（1）严格执行操作规程，防止发生误操作。

注意：在各种环境及心情不佳的情况下，发生误操纵等违反规程的事情还是可能发生的，发生电弧伤害的危险还是存在的。

（2）尽量避免带电工作。

注意：即使是操作对象（如某间隔）已经停电，而旁边设备（如相邻间隔）是带电的，一样存在着发生电弧伤害的危险。

（3）使用个人电弧防护用品。在有可能产生电弧危害的工作场所使用个人电弧防护用品是一个必须的保护措施。许多实例显示，有些工作人员在工作时穿着日常服装，使他们受到了更大的伤害。

对于电弧伤害的完整防护应是使用从头到脚的全部配备。根据 DL/T 320—2010《个人电弧防护用品通用技术要求》，个人电弧防护用品包括防护服、面屏（包括护目镜）、头罩、手套、鞋罩等。

使用个人电弧防护用品应注意：

1）需要根据工作岗位可能存在的电弧危害大小选择使用相应等级的个人电弧防护用品。

2）使用了个人防护用品，仍无法完全避免电弧伤害。目前我国及其他国家的个人电弧防护用品，是针对防护电弧的高温和火焰危害而设计的，不能对电弧的压力效应及碎片的冲击提供防护；而且个人电弧防护用品的设计制作，只是能够防护预设的典型条件下可能的电弧能量，但是实际事故的电弧能量有可能超过这些预计数值，即使使用了个人防护用品，也不是万无一失的，仍无法完全避免电弧伤害。因此，使用个人防护用品永远都不能代替对操作规程的重视。

3）虽然在现场正常工作中发生电弧危害事件的几率很低，但不表示不会发生。为了有备无患，尤其当现场人员进行高度电弧风险的作业（例如某些类型的开关操作或供电中设备开箱巡检等）时，必须按规定使用个人电弧防护用品。

4）工作中应注意使用从头到脚的全部防护用品，不可心存侥幸只使用一部分。这是因为：① 电弧发生的伤害面积较大，会伤及身体的任何部位。② 在工作中，人可能变化位置和姿势。例如从站立变为蹲下。③ 有可能发生预想不到的电弧。例如，1994 年某变电站操作人员带地线合隔离开关的误操作，但是电弧并没有从高于人头 2m 的隔离开关产生，而是从有缺陷的两根接地线上产生，烧伤了两名蹲在地面工作的人员。

5）带电作业时，防感电用的绝缘手套或护具并不等于可承受电弧闪络能量。因此操作开关的人员，在必要时两种（耐电压与耐电弧）手套都要使用，而且耐电弧的手套（通常为皮制）必须戴在外层。

（4）在有可能发生电弧事故的工作场所（如开关设备处）贴挂警示标志牌。这些警示标志牌通常要求标示电弧的危险等级、安全界线尺寸、可能的最大电弧能量以及建议应使用的个人保护用品的种类。

这些在现场的标志牌通常也顺便包含标示防范感电的最小带电工作安全距离等数据。

（5）采用抗电弧设备。抗电弧设备是专为控制与内部弧闪有关的动力元件而设计的电气设备，具有控制这些元件，防止严重人身伤害或危害蔓延的能力。通常只有在所有设备门均关闭并锁定时保护才能生效。

（6）采用可以使操作者远离电弧危险源的操作方法或工具。包括采用遥控操作、采用延时动作开关（可使操作者有足够的时间远离被操作的开关）、使用较长的专用工具在较远处操作等。

（7）采用针对性防护措施。

1）加设遮栏，防止人员接近电弧危险源。

2）如没有特别的散热要求，应尽量对裸露的带电部分采用绝缘防护。

3）设立外部电压、电流测量点，可降低作业人员的电弧伤害风险。

4）设立母线梯度继电保护。高压系统采用母线梯度继电保护可使故障电弧能量减少到一半系统的1/5，甚至更少。

（8）配置快速弧光感应旁路保护装置。快速弧光感应旁路保护装置（又称为高速电弧光保护系统），可在电弧发生后的数毫秒内，在电弧排放阶段开始时就启动断路器跳闸，切断供给燃弧点的短路电流，从而快速减小电弧能量或终止电弧。

高速的电弧光保护系统可以为现场工作人员提供最好的保护，它在一些国家已成为标准配置。根据多年来的运行经验，它在保护配电设备及工作人员方面是非常有效的。

（9）确定电弧安全界限，制定防范电弧危害的操作规定。电弧安全界限（安全距离）是指如果发生电弧，人体在正常的反应时间内可能会发生Ⅱ度烧伤（伤及表皮基底层及真皮）的最远距离界限。应该规定在工作现场非直接操作人员应该在此界限外工作，在此界限范围内工作，必须按要求佩戴相应的电弧防护用品。

对于一般无抗电弧能力的开关设备都应计算并规定电弧安全界限，并遵守防范电弧危害的操作规定。

（10）进入工作现场前要先进行电弧伤害的危险点分析。危险点分析后，制订相应的防护措施，主要是严守在电弧安全界限范围外工作的规定，如要进入安全界限范围内工作则需使用个人电弧防护用品。

（11）培养工作人员防范发生电弧意外事故的安全意识和习惯。对安全生产来讲，永远都是思想决定意识，意识决定习惯，习惯决定行为，行为决定安全。所以，必须通过安全培训培养工作人员防范发生电弧意外事故的安全意识和习惯。

例如，大家都应该知道防范电弧危害的最小安全距离远大于防范感电的带电作业最小安全距离；现场停电检修工作完毕后，要进行送电操作时，除操作人员外，其他人员都应该有自动躲避到远处去的意识等。

（12）在电气工程设计中进行电弧闪络分析。电弧闪络分析包括经过各个保护设备的电弧电流、故障清除时间和母线或单个保护设备的危害性分析等内容，给出电弧闪络保护边界（安全界限）和危害性等级的总结。

（13）制订防范电弧伤害的国家和行业标准、规范（规程）。目前，我国对电弧危险源的识别和防范的相关国家和行业标准、规范尚不健全；对于电弧危险源的识别、电弧事故防范的管理和技术措施，工程实践上尚没有规范化、系统化。如何准确地识别并有效地防控电弧危害，尚需要有关行业主管部门、广大科技工作者、电力作业人员以及安全人员共同努力。

第三节 触电（电击）的方式和规律

一、触电（电击）方式分类

（一）不同电击危险机理的研究

人们在研究电击防护的时候，首先是从电击危险的机理研究开始的。

1. 电气设备结构中的金属部分

根据 GB/T 4776—2008《电气安全术语》，电气设备结构中的金属部分可以分为以下两种：

（1）带电部分。正常使用时被通电的导体或导电部分（它包括中性导体，按惯例不包括保护中性导体）。

（2）外露可导电部分。容易触及的导电部分和虽不是带电部分但在故障情况下可变为带电的部分（即电气设备的金属外壳或金属支架）。

2. 不同的电击危险机理

根据上述划分，一般将受到电击的危险分为以下两种：

（1）直接接触的危险。人体触及电气设备的带电部分并同时触及地电位，或者触及另一个不同电位的带电部分的危险。

（2）间接接触的危险。人体触及电气设备的由于绝缘破损而变成带电的外露可导电部分，并同时触及地电位，或者触及另一个不同电位的可导电部分（如另一个外露可导电部分或外部可导电部分）的危险。

3. 直接触电与间接触电

根据以上电击的危险的划分，通常人们将触电（电击）分为直接触电与间接触电。

（1）直接触电。人体触及正常工作状态下带电的物体（例如电气设备的带电部分、电气线路）而发生的触电。

（2）间接触电。人体接触了正常工作状态下不带电，由于故障而带电的电气设备外露可导电部分而发生的触电。

（二）触电方式分类

人们习惯按照触电电流的来源对触电方式进行分类。按此分类方法，除了直接触电和间接触电两种方式外，还有剩余电荷触电、感应电压触电、静电触电、接触电压触电、高压电弧触电和雷击触电等触电方式。

二、直接触电

（一）单相触电

1. 定义

单相触电是指人体站在地面或其他接地体上，人体的某一部位触及一相带电体所引起的触电。单相触电的危险程度与电压的高低、电网的中性点是否接地、每相对地电容量的大小有关。

2. 单相触电的两种情况

单相触电有电源中性点接地系统的单相触电和中性点不接地系统的单相触电两种情况。一般情况下，中性点接地系统的单相触电比中性点不接地系统的单相触电危险性更大。

（1）中性点直接接地系统的单相触电危险性分析。由图 3-6 可以看出，接地电阻 R_g 与人体电阻 R_r 构成串联回路，由于接地电阻 R_g 比人体电阻 R_r 小得多，所以相电压几乎全部加在人体上，通过的电流远大于人体摆脱阈值，足以致命。

例如：中性点直接接地的 220V 低压系统发生单相触电，忽略接地电阻 R_g，人体电阻 R_r 按 2000Ω 计算，根据欧姆定律，通过人体的电流 I_r=220V/2000Ω=0.11A=110mA。

在我国，低压配电系统大多采用中性点直接接地的系统，因此，一旦发生单相触电，危险性是很大的。

如果采取作业人员工作时穿绝缘鞋，配电室地面铺设绝缘垫等措施，都可以有效地增大人体对地电阻（即在电流回路中串联一个很大的电阻），对中性点接地的低压系统，减小通过人体的电流，防止电击事故发生。

（2）中性点不接地系统的单相触电危险性分析。由图 3-7 可以看出，电流以人接触的导体（电气线路或设备）、人体、大地、另外两相导线与大地的阻抗 Z 构成回路。阻抗 Z 的大小与线路绝缘电阻 R 及对地电容 C 有关。

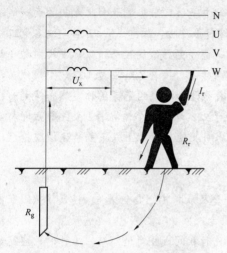
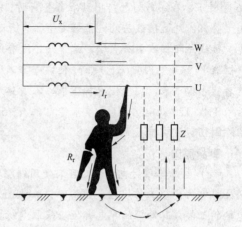

图 3-6   中性点接地系统的单相触电　　　　　　图 3-7   中性点不接地系统的单相触电

低压系统中，正常情况下线路绝缘电阻 R 很大而对地电容 C 很小，使得导线与大地的阻抗 Z 很大，触电时通过人体电流很小，不会造成危害（线路绝缘破坏则会有危害）。

而高压系统中，线路对地电容 C 较大，触电时通过人体电流较大，触电将危及生命。

3. 低压系统单相触电事故发生的直接原因

由于人们接触低压电气设备（工具）和系统的机会大大高于接触高压电气设备和系统的机会，因此单相触电事故较多地发生在低压系统中。

一般低压系统的单相触电事故主要由以下直接原因造成：

（1）电气设备的某相导线或绕组绝缘破损使设备外露可导电部分（金属外壳）带电，使用人员误触及而引起触电事故。

（2）单相电动工具（如手电钻）和工作行灯的把柄因导线绝缘破损而带电时，使用人员触及而引起触电事故。

（3）低压系统使用不合格导线，或者导线绝缘老化、破损而漏电，导致人员直接触及而引起触电事故。

（4）低压电气设备或线路检修时违章作业，不验电就直接操作，导致作业人员直接触及带电的电气设备或线路而引起触电事故。

（5）低压带电作业时违章作业，不使用绝缘工具、不戴绝缘手套，导致作业人员误碰触裸露的导线而引起触电事故。

（6）由于误送电，使原本处于停电状态的电气设备或线路意外带电，作业人员直接触及电气设备或线路而引起触电事故。

【案例 3-1】 不使用绝缘工具造成低压触电死亡

事故经过：

2003 年 1 月 3 日 15:30 左右，某十字路口交通指挥岗亭 2 名民警到电力管理单位联系处理交通指挥岗亭电源不正常问题，在没有找到负责人的情况下，恰巧遇到了 1 名熟悉的电工，就要求其帮忙处理。这名电工犹豫一会儿后就带上工具和他们一起来到十字路口东北侧一南北走向的南一线路 16 号杆下，在穿戴好登杆用具准备登杆时，一民警提醒"这杆很危险，注意点"。听后，这名电工就向上登杆，到达接线头处他系好安全带，开始观察交通指挥岗亭电源线的接头情况，发现右边（西边）接线（即相线）有点松，就解开，没有发现问题又重新接上。接着又解左边（东边）接线（即中性线），解开发现接头已烧断，他右手拿着钳子，左手拿着线开始剥线的绝缘层时突然一声大叫，接着钳子掉下来，安全帽也掉下来，人身体后仰倒挂在杆子上。看到这个情况，2 个民警立即打电话给 110、120 及电力调度，要求停电救人。5min 后，抢救人员把他从杆子上救下并急送医院抢救，但终因伤势过重抢救无效死亡。

事故原因分析：

（1）电工单独带电工作，且未使用绝缘柄工具、戴手套及采取其他安全措施。违反了《国家电网公司电力安全工作规程 线路部分》"低压带电作业应设专人监护"之规定，也违反了"使用有绝缘柄的工具，其外裸的导电部位应采取绝缘措施，防止操作时相间或相对地短路。工作时，应穿绝缘鞋和全棉长袖工作服，并戴手套、安全帽和护目镜，站在干燥的绝缘物上进行。禁止使用锉刀、金属尺和带有金属物的毛刷、毛掸等工具"之规定。

（2）电工上杆前，不清楚电源的接线情况，因此，在拆、接线中，随意拆、接好一相（实际是相线）后，再拆、剥另一相（实际是中性线）的绝缘层（此时，因交通指挥岗亭内电源闸刀及红绿灯控制开关均没有断开，相线已接好，已人为地使中性线带电）中，右手触到裸露导线，电击使人向后仰（安全带系住腰部），造成脑部缺氧，窒息死亡。严重地违反了《国家电网公司电力安全工作规程 线路部分》"上杆前，应先分清相线、中性线，选好工作位置。断开导线时，应先断开相线，后断开中性线。搭接导线时，顺序应相反"之规定。

（3）单位对职工安全培训教育和业务知识培训不到位。

（4）现场人员不知道如何救护，失去了抢救时机。

防范措施：

（1）这起事故是由于电工严重违章造成的，单位应反思在每年《国家电网公司电力安全工作规程 线路部分》学习考试中存在的不足，要针对岗位工种的实际实施有效学习考试。

（2）加强对职工的业务培训，严格考试，做到持证上岗，特别是特种人员。

（3）加强管理，严格工作制度，严禁未经批准外出工作。

（4）把这起事故通报全单位，使人人受到教育，杜绝类似事故的发生。

【案例 3-2】 误送电导致触电死亡

事故经过：

2005 年 8 月 1 日，某设备安装公司蔡某与胡某在某酒店室内安装改造工程进行电源布线作业。下午 2 时，在吊顶上布线作业的蔡某因用手电筒照明作业环境亮度不够，即要求在地面配合作业的胡某把走道光带电源送上去，可以增加其吊顶上作业环境亮度。胡某因不清楚开关箱内哪一只是控制走道光带的电源开关，只得逐一闭合开关箱内的所有开关，结果将蔡某正在作业的线路也接通了电源，当走道光带亮后，蔡某也随即发生触电事故，蔡某触电后被送往医院抢救无效死亡。

事故直接原因：

胡某在不了解用电线路系统的情况下，盲目送电，造成正在作业的电气线路带电而引发触电事故。

事故间接原因：

现场电气安装负责人及电气安装作业人员无证上岗，违章操作。施工现场作业区吊顶内照明不符合施工要求。现场施工安全交底和监护不力，施工过程安全检查不到位。

（二）两相触电

1. 定义

两相触电是指人体有两处同时接触带电的任何两相电源时的触电，如图 3-8 所示。

无论电网的中性点是否接地、人体与地是否绝缘，两相触电人体都会使人处于危险状态。

2. 危险性分析

电流由一相导线通过人体流至另一相导线，人体将两相导线短接，因而处于全部线电压的作用之下，通过人体的电流与电网的中性点接地与否无关，只与人体电阻 R_r 和导线电阻 R_x 有关。

图 3-8　两相触电示意图

若人体电阻按 2000Ω 计算，忽略导线电阻 R_x，发生两相触电时，若线电压为 380V，则流过人体的电流高达 190mA，故两相融电比单相触电更危险。

根据经验，工作人员同时用两手或身体直接接触两根带电导线的机会很少，所以两相触电事故很少发生。

三、剩余电荷触电

1. 概念

剩余电荷触电是指当人触及带有剩余电荷的电力设备和电力线路（电缆）时，带有电荷的设备和电力线路（电缆）对人体放电造成的触电事故。

2. 剩余电荷产生的原因

剩余电荷产生的原因主要有：

（1）电气设备、电力线路（电缆）的相间绝缘和对地绝缘都存在电容效应。由于电容器具有储存电荷的性能，因此在刚断开电源的停电设备、电力线路（电缆）上，都会保留一定量的电荷，即剩余电荷。

（2）大容量电力设备和电力电缆、并联电容器等在摇测绝缘电阻后或耐压试验后都会有剩余电荷的存在。设备容量越大、电缆线路越长，这种剩余电荷的积累电压越高。

3. 防止剩余电荷触电的措施

大容量电力设备和电力电缆、并联电容器等在摇测绝缘电阻或耐压试验工作结束后，以及停电设备、电力线路（电缆）检修工作开始前，必须注意充分放电，以防剩余电荷触电（电击）。

【案例 3-3】 某供电分公司剩余电荷触电死亡事故

2003 年 9 月 24 日 6 时 57 分,某供电分公司水城中心站操作人员在进行 35kV 龙柏站 2 号主变压器检修停电操作中,发生一起剩余电荷触电死亡事故。

事故经过:

9 月 24 日,按照计划安排,龙柏站进行 2 号主变压器小修预试、有载修试,城柏 3511 断路器小修预试、母刀、线刀、流变修试等工作。当日清晨 5 时 10 分左右,供电分公司水城中心站彭某带班到龙柏站进行 2 号主变压器停电操作,带班人兼监护人彭某,操作人朱某(死者,男,23 岁)。

6 时 57 分,当龙柏站 2 号主变压器改到冷备用后,在等待水城站将城柏 3511 从运行改为冷备用时,彭某、朱某二人在控制室等待调度继续操作的指令。当调度员通过对讲机呼叫彭某并告知水城站已将城柏 3511 改为冷备用时,朱某一人离开控制室并走到 2 号主变压器室内将 2 号主变压器两侧接地线挂上,且打开城柏 3511 进线电缆仓网门,将竹梯放入到网门内。待彭某接完"将 2 号主变压器及城柏 3511 由冷备用改检修状态"命令后,寻找到朱某时,发现 2 号主变压器两侧接地线已接好。

彭某为弥补 2 号主变压器的现场操作录音的空白,即在城柏 3511 进线电缆仓内边做验电、挂接地线的操作,边与朱某一起唱复票,补 2 号主变压器两侧挂接地线这段操作的录音。当时朱某在验明城柏 3511 无电后,未进行放电即爬上梯子准备挂接地线,彭某未及时纠正其未经放电就挂接地线这一违章行为。这时朱某人体碰到城柏 3511 线路电缆头处,发生了电缆剩余电荷触电事故,彭某即刻对朱某进行人工呼吸急救,并送长宁区中心医院抢救,于 8 时 40 分因抢救无效死亡。

事故原因分析:

(1)《国家电网公司电力安全工作规程 变电部分》相关条文规定:当验明设备确已无电压后,应立即将检修设备接地并三相短路。电缆及电容器接地前应逐相充分放电,星形接线电容器的中性点应接地、串联电容器及与整组电容器脱离的电容器应逐个多次放电,装在绝缘支架上的电容器外壳也应放电。在未对城柏 3511 线进行放电的情况下,操作人就碰触设备,监护人未及时制止纠正,是造成本次事故的直接原因。

(2)《国家电网公司电力安全工作规程 变电部分》相关条文规定:装设接地线应由两人进行。操作人违章,单人到 2 号主变压器室挂接地线,失去监护操作,是造成本次事故的间接原因,也是重要原因。

(3)监护人与操作人后补现场操作录音,是隐瞒违章行为的行为,是造成本次事故的间接原因,也是重要原因。

四、感应电压触电

1. 概念

由于电磁感应(由于磁通变化)和静电感应(高压电场作用)在靠近电力线路和电气设备附近导体上产生的电压称为感应电压。当人触及带有感应电压的设备和线路时,造成的触电事故称为感应电压触电。

2. 电力生产中感应电压产生的原因

(1)由于电磁感应和静电感应作用,带电设备(线路)将会在附近的停电设备(线路)或人体上感应出一定的电位。

例如，经常可以发现，在同塔双回超高压线路上当一线运行，另一线停运时，在停运线路上存在着较高幅值的电压和电流，给停运线路的检修工作以及两站拉合接地开关的操作带来不利的影响。这主要是由两线之间存在静电感应及电磁感应产生的。

（2）一些不带电的电力线路由于大气变化（如雷电活动），或交叉跨越线路、平行线路、同杆架设线路带电，因电磁感应而产生感应电压。电压越高，平行段越长，间距越小，感应电压越高。

3. 感应电压触电的危害

在电网系统的电力生产中，一般是在带电作业过程中出现感应电压触电。

（1）感应电压较低时，若放电的能量达到一定数值时，就会使人产生刺痛感，在无精神准备的情况下使人精神紧张，往往会使手突然离开杆塔构件，如果没有其他防止高处坠落的安全措施，有可能造成高处摔跌的二次事故。

（2）感应电压较高时，感应电压触电会造成人身伤亡。

【案例 3-4】　某输电公司感应电压触电事故

事故经过：

2008 年 5 月 26 日，某输电公司按计划对 500kV 万龙二回 419～735 号杆塔进行绝缘子清扫和消缺工作。11:20 左右，运检一队 1 名工作人员金某根据电话许可，在 462 号塔挂设个人保安线并进行清扫。18:20 左右，根据周边群众电话反映异常情况，运检一队有关人员赶到现场，登杆检查发现金某在系好安全带的情况下，仰躺在左相横担头上，保安线接地端位于胸口死亡。

原因分析：

经现场勘察和分析，事故原因是金某在杆塔上 A 相装设好保安线后，准备取工具包转移作业点时，身体意外失去平衡，右手抓住保安线（保安线有透明绝缘套管），导致保安线的接地夹具从塔材上脱出，接地端击中左胸靠近心脏部位，因感应电击休克死亡。

事故暴露出的问题：

保安线接地线夹设计不合理，夹在塔材上在有平行外力作用时易脱落；作业人员在杆塔上作业时安全警惕性不够，在重心失稳时误拽保安线，导致保安线接地端脱落。

五、静电触电

1. 静电的产生

静电产生的方式有很多，如接触、摩擦、冲流、冷冻、电解、压电、温差等，但主要有两种形式，即摩擦产生和感应产生。

（1）摩擦产生静电。实际上，只要两种不同的物体接触再分离就会有静电产生。但由于摩擦产生的热能为电子转移提供了足够的能量，因此使静电产生作用大大增强。

当两种物体相互摩擦的时候，接触和分离几乎同时进行，是一个不断接触又不断分离的过程。分离速度快、接触面积大，使得摩擦所产生的静电荷比固定接触后再分离所产生的静电荷的数量要大得多。摩擦生电主要发生在绝缘体之间，因为绝缘体不能把所产生的电荷迅速分布到物体整个表面，或迅速传给它所接触的物体，所以会产生相当高的静电势。

（2）感应产生静电。静电产生的另一个重要来源是感应生电。当一个导体靠近带电体时，会受到该带电体形成的静电场的作用，在靠近带电体的导体表面感应出异种电荷，远离带电体的表面出现同种电荷。尽管这时导体所带净电荷量仍为零，但出现了局部带电区域。

2. 静电的特点

静电具有高电压、低电量、小电流、作用时间短和处处存在的特点。

静电在日常生活中可以说是无处不在，人们的身上和周围就带有很高的静电电压，几千伏甚至几万伏。平时可能体会不到，人走过化纤的地毯静电大约是 35 000V，翻阅塑料说明书大约是 7000V。

3. 静电的危害

（1）爆炸和火灾。引起爆炸和火灾是静电最大的危害。静电能量虽然不大，但因其电压很高（可高达数万伏至数十万伏）而容易发生放电，出现静电火花，从而在有可燃液体的作业场所（如油料运装等）可能引起火灾，在有气体、蒸气爆炸性混合物或有粉尘纤维爆炸性混合物的场所（如氧、乙炔、煤粉、铝粉、面粉等）可能引起爆炸。

（2）电击。由于静电造成的电击，可能发生在人体接近带电物体的时候，也可能发生在带静电电荷的人体接近接地体的时候。电击程度与所储存的静电能量有关，能量越大，电击越严重。其关系式如下

$$W = \frac{1}{2}CU^2$$

式中　　W——静电场的能量，J；

　　　　C——电容，F；

　　　　U——电压，V。

但由于一般情况下，由于静电电击不是电流持续通过人体的电击，而是由于静电放电造成的瞬间冲击性电击，能量较小，所以生产过程中产生的静电所引起的电击通常不会直接使人致命，但人体可能因电击引起坠落、摔倒等二次事故，因此同样具有相当的危险性。另外，电击还可能使工作人员精神紧张，妨碍工作。

（3）妨碍生产。在某些生产过程中，如不消除静电，将会妨碍生产或降低产品质量，例如，静电使粉体吸附于设备，会影响粉体的过滤和输送。

六、跨步电压触电

1. 跨步电压

（1）一般定义。人的双足接触某带电空间的两点时，加于两足之间的电位差称为跨步电压。

（2）跨步电压的典型定义。人在接地电流散流场 20m 以内行走或站立时，加在两脚之间的电位差，称为跨步电压。

2. 跨步电压触电

因跨步电压而造成的触电称为跨步电压触电。

3. 产生跨步电压的常见区域

（1）高压电气设备或电力线路故障接地点（接地装置）附近区域。

（2）电力线路断线接地点附近区域。

（3）正常时有较大工作电流流过的接地装置附近区域。

（4）受雷击时，防雷接地装置、高大设施或树木附近区域。

4. 跨步电压触电的危害

（1）人体承受的跨步电压较小时，电流一般是从脚→腿→胯部→脚流过，对人体的危害不大。

（2）当跨步电压较高时，人就会因双脚抽筋而倒在地上，则由于倒地后改变了电流流过人体的路径（例如流过心脏），并由于接触地面的距离增大而造成作用于人体上的电压增大，使触电造成的危害程度大大增加。

经验表明，人倒地后即使电压持续作用 2s，也会发生致命的危险。

【案例 3-5】　高压配电线路接地引起跨步触电

1995 年 6 月 30 日 6:00 左右，由于毛竹倒到 10kV 上范支线上造成 24 号杆中相跌落熔断器（RW3-10 型）的熔丝管烧成两段，某用管所供电站周某到上范支线 24 号杆更换熔丝管，因操作不当，造成带电侧熔丝断头与熔断器抱箍相碰，致使水泥杆带电，周某没有及时用绝缘操作杆拨开放电的熔丝断头以消除接地点，反而赶紧下杆躲避纷纷落下的火星，当左脚落地，右脚仍在杆上脚扣内的一刹那，发生了跨步电压触电，并脸部朝下翻入落差约 1m 的水田内。

站在田埂上监护的吴某见状立即下水田救人，当他走至距电杆 3.2m 处时，也被跨步电压电倒，仰面倒入水田内，两人生命危在旦夕。

凑巧，此情形被路过的胡某看到，当时见吴某翻倒时，熔断器上仍有很大的放电声，并有火花，认为二人是触电了，但不敢贸然去救，直至听到熔断器"啪"的一声，并没有了火花和声音，才迅速下水田救人。吴某被救到路边还有呼吸，但周某却是满脸泥水，不省人事，呼吸心跳均已停止。胡某用民间土办法捏周某的人中穴约 3min，周某喘过一口气，于是立即送医院抢救，最终得救。

【案例 3-6】　误送电造成跨步电压触电死亡

事故经过：

2011 年 8 月 9 日一场大雨，使某供电所的 10kV 新平线和 10kV 新亮线都停电了。停雨一个小时后，供电所派两组线路运行人员去巡查两条 10kV 线路，其中一组先对新亮线巡查，完毕后电话告知调度：10kV 线路已巡查完毕并无任何故障，可以送电。调度随即送电。另一组线路巡查人员包括线路班长、安全员和一个线路专责（死者李某）三人一起去查 10kV 新平线，发现有故障需要检修。他们以为线路已经停电，并没有拉开首端油断路器，而是跑到离供电所近的中段去拉隔离开关。当李某赤脚站在田间拉开第一个隔离开关时，不幸触电死亡。

直接原因：

查新亮线的运行人员查完后因无故障即电话告知调度可以送电，调度送电时误送 10kV 新平线，造成当李某赤脚站在田间拉隔离开关时，新平线已经带电。由于故障电流特别大，弧光电流击穿横担，顺着电杆流向田间，由于李某赤脚并前后弓步站着，造成跨步电压触电身亡。

七、接触电压触电

1. 接触电压

（1）按惯例仅用于间接接触保护方面的含义。接触电压是指当电气设备因绝缘损坏而发生接地短路故障时，如果人体的两个部位（通常是手和脚）同时触及设备的外露可导电部分和地面（或者另一个不同电位的可导电部分），人体两个部位之间所承受的电压。

（2）接触电压的典型定义。电气设备因绝缘损坏而发生接地短路故障时，若人的手和脚同时分别触及设备的外露可导电部分和地面，则手和脚之间的电位差称为接触电压。

2. 接触电压触电

由接触电压引起的触电称为接触电压触电。

在发电厂和变电站中，一般电气设备的外壳和机座都是接地的。正常时，这些设备的外壳和机座都不带电。但当设备发生绝缘击穿、接地部分破坏，设备与大地之间产生电位差（即对地电压）时，人体若接触这些设备，其手脚之间便会承受接触电压而触电。

日常生活也会出现接触电压触电的情况。例如，正常情况下空调的外壳不应带电。但是，近年来随着空调的普及，全国发生多起因为空调室外机外壳带电，而造成检修人员、粉刷房屋外墙的工人，甚至路人碰触后触电死亡的事故。

例如，2012年8月13日，某超市前，一名10岁的小男孩在攀爬空调外机时不幸触电身亡。经现场测定，空调运行时室外机机壳带电，最高电压达到198V，最大泄漏电流为89.4mA。

3. 接触电压的大小随人体与接地体的距离变化而变化的规律

（1）若干电气设备共用一个接地体的情况。接触电压 U_j 等于相电压减去对应的地面电压，它的大小随人体站立的位置而异。

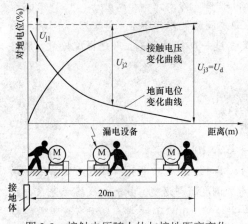

图3-9 接触电压随人体与接地距离变化

图3-9中，三台电动机的外壳都做了接地，并且接地线连在一起共用一个接地体。接触电压变化曲线表明，接触电压随着人体与接地体距离的增大而增大。当人体站在距接地体20m以外处与带电设备外壳接触时，接触电压 U_{j3} 达最大值，等于带电设备外壳的对地电压（即相电压）U_d；当人体站在接地体附近与设备外壳接触时，接触电压接近于零。

原因分析：在图中，三台电动机的接地线是连在一起的，当一台电动机的绕组碰壳接地时，三台电动机的外壳都会带电，而且电位相同，都是相电压。但地面电位却是越靠近接地点越大，越远离接地点越小，在距离接地点20m以外等于零。

因此，人体距离接地体越近时，接触电压越小；距离接地体越远时，接触电压越大。靠近接地体的人所承受的接触电压等于电动机外壳（人手）的电位与该处地面电位（人脚）之差，其数值近于零；在距离接地体20m以外处，人承受的接触电压就是电动机外壳的对地电压，即相电压。

（2）电气设备单独设置接地体的情况。上述若干电气设备共用一个接地体的情况下，一个设备出现接地故障，则相连的所有设备外壳都将带电，无疑扩大了故障范围，增加了工作人员触电的几率。为了解决这个问题，可以将电气设备单独设置接地体。

在电气设备单独设置接地体的情况下，一般接地体就在设备附近。而一般情况下，只有人体靠近电气设备才能接触到电气设备外壳（故障情况下带电），根据上述分析，再加上接地电阻选择适当，就可以起到限制接触电压、保护人身安全的作用（参考第四章）。

【案例 3-7】 电扇外壳带电造成触电死亡

事故经过：

某女工买来一台 400mm 台扇，插上电源。当手刚碰到底座上的电源开关时，就发出一声惨叫，人当即倒地，外壳带电的电扇从桌子上摔下，压在触电者的胸部。正在隔壁午睡的儿子闻声起来，发现妈妈触电，立即拔掉插头，并且呼叫邻居救人。由于天气炎热，触电者只穿短裤汗衫，赤脚着地，触电倒地后，外壳带 220V 电压的电扇又压在胸部，所以心脏流过较大电流而当即死亡。

原因分析：

事后仔细检查，电扇和随机带来的导线、插头绝缘良好，接线正确。问题出在插座了。由于插座安装者不按规程办事，误把电源相线接到三眼插座的保护接地插孔，而随机带来的插头是按规定接线的，将电扇的外壳接在插头的保护接地桩头上。这样当插入插座后，电扇的金属外壳便带 220V 电压，造成触电死亡的事故。

八、高压电弧触电

1. 气体击穿现象

当气体间隙上的电压较低时，电场较弱时，由于气体内带电质点极少，气体是优良的绝缘体。当气体间隙上的电压超过一定临界值时，气体分子被电离，使气体成为导体，通过气体的电流会突然剧增。这种气体由绝缘状态变为良好导电状态的过程称为气体击穿（放电）。

2. 触电原因

当人体与高压带电体距离小于安全距离时，由于空气被高压电场击穿，造成带电体对人体放电而使人触电。

3. 危害

由于高压电场击穿空气，在人体与带电体之间产生电弧，使人体遭受电击和电弧灼伤的双重伤害。由于电弧温度很高，往往造成人体严重烧伤。

【案例 3-8】 图方便，引起高压电弧触电

电工 A 某更换好田间变压器上的高压熔断器，要下变压器台时，不从台边电杆上的脚钉下去，而准备直接往下跳。当转过身体刚要跳下去时，只觉右臀部突遭电击，不由自主地从台上栽了下来。

原来他在转身时，工具袋与高压接线柱过近，又恰逢雨后台上较潮湿，引起工具与 10kV 接线柱放电。触电和摔跌的结果导致 A 某腿部神经坏死而截肢。

【案例 3-9】 违章进入高压柜，触电烧伤截手臂

某厂 110kV 变电站站长，可谓"技术权威"。为趁 110kV 停电时间，更换当日停电操作中被拉断裂的 214 隔离开关操动机构座，在独自进入 214 高压柜时，隔离开关因触动而合闸，置身在三相 10kV 高压包围之中，被放电电弧烧伤，一个月后左臂截肢致残。

第四章

防止人身触电的技术措施

防止直接触电常用的技术措施有绝缘防护、距离防护、屏护、采用特低电压、剩余电流保护、电气联锁防护、声光信号防护等。

防止间接触电常用的技术措施有装设自动切断电源（过电流保护）装置、采用接地保护、电气设备采用双重绝缘或加强绝缘、将有触电危险的场所绝缘构成不导电环境、采用等电位连接保护或采取等电位均压措施、采用特低电压、采用剩余电流保护、实行电气隔离等。

第一节 绝 缘 防 护

一、概述

1. 绝缘防护的概念

绝缘防护就是使用绝缘材料将带电导体封护（覆盖）或隔离起来，使电流按照规定的路径流动，保证电气设备及线路正常工作，防止发生人身触电事故的技术措施。它是电工作业中最普通、最基本，也是应用最广泛的安全防护措施之一。

2. 绝缘防护作用的表现形式

绝缘防护的作用表现为三种形式：一是仅用于防止人身触电。起到这种作用的主要是绝缘工器具（用具）。二是主要用于防止人身触电，兼顾防止电气设备或电力线路损坏。起到这种作用的绝缘防护主要包括低压电气设备（低压电器）、低压电动工具和低压电力线路的绝缘防护。三是主要防止电气设备或电力线路损坏，保障其正常工作，兼顾防止人身触电。起到这种作用的绝缘防护主要包括一般高压电气设备（如变压器、断路器等）的绝缘防护、高压电力线路的绝缘防护，以及变电站综合绝缘防护等。

3. 绝缘防护的具体方式

在电力生产中绝缘防护具体有以下几种方式：

（1）将电气设备或电力线路的带电部分用只有将其破坏才能除去的绝缘材料全部覆盖起来。

在电力生产中常见的电气设备或导线的外包绝缘、包扎裸露线头的绝缘胶布等，都属于这一种。这种方式，绝缘材料暴露于环境中。

（2）电气设备的带电部分用绝缘材料与设备金属外壳隔离（实际是对大地绝缘）。

采用这种方式时绝缘材料置于带电部分和金属外壳之间的密闭空间。例如，变压器的油绝缘、电动机的环氧树脂云母带绝缘等属于这一种。

（3）电气设备或电力线路的带电部分用绝缘材料与可导电支架（杆塔）隔离（实际是对大地绝缘）。

例如，电力线路、高压断路器、高压隔离开关使用瓷绝缘子绝缘，线路使用瓷套管绝缘等属于这一种。

采用这种方式时绝缘材料（绝缘子）置于带电部分和可导电支架（杆塔）之间，并暴露于环境中。

（4）在工作中作业人员使用绝缘工器具或绝缘防护用具将电气设备或线路的带电部分与人体隔离。常见的情况有以下几种：

1）作业人员使用绝缘安全工器具（如一般常用的高压绝缘棒、高压验电器、绝缘夹钳，以及带电作业使用的绝缘工具、绝缘斗臂车等）进行带电操作。

采用这种方式时要求绝缘材料（绝缘安全工器具）有足够大的绝缘电阻，并保持人体与带电体有足够的安全距离。

2）作业人员穿戴绝缘安全用具（如绝缘手套、绝缘靴，以及带电作业人员穿戴使用的绝缘服、披肩绝缘、袖套绝缘、胸套绝缘、背套绝缘等）进行带电操作。

3）电气设备或线路检修，若无法保证安全距离或因工作特殊需要（如带电作业），可用与带电部分直接接触的绝缘安全用具（绝缘隔板、绝缘套管、绝缘布、绝缘罩等）临时遮蔽人体可能触碰的带电部分。

二、电气绝缘材料

1. 概念

GB/T 2009.5—2013《电工术语　绝缘固体、液体和气体》的定义是："低电导率的材料，用于隔离不同电位的导电部件或使导电部件与外界隔绝"，也就是能够阻止电流通过的材料。

2. 电气绝缘材料的作用

（1）用来隔离不同电位或不同相位的导体，使电流能按一定的方向在导体里流通，保证设备正常工作。

（2）绝缘材料还起着散热、冷却、机械支撑固定、储能、灭弧、改善电位梯度、防潮、防霉以及保护导体等作用。

3. 常用电气绝缘材料

（1）气体绝缘材料。主要有空气、氮气、六氟化硫等。

（2）液体绝缘材料。主要有矿物绝缘油、合成绝缘油（硅油、十二烷基苯、聚异丁烯、异丙基联苯、二芳基乙烷等）两类。

液体绝缘材料能提高绝缘性能，还增强散热作用；在电容器中提高其介电性能，增大每单位体积的储能量；在开关中除绝缘作用外，主要起灭弧作用。

一般来说，液体绝缘材料的绝缘性能比气体的要好，很多电气设备都用绝缘油介质来绝缘。例如，油浸式变压器、少油断路器等。

（3）固体绝缘材料。固体绝缘材料可分有机、无机两类：

1）有机固体绝缘材料包括绝缘漆、绝缘胶、绝缘纸、绝缘纤维制品、塑料、橡胶、漆布漆管及绝缘浸渍纤维制品、电工用薄膜、复合制品和黏带、电工用层压制品等。

2）无机固体绝缘材料主要有云母、玻璃、陶瓷及其制品。相比之下，固体绝缘材料品种多样，也最为重要。

三、电气设备的绝缘防护

（一）绝缘防护的一般要求

（1）必须有良好的电气绝缘性能，为达到此要求必须满足：

1）根据应用范围的不同，把泄漏电流限制在不影响安全的极限值之内。

2）要具有良好的绝缘性能，保证在长期运行电压下有足够的绝缘强度，不发生绝缘故障而直接导致电力系统停电。

3）绝缘要有一定的安全系数，保证在电力系统中出现的各种过电压作用下，具有足够的绝缘强度，不会发生有害的放电导致绝缘破坏，从而保证电力系统的安全可靠运行。

（2）绝缘件必须有足够的耐热性。支承、覆盖或包裹带电部分或导电部分（特别是在运行时能出现电弧和按规定使用时出现特殊高温的受热件）的绝缘件，不得由于受热而危及其安全性。

（3）带电部分的绝缘件，要有足够耐受潮湿、污秽或类似影响而不致使其安全性降低的能力。

（二）低压电气设备的绝缘防护

1. 低压电气设备的绝缘防护类型

如图 4-1 所示，电气设备的绝缘防护类型有以下几种：

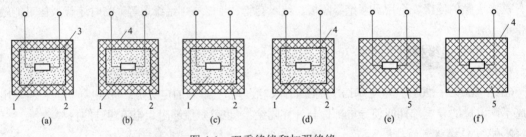

图 4-1　双重绝缘和加强绝缘

1—工作绝缘；2—保护绝缘；3—不可触及的金属件；4—可触及的金属件；5—加强绝缘

（1）工作绝缘。又称为基本绝缘，是保证电气设备正常工作和防止触电的基本绝缘，位于带电体与不可触及金属件之间。

（2）保护绝缘。又称为附加绝缘，是在工作绝缘因机械破损或击穿等而失效的情况下，可防止触电的独立绝缘，位于不可触及金属件与可触及金属件之间。

（3）双重绝缘。是兼有工作绝缘和附加绝缘的绝缘。

（4）加强绝缘。是基本绝缘经改进后，在绝缘强度和机械性能上具备了与双重绝缘同等防触电能力的单一绝缘，在构成上可以包含一层或多层绝缘材料。

（5）另加总体绝缘。是指若干设备在其本身工作绝缘的基础上另外装设的一套防止电击的附加绝缘物。

2. 低压电气设备按照电击防护方法分类

根据 GB/T 25295—2010《电气设备安全设计导则》，低压电气设备（包括低压电动工具、家用电器）按照电击防护方法分为以下四类：

（1）0 类电气设备：依靠基本绝缘防止触电的电气设备。

它没有接地保护，即在容易接近的导电部分和设备固定布线中的保护导体之间，没有连接措施。在基本绝缘损坏的情况下，便依赖于周围环境进行保护。

GB 16895.21—2011《低压电气装置　第 4-41 部分：安全防护　电击防护》规定：在准备投入工作的电气设备，如果其带电部分只用基本绝缘与所有可导电部分隔开，则该设备应置于保护等级至少为 IPXXB 或 IP2X 的绝缘外护物内。

根据 GB 4208—2008《外壳防护等级（IP 代码）》规定，IPXXB 表示能够防止防护人的手指接近；IP2X 表示能够防止直径不小于 12.5mm 的固体物质进入。

一般这种设备具有非金属（如塑料）外壳，使用两眼插座，用在工作环境绝缘良好的场合（非导电场所），且要求每台设备与其他设备电气隔离。

（2）Ⅰ类电气设备：除依靠基本绝缘进行防触电保护外，还采用接地保护的电气设备。

这类电气设备将易触及的导电部件和已安装在固定线路中的接地保护导线连接起来，使容易触及的导电部分在基本绝缘失效时，也不会成为带电体。

这类电气设备很多，其接地保护的内容将在后面专门介绍。

（3）Ⅱ类电气设备：不仅仅依赖基本绝缘，而且还具有附加的安全预防措施（一般是采用双重绝缘或加强绝缘结构）的电气设备。

对于这类电气设备，GB 16895.21—2011《低压电气装置　第 4-41 部分：安全防护　电击防护》规定：

1）对只有基本绝缘的设备，在电气装置的安装过程中增设附加绝缘。

2）对于带电部分未加绝缘的电气设备，如果由于结构原因不便于采用双重绝缘，在电气安装时应增设加强绝缘。

（4）Ⅲ类电气设备：依靠隔离变压器获得安全特低电压供电来进行防触电保护的电气设备。

这类电气设备在电气设备内部的电路的任何部位，均不会产生比安全特低电压高的电压。目前使用的移动式照明灯多属Ⅲ类电气设备。

3. 低压电气设备和电气装置的电击防护措施的配合

电气设备和电气装置的电击防护，除了采用绝缘防护外，还往往附加其他防护措施（见表 4-1），以确保防护的有效性。

表 4-1　　　　　　　　　　低压电气设备和电气装置电击防护措施

设备类别	防护措施		
	设备部分		装置部分
	基本防护		附加防护
0	基本绝缘	—	非导电场所，每台设备电气隔离
Ⅰ	基本绝缘	接地保护	自动切断电源
Ⅱ	基本绝缘	附加绝缘	—
	加强绝缘或等效结构配置		
Ⅲ	限制电压	—	特低电压（SELV 和 PELV）

（三）高压电气设备绝缘

交流高压电气设备绝缘的特点是运行电压高，一般要求具有足够的耐电强度，能够承受一定的电动力，具有更高的可靠性。

1. 相关术语

（1）绝缘结构：一种或几种绝缘材料的组合。

（2）外绝缘：暴露在大气中的固体绝缘结构。

（3）内绝缘：电气设备内部的绝缘结构。

（4）线圈的主绝缘：主绝缘是指线圈对它本身以外的其他结构部分的绝缘。

（5）线圈的纵绝缘：线圈本身内部的绝缘。

（6）组合绝缘：在实际绝缘结构中，每个电气设备的绝缘往往是几种绝缘材料联合构成的组合绝缘。电气设备的外绝缘是由气体（空气）和固体绝缘材料组成；而内绝缘较多由液体绝缘材料和固体绝缘材料组成。

2. 高压电气设备绝缘结构举例——油浸式变压器的绝缘结构

（1）内绝缘：包括主绝缘（绕组或引线对地的绝缘）和纵绝缘（同一绕组各点之间或其相应引线之间的绝缘）。

1）主绝缘：变压器的主绝缘是绕组对铁芯、对地和对其他绕组的绝缘，也就是变压器内各有关部件间的绝缘。其中主要是空间距离（油隙），当电压等级高时，油隙中还要放置绝缘件。

内绕组对铁芯的绝缘，在低电压时采用酚醛纸筒（电木筒），在高电压时采用软纸筒或硬纸筒，在干式变压器中采用环氧玻璃布筒。

高、低压绕组间在高电压时有一层到几层的软纸筒，形成较小油隙，以增强油的绝缘强度。

电压在 126kV 及以上时，高压绕组端部配置角环作为纵绝缘，也作为绕组间的主绝缘。

相间绝缘一般是油隙，但高电压时还放置相间隔板或绕组外侧加软纸筒围屏。

绕组和铁轭之间的绝缘为铁轭绝缘。它由垫圈和垫块组成。铁轭绝缘和铁轭夹件支板之间还有平衡绝缘。小容量变压器则用木垫块或纸垫块代替铁轭绝缘和平衡绝缘。

引线绝缘也可属于主绝缘，它由皱纹纸、电缆纸和白布带等包扎而形成。特高电压时采用成型绝缘件。

2）纵绝缘：变压器纵绝缘包括匝间绝缘（导线的纸包绝缘、丝包绝缘和漆绝缘）、层间绝缘（层式绕组中的层间电缆纸或油道等）和饼间绝缘（纸板、垫块和油道等）以及引线彼此之间的绝缘。

（2）外绝缘：包括套管本身的绝缘和套管之间、套管与地的绝缘。

四、变电站综合绝缘防护

1. 变电站综合绝缘防护的意义

根据统计，电力系统的停电事故中的 50%～80% 是由于绝缘故障所引起的，其中线路绝缘子在污秽等情况下的闪络是造成停电事故的主要原因之一。

近年来，随着环境污染的日益严重，变电站中污闪、凝露闪络、覆冰跳闸、小动物短路、裸母排电人事故时有发生，因此对变电站的绝缘防护，特别是老变电站的绝缘防护日显重要。采用热缩绝缘材料和室温硅橡胶涂料对变电站电气设备和线路进行绝缘封闭防护，实现变电站综合绝缘防护，对提高变电站的绝缘防护水平，保障电力系统的安全运行具有重要意义，近年来已得到广泛应用。

2．变电站综合绝缘防护的主要作用

（1）对变电站内的开关柜及汇流母排、入户母线等实施绝缘防护后，可有效防止蛇、鼠、猫等小动物造成的短路事故。

（2）对户外母线及变压器一、二次出线端进行绝缘防护后，可有效防止不利气候条件下的异物搭接短路事故。

（3）对于污秽严重区域、湿度较大区域（雨淋、凝露）、寒冷地区（冰柱、黏雪）的裸露带电设备进行绝缘防护后，可有效防止沿面放电、爬闪事故的发生。

（4）有效防止带电裸排所造成的人身触电事故。

3．热缩绝缘防护材料的种类

用于变电站的热缩绝缘防护材料有母排绝缘热缩套管（MPG）、复合绝缘热缩带（FJRD）、绝缘防护盒、电缆终端头以及爬距增长器等。

MPG 以优异的绝缘性能、优良的工艺特性用于变电站汇流母线的绝缘防护。

FJRD 即复合热缩绝缘包覆带，其结构由热缩层和低熔点高聚物的粘接层组成，在加热时，外层收缩、内层熔化，从而使被防护带电体实行弥缝、绝缘一体化。它用于老变电站相间距不足、污闪及覆冰严重又不易实行绝缘隔离的地方。

热缩型绝缘防护盒通常应用于变电站的母排、线槽连接处，以及柜上隔离开关、油断路器等特别接点的绝缘防护，具有阻燃、耐高压的特点，解决了母排交叉连接处用常规热缩管无法完全包覆的缺陷，能有效防止各种原因造成的电力设施的停电事故和人身触电事故。

电缆终端盒性能优越，安装简便快捷，不必专用设施和技术，已成为电力电缆的重要附件。

爬距增长器用于解决因为污秽等级的增长导致的污秽闪络问题。普通来说，只要在原支柱绝缘子上热缩相应尺寸的伞裙即可解决这些问题。

4．变电站综合绝缘防护方案举例

（1）对户外进线母排、架空出线靠近房檐 3m 内的部分，以及柜内母排利用复合绝缘热缩带（FJRD）进行热缩缠绕。

（2）对母排 T 接处采用可拆卸式 T、L、I 形绝缘防护盒封闭。

（3）对避雷器和电缆终端头，采用可拆卸式避雷器盒和电缆终端盒进行绝缘封闭。

（4）支柱绝缘子上使用爬距增长器。

五、带电作业中的绝缘材料

1．绝缘材料在带电作业中的作用

绝缘材料在带电作业中是用来制作各类绝缘工具的。其主要作用有：

（1）使带电体与接地体相互绝缘。

（2）用来支持作业过程中的带电体，并使其与接地体隔离。

（3）起到绝缘机械手的作用。

（4）用来承受高压电场中的电位梯度。

（5）传递材料及工器具。

2．我国目前带电作业使用的绝缘材料

我国目前带电作业使用的绝缘材料大致有下列几种：

（1）绝缘板材。包括硬板（环氧酚醛玻璃布类层压板、硬质工程塑料板等）和软板（软质工程塑料板）。

（2）绝缘管材。包括硬质管材（环氧酚醛玻璃布管、丝或纸质层压管、椭圆管、矩形管、异形管、填充管和工程塑料管等）和软质管材（主要是工程塑料软管）。

（3）塑料薄膜。包括聚氯乙烯、聚丙烯等薄膜和工程塑料膜等。

（4）橡胶。包括天然橡胶、人造橡胶、硅橡胶等。

（5）绝缘绳索。包括尼龙绳（棕丝绞制绳、复丝绞制绳、编织绳等）和蚕丝绳（家蚕丝绞制绳及其索具）。

（6）绝缘黏合剂及涂料。包括环氧树脂黏合剂、环氧树脂漆等。

当前，在世界范围内广泛使用的绝缘管是玻璃纤维增强型合成树脂管，绝缘绳则包括合成纤维绳和天然纤维绳。

我国带电作业中应用较多的绝缘管是玻璃纤维增强型环氧树脂管（棒、板），又称为环氧玻璃钢管。绝缘绳应用较多的是蚕丝绝缘绳和锦纶绝缘绳。

六、高压电气设备绝缘的老化与预防性试验

1. 绝缘的老化

电气设备的绝缘材料在长期运行过程中会发生一系列物理变化和化学变化（例如氧化、电解、电离、生成新物质等），致使其电气、机械及其他性能逐渐劣化，这种现象统称为绝缘的老化。

绝缘老化最终导致绝缘失效，电力设备不能继续运行。为延长电力设备的使用寿命，需针对引起老化的原因，在电力设备绝缘制造和运行时，采取相应的措施，减缓绝缘老化的过程。

2. 老化的形式

（1）热老化。在高温的作用下，绝缘材料在短时间内就会发生明显的劣化。即使温度不太高，但如果作用时间很长，绝缘性能也会发生不可逆的劣化，这就是绝缘材料的热老化。

电气设备绝缘在运行过程中因周围环境温度过高，或因电气设备本身发热而导致绝缘温度升高。在高温作用下，绝缘的机械强度下降，结构变形，因氧化、聚合而导致材料丧失弹性，或因材料裂解而造成绝缘击穿，电压下降。户外电气设备会因热胀冷缩而使密封破坏，水分侵入绝缘；或因瓷绝缘件与金属件的热膨胀系数不同，在温度剧烈变化时，瓷绝缘件破裂。

（2）电老化。电老化是指外加电压或强电作用下发生的老化。

电气设备绝缘在运行过程中会受到工作电压和工作电流的作用。在长期工作电压下，绝缘若发生击穿，将会使绝缘材料发生局部损坏。若绝缘结构过大，则在长期工作电压作用下，绝缘将因过热而损坏。在雷电过电压和操作过电压的作用下，绝缘中可能发生局部损坏。以后再承受过电压作用时，损坏处逐渐扩大，最终导致完全击穿。

（3）化学老化。绝缘材料在水分、酸、臭氧、氮的氧化物等的作用下，物质结构和化学性能会改变，以致降低电气和机械性能。例如，变压器油在空气中会因氧化产生有机酸，同时还会形成固体沉淀物，堵塞油道，影响对流散热，使绝缘的温度上升，这些都会使变压器油的绝缘性能下降。

（4）机械力老化。在机械负荷、自重、振动、撞击和短路电流电动力的作用下，绝缘会破坏，机械强度下降。例如槽口处的绝缘由于长期振动、高温作用，很容易开裂分层，最终损坏。

（5）湿度老化。环境的相对湿度对绝缘材料耐受表面放电的性能有影响。如果水分侵入绝缘内部，将会造成介质电损耗增加或击穿电压下降。

3. 绝缘预防性试验

为了对绝缘状态作出判断，需对绝缘进行各种试验和检测，通称为绝缘预防性试验。

（1）目的。绝缘预防性试验的目的就是检验设备在长期额定电压作用下绝缘性能的可靠程度，以及能否在外界过电压作用下，也不致发生有害的放电而导致绝缘击穿。

（2）意义。预防性试验是电力设备运行和维护工作中的一个重要环节，是保证电力系统安全运行的有效手段之一。通过定期（有些试验是根据需要进行）试验，可以掌握电气设备的绝缘性能的变化情况，便于及时发现内部缺陷，采取相应措施进行维护与检修，保证电气设备的安全可靠运行。

第二节　屏　护

一、屏护的基本知识

1. 概念

屏护是指用特定设置的物体将有害因素与人体隔离开来的安全防护措施。它与绝缘防护的区别在于：屏护以隔离为唯一或主要目的，屏护装置一般不要求良好绝缘性能（特殊情况下要求，例如装设绝缘围栏）。

一般的屏护，是指采用专门的屏护装置把带电体同外界隔离开来，防止人体接触或过分接近带电体、电气设备发生短路，以及便于安全操作的安全防护措施。屏护装置主要包括遮栏、栅栏、围墙、罩盖、箱匣（外壳防护）、保护网等。

第二种是指在等电位带电作业中，作业人员穿上屏蔽服，使处于高压电场中的人体外表面形成一个等电位屏蔽面，从而防护人体免受高压电场及电磁波的危害的安全防护措施。

在此，仅讨论第一种。

2. 特点

屏护的特点是屏护装置不直接与带电体接触，对所用材料的电气性能无严格要求，但应有足够的机械强度和良好的耐火性能。

3. 分类

（1）按作用特点不同，屏护装置可分为屏蔽装置（遮栏或外护物）和障碍装置（或称阻挡物）两种。两者的区别在于：屏蔽装置能防止人体有意识和无意识触及或接近带电体；障碍装置只能防止人体无意识触及或接近带电体，而不能防止有意识移开、绕过或翻越该障碍触及或接近带电体。从这点来说，前者属于一种完全的防护，而后者是一种不完全的防护。

（2）按使用要求不同，屏护装置分为永久性屏护装置和临时性屏护装置两种。前者如配电装置的固定遮栏、开关的罩盖等，后者如检修工作中使用的临时遮栏等。

（3）按使用对象不同，屏护装置分为固定屏护装置和移动屏护装置两种。如母线的护网就属于固定屏护装置；而跟随天车移动的天车滑线屏护装置就属于移动屏护装置。

二、需要使用屏护装置的场合

屏护装置主要用于电气设备不便于绝缘或绝缘不足以保证安全的场合，具体有：

（1）开关电器的可动部分，例如闸刀开关的胶盖、铁壳开关的铁壳等。

（2）人体可能接近或触及的裸线、行车滑线、母线等。

（3）高压设备（无论是否有绝缘）。

（4）安装在人体可能接近或触及的场所的变配电装置。

（5）在带电体附近作业时，作业人员与带电体之间、过道、入口等处应装设可移动临时性屏护装置。

三、使用屏护装置的安全措施

就屏护的实质来说，屏护装置并没有真正"消除"触电危险，它仅仅起"隔离"作用，屏护一旦被逾越，触电的危险性仍然存在。因此，对电气设备实行屏护时，通常还要辅以其他安全措施。

（1）凡用金属材料制成的屏护装置，为了防止其意外带电，必须接地。

（2）屏护装置本身应有足够的尺寸，其与带电体之间应保持必要的距离。

（3）被屏护的带电部分应有明显的标志，使用通用的符号或涂上规定的具有代表意义的专门颜色。

（4）在遮栏、栅栏等屏护装置上，应根据被屏护对象挂上"止步，高压危险！"或"当心有电！"等警告牌。

（5）必要时应配合采用声光报警信号装置和联锁装置。即用光电指示"此处有电"，或当人越过阻挡型屏护装置时，被屏护的带电体自动断电。

四、高压配电装置的屏护装置

1. 高压配电装置的屏护装置的使用

（1）1、10、20、35kV 户外（内）配电装置的裸露部分在跨越人行过道或作业区时，若导电部分对地高度分别小于 2.7（2.5）、2.8（2.5）、2.9（2.6）m，该裸露部分两侧和底部应装设护网。

（2）室内母线分段部分、母线交叉部分及部分停电检修易误碰有电设备的，应设有明显标志的永久性隔离挡板（护网）。

（3）室内电气设备外绝缘体最低部位距地小于 2300mm 时，应装设固定遮栏。

（4）66～110kV 屋外配电装置周围宜设置高度不低于 1500mm 的围栏，并应在围栏醒目地方设置警示牌。

（5）在安装有油断路器的屋内间隔应设置遮栏。

2. 高压配电装置的屏护装置的尺寸要求

（1）配电装置中电气设备的栅状遮栏高度不应小于 1200mm，栅状遮栏最低栏杆至地面的净距不应大于 200mm。

（2）配电装置中电气设备的网状遮栏高度不应小于 1700mm，网状遮栏网孔不应大于 40mm×40mm。围栏门应加锁。

【案例 4-1】 某电业局触电人身死亡事故

事故经过：

2009 年 5 月 15 日，某电业局电厂留守处，按计划对 110kV 桃源变电站进行 10kV Ⅱ段部分设备年检。8 时 30 分，运行人员操作完毕，布置好安全措施后，许可开工。8 时 40 分左右，工作负责人向现场 9 名工作人员进行工作交底，随后开始 10kV Ⅱ段母线设备年检作业。

工作开始后，工作负责人安排开关班成员刚某（死者）进行 314 小车清扫，随后工作负责人回到屏前向高压试验人员交代相关工作。负责打开后柜门的人员将下柜门打开后，把专用扳手随手放在 312 间隔的后柜门边的地上，到屏前协助检修 312 间隔。

刚某清扫完 314 小车后，自行走到屏后，移开拦住 3×24TV 后柜门的安全遮拦，用放在地上的专用扳手卸下 3×24TV 后柜门 2 颗螺钉，打开后柜门准备进行清扫。9 时 06 分，开关柜内带电母排 B 相对其放电，刚某触电。9 时 38 分，经抢救无效死亡。

事故原因分析：

（1）直接原因是刚某在未经工作负责人安排或许可的情况下，自行走到屏后，擅自移开 3×24TV 开关屏后所设安全遮拦，无视 3×24TV 屏后门上悬挂的"止步，高压危险！"警示标志牌，打开 3×24TV 后柜门，造成触电。

（2）工作负责人班前交底有遗漏，对工作票上的"3×24TV 后门内设备带 10kV 电压"漏交代，并对现场工作人员监护不到位。

（3）工作票签发人没有针对屏前和屏后均有工作的情况，增设相应的监护人。

（4）3×24TV 开关柜"五防"闭锁功能不完善，没有采取相应的控制措施，不能起到防止误入带电间隔的作用。

第三节 安 全 距 离

一、安全距离的基本知识

1. 概念

为了防止发生事故，在带电体与地面之间、带电体与其他设施（设备）之间、带电体与带电体之间必须保持一定的空间距离称为安全距离。

2. 设置安全距离的目的（作用）

（1）防止人体触及或接近带电体造成触电事故；

（2）防止车辆或其他物体碰撞或过分接近带电体造成事故；

（3）防止电气短路事故、过电压放电和火灾事故，便于操作。

3. 分类

根据各种电气设备或线路的性能、结构和工作的需要，安全距离大致可分为以下四种：各种线路的安全距离、变配电设备的安全距离、各种用电设备的安全距离、检修（维护）时人体与电气设备或线路之间的安全距离。

线路安全距离是指导线与地面（水面）、杆塔构件、跨越物（包括电力线路和弱电线路）之间的最小允许距离。

变配电设备安全距离是指带电体与其他带电体、接地体、各种遮栏等设施之间的最小允许距离。

检修安全距离是指工作人员进行设备（线路）维护检修时与设备带电部分间的最小允许距离。该距离可分为设备（线路）不停电时的安全距离、工作员工作中正常活动范围与带电设备（线路）的安全距离、带电作业时人体与带电体间的安全距离。

安全距离的大小决定于电压的高低、设备或线路的类型、安装的方式等因素。

二、配电装置的安全净距

所谓净距，是指某一物体轮廓与另一物体轮廓之间的最小距离。

配电装置的整个结构尺寸，是综合考虑设备外形尺寸、检修和运输的安全距离等因素而决定的。在各种间隔距离中，最基本的是带电部分对接地部分之间和不同相的带电部分之间的空间最小安全净距。

所谓最小安全净距，是指无论是处于最高工作电压之下，或处于内外过电压下，空气间隙均不致被电击穿的安全净距。

DL/T 5352—2006《高压配电装置设计技术规程》规定的屋内、屋外配电装置的安全净距，如表 4-2 和表 4-3 所示，其中，B、C、D 等类电气距离是在 A_1 值的基础上再考虑一些其他实际因素决定的，其含义如图 4-2 和图 4-3 所示。

表 4-2　　　　　　　　　　　　屋外配电装置的安全净距　　　　　　　　　　　　　　mm

符号	适用范围	3～10	15～20	35	63	110J	110	220J	330J	500J
A_1	（1）带电部分至接地部分之间。（2）网状遮栏向上延伸线距地 2.5m 处与遮栏上方带电部分之间	200	300	400	650	900	1000	1800	2500	3800
A_2	（1）不同相的带电部分之间。（2）断路器和隔离开关的断口两侧引线带电部分之间	200	300	400	650	1000	1100	2000	2800	4300
B_1	（1）设备运输时，其外廓至无遮栏带电部分之间。（2）交叉的不同时停电检修的无遮栏带电部分之间。（3）栅状遮栏至绝缘体和带电部分之间。（4）带电作业时的带电部分至接地部分之间	950	1050	1150	1400	1650	1750	2550	3250	4550
B_2	网状遮栏至带电部分之间	300	400	500	750	1000	1100	1900	2600	3900
C	（1）无遮栏裸导体至地面之间。（2）无遮栏导体至建筑物、构筑物顶部之间	2700	2800	2900	3100	3400	3500	4300	5000	7500
D	（1）平行的不同时停电检修的无遮栏带电部分之间。（2）带电部分与建筑物、构筑物的边沿部分之间	2200	2300	2400	2600	2900	3000	3800	4500	5800

注　1. 适用范围指适用的电压范围；110J、220J、330J、500J 是指中性点直接接地电网。

2. 海拔超过 1000m 时，A_1、A_2 值应进行修正。

3. 本表所列各值不适用于制造厂生产的成级配电装置。

4. 500kV 的 A_1 值，双分裂软导线至接地部分之间可取 3500mm。

5. 750kV 电压等级屋外配电装置的最小安全净距见 DL/T 5352—2006《高压配电装置设计技术规程》附录 E。

6. 对于 220kV 及以上电压，可按绝缘体电位的实际分布，采用相应的 B_1 值进行校验。此时，允许栅状遮栏与绝缘体的距离小于 B_1 值。当无给定的分布电位时，可按线性分布计算。校验 500kV 相间通道的安全净距，也可用此原则。

7. 带电作业时，不同相或交叉的不同回路带电部分之间，其 B_1 值可取（A_2+750）mm。

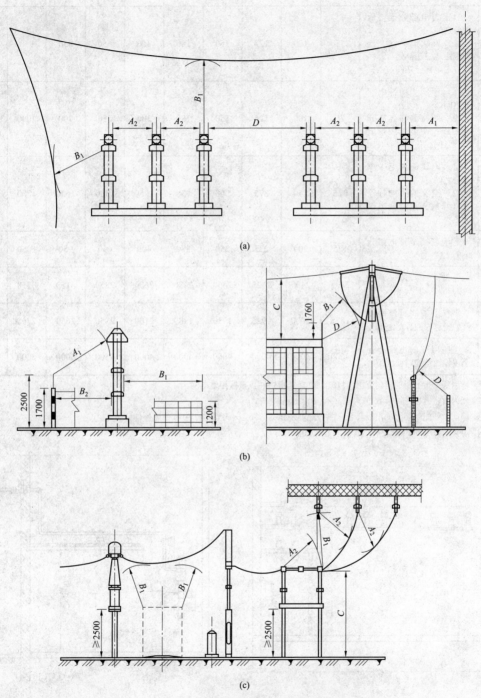

图 4-2　屋外配电装置安全净距校验图

（a）屋外 A_1、A_2、B_1、D 值校验图；（b）屋外 A_1、B_1、B_2、C、D 值校验图；（c）屋外 A_2、B_1、C 值校验图

表 4-3   屋内配电装置的安全净距   mm

符号	适用范围	3	6	10	15	20	35	63	110J	110	220J
A_1	（1）带电部分至接地部分之间。 （2）网状遮栏向上延伸线距地 2.3m 处与遮栏上方带电部分之间	75	100	125	150	180	300	550	850	950	1800
A_2	（1）不同相的带电部分之间。 （2）断路器和隔离开关的断口两侧引线带电部分之间	75	100	125	150	180	300	550	900	1000	2000
B_1	（1）网状遮栏至带电部分之间。 （2）交叉的不同时停电检修的无遮栏带电部分之间	825	850	875	900	930	1050	1300	1600	1700	2550
B_2	网状遮栏至带电部分之间	175	200	225	250	280	400	650	950	1050	1900
C	无遮栏裸导体至地（楼）面之间	2375	2400	2425	2450	2480	2600	2850	3150	3250	4100
D	平行的不同时停电检修的无遮栏裸导体之间	1875	1900	1925	1950	1980	2100	2350	2650	2750	3600
E	通向屋外的出线套管至屋外通道的路面	4000	4000	4000	4000	4000	4000	4500	5000	5000	5500

注 1. 适用范围指适用的电压范围；110J、220J 是指中性点直接接地电网。
     2. 当为板状遮栏时，其 B_2 值可取（A_1+30）mm。
     3. 通向屋外配的装置的出线套管至屋外地面的距离，不应小于表 4-2 中所列屋外部分之 C 值。
     4. 海拔超过 1000m 时，A_1、A_2 值应进行修正。

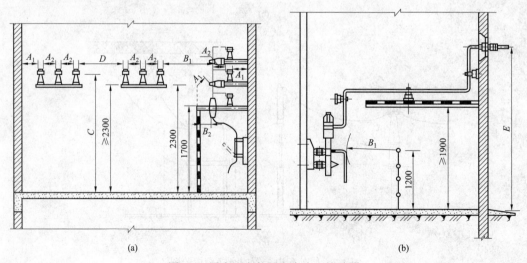

图 4-3   屋内配电装置安全净距校验图

（a）屋内 A_1、A_2、B_1、B_2、C、D 值校验图；（b）屋内 B_1、E 值校验图

三、架空线路的安全距离

架空线路对地面（或水面）、建筑物、树木、铁路、道路、河流、管道、索道及各种架空线路的距离，应根据最高气温情况或覆冰情况求得的最大垂弧和最大风速情况或覆冰情况求得的最大风偏计算。

1. 10kV 及以下架空线路对地面及其附属物的距离

根据 DL/T 5220—2005《10kV 及以下架空配电线路设计技术规程》的规定，表 4-4～表 4-7 为 10kV 及以下架空线路对地面或水面及其附属物的距离。

表 4-4　　　　　　　　　　导线与地面或水面的最小距离　　　　　　　　　　　　m

线路经过地区	线路电压	
	1～10kV	1kV 以下
居民区	6.5	6
非居民区	5.5	5
不能通航也不能浮运的河、湖（至 50 年一遇洪水位）	5	5
不能通航也不能浮运的河、湖（至冬季冰面）	3	3
交通困难地区	4.5（3）	4（3）

注　括号内为绝缘线数值。

表 4-5　　　　　　　　　　架空导线与建筑物的距离　　　　　　　　　　　　m

线路电压（kV）	≤1	1～10
垂直距离	2.5（2）	3.0（2.5）
水平距离	1.0（0.2）	1.5（0.75）

注　括号内为绝缘线数值。

表 4-6　　　　　　　　导线与山坡、峭壁、岩石之间的最小距离　　　　　　　　m

线路经过地区	线路电压	
	1～10kV	1kV 以下
步行可以到达的山坡	4.5	3.0
步行不能到达的山坡、峭壁、岩石	1.5	1.0

表 4-7　　　　　　　　导线与街道行道树之间的最小距离　　　　　　　　m

最大垂弧情况的垂直距离		最大风偏情况下的水平距离	
1～10kV	1kV 以下	1～10kV	1kV 以下
1.5（0.8）	1.0（0.2）	2.0（1.0）	1.0（0.5）

注　括号内为绝缘线数值。

2. 110～750kV 架空输电线路对地面及其附属物的距离

根据 GB 50545—2010《110kV～750kV 架空输电线路设计规范》的规定，表 4-8～表 4-12 为

110～750kV 架空输电线路对地面及其附属物的距离。

表 4-8　　　　　　　　　　　　导线与地面的最小距离　　　　　　　　　　　　　　m

线路经过地区	标称电压（kV）				
	110	220	330	500	750
居民区	7.0	7.5	8.5	14	19.5
非居民区	6.0	6.5	7.5	11（10.5*）	15.5**（13.7***）
交通困难地区	5.0	5.5	6.5	8.5	11.0

* 用于导线三角形排列的单回路。

** 对应导线水平排列单回路的农业耕作区。

*** 对应导线水平排列单回路的非农业耕作区。

表 4-9　　　　　　导线与山坡、峭壁、岩石之间的最小净空距离　　　　　　　m

线路经过地区	标称电压（kV）				
	110	220	330	500	750
步行可以到达的山坡	5.0	5.5	6.5	8.5	11.0
步行不能到达的山坡、峭壁、岩石	3.0	4.0	5.0	6.5	8.5

表 4-10　　　　　　　　　　导线与建筑物的距离

标称电压（kV）	110	220	330	500	750
垂直距离（m）	5.0	6.0	7.0	9.0	11.5

表 4-11　　　　　导线与树木之间（考虑自然生长高度）的最小垂直距离

标称电压（kV）	110	220	330	500	750
垂直距离（m）	4.0	4.5	5.5	7.0	8.5

表 4-12　　　　　　　导线与树木之间的最小净空距离

标称电压（kV）	110	220	330	500	750
距离（m）	3.50	4.0	5.0	7.0	8.5

3. 1000kV 架空输电线路对地面及其附属物的距离

根据 GB 50665—2011《1000kV 架空输电线路设计规范》的规定，表 4-13～表 4-19 为 1000kV 架空输电线路对地面及其附属物的距离。

表 4-13　　　　　　　　　　导线对地面的最小距离　　　　　　　　　　　　m

地　区	1000kV 标称电压		备　注
	单回路	同塔双回路（逆相序）	
居民区	27	25	
非居民区	22	21	农业耕作区

续表

地 区	1000kV 标称电压		备 注
	单回路	同塔双回路（逆相序）	
非居民区	19	18	人烟稀少的非农业耕作区
交通困难地区	15		

表 4-14 导线与建筑物之间的最小垂直距离

标称电压（kV）	1000
垂直距离（m）	15.5

表 4-15 导线与建筑物之间的最小净空距离

标称电压（kV）	1000
净空距离（m）	15

表 4-16 边导线与建筑物之间的水平距离

标称电压（kV）	1000
水平距离（m）	7

表 4-17 导线与树木之间的最小垂直距离

标称电压（kV）	1000	
	单回路	同塔双回路（逆相序）
垂直距离（m）	14	13

表 4-18 导线与树木之间的最小净空距离

标称电压（kV）	1000
净空距离（m）	10

表 4-19 导线与果树、经济作物、城市绿化灌木及街道树之间的最小垂直距离

标称电压（kV）	1000	
	单回路	同塔双回路（逆相序）
垂直距离（m）	16	15

【案例 4-2】 伐树违章造成触电死亡

事故经过：

2009 年 6 月 25 日，某电力公司某班在 220V 万盐线 111～112 号杆线路走廊下执行伐树任务，由于手锯卡住，电工张某摇动树干解锯，树顶晃动与南侧 220kV 带电线路过近，造成线路对树木放电，导致张某触电，经抢救无效死亡。

原因分析：

该电力公司工作成员张某违反《国家电网公司电力安全工作规程 线路部分》"线路接触或接

近高压带电导线时，应将高压线路停电或用绝缘工具使树枝远离带电导线至安全距离。此前严禁人体接触树木"的规定，违章冒险作业，导致线路对树木放电，这是造成此次事故的直接原因。

四、高压电气设备的安全距离

Q/GDW 1799.1—2013《国家电网公司电力安全工作规程　变电部分》规定的高压电气设备的安全距离有三种：高压电气设备不停电时的安全距离、车辆外廓至高压电气设备无遮栏带电部分之间的安全距离，以及作业人员工作中正常活动范围与高压电气设备带电部分的安全距离（分别见表 4-20～表 4-22）。这三种安全距离各有不同的应用。

（1）高压电气设备不停电时的安全距离。

根据 Q/GDW 1799.1—2013《国家电网公司电力安全工作规程　变电部分》5.1.4 条规定，无论高压设备是否带电，作业人员不得单独移开或越过遮栏进行工作；若有必要移开遮栏时，应有监护人在场，并符合表 4-20 的安全距离。

显然，装设遮栏时，遮栏与高压电气设备的距离一定不能小于此距离。

表 4-20　　　　　　　　　　高压电气设备不停电时的安全距离

电压等级（kV）	安全距离（m）	电压等级（kV）	安全距离（m）
10 及以下（13.8）	0.70	1000	8.70
20、35	1.00	±50 及以下	1.50
63、110	1.50	±400	5.90
220	3.00	±500	6.00
330	4.00	±660	8.40
500	5.00	±800	9.30
750	7.20		

注　1. 表中未列电压等级按高一档电压等级确定安全距离。
　　2. 750kV 数据是按海拔 2000m 校正的，其他等级数据按海拔 1000m 校正。±400 kV 数据是按海拔 3000m 校正的，海拔 4000m 时的安全距离为 6.00m。

（2）户外 10kV 及以上高压配电场所的行车通道上，车辆外廓至高压电气设备无遮栏带电部分之间的安全距离。

根据 Q/GDW 1799.1—2013《国家电网公司电力安全工作规程　变电部分》5.1.6 条规定，户外 10kV 及以上高压配电装置场所的行车通道上，应根据表 4-21 设置行车安全限高标志。

显然，行车通道上设置行车安全限高标志时要符合此距离要求。

表 4-21　　　　　　车辆（包括装载物）外廓至无遮栏带电部分之间的安全距离

电压等级（kV）	安全距离（m）	电压等级（kV）	安全距离（m）
10	0.95	750	6.70[②]
20	1.05	1000	8.25
35	1.15	±50 及以下	1.65
63	1.40	±400	5.45[②]
110	1.65（1.75）[①]	±500	5.60
220	2.55	±660	8.00

电压等级（kV）	安全距离（m）	电压等级（kV）	安全距离（m）
330	3.25	±800	9.00
500	4.55		

① 括号内数字为 110kV 中性点不接地系统所用。

② 750kV 数据是按海拔 2000m 校正的，其他等级数据按海拔 1000m 校正。±400kV 数据是按海拔 3000m 校正的，海拔 4000m 时的安全距离为 5.55m。

（3）作业人员工作中正常活动范围与高压电气设备带电部分的安全距离。

为了保证作业人员的安全，根据 Q/GDW 1799.1—2013《国家电网公司电力安全工作规程 变电部分》7.2.1 条规定，在工作地点下述两种设备应停电：① 与作业人员在进行工作中正常活动范围的距离小于表 4-22 规定的高压电气设备；② 在 35kV 及以下的设备处工作，安全距离虽大于表 4-22 规定，但小于表 4-20 规定，同时又无绝缘隔板、安全遮栏措施的设备。

表 4-22　　　　作业人员工作中正常活动范围与高压电气设备带电部分的安全距离

电压等级（kV）	安全距离（m）	电压等级（kV）	安全距离（m）
10 及以下（13.8）	0.35	1000	9.50
20、35	0.60	±50 及以下	1.50
66、110	1.50	±400	6.70[②]
220	3.00	±500	6.80
330	4.00	±660	9.00
500	5.00	±800	10.10
750	8.00[①]		

① 750kV 数据是按海拔 2000m 校正的，其他等级数据按海拔 1000m 校正。

② ±400kV 数据是按海拔 3000m 校正的，海拔 4000m 时的安全距离为 6.80m。

五、邻近带电导线的工作的安全距离

（1）在带电线路杆塔上工作与带电导线最小安全距离。

为了保证作业人员的安全，根据 Q/GDW 1799.2—2013《国家电网公司电力安全工作规程 线路部分》8.1.1 条的规定，带电杆塔上进行测量、防腐、巡视检查、紧杆塔螺栓、清除杆塔上异物等工作，作业人员活动范围及其所携带的工具、材料等，与带电导线最小距离不准小于表 4-23 的规定。

表 4-23　　　　　在带电线路杆塔上工作与带电导线最小安全距离

电压等级（kV）	安全距离（m）	电压等级（kV）	安全距离（m）
		交流线路	
10 及以下	0.7	330	4.0
20、35	1.0	500	5.0
66、110	1.5	750	8.0
220	3.0	1000	9.5

续表

电压等级（kV）	安全距离（m）	电压等级（kV）	安全距离（m）
直流线路			
±50	1.5	±660	9.0
±400	7.2	±800	10.1
±500	6.8		

（2）邻近或交叉其他电力线工作的安全距离。

为了保证作业人员的安全，根据 Q/GDW 1799.2—2013《国家电网公司电力安全工作规程　线路部分》8.2.1 条规定，停电检修的线路如与另一回带电线路相交叉或接近，以致工作时人员和工器具可能和另一回导线接触或接近至表 4-24 规定的安全距离以内，则另一回线路也应停电并予接地。如邻近或交叉的线路不能停电时，应遵守 Q/GDW 1799.2—2013《国家电网公司电力安全工作规程　线路部分》8.2.2～8.2.4 条的规定（采取其他措施）。

表 4-24　　　　　　　　　　邻近或交叉其他电力线工作的安全距离

电压等级（kV）	安全距离（m）	电压等级（kV）	安全距离（m）
交流线路			
10 及以下	1.0	330	5.0
20、35	2.5	500	6.0
63（66）、110	3.0	750	9.0
220	4.0	1000	10.5
直流线路			
±50	3.0	+660	10.0
±400	8.2	±800	11.1
±500	7.8		

六、带电作业时的安全距离

带电作业时的安全距离见表 4-25～表 4-27。

表 4-25　　　　　　　　　带电作业时人身与带电体的安全距离

电压等级（kV）	10	35	66	110	220	330	500	750	1000	±400	±500	±660	±800
距离（m）	0.4	0.6	0.7	1.0	1.8[①] (1.6)	2.6	3.4[②] (3.2)	5.2[③] (5.6)	6.8[④] (6.0)	3.4[⑤]	3.4	4.5[⑥]	6.8

注　表中数据是根据线路带电作业安全要求提出的。

① 220kV 带电作业安全距离因受设备限制达不到 1.8m 时，经本单位分管生产领导（总工程师）批准，并采取必要的措施后，可采用括号内（1.6m）的数值。

② 海拔 500m 以下，500kV 取 3.2m 值，但不适用于 500kV 紧凑型线路。海拔在 500～1000m 时，500kV 取值为 3.4m。

③ 直线塔边相或中相值。5.2m 为海拔 1000m 以下值，5.6m 为海拔 2000m 以下值。

④ 此为单回输电线路数据，括号中数据 6.0m 为边相值，6.8m 为中相值。表中数值不包括人体占位间隙，作业需要考虑人体占位间隙不得小于 0.5m。

⑤ ±400kV 数据是按海拔 3000m 校正的，海拔为 3500、4000、4500、5000、5300m 时最小安全距离为依次为 3.90、4.10、4.30、4.40、4.50m。

⑥ ±660kV 数据是按海拔 500～1000m 校正的，海拔 1000～1500m、1500～2000m 时最小安全距离依次为 4.7、5.0m。

表 4-26　　　　　　　　　等电位作业人员对邻相导线的最小距离

电压等级（kV）	35	66	110	220	330	500	750
距离（m）	0.8	0.9	1.4	2.5	3.5	5.0	6.9（7.2）[①]

① 6.9m 为边相值，7.2m 为中相值。表中数值不包括人体活动范围，作业需要考虑人体活动范围不得小于 0.5m。

表 4-27　　　　等电位作业转移电位时人体裸露部分与带电体的最小距离

电压等级（kV）	35、66	110、220	330、500	±400、±500	750、1000
距离（m）	0.2	0.3	0.4	0.4	0.5

第四节　特 低 电 压

一、概述

采用特低电压（ELV）是电击防护中直接接触及间接接触两者兼有的防护措施。

GB/T 3805—2008《特低电压（ELV）限值》规定了 GB/T 18379—2001《建筑物电气装置的电压区段》中定义的 I 区段电压等级的限值作为特低电压限值，用以指导正确选择人体在正常和故障两种状态下使用各种电气设备，并处于各种环境状态下可触及导电零件的电压限值。

1. 特低电压的概念

表 4-28、表 4-29 为 GB/T 18379—2001《建筑物电气装置的电压区段》中定义的区段电压等级。

表 4-28　　　　　　　　　　交 流 电 压 区 段

区段	接地系统		不接地或非有效接地
	相对地	相间	相间
I	$U \leqslant 50V$	$U \leqslant 50V$	$U \leqslant 50V$
II	$50V < U \leqslant 600V$	$50V < U \leqslant 1000V$	$50V < U \leqslant 1000V$

注　1. U 为装置中的标称电压，V。

　　2. 如果系统配有中性导体，则相导体和中性导体供电的电气设备选择，应使其绝缘适应其相间电压。

表 4-29　　　　　　　　　　直 流 电 压 区 段

区段	接地系统		不接地或非有效接地
	相对地	相间	相间
I	$U \leqslant 120V$	$U \leqslant 120V$	$U \leqslant 120V$
II	$120V < U \leqslant 900V$	$120V < U \leqslant 1500V$	$120V < U \leqslant 1500V$

注　1. U 为装置中的标称电压，V。

　　2. 如果系统配有中间导体，则相导体和中间导体供电的电气设备选择，应使其绝缘适应其极间电压。

按照 GB/T 3805—2008《特低电压（ELV）限值》的规定，不超过 GB/T 18379—2001《建筑物电气装置的电压区段》中所规定的区段 I 相关电压限值，即额定电压不超过交流 50V、直流 120V

的电压称为特低电压（ELV）。

2. 15～100Hz 交流和直流（无纹波）稳态电压限值

正常（无故障）状态和故障状态下环境状况为 1～3 时的稳态直流电压和频率范围为 15～100Hz 的稳态交流电压的限值，见表 4-30。

表 4-30　　　　　　　　　15～100Hz 交流和直流（无纹波）稳态电压限值

环境状况	电压限值（V）					
	正常状态下（无故障）		故障状态下			
			单故障		两个故障	
1	0	0	0	0	16	35
2	16	35	33	70	不用	
3	33	70	55	140	不用	
4	特殊应用					

（1）规定的四种环境状况是：

1）环境状况 1：皮肤阻抗和对地电阻均可忽略不计，例如人体浸没于水中。

2）环境状况 2：皮肤阻抗和对地电阻降低，例如潮湿环境中。

3）环境状况 3：皮肤阻抗和对地电阻均不降低，例如干燥环境。

4）环境状况 4：特殊状况，例如电焊、电镀等。

（2）规定的故障是：

1）单故障：能影响两个可同时触及的可导电部分间电压的单一故障。

2）两个故障：能影响两个可同时触及的可导电部分间电压的同时存在的两个故障；若其中任何一个故障单独出现时，即已影响到可同时触及的可导电部分间的电压时，则应先按"单故障"评价。

3. 保护原理

通过对系统中可能作用于人体的电压进行限制，从而使触电时流过人体的电流受到抑制，将触电危险性控制在没有危险的范围内。

4. 特低电压分类

特低电压可分为安全特低电压（SELV）、保护特低电压（PELV）和功能特低电压（FELV）三种。

（1）安全特低电压（SELV）：只作为不接地系统安全防护的特低电压。GB/T 4776—2008《电气安全术语》给出的比较严格的定义是：用安全隔离变压器或具有独立绕组的变流器与供电干线隔离开的电路中，导体之间或任何一个导体与地之间有效值不超过 50V 的交流电压。

（2）保护特低电压（PELV）：只作为接地系统安全防护的特低电压。

（3）功能特低电压（FELV）：由于功能上的原因（非电击防护目的），采用了特低电压，但不能满足或没有必要满足 SELV 和 PELV 的所有条件。FELV 防护是在这种前提下，补充规定了某些直接接触电击和间接接触电击防护措施的一种防护。

补充的直接接触电击有：

1）装设必要的遮栏或外护物，或者提高绝缘等级。

2）当 FELV 回路设备的外露可导电部分与一次侧回路的保护导体相连接时，补充的间接接触电击防护措施是在一次侧回路装设自动断电的防护装置。

3）当一次回路采用电气分隔防护时，将 FELV 回路中的设备外露可导电部分与一次回路的不接地等电位连接导体连接。

5. 安全条件

应当注意，根据国际电工委员会相关的导则中有关慎用"安全"一词的原则，上述缩写仅作为特低电压保护类型的表示，而不再有原缩写字的含义，即不能认为仅采用了"安全特低电压"电源就能防止电击事故的发生。因为只有同时符合规定的条件和防护措施，系统才是安全的。

要达到兼有直接接触电击防护和间接接触电击防护的保护要求，特低电压配电必须满足以下条件：

（1）线路或设备的标准电压不超过标准所规定的安全特低电压限值。

（2）SELV 和 PELV 必须满足安全电源、回路配置和各自的特殊要求。

（3）FELV 必须满足其辅助要求。

二、特低电压的电源

GB 16895.21—2011《低压电气装置　第 4-41 部分：安全防护　电击防护》及 JGJ 16—2008《民用建筑电气设计规范》都规定，下列设备可作为特低电压电源：

（1）一次绕组和二次绕组之间采用加强绝缘层或接地屏蔽层隔离开的安全隔离变压器。

安全隔离变压器是通过至少相当于双重绝缘或加强绝缘的绝缘使输入绕组与输出绕组在电气上分开的变压器。这种变压器是为以安全特低电压向配电电路、电器或其他设备供电而设计的。

（2）安全等级相当于安全隔离变压器的电源，如具有等效隔离绕组的电动发电机。

（3）电化电源或其他独立于电压较高回路的电源，如内燃发电机组。

（4）符合相应标准的某些电子器件。这些电子设备已经采取了措施，可以保障即使发生内部故障，输出端子的电压也不超过交流 50V（直流 120V）；或允许引出端子上出现大于交流 50V 的规定电压，但需确保人体触及带电部分或带电部分与外露可导电部分间发生故障时，输出端子上的电压立即降至交流 50V（直流 120V）或更低值。

三、SELV 和 PELV 的回路配置

（1）SELV 和 PELV 的回路应具有的防护措施：

1）SELV 和 PELV 回路的带电部分相互之间及与其他回路之间应进行电气分隔：SELV 和 PELV 回路的带电部分相互之间及与其他回路之间具有基本绝缘；SELV 和 PELV 回路的带电部分与有较高电压回路的带电部分之间可采用双重绝缘或加强绝缘作保护分隔，也可采用基本绝缘加上按其中最高电压设置的保护屏蔽。

2）SELV 回路的带电部分应与地之间具有基本绝缘。

3）PELV 回路和设备外露可导电部分应接地。

（2）SELV 和 PELV 系统的回路布线系统，应与至少具有基本绝缘的其他回路的带电部分实行保护分隔。

可实现的方式包括以下几点：

1）SELV 和 PELV 的回路导体除应具有基本绝缘外，还应有绝缘护套或将其置于绝缘外护物内；

2）SELV 和 PELV 与高于特低电压的回路导体，应以接地的金属屏蔽物或接地的金属护套分

隔开；

3）SELV 和 PELV 回路导体可与不同电压回路导体共用一根多芯电缆或导体组内，但 SELV 和 PELV 回路导体的绝缘水平应按其他回路的最高电压确定；

4）将 SELV 和 PELV 回路与其他回路拉开距离。

（3）SELV 和 PELV 系统的插头及插座应符合下列要求：

1）插头必须不可能插入其他电压系统的插座内（FELV 回路也应符合此要求）；

2）插座必须不可能被其他电压系统的插头插入（FELV 回路也应符合此要求）；

3）插头和插座不得设置保护导体触头。

（4）SELV 和 PELV 回路的其他要求：

1）SELV 回路的用电设备外露可导电部分不应与大地、其他回路的保护导体、用电设备外露可导电部分及外部可导电部分相连接。若设备功能要求与外部可导电部分进行连接，则应采取措施，使这部分所能出现的电压不超过安全特低电压。

如果 SELV 回路的外露可导电部分容易偶然或被有意识地与其他回路的外露可导电部分相接触，则电击保护就不能再仅仅依赖于 SELV 的保护措施，还应依靠其他回路的外露可导电部分的保护方法，如发生接地故障时自动切断电源。

2）若 SELV 回路和 PELV 回路的标称电压超过 25V 交流有效值或 60V 无纹波直流值，应装设防护等级至少为 IPXXB 或 IP2X 的遮栏或外护物，或者采用带电部分的基本绝缘；若标称电压不超过上述数值时，除某些特殊应用的环境条件外，一般无需直接接触电击防护。

四、特低电压（ELV）的应用范围

（1）潮湿场所（如喷水池、游泳池）内的照明设备。

（2）狭窄的可导电场所。

（3）正常环境条件使用的移动式手持局部照明。

（4）电缆隧道内照明。

第五节　高压电气装置的接地保护

所谓接地保护，是将电气装置（设备）正常情况下不带电的外露可导电部分依规定的方式接地，以防止绝缘损坏使其带电而发生触电事故的技术措施。

到目前为止，接地保护仍然是应用最广泛的，并且无法用其他方法替代的、防止间接触电的电气安全措施之一。在实际生产中，由于绝缘破坏或其他原因而可能呈现危险电压的电气装置（设备）的外露可导电部分（一般是金属部分），都应采取接地保护措施。如电机、变压器、开关设备、照明器具及其他电气设备的金属外壳都应予以接地。

一、接地的基本知识

1. 接地的概念

所谓接地，就是将电气装置、设施的某些导电部分，以及电气装置（电源系统）的中性点通过接地装置与大地做良好的电气连接。

2. 电气装置接地分类

电气装置接地主要涉及两个方面：一方面是保证系统正常运行为目的的电源功能性接地，多指发电机组、电力变压器等中性点的接地，一般称为系统接地；另一方面是以保护人身和设备、装置或系统的安全为目的的接地，称为保护性接地。

GB/T 50065—2011《交流电气装置的接地设计规范》将电力系统、装置或设备的接地按用途接地分为系统接地、保护接地、雷电保护接地和防静电接地四种。其中，保护接地、雷电保护接地和防静电接地属于保护性接地。

（1）系统接地：在电力系统中，为了保证正常运行将系统中的某一点（如中性点）直接接地或经过特殊设备（如电阻、消弧圈、避雷器）接地。

GB/T 50065—2011《交流电气装置的接地设计规范》的定义：电力系统的一点或多点的功能性接地。

（2）保护接地：为防止电气装置的外露可导电部分和外部可导电部分、配电装置的构架以及线路杆塔等故障带电时危及人身安全和设备、装置或系统安全，而按规定方式进行的接地。

GB/T 50065—2011《交流电气装置的接地设计规范》的定义：为电气安全，将系统、装置或设备的一点或多点接地。

（3）雷电保护接地：为雷电保护装置（避雷针、避雷线和避雷器等）向大地泄放雷电流而设的接地。

（4）防静电接地：为防止静电对易燃油、天然气贮罐和管道等的危险作用而设的接地。

3. 接地装置与接地系统

（1）接地装置。与大地（土壤）紧密接触并与大地形成电气连接的一个或一组导电体称为接地极（接地体）。应用中常常将一组接地极互相连接，布置成网状，称为接地网。连接于接地极与或电气装置（设备）之间的金属导体称为接地导体（线）。根据作用不同可以分为接地支线、接地干线（接地汇集线）、接地引下线。接地极（接地体）与接地线总称为接地装置。

最简单的接地装置由一根接地线和一个接地极组成。但是，在变电站和发电厂有很多电气设备，所以需要装设较复杂的接地装置，如图 4-4 所示。

（2）接地系统。系统、装置或设备的接地所包含的所有电气连接和器件的总和。对发电厂和变电站而言，就是其接地网、接地线、接地极及器件通过连接构成的整体。

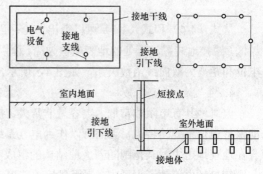

图 4-4　接地装置示意图

二、接地装置的散流效应

1. 接地电流散流电场的形成

为使现象直观清楚及分析结论清晰起见，假设接地装置为一半径为 r 的半球体（见图 4-5），并认为接地体周围的土质十分均匀，即土壤电阻率 ρ 是恒定值。当电流经接地装置（接地体）入地时，电流 I_d 将从半球体表面均匀地散射出去，形成以接地体为球心的半球形接地电流散流电场。

2. 接地装置的散流效应

在接地半球体表面的电流密度 j_r 为

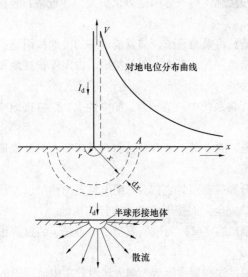

$$j_r = \frac{I_d}{2\pi r^2}(\text{A}/\text{cm}^2) \qquad (4\text{-}1)$$

而距半球体球心为 x（cm）处的电流密度 j_x 为

$$j_x = \frac{I_d}{2\pi x^2}(\text{A}/\text{cm}^2) \qquad (4\text{-}2)$$

由式（4-2）可见，距球心的距离越远，散流的电流密度越小。不论入地电流 I_d 有多大，当距离 x 超过 20m 时，则电流密度已很微小，基本上可视为零。这就是接地装置的散流效应。

3. 接地电流散流电场的地表电压

在地中的电场强度 $\varepsilon_x = j_x\rho(\text{V}/\text{cm})$，故在 x 处的电场强度 $\varepsilon_x = j_x\rho$。于是可用数学表达式写出在散流方向 dx 段内的电压降落为

图 4-5　接地体的散流现象及对地电位分布曲线

$$du = \varepsilon_x dx = j_x\rho dx = \frac{\rho I_d}{2\pi x^2}dx(\text{V}) \qquad (4\text{-}3)$$

将式（4-3）由 x_A 至 ∞ 进行积分，既能求得对应于地表面任意点 A 处的电位 V_A 为

$$V_A = \int_{x_A}^{\infty} du = \frac{I_d\rho}{2\pi}\int_{x_A}^{\infty}\frac{dx}{x^2} = \frac{I_d\rho}{2\pi x_A}(\text{V}) \qquad (4\text{-}4)$$

根据同理，可写出半球接地体表面处的电位为

$$V_d = \frac{I_d\rho}{2\pi r}(\text{V}) \qquad (4\text{-}5)$$

从式（4-4）和式（4-5）可以得出结论：当 I_d 和 ρ 为定值时，距接地装置越远处的地表面电位越低，距接地装置越近处的地表电位越高，而以接地体表面处的电位为最高（约等于电源相电压）。电位和距离为双曲线函数关系，如图 4-5 所示，图中曲线称为对地电位分布曲线。

4. 电气地

电气地具有电阻非常低、电容量非常大、拥有吸收无限电荷的能力，而且在吸收大量电荷后仍能保持电位不变的特点，因而可以作为电气系统中的参考电位体。电气地并不等于地理地，但却包含在地理地之中，其范围随着大地结构的组成和大地与带电体接触的情况而定。

在接地电流散流电场中，当距离接地装置超过 20m 时，在该处的地表电位基本上等于零（若接地极不是单根而为多根组成时，屏蔽系数增大，上述 20m 的距离可能会增大）。

一般把这个距离接地装置超过 20m、电位等于零的地方称为电气地，这等于零的电位称为地电位。通常所说的对地电压，就是指相对于电气地的电位差。

5. 散流电阻和接地电阻

土壤在散流时的全部电阻称为散流电阻。根据欧姆定律可知散流电阻微分表达式为

$$dR_d = \rho\frac{dx}{2\pi x^2}(\Omega)$$

故全部散流电阻为

$$R_d = \int_r^\infty dR_d = \frac{\rho}{2\pi}\int_r^\infty \frac{dx}{x^2} = \frac{\rho}{2\pi r}(\Omega) \tag{4-6}$$

接地电阻是接地散流电阻与接地线和接地体电阻的总和。由于接地线和接地体的电阻相对很小，可忽略不计，因此接地电阻主要就是接地散流电阻。因此，R_d 又称为接地电阻。

接地电阻与土壤电阻率成正比，与接地体的半径成反比。一般情况下，接地装置的结构形式均比较复杂，其接地电阻值还与结构形式有关。

6. 接触电压和跨步电压的概念

（1）接触电压（接触电位差）：由式（4-5）和式（4-6）可以得出

$$U_d = I_d R_d \text{或} R_d = U_d / I_d \tag{4-7}$$

式中　U_d——接地电流散流电场的地表电压，亦即接地电流散流电场某处的对地电压。

电气设备的外露可导电部分一般都和接地体连接，使其保持和大地近似等电位。如果电气设备内某一相绝缘遭到破坏，则有接地电流入地，在接地体附近地表有对地电位分布，必然同时在设备外露可导电部分上出现最高的对地电压 U_d（约等于电源相电压），见图4-6。

假如，此时人站在1点处用手触摸设备外露可导电部分，由于手的电位为 V_d，而脚的电位为 V_1，于是加在人体的电压为

$$U_{jc} = V_d - V_1(V)$$

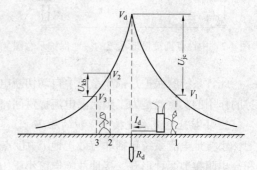

图4-6　接触电压与跨步电压示意图

这个电压称为接触电压。对地电位分布越陡，则接触电压越高。为保证人身安全，接触电压在任何情况下都不允许超过允许的电压数值。

GB/T 50065—2011《交流电气装置的接地设计规范》规定，接地故障（短路）电流流过接地装置时，大地表面形成分布电位，在地面上到设备水平距离为1.0m处与设备外壳、架构或墙壁离地面的垂直距离2.0m处两点间的电位差称为接触电压（接触电位差）。在进行接地装置设计和计算时适用这个概念。

（2）跨步电压（跨步电位差）：如果在接地电流散流电场中有人站立或行走，虽然人并未接触设备，但由于两脚位置不同（见图4-6），前脚电位为 V_2，后脚电位为 V_3，因此加于人体两脚之间的电压为

$$U_{kb} = V_2 - V_3(V)$$

这个电压称为跨步电压。

GB/T 50065—2011《交流电气装置的接地设计规范》规定，接地故障（短路）电流流过接地装置时，地面上水平距离为1.0m的两点间的电位差，称为跨步电压（跨步电位差）。在进行接地装置设计和计算时适用这个概念。

跨步电压同样不允许超过允许的电压数值。欲减小接触电压和跨步电压，通常采取降低接地电阻和装设接地均压网等措施，使电位分布曲线的陡度变平缓一些。

三、高压电气装置接地保护原理

1. 大接地电流系统接地保护的原理

大接地电流系统，包括有效接地系统（中性点直接接地）和经低电阻接地两种形式。它们发生单相接地故障时，接地短路电流很大（当接地故障电流大于或等于 100A 而小于或等于 2000A 时，为低电阻接地方式）。一般 110kV 及以上系统广泛采用中性点直接接地系统，以电缆为主的 10、35kV 城市电网采用经低电阻接地系统。

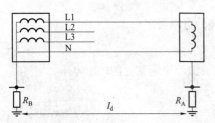

图 4-7　中性点直接接地系统的接地保护示意图

以中性点直接接地系统为例，如图 4-7 所示，发生单相接地故障时，接地短路电流经过电气装置接地电阻 R_A 和系统中性点接地电阻 R_B 流回电源，此时接地短路电流很大，使系统中自动切断电源的保护装置迅速动作将故障部分切除（通过流过接地点的电流来启动零序保护动作、切除故障线路），在接地的电气装置上只是短时间出现过电压。这样就保证了人身安全和设备安全。

此种系统的保护是依靠系统中自动切断电源的保护装置迅速动作来实现的，而电气装置接地保护的作用的实质就是为工频泄漏电流提供回路。

2. 小接地电流系统接地保护的原理

小接地电流系统包括非有效接地［中性点不接地、谐振（消弧线圈）接地、谐振–低电阻接地］和高电阻接地两种形式（接地故障电流小于 10A 时采用高电阻接地方式）。

该系统的故障以单相接地故障最为常见。它们当某一相发生接地故障时，由于不能构成短路回路或者回路阻抗很大，接地故障电流往往比负荷电流小得多，一般适用于 3～66kV 系统。

小接地电流系统的接地故障电流因为是通过导线对地的分布电容形成的，故称为接地电容电流；而大接地电流系统的接地故障因其直接造成短路，所以接地故障电流称为接地短路电流。

（1）小接地电流系统对地电容电流超标的危害。实践表明中性点不接地系统（小电流接地系统）也存在许多问题，随着电缆出线增多，10kV 配电网络中单相接地电容电流将急剧增加，当系统电容电流大于 10A 后，将带来一系列危害，具体表现如下：

1）当发生间歇弧光接地时，可能引起高达 3.5 倍相电压的弧光过电压，引起多处绝缘薄弱的地方放电击穿和设备瞬间损坏，使小电流供电系统的可靠性大受影响。

2）配电网的铁磁谐振过电压现象比较普遍，时常发生电压互感器烧毁事故和熔断器的频繁熔断，严重威胁着配电网的安全可靠性。

3）当有人误触带电部位时，由于受到大电流的烧灼，加重了对触电人员的伤害，甚至伤亡。

以中性点不接地系统为例，如图 4-8 所示，当电气设备一相绝缘损坏使金属外壳带电、操作人员误触及时，故障电流将通过人体和线路对地绝缘阻抗构成回路。绝缘阻抗是绝缘电阻和分布电容的并联组合，其接地电容电流的大小与线路绝缘的好坏、分布电容的大小及电网对地电压的高低成正比。线路的绝缘越坏，对地分布电容越大，接地电流就越高，触电的危险性就越大。

4）当配电网发生单相接地时，电弧不能自灭，很可能破坏周围的绝缘，发展成相间短路，造成停电或损坏设备的事故；因小动物造成单相接地而引起相间故障致使停电的事故也时有发生。

5）配电网对地电容电流增大后，对架空线路来说，树线矛盾比较突出，尤其是雷雨季节，因单相接地引起的短路跳闸事故占很大比例。

（2）接地保护原理。图4-8中，R_E 与 R_r+R_t 并联，根据并联电阻的分流原理可以得到

$$\frac{I_E}{I_r} = \frac{R_r + R_t}{R_E} \tag{4-8}$$

也就是说，通过人体和接地体的电流与对应的电阻成反比，只要接地体电阻足够小，让绝大部分电流通过接地体流回电源，而通过人体的电流很小，人体接触电压不超过安全的电压限值，就能保证人身安全。

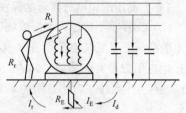

图4-8 中性点不接地系统接地
保护原理示意图

在 GB 50062—2008《电力装置的继电保护和自动装置设计规范》中，根据5.0.7条规定，对 3～66kV 中性点非直接接地的电网中线路单相接地故障，线路上宜装设有选择性的接地保护（针对接地故障的继电保护装置的简称），并应动作于信号。当危及人身与设备安全时，保护装置应动作于跳闸。根据9.0.3条规定，对额定电压为 3kV 以上的电动机单相接地故障，单相接地电流大于 10A 及以上时，保护装置应动作于跳闸。

可见，用于保护人身安全时，在接地方式的选择和继电保护装置的应用方面都是限制接地故障电流的大小。

目前，我国规定人身安全电流极限值为 30mA，而西欧、日本等国家均规定为 25mA。其科学依据是考虑了人的心脏对电流存在着敏感相位，该相位刚好与心电图 T 波段相对应，称为复极化期。其时间约为 0.2s。如果电流持续 0.2s 通过心脏，则心脏对电流最敏感，只要数十毫安的电流，即可引起人的心室颤动，造成人员死亡。由此可以看出，任何想借助快速断电的方式来实现对人的安全保护意图是很难实现的。如果把继电保护整定在 0.5s 时，则危险性更大。而把故障电流（电容电流或经过补偿后的残余电流）降下来，才是比较有效的途径。

但是继电保护装置限制接地电流的保护作用的最终实现，是依靠保护接地电阻来实现的。

在图 4-8 中，假如人体电阻和接触电阻为 2000Ω，接地体电阻为 4Ω，接地电流为 10A，可以计算出此时加在人体上的电压约为 40V，通过人体的电流约为 20mA，此时人是安全的。

实质上，在具有很小接地电阻的情况下，发生单相接地故障时，在系统电压一定的情况下提高了地表的电位，从而使接触电压降低。所以此种系统电气装置接地保护的作用实质可以说是限制预期的接触电压，防止接触电压触电。

（3）提高人体与带电体之间接触电阻。发生单相接地故障时，若操作人员误触及漏电设备金属外壳，通过人体的电流为

$$I_r = \frac{U_{ph}}{R_r + R_t} \tag{4-9}$$

式中 I_r——流过人体的电流；

U_{ph}——相电压；

R_r——人体的电阻；

R_t——人体与带电体之间接触电阻。

根据式（4-9），同时考虑以到人体电阻 R_r 变化不大，要使通过人体的电流足够小，就要提高人体与带电体之间接触电阻 R_t。这就是在电气工作中的一个重要的防护措施，即在工作时使用绝缘工器具，戴绝缘手套，穿绝缘靴，以及在操作人员可能站立的电气装置附近的地面铺设绝缘垫。

考虑实际工作情况，降低接地电阻是防止接触电压触电的根本措施，是进行电气装置设计时必须要做的；提高人体与带电体之间接触电阻是一种重要的防护措施，是进行电气工作时必须要做的。

四、高压电气装置的保护接地电阻

（一）高压配电电气装置的保护接地电阻

（1）工作于不接地、谐振接地、谐振–低电阻和高电阻接地系统、向 1kV 及以下低压电气装置供电的高压配电电气装置。GB/T 50065—2011《交流电气装置的接地设计规范》规定，其保护接地的接地电阻应符合公式 $R \leqslant 50/I$ 的要求，且不应大于 4Ω。式中 R 为因季节变化的最大接地电阻（Ω），不接地系统 I 为计算用的单相接地故障电流，谐振接地、谐振—低电阻接地系统 I 为故障点残余电流。

对于此种系统，由于要靠接地电阻的分流作用起到保护作用，因此采用接地保护时保证小的接地电阻是非常重要的。在电气设备施工和运行期内，均应保证接地电阻不大于设计或规程所规定的接地电阻值，否则是不能充分起到保护作用的。

向 1kV 及以下低压电气装置供电的高压配电电气装置，往往距离其高压侧很远而与低压电气装置距离不远，所以接地短路电流不会通过大地回到高压侧电源，而会在与其接地体相连的低压电气装置的 PE 线或 PEN 线上产生电压并进入低压系统，对人员安全造成危险。因此，对于此种系统，要求接地电阻很小，以保证地电位升高不超过 50V。

（2）低电阻接地系统。Q/GDW 156—2006《城市电力网规划设计导则》规定，10kV 城市配电网中性点可采用不接地、经消弧线圈接地或经电阻接地方式运行；还规定 10kV 配电网中以电缆为主的电网，必要时可用中性点经低电阻（10Ω 以下）和中电阻接地。

按照限制接地故障电流大小的不同，经电阻接地方式可分为高、中、低值电阻接地系统：单相接地电流控制 10A 以下的为经高电阻接地系统，接地电流控制在 10～100A 的为经中电阻接地系统，接地电流值在 100～2000A 的为经低电阻接地系统。

近年来配电网发展很快，城市中心区大量敷设电缆，单相接地电容电流增长较快，虽然装了消弧线圈，由于电容电流较大，且运行方式经常变化，消弧线圈调整困难，还由于使用了一部分绝缘水平低的电缆，为了降低过电压水平，减少相间故障可能性，因此采用了中性点经低电阻接地的方式。

GB/T 50065—2011《交流电气装置的接地设计规范》规定，低电阻接地系统的高压配电电气装置，其保护接地的接地电阻应符合公式 $R \leqslant 2000/I_G$ 的要求，且不应大于 4Ω。式中 R 为考虑季节变化的最大接地电阻（Ω），I_G 为计算用经接地网入地的最大接地故障不对称电流有效值（A）。

对于此种系统，保护是依靠系统中继电保护装置迅速动作来实现的，因此也需要小的接地电阻，以便获得足够大的接地短路电流。在系统单相接地时，一般控制流过接地点的电流在 500A 左右（也有控制在 1000A 左右的）。

正是由于系统单相接地时流过接地点的电流较大，因此接地点附近地电位升高也较大，通过接地电阻的选择控制在 2000V 及以下。

（3）保护配电柱上断路器、负荷开关和电容器组等的避雷器的接地导体（线），应与设备外壳相连，接地装置的接地电阻不应大于 10Ω。

（二）架空线路杆塔的保护接地电阻

1. 架空线路杆塔的保护接地的作用

（1）对大接地电流系统，当出现接地故障时，利用接地短路电流启动零序保护动作，尽快切除故障线路。

（2）对小接地电流系统，当出现接地故障时，限制杆塔附近接触电压和地电位升高。

（3）对装有地线的线路杆塔，提高线路耐雷水平，防止雷击造成线路跳闸。

2. GB/T 50065—2011《交流电气装置的接地设计规范》的规定

（1）6kV 及以上无地线线路钢筋混凝土杆宜接地，金属杆塔应接地，接地电阻不宜超过 30Ω。

（2）装有地线的线路杆塔的工频接地电阻不宜超过表 4-31 的数值。

表 4-31　　　　　　　　　　　　有地线的线路杆塔的工频接地电阻

土壤电阻率 ρ（Ω·m）	$\rho \leq 100$	$100 < \rho \leq 500$	$500 < \rho \leq 1000$	$1000 < \rho \leq 2000$	$\rho > 2000$
接地电阻（Ω）	10	15	20	25	30

3. 说明

（1）考虑各种人员接触架空线路杆塔的机会，较之接触高压配电装置的机会少得多，以及减小架空线路杆塔接地电阻的成本较大（树立杆塔的地方往往地质条件较差），架空线路杆塔保护接地电阻的数值选得较大是合理的。

（2）GB/T 50065—2011《交流电气装置的接地设计规范》对杆塔接地电阻的要求是比较宽松的。在多雷区，如是联络线路或重要线路，杆塔接地电阻最好能处理到 10Ω 以下，因为只有这样才能提高线路的耐雷水平，有效地限制雷击跳闸率，从而保证电网的安全稳定运行。

五、高压电气装置保护接地的应用范围

1. 需要保护接地的范围

根据 GB/T 50065—2011《交流电气装置的接地设计规范》的规定，电力系统、装置或设备的下列部分（给定点）应接地：

（1）有效接地系统中部分变压器的中性点和有效接地系统中部分变压器、谐振接地、谐振—低电阻接地、低电阻接地以及高电阻接地系统的中性点所接设备的接地端子。

（2）高压并联电抗器中性点接地电抗器的接地端子。

（3）电机、变压器和高压电器等的底座和外壳。

（4）发电机中性点柜的外壳、发电机出线柜、封闭母线的外壳和变压器、开关柜等（配套）的金属母线槽等。

（5）气体绝缘金属封闭开关设备的接地端子。

（6）配电、控制和保护用的屏（柜、箱）等的金属框架。

（7）箱式变电站和环网柜的金属箱体等。

（8）发电厂、变电站电缆沟和电缆隧道内，以及地上各种电缆金属支架等。

（9）屋内外配电装置的金属架构和钢筋混凝土架构，以及靠近带电部分的金属围栏和金属门。

（10）电力电缆接线盒、终端盒的外壳，电力电缆的金属护套或屏蔽层，穿线的钢管和电缆桥架等。

（11）装有地线的架空线路杆塔。

（12）除沥青地面的居民区外，其他居民区内，不接地、谐振接地、谐振—低电阻接地和高电阻接地系统中无地线架空线路的金属杆塔和钢筋混凝土杆塔。

（13）装在配电线路杆塔上的开关设备、电容器等电气装置。

（14）高压电气装置传动装置。

（15）附属于高压电气装置的互感器的二次绕组和铠装控制电缆的外皮。

2. 不需要保护接地的范围

根据 GB/T 50065—2011《交流电气装置的接地设计规范》的规定，附属于高压电气装置和电力生产设施的二次设备等的下列金属部分可不接地：

（1）在木质、沥青等不良导电地面的干燥房间内，交流标称电压 380V 及以下、直流标称电压 220V 及以下的电气装置外壳，但当维护人员可能同时触及电气装置外壳和接地物件时除外。

（2）安装在配电屏、控制屏和配电装置上的电测量仪表、继电器和其他低压电器等的外壳，以及当发生绝缘损坏时在支持物上不会引起危险电压的绝缘子金属底座等。

（3）安装在已接地的金属架构上，且保证电气接触良好的设备。

（4）标称电压 220V 及以下的蓄电池室内的支架。

（5）除 GB/T 50065—2011《交流电气装置的接地设计规范》第 4.3.3 条所列的场所外，由发电厂和变电站区域内引出的铁路轨道。

第六节　低压配电系统的接地保护

一、有关系统接地的代号和术语

根据 GB 14050—2008《系统接地的型式及安全技术要求》的规定，有关系统接地的代号和术语如下。

1. 接地型式代号

（1）第一个字母表示电源端与地的关系：

T——电源端有一点直接接地；

I——电源端所有带电部分不接地或有一点通过阻抗接地。

（2）第二个字母表示电气装置的外露可导电部分与地的关系：

T——电气装置的外露可导电部分直接接地，此接地点在电气上独立于电源端的接地点；

N——电气装置的外露可导电部分与电源端接地点有直接电气连接。

（3）"–"后的字母用来表示中性导体与保护导体的组合情况：

S——中性导体和保护导体是分开的；

C——中性导体和保护导体是合一的。

2. 三相交流电导体的术语

N——中性导体，连接到系统中性点上并能提供传输电能的导体。

PE——保护导体，用于故障情况下防止电击所采用保护措施的导体。指与下列任一部分做电气连接的导体：外露可导电部分、装置外的可导电部分、接地端子或主接地导体、接地极、电源接地点或人工中性点。

PEN——保护接地中性导体：同时具有中性导体和保护接地导体功能的导体（是由保护导体符号 PE 和中性导体符号 N 组合而成的）。

二、低压配电系统接地型式

根据低压系统接地型式，国际电工委员会（IEC）统一规定低压系统分为 TT 系统、TN 系统、IT 系统。其中 TN 系统又分为 TN-C、TN-S、TN-C-S 系统。

1. TN 系统

电源端有一点直接接地，电气装置的外露可导电部分通过保护中性导体或保护导体连接到此接地点。

根据中性导体和保护导体的组合情况，TN 系统的型式有以下三种：

（1）TN-S 系统：整个系统的中性导体和保护导体是分开的（见图4-9）。

这种系统的优点在于 PE 线在正常情况下不通过负荷电流，它只在发生接地故障时才带电，安全性高，而且不会对接地 PE 线上其他设备产生电磁干扰，所以这种系统适用于居民住宅、数据处理、精密检测装置等。在 N 线断线也不影响 PE 线上设备的安全，这种系统多用于环境条件较差，对安全可靠性要求较高及设备对电磁干扰要求较严的场所。

（2）TN-C 系统：整个系统的中性导体和保护导体是合一的（见图4-10）。

这种系统由于投资较少，又节约导电材料，因此在过去我国应用比较普遍。当三相负荷不平衡或只有单相用电设备时，PEN 线上有正常负荷电流流过，有时还要通过三次谐波电流，其在 PEN 线上产生的压降呈现在用电设备外壳上，使其带电位，对地呈现电压。正常工作时，这种电压视情况为几伏到几十伏，低于安全特低电压 50V，但当发生 PEN 线断或相对地短路故障时，使 PEN 线电位升高，其对地电压大于安全电压，使触电危险加大。同时，同一系统内 PEN 线是相通的，故障电压会沿 PEN 线传至其他未发生故障处，可能会引起新的电气故障，另外由于该系统全部用 PEN 线作设备接地，它无法实现电气隔离，不能保证电气检修人身安全，目前基本不采用。

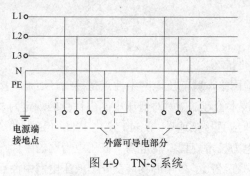

图4-9　TN-S 系统

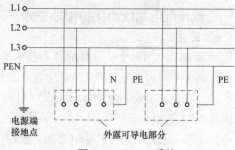

图4-10　TN-C 系统

（3）TN-C-S 系统：系统中一部分线路的中性导体和保护导体是合一的（见图4-11）。

这种系统兼有 TN-C 系统和 TN-S 系统的特点，电源线路结构简单，又保证一定安全水平，常用于配电系统末端环境条件较差或有数据处理等设备的场所，因 PE 线带有前端 PEN 线上某种程度电压，这样设备外壳就带上电压，人体接触后有电击的可能。

2. TT 系统

电源端有一点直接接地，电气装置的外露可导电部分直接接地，此接地点在电气上独立于电源

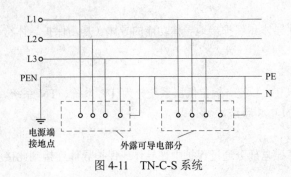

图 4-11 TN-C-S 系统

端的接地点（见图 4-12）。

3. IT 系统

IT 系统电源端的带电部分不接地或有一点通过阻抗接地。

对于电气装置的外露可导电部分，根据 GB 16895.21—2011《低压电气装置 第 4-41 部分：安全防护 电击防护》第 411.6.2 条规定，可以集中接地、分组接地或单独接地，其接地点在电气上独立于带电部分的接地点（图 4-13）。

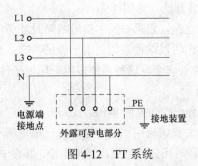

图 4-12 TT 系统

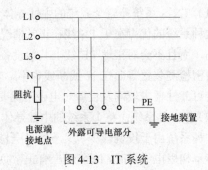

图 4-13 IT 系统

注意与过去常说的"X 相 X 线制"系统的区别与联系

"X 相"指电源的相数；"X 线"指正常工作时带电导体的根数，N 线、PEN 线都算作一线，但 PE 线不算。

因此，TN-C、TN-S 系统都是三相四线制系统（或单相二线制系统），TT 系统则可能是三相三线制系统（无中性线）或三相四线制系统（有中性线）。

三、低压配电系统的保护接地型式

（一）概述

1. 我国低压电网的中性点接地与不接地发展变化情况

我国低压电网大多是 380/220V 中性点直接接地网络，就低压电网中性点是接地好还是不接地好多年来一直存在争议。1957 年颁发的《电力工业技术管理法规》对低压电网中性点的规定为"必须直接接地"（第 699 条），1959 年修订后的规定为"应直接接地"（第 540 条），1980 年颁发的《电力工业技术管理法规》与 1978 年部颁《农村低压电力技术规程》规定为"低压电力网的中性点可直接接地或不接地"（分别为第 496 条与第 124 条）。在经历了多年的发展变化，低压电网中性点不接地由不准得到许可。

虽然两者各有优缺点，但迄今为止，全国供千家万户照明用的低压配电网，绝大部分仍还采用着中性点直接接地的方式运行，对于人身安全问题则可通过安装剩余电流动作保护装置来解决。

2. 低压系统的保护接地型式

接地保护是低压系统的电气装置（设备）外露可导电部分依规定的方式接地，以防止当某一相绝缘损坏使外露可导电部分带电，人体触及外露可导电部分时发生触电事故的技术措施。

按照 GB 14050—2008《系统接地的型式及安全技术要求》的规定，低压系统电气装置（设备）外露可导电部分的保护接地型式有两种。

第一种是电气装置（设备）外露可导电部分直接接地，并强调此接地点在电气上独立于电源端的接地点，简称独立接地或直接接地。

第二种是电气装置（设备）外露可导电部分与电源端接地点有直接电气连接，简称与电源端接地点连接的接地。

注意：过去所说的"保护接零"，类似于 TN-C 系统采用的"与电源端接地点连接的接地"。但是这个概念本身是错误的和片面的，GB 14050—2008《系统接地的型式及安全技术要求》对保护接地型式的明确规定，从事实上摒弃了保护接零的概念。

GB 14050—2008《系统接地的型式及安全技术要求》还规定，IT（中性点不接地）系统和 TT 系统（必须配合剩余电流动作保护装置）采用第一种保护接地型式，即独立接地；中性点直接接地的 TN 系统采用第二种保护接地型式，即与电源端接地点连接的接地。这样规定的原因，从安全方面分析，是因为只有这样才能保证人身安全。

（二）中性点不接地（IT）系统电气装置（设备）的保护接地——外露可导电部分独立接地

1. 电气设备的金属外壳无保护接地的危险

如图 4-14（a）所示，若电动机因某种原因，其金属外壳带电，该电压数值接近于相电压。当人体触及电动机的外壳时，有两种情况：

（1）当电网的容量较小时，对地的分布电容也小，如果线路绝缘良好、绝缘阻抗 Z 很高，则人触及带电体时，通过人体的电流仅为不大的电容电流，可以保证人体安全。

（2）如果电网容量比较大，并且随着电网的陈旧，绝缘水平总是逐渐下降的，当电网对地绝缘阻抗 Z 较小时，通过人体的电流较大（特别是当线路绝缘破坏、绝缘阻抗 Z 很小时），就难以保证人身安全。

计算表明，低压架空线路每根相线的电容量可按 $205\mu F/km$ 计算，架空线路长度超过 2km 时，相线对地绝缘将低于 $30k\Omega$，人体触电电流就将超过 25mA，已经不能自主摆脱，如不立即断电即有生命危险。

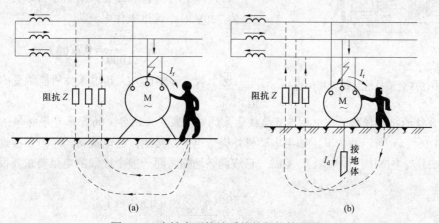

图 4-14　中性点不接地系统的保护接地原理

（a）无保护接地；（b）有保护接地

2. 保护接地的保护原理

当电动机装设了接地保护时，如图 4-14（b）所示，如果电动机外壳带电，从图中可以看出接地体和人体并联后与电网对地绝缘阻抗 Z 串联，则接地短路电流将同时沿着接地体和人体形成两条通路，流过每一条通路的电流值将与其电阻大小成反比，即

$$\frac{I_r}{I_d} = \frac{R_d}{R_r}(R_d \ll R_r) \tag{4-10}$$

式中　I_r——流过人体的电流；

　　　　I_d——流过接地体的电流；

　　　　R_d——接地体的接地电阻；

　　　　R_r——人体的电阻。

由式（4-10）可以看出，接地体的接地电阻 R_d 越小，流经人体的电流也就越小，只要控制接地电阻的阻值，就能使流过人体的电流小于安全电流，把人体的接触电压降低到安全电压以下，从而保证人身安全。

一般低压系统中，保护接地电阻值小于 4Ω，而人体电阻一般为几千欧，大部分电流通过接地电阻入地，通过人体的电流很小，就能很好的保护人体。

（三）中性点直接接地系统电气装置（设备）的保护接地

1. 中性点直接接地系统电气装置（设备）外露可导电部分不接地的危险性

如图 4-15 所示，在电源中性点直接接地的系统中，若电气设备或装置的外壳未采取接地措施，则设备发生绝缘击穿，外壳带电时，当人体触及设备外壳时，发生单相触电，流过人体的电流为

$$I_r = \frac{U_{ph}}{R_g + R_r} \approx \frac{U_{ph}}{R_r}(R_g \gg R_r)$$

式中　U_{ph}——相电压；

　　　　R_g——电网中性点接地电阻；

　　　　R_r——人体电阻。

若人体电阻以 1000Ω 计，R_g 甚小可略去不计，则当 U_{ph} 为 220V 时，流过人体电流为

$$I_r \approx \frac{220}{1000} = 0.22(A)$$

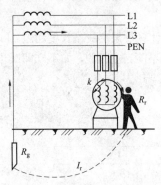

图 4-15　中性点直接接地系统无接地保护

这个数值显然已大大超过人体所能承受的最大电流值。

2. TT 系统的接地保护——中性点直接接地系统电气装置（设备）的外露可导电部分独立接地

如图 4-16（a）所示的情况，如果电动机外壳带电，则接地短路电流将同时沿着接地体和人体（取为 1700Ω）与电网中性线电阻 R_g（4Ω）形成两条通路，而一般中性线的电阻要求要很小（忽略不计），则

$$R_\Sigma = R_g + \frac{R_d R_r}{R_d + R_r}$$

$$I_{\Sigma} = \frac{U_{ph}}{R_{\Sigma}} = \frac{U_{ph}}{R_g + \frac{R_d R_r}{R_d + R_r}} = \frac{220}{4 - \frac{4 \times 1700}{4 + 1700}} \approx 27.5(A)$$

$$U_r = U_{ph} - I_{\Sigma} R_g = 220 - 27.5 \times 4 = 110(V)$$

$$I_r = \frac{U_r}{R_r} = \frac{110}{1700} = 65(mA)$$

此时，通过人体的电流 65mA 和加在人体上的 110V 电压对人是很危险的，且故障电流 I_{Σ}=27.5A 在多数情况下，是不足以使电路中的过流保护装置动作而切断电源的。

因此在中性点直接接地的低压电网中，仅仅采用独立接地的保护接地型式不能保证人身安全，必须配合采用剩余电流动作保护装置。

3. TN 系统的接地保护——中性点直接接地系统电气装置（设备）外露可导电部分与电源端接地点连接的接地

如图 4-16（b）所示的情况，如果某相绝缘损坏，导致相线碰到电动机外壳，接地短路电流 I_d 将通过该相和 PEN 线构成回路。由于 PEN 线阻抗很小，所以单相短路电流很大，可大大超过低压断路器或继电保护装置的整定值，或超过熔断器额定电流的几倍至几十倍，从而使线路上的保护装置迅速动作，切断电源，使设备外壳不再带电，消除了人体触电的危险，起到保护作用。

图 4-16（b）所示实际就是 TN-C 系统的情况。TN-S 系统的接地保护的原理与此相同。

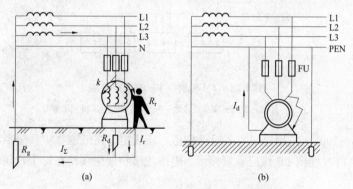

图 4-16 中性点直接接地系统的接地保护

（a）独立接地；（b）与电源端接地点连接的接地

四、保护接地注意事项

（1）PE（PEN）线不许断开，不得装设任何断开 PE（PEN）线的电器。

1）对于三相用电设备，在通过 PE（PEN）线接地的系统中，PE（PEN）线起着十分重要的作用。一旦出现 PE（PEN）线断线，接在断线处后面一段线路上的电气设备，相当于没有接地保护。如果在断线处后面有的电气设备外壳漏电，则不能构成短路回路使熔断器熔断，不但这台设备外壳长期带电，而且使接在断线处后面的所有接在 PE（PEN）线上设备的外壳都存在接近于电源相电压的对地电压，触电的危险性将被扩大。

2）对于单相用电设备，在 TN-C 系统中采用通过 PEN 线接地的保护措施，即使外壳没漏电，在 PEN 线断开的情况下，相电压也会通过负荷和断线处后面的一段 N 线，出现在用电设备的外壳上。

（2）PE（PEN）线要有重复接地。

在采用与电源端接地点连接的接地的 TN 系统中，除了要在电源中性点进行系统接地，某些场合，例如临时用电 PE（PEN）存在断线可能时，还要在建筑物进线处和终端，以及间隔一段距离进行 PE（PEN）线的重复接地，如图 4-17、图 4-18 所示为 JGJ 46—2005《施工现场临时用电安全技术规范》所规定的两种 PE（PEN）线的重复接地的情况。

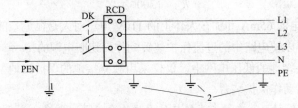

图 4-17　TN-C-S 系统 PEN 线和 PE 线的重复接地

1—PEN 线的重复接地；2—PE 线的重复接地

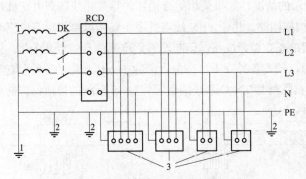

图 4-18　TN-S 系统 PE 线重复接地

1—工作接地；2—PE 线重复接地；3—电气设备外露可导电部分

另外，JGJ 16—2008《民用建筑电气设计规范》还规定，在低压 TN 系统中，架空线路干线和分支线的终端，其 PEN 线或 PE 线应重复接地。电缆线路和架空线路在每个建筑物的进线处，均须重复接地。

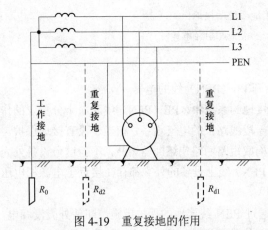

图 4-19　重复接地的作用

GB/T 50065—2011《交流电气装置的接地设计规范》也规定：配电变压器设置在建筑物外其低压采用 TN 系统时，低压线路在引入建筑物处，PE 或 PEN 应重复接地，接地电阻不宜超过 10Ω。

根据图 4-19 分析，PE（PEN）线重复接地的作用有：

1）减轻 PE（PEN）线断线时的触电危险。如果 PE（PEN）线没有采用重复接地时发生 PE（PEN）线断线，而且在断线后面的某一电气设备又发生一相碰壳接地短路故障，故障电流通过触及漏电设备的人体和变压器的工作接地构成回路，相当于没有任何一种接地保护的情况，因为人体电阻比工作接地电阻 R_0 大得多，所以人体几乎承受了全部相电压，造成严重的触电危险。

当 PE（PEN）线采用了重复接地后，这时接地短路电流通过重复接地电阻 R_d（等于 R_{d1} 和 R_{d2} 并联电阻）和 R_0 形成回路，断线点后面的设备相当于 TT 系统电气装置（设备）外露可导电部分接地保护，可减轻触电的危险。

2）降低漏电设备外露可导电部分的接触电压。当没有采用重复接地时，一旦发生设备漏电时，设备外露可导电部分对地电压 U_d 等于单相短路电流 I_d 在 PE（PEN）线电阻 R_0 上产生的压降 U_N，即 $U_d=U_N$；如果 PEN 线在进户处设置了重复接地装置，由于 PEN 线重复接地处的接地电阻是与电源工作接地电阻并联的，故并联后的等效电阻要远小于电源工作接地电阻，因此在同样的短路接地电流的情况下，其分流作用增强，从而降低了设备外露可导电部分相对于接地点处的接触电压。

3）缩短故障持续时间。当发生碰壳接地短路时，因为重复接地在短路电流返回电源的途径上增加了一条并联支路，减小了接地电阻，使单相短路电流增大，加速了线路保护装置的动作，缩短了故障持续时间。

4）改善配电线路的防雷。架空线路 PE（PEN）线上的重复接地，对雷电流具有分流作用，因此有利于防止雷电过电压。

（3）在同一系统（TT 系统）中不允许直接接地和通过 PE（PEN）线接地混用。实际上，这种情况只可能发生在 TT 系统中。由于 TT 系统采用了设备外壳直接接地的保护接地型式，发生接地故障时，故障电流较小，烧不断熔丝时，设备外壳就带电 110V，并使整个 N 线对地电位升高到 110V，如果直接接地和通过 PE（PEN）线接地混用，其他接到 PE（PEN）线的设备外壳对地都有 110V 电位，这是很危险的。

（4）所有电气设备必须用单独的保护线以并联方式接在 PE（PEN）干线上，或者用单独的接地线与接地体相连，不允许几个保护接地部分串联后再用一根接地线与接地体相连。

（5）TN-C 及 TN-C-S 系统中的 PEN 导体必须按可能遭受的最高电压绝缘（成套开关设备和控制设备内部 PEN 导体除外）。

（6）PE（PEN）线应连接牢固可靠、接触良好、线体完好。

（7）TN-C-S 系统中的 PEN 导体从某点分为中性导体和保护导体后就不允许再合并或相互接触。

（8）装置外露可导电部分，不得用来替代 PEN 导体。

第七节　剩余电流动作保护装置

一、概述

1. 剩余电流保护的概念

低压配电线路中各相（含中性线）电流相量和不为零而产生的电流称为剩余电流。通常所说的接地故障电流即漏电电流就是一种常见的剩余电流。但是剩余电流则比漏电电流含义更广，它包含电气设备或线路绝缘损伤流入大地的故障接地电流、对地电容电流、谐波分量电流及电气设备和线路正常运行时对地的泄漏电流。

剩余电流保护是利用剩余电流动作保护装置来防止电气事故的一种安全技术措施。

2. 剩余电流动作保护装置的作用

剩余电流动作保护装置（简称剩余电流保护装置），俗称漏电保护装置，是一种低压安全保护电器。

在低压配电系统中装设剩余电流动作保护装置是防止人身触电事故的有效措施之一，也是防止因剩余电流引起电气火灾和电气设备损坏事故的技术措施。目前世界各国和国际电工委员会通过制订相应的电气安装规程和用电规程在低压电网中大力推广使用剩余电流动作保护装置。

剩余电流动作保护装置的作用具体有以下几个方面：

（1）用于防止由剩余电流引起的单相电击事故；

（2）用于防止由剩余电流引起的火灾和设备烧毁事故；

（3）用于检测和切断各种一相接地故障；

（4）有的剩余电流动作保护装置还可用于过负荷、过电压、欠电压和缺相保护。

二、电流型剩余电流动作保护装置的结构与工作原理

（一）结构

如图 4-20 所示，剩余电流动作保护装置的结构主要由检测元件、中间环节（包括放大元件和比较元件）和执行机构基本部分构成，还具有辅助电源和试验装置。

1. 检测元件（剩余电流互感器）

如图 4-21 所示，剩余电流保护装置的电流互感器一般采用空心式的环形互感器，即主电路的导线（一次回路导线 N1）从互感器中间穿过，二次回路导线（N2）缠绕在环形铁芯上，通过互感器的铁芯实现一次回路和二次回路之间的电磁耦合。

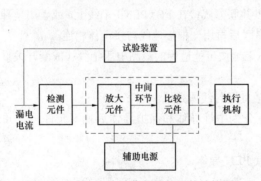

图 4-20　剩余电流动作保护装置的结构图

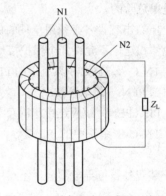

图 4-21　剩余电流互感器示意图

剩余电流互感器是一个检测元件，它的主要功能是把一次回路检测到的剩余电流 I_1 变换成二次回路的输出电压 U_2。U_2 施加到剩余电流脱扣器的脱扣线圈上，推动脱扣器动作，或通过信号放大装置，将信号放大以后施加到脱扣线圈上，使脱扣器动作。

由于剩余电流互感器作用很重要，其工作性能优劣直接影响剩余电流保护装置的性能和工作可靠性。

2. 信号放大装置（放大元件）

剩余电流互感器二次回路的输出功率很小，一般仅达到毫伏安的等级。在剩余电流互感器和脱扣器之间增加一个信号放大装置，不仅可以降低对脱扣器的灵敏度要求，而且可以减少对剩余电流

互感器输出信号要求,减轻互感器的负担,从而可以大大地减小互感器的质量和体积,使剩余电流保护装置的成本大大降低。信号放大装置一般采用电子式放大器。

3. 脱扣器(比较元件)

剩余电流保护装置的脱扣器是一个比较元件,用它来判别剩余电流是否达到预定值,从而确定剩余电流保护装置是否应该动作。动作功能与电源电压无关的剩余电流保护装置采用灵敏度较高的释放式脱扣器,动作功能与电源电压有关的剩余电流保护装置采用拍合式脱扣器或螺管电磁铁。

4. 执行元件

根据剩余电流保护装置的功能不同,执行元件也不同。对剩余电流断路器,其执行元件是一个可开断主电路的机械开关电器。对剩余电流继电器,其执行元件一般是一对或几对控制触头,输出机械开闭信号。

剩余电流断路器有整体式和组合式。整体式装置其检测、判别和执行元件在一个壳体内,或由剩余电流元件模块与断路器接装而成。组合式剩余电流断路器常采用剩余电流继电器与交流接触器或断路器组装而成,剩余电流继电器的输出触头控制线圈或断路器分励脱扣器,从而控制主电路的接通和分断。

剩余电流继电器的输出触头执行元件,通过控制可视报警或声音报警装置的电路,可以组成剩余电流报警装置。

(二)工作原理

1. 电子式剩余电流动作保护装置的工作原理

如图 4-22 所示,为电子式剩余电流动作保护装置原理图。在零序电流互感器的二次回路和脱扣器之间接入一个电子放大线路。

在正常情况下,电路中没有发生人身电击、设备漏电或接地故障时,剩余电流动作保护装置通过电流互感器一次侧电路的电流相量和等于零,即 $\dot{I}_{L1} + \dot{I}_{L2} + \dot{I}_{L3} + \dot{I}_N = 0$。

此时,电流 $\dot{I}_{L1}$、$\dot{I}_{L2}$、$\dot{I}_{L3}$ 和 $\dot{I}_N$ 在电流互感器中产生磁通的相量和等于零,即 $\dot{\Phi}_{L1} + \dot{\Phi}_{L2} + \dot{\Phi}_{L3} + \dot{\Phi}_N = 0$。这样在电流互感器的二次线圈中没有感应电压输出,因此剩余电流动作保护装置保持正常供电。

当电路中发生人身电击、设备漏电、故障接地时,将产生一个接地电流 I_d,并通过电阻 R_A、电阻 R_B、电源接地线,最后流过中性线,则通过互感器电流的相量和不等于零,为 $\dot{I}_{L1} + \dot{I}_{L2} + \dot{I}_{L3} + \dot{I}_N \neq 0$,剩余电流互感器中产生磁通相量和也不等于零,即 $\dot{\Phi}_{L1} + \dot{\Phi}_{L2} + \dot{\Phi}_{L3} + \dot{\Phi}_N \neq 0$。

此时,互感器二次回路中有一个感应电压输出,此电压直接或通过电子信号放大器施加在脱扣线圈上,产生一个工作电流。二次回路的感应电压

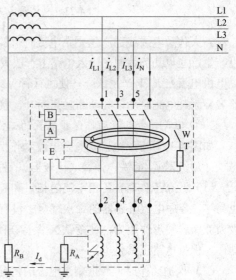

图 4-22 剩余电流动作保护装置的工作原理

A—判别元件;B—执行元件;E—电子信号放大器;

R_A—工作接地的接地电阻;

R_B—电源接地的接地电阻;T—试验装置;W—检测元件

输出随着故障电流的增大而增大,当接地故障电流达到额定值时,脱扣线圈中的电流足以推动脱扣机构动作,使主开关断开电路,或使报警装置发出报警信号。

如图 4-23 所示，某种晶体管剩余电流动作保护装置的组成由零序电流互感器、输入电路、放大电路、执行电路、整流电源等构成。

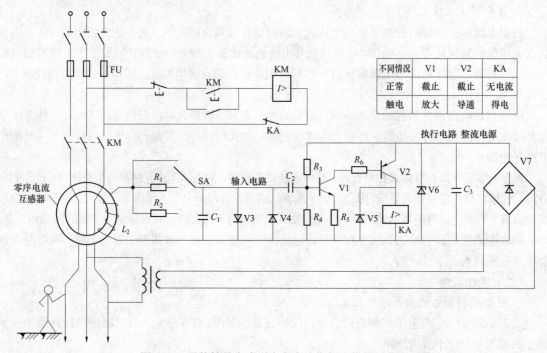

不同情况	V1	V2	KA
正常	截止	截止	无电流
触电	放大	导通	得电

图 4-23　晶体管放大式剩余电流动作保护装置原理图

当人体触电或线路产生剩余电流时，零序电流互感器一次绕组中有零序电流流过，在其二次绕组产生感应电动势，加在输入电路上，放大管 V1 得到输入电压后，进入动态放大工作区，V1 管的集电极电流在 R_6 上产生压降，使执行管 V2 的基极电流下降，V2 管输入端正偏，V2 管导通，继电器 KA 流过电流启动，其动断触点断开，接触器 KM 线圈失电，切断电源。

2. 电磁式剩余电流动作保护装置的工作原理

如图 4-24 所示，电磁式剩余电流动作保护装置的检测元件是零序电流互感器，中间环节是由电磁铁（放大器）、衔铁、弹簧（比较器）、脱扣机构组成。执行机构是断路器 QF，SB 是试验按钮。

（1）正常工作时，各相电流的相量和等于零，零序电流互感器的环形铁芯所感应磁通的相量和也为零，零序电流互感器的二次绕组中没有感应电压输出，极化电磁铁 T 线圈没有电流流过，T 的吸力克服弹簧反作用力，使衔铁 X 保持在闭合位置，脱扣机构 TK 不动作，漏电保护断路器 QF 不动作，保持电路正常供电。

（2）保护动作时，产生剩余电流的情况有：人体单相触电、设备或线路绝缘损坏漏电（发生单相接地故障）或其他原因。

当因某种原因产生剩余电流时，通过零序电流互感器一次侧各导线电流的相量和不再为零（此时产生的电流被称为剩余电流）。这时环形铁芯将有交变磁通产生，在互感器二次绕组中有感应电压输出，电磁铁 T 线圈中将有交流电流通过，并产生交变磁通与永久磁铁的磁通叠加使电磁铁去磁，从而使其对衔铁 X 的吸力减小，于是衔铁被弹簧的反作用力拉开，脱扣机构 TK 动作，断路器 QF 断开电源。

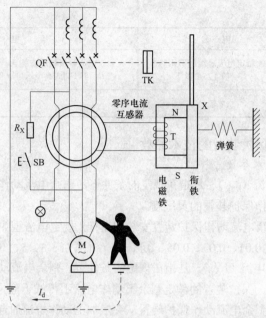

图 4-24　电磁式剩余电流动作保护装置的结构

（3）试验时，按下试验按钮 SB，相间出现电流，模拟剩余电流，同样使通过零序电流互感器一次侧各导线电流的相量和不再为零，而使装置动作。

3. 电子式和电磁式剩余电流保护装置的比较

电磁式剩余电流保护装置的检测装置，其感应电压没有经过放大，直接推动脱扣器动作，其动作特性与线路电压无关，因此不会因线路电压降低而影响动作可靠性，不需要辅助电源。

而电子式剩余电流保护装置，感应电压经过电子放大线路放大，然后推动脱扣器动作，因而需要对电子放大线路及脱扣器供电，才能正常工作，其动作特性与线路电压有关，需要辅助电源。

由于工作原理不一样，所以两者在工作可靠性、受环境的影响、制造成本方面有较大差别，见表 4-32。

表 4-32　　　　　　　　　　电磁式和电子式剩余电流保护装置特点比较

项　目	电　磁　式	电　子　式
辅助电源	不需要	需要
电压波动对特性影响	无	有
电源故障对工作影响	无影响	电源故障不能动作
温度对特性影响	很小	有
绝缘耐压能力	强	弱
抗电磁干扰能力	强	弱
结构复杂性	复杂	简单
工艺要求	高	低
接线要求	进出线可反接	进出线不可反接

项　目	电磁式	电子式
电流等级	大额定电流等级制造困难，一般 125A 以下	大额定电流等级制造方便（一般额定电流 200A 以上都为电子式），可以制成高灵敏度（例如额定剩余动作电流 6mA）
价格	较高	低

三、剩余电流动作保护装置的技术参数

1. 关于动作性能的技术参数

（1）额定剩余动作电流（$I_{\Delta N}$）。是指在规定的条件下，剩余电流动作保护装置必须动作的电流值。它反映了剩余电流动作保护装置的灵敏度。

GB 13955—2005《剩余电流动作保护装置安装和运行》规定电流型剩余电流动作保护装置的额定剩余动作电流为 0.006、0.01、0.03、0.05、0.1、0.3、0.5、1、3、5、10、20、30A。

（2）额定剩余不动作电流（$I_{\Delta N0}$）。是指在规定的条件下，剩余电流动作保护装置必须不动作的电流值。为了避免误动作，保护装置的额定剩余不动作电流不得低于额定动作电流的 1/2。

（3）分断时间。是指剩余电流动作保护装置从突然加上动作电流时起，至被保护电路切断为止的全部时间。

2. GB 13955—2005《剩余电流动作保护装置安装和运行》规定的其他技术参数

（1）额定频率：50、60Hz；

（2）额定电压：220、400V；

（3）额定电流：6、10、16、20、25、32、40、50、63、80、100、125、160、200、250、315、400、500、630、700、800A。

3. 接通分断能力

接通分断能力是指剩余电流动作保护装置在规定的使用和性能条件下能接通，在分断时间内能承受和能够分断的预期剩余电流值。

4. 保护装置的相数、极数和线数

保护装置的相数是指被保护线路的相数，有单相和三相两种；保护装置的极数是指内部开关触点能断开的导线的根数，如三极保护装置，是指开关触点可以断开三根导线；保护装置的线数是指穿过其剩余电流检测元件的导线的根数。

剩余电流动作保护装置按极数和线数分为单极二线式（1 根相线，1 根中性线）、二极三线式（2 根相线，1 根中性线）、三极三线式（3 根相线）和三极四线式（3 根相线，1 根中性线）。而单极二线、二极三线、三极四线的保护装置，均有一根直接穿过剩余电流检测元件而不断开的中性线，在保护装置外壳接线端子标有 N 符号，表示连接电源中性线，此端子严禁与 PE 线连接。

图 4-25 所示是单相二极二线剩余电流动作保护装置，图 4-26 所示是三相三极四线剩余电流动作保护装置，图 4-27 所示是三相四极四线剩余电流动作保护装置。

应当注意：不宜将三极剩余电流动作保护装置用于单相单极二线或单相二极三线的用电设备。也不宜将四极剩余电流动作保护装置用于三相（三极）三线的用电设备。更不允许用三相三极剩余电流动作保护装置代替三相四极剩余电流动作保护装置，因为他们工作适用情况不一样。

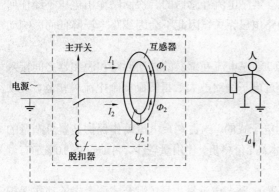 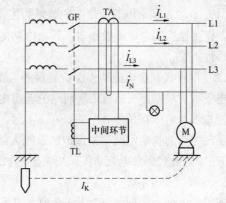

图4-25 单相二极二线剩余电流动作保护装置示意图　图4-26 三相三极四线剩余电流动作保护装置示意图

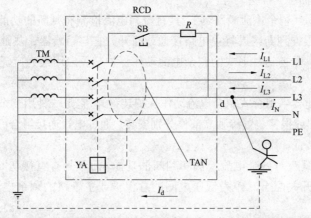

图4-27 三相四极四线电流型剩余电流动作保护装置示意图

TM—电力变压器；SB—分闸试验按钮；RCD—剩余电流动作保护器；R—电阻；YA—电磁脱扣器；TAN—零序电流互感器；

I_d—故障电流；$\dot I_{L1}$、$\dot I_{L2}$、$\dot I_{L3}$、$\dot I_N$—三相交流相量电流

四、剩余电流动作保护装置分类

1. 按照检测信号和工作原理分类

按照检测信号和工作原理可分为电流型、交流脉冲型、电压型。目前广泛使用的是反映零序电流的电流型剩余电流动作保护装置。

2. 按照中间环节所采用的元件分类

按照中间环节所采用的元件可分为电磁式、电子式两种，区别如图4-28所示。

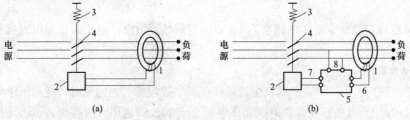

图4-28 电磁式与电子式剩余电流动作保护装置原理图

（a）电磁式；（b）电子式

1—检测装置；2—脱扣器；3—分段开关；4—主开关；5—电子放大器；6—放大器输入；7—放大器输出；8—放大器电源输入

147

（1）电磁式剩余电流动作保护装置的工作特点。零序电流互感器的二次回路输出电压不经任何放大，直接激励剩余电流脱扣器，其动作功能与线路电压无关，因此不会因线路电压降低而影响动作可靠性。

（2）电子式剩余电流动作保护装置的工作特点。零序电流互感器的二次回路和脱扣器之间接入一个电子放大线路，互感器二次回路的输出电压经过电子线路放大后再激励剩余电流脱扣器，其动作功能与线路电压有关。

我国生产的剩余电流动作保护装置绝大部分为电子式的，约占剩余电流动作保护装置总产量的90%左右。电磁式剩余电流动作保护装置因制造成本高、价格贵，使用量较少，目前仅占10%左右。

3. 按照功能分类

按照功能可分为剩余电流开关（剩余电流断路器）、剩余电流继电器（组合式剩余电流动作保护装置）、剩余电流保护插座（插头）等。

（1）剩余电流开关（剩余电流断路器）。具有对漏电流检测和判断的功能，当主回路中发生漏电或绝缘破坏时，可根据判断结果将主电路接通或断开。它与熔断器、热继电器配合可构成功能完善的低压开关元件。目前这种形式的剩余电流动作保护装置应用最为广泛，就是常说的漏电保护器。

（2）剩余电流继电器（组合式剩余电流动作保护装置）。它是一种用剩余电流互感器、剩余电流动作继电器、断路器或报警装置等独立部件分别安装，通过电气连接组合而成的，所以称为组合式剩余电流动作保护装置。

剩余电流继电器具有对剩余电流检测和判断的功能，而不具有直接切断和接通主回路功能。它可与大电流的自动开关配合，作为低压电网的总保护或主干路的剩余电流、接地或绝缘监视保护。

智能剩余电流继电器具有自动判别电网泄漏电流的功能，当电网泄漏电流增大时，继电器能把动作电流自动调到上挡的动作值。当电网泄漏电流减小时，又自动回复到下挡的动作值。

（3）剩余电流保护插座（插头）。是指具有对漏电流检测和判断并能切断回路的电源插座（插头）。其额定电流一般为 20A 以下，额定剩余动作电流为 6～30mA，灵敏度高，常用于手持式电动工具和移动式电气设备的保护及家庭、学校等民用场所。

4. 按照动作电流分类

（1）高灵敏度型。额定动作电流值为 0.03A 及以下者属于高灵敏度，主要用于防止各种人身触电事故。

（2）中灵敏度型。额定动作电流值为 0.03A 以上至 1A 者属中灵敏度，用于防止触电事故和漏电火灾。

（3）低灵敏度型。额定动作电流值为 1A 以上者属低灵敏度，用于防止漏电火灾和监视一相接地事故。

5. 按照动作时间分类

（1）一般（快速）型。一般型剩余电流动作保护装置没有人为的延时，适用于单级保护或分级保护的末级保护。用于直接接触保护时其动作电流小于 30mA，选用一般型剩余电流动作保护装置，其动作时间与动作电流的乘积不应超过 30mA·s。

（2）延时型。延时型剩余电流动作保护装置加有人为的延时部件，主要作为主干线的保护装置

（一级保护）或分支线的保护装置（二级保护），可以与终端线路的保护装置（末级保护）配合，达到选择性保护的要求，其动作电流大于 30mA。延时时间的优选值为 0.2、0.4、0.8、1、1.5、2s。

（3）反时限型。反时限型剩余电流动作保护装置是为了更好地配合电流—时间曲线而设计的产品，其特点是剩余电流越大，分断时间越短；剩余电流越小，分断时间越长。其适用于直接接触保护，但目前我国没有进行推广。

6. 按照可否移动分类

按照可否移动可分为移动式和固定式两种。

固定式剩余电流动作保护装置直接连接在电路中，是固定不动的；移动式剩余电流动作保护装置是由一个插头和一个剩余电流动作保护装置，一个、几个插座或接线装置组合在一起，与电源连接时，易于从一个地方移动到另一个地方使用，用来对移动电器设备提供剩余电流保护。

五、剩余电流动作保护装置与电网系统接地型式的配合

剩余电流动作保护装置用于间接接触电击事故防护时，应正确地与电网的系统接地型式相配合。

1. TT 系统

TT 系统可以直接装设剩余电流动作保护装置，接线方式如图 4-29～图 4-31 所示。

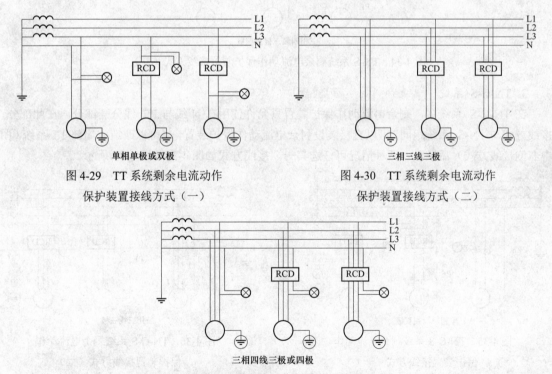

图 4-29 TT 系统剩余电流动作保护装置接线方式（一）

图 4-30 TT 系统剩余电流动作保护装置接线方式（二）

图 4-31 TT 系统剩余电流动作保护装置接线方式（三）

2. TN-S 系统

如图 4-32～图 4-34 所示，TN-S 系统可以直接装设剩余电流动作保护装置，也可以改造成局部 TT 系统（图中右侧接线方式）后装设，两种情况可任选其一。注意，PE 线不能接入剩余电流动作

保护装置。

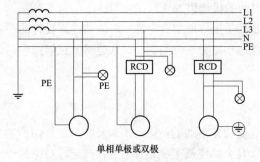

单相单极或双极

图 4-32　TN-S 系统剩余电流动作
保护装置接线方式（一）

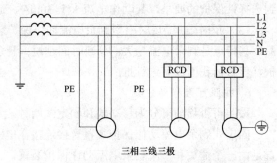

三相三线三极

图 4-33　TN-S 系统剩余电流动作
保护装置接线方式（二）

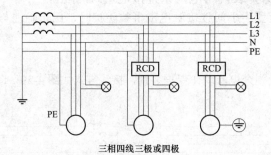

三相四线三极或四极

图 4-34　TN-S 系统剩余电流动作保护装置接线方式（三）

3. TN-C-S 系统

在 TN-C-S 系统中，剩余电流动作保护装置只允许使用在 N 线与 PE 线分开部分。在此部分，接线方式与 TN-S 系统相同，可以直接装设剩余电流动作保护装置，也可以改造成局部 TT 系统（图中右侧接线方式）后装设，两种情况可任选其一。接线方式如图 4-35～图 4-37 所示。

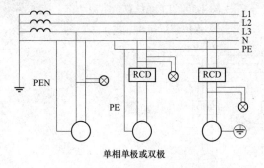

单相单极或双极

图 4-35　TN-C-S 系统剩余电流动作
保护装置接线方式（一）

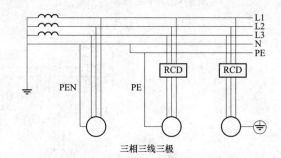

三相三线三极

图 4-36　TN-C-S 系统剩余电流动作
保护装置接线方式（二）

剩余电流保护器用于 TN-C-S 系统时，除了注意 PE 线不能接入剩余电流动作保护装置之外，还要注意 PEN 导体不应用在其负荷侧，保护导体与 PEN 导体应在剩余电流保护器的电源侧连接。

4. TN-C 系统

GB 16895.21—2011《低压电气装置　第 4-41 部分：安全防护　电击防护》规定，剩余电流保

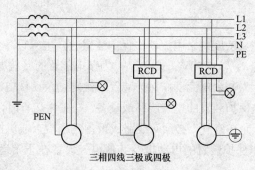

图 4-37　TN-C-S 系统剩余电流动作保护装置接线方式（三）

护器不能直接用于 TN-C 系统中。其原因是若 TN-C 系统直接装设剩余电流动作保护装置，PEN 线必然与相线一起穿入零序电流互感器，则 PEN 线与相线中的故障电流就会互相抵消，保护装置就会因检测不到故障电流而不动作。

所以，TN-C 系统必须改造为 TN-C-S、TN-S 系统或局部 TT 系统（设备之间无 PE 线连通）后，才可安装使用剩余电流动作保护装置。

改造后接线方式如图 4-38～图 4-40 所示。

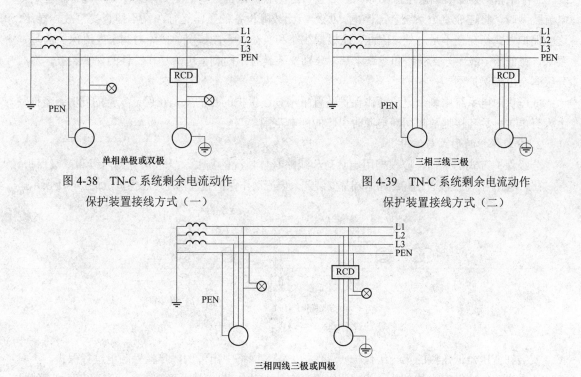

图 4-38　TN-C 系统剩余电流动作
保护装置接线方式（一）

图 4-39　TN-C 系统剩余电流动作
保护装置接线方式（二）

图 4-40　TN-C 系统剩余电流动作保护装置接线方式（三）

六、剩余电流动作保护装置对电网的要求

（1）剩余电流动作保护装置负荷侧的 N 线，只能作为中性线，不得与其他回路共用，且不能重复接地。

（2）TN-C 系统的配电线路因运行需要，在 N 线必须有重复接地时，不应将剩余电流动作保护装置作为线路电源端保护。

（3）当电气设备装有高灵敏度剩余电流动作保护装置时，电气设备独立接地装置的接地电阻，可适当放宽，但应满足公式 $R_A/I_{\Delta N} \leq 50V$（式中，$R_A$ 为接地装置的接地电阻和外露可接近导体的接地导体的电阻总和，Ω；$I_{\Delta N}$ 为剩余电流动作保护装置的额定剩余动作电流，A）的要求。

（4）安装剩余电流动作保护装置的电气线路或设备，在正常运行时，其泄漏电流必须控制在允许范围内，当泄漏电流大于允许值时，必须对线路或设备进行检查或更换。

（5）安装剩余电流动作保护装置的电动机及其他电气设备在正常运行时的绝缘电阻不应小于 $0.5M\Omega$。

七、剩余电流动作保护装置的分级保护

1. 采用分级保护的目的

既要做好安全防护工作，减少触电死亡事故，又要提高电网供电的可靠性，这是对剩余电流保护提出的基本要求。

低压供配电一般都采用分级配电。如果只在线路末端（开关箱内）安装剩余电流动作保护装置，虽然产生剩余电流时，能断开故障线路，但保护范围小；同样，若只在分支干线（分配箱内）或干线（总配电箱内）安装剩余电流动作保护装置，虽然保护范围大，但是如果某一用电设备产生剩余电流跳闸时，将造成整个系统全部停电，既影响无故障设备的正常运行，又不便查找事故。显然，这些保护方式都存在不足之处。因此，应根据线路和负荷等不同情况，按照对剩余电流保护的基本要求，在低压干线、分支线路和线路末端，分别安装具有不同剩余电流动作特性的保护装置，形成分级剩余电流保护网。

低压供用电系统中剩余电流动作保护装置采用分级保护的目的就是在保证安全的同时，缩小发生人身电击事故和接地故障切断电源时引起的停电范围。

2. 分级保护的形式与作用

分级保护方式的选择，应根据用电负荷和线路具体情况的需要，一般可分为两级和三级保护。在总电源端、分支线首端和线路末端都安装剩余电流动作保护装置就是三级保护，如图4-41所示。

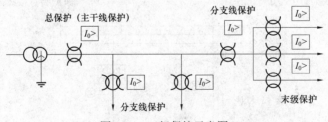

图4-41　三级保护示意图

安装在变压器低压侧的第一级保护（总保护）仅对网络中出现的间接接触触电进行保护，不具备防止人身直接接触触电的功能。其主要作用是在达到动作整定值时可靠跳闸，保证低压主干线的安全运行，防止接地故障引起电气火灾和电气设备损坏。另外，还可具备在架空线路发生断线、过负荷、短路等情况时动作于跳闸的功能。

为了缩小故障停电范围，提高供电可靠性，在分支较长、负荷较大或用户较多的线路上宜装设分支线第二级保护（中级保护）。在总保护与末级保护之间设立的剩余电流保护均属中级保护。第二级保护作用与第一级相同，只是保护范围缩小了。当保护范围内发生故障性漏电时，可将因故障漏

电引起的停电范围控制在该分支线路内，缩小了停电范围。

安装在用户侧的末级保护装置的主要作用就是实现直接接触电击保护，保证人身安全。在不同的使用场所，当保护范围内出现大于额定剩余动作电流 30mA 时，能瞬时迅速切断电源。

3. 分级保护的要求

分级保护的基本要求：就是各级剩余电流动作保护装置的动作电流值与动作时间应协调配合，实现具有动作选择性的分级保护。

所谓的"协调配合，具有动作选择性"，就是指分级保护时，各级选用保护范围应相互配合，保证在末端发生漏电故障或人身触电事故时，剩余电流动作保护装置不越级动作；同时要求，当下级保护装置发生故障时，上级保护装置动作，补救下级失灵的意外情况。

另外，剩余电流动作保护装置的分级保护应以末端保护为基础。为防止发生人身电击事故，无论两级还是三级保护，都必须有末端保护。

八、选用剩余电流动作保护装置的基本原则

（1）剩余电流动作保护装置的技术参数额定值，应与被保护线路或设备的技术参数和安装使用的具体条件相配合。

（2）按电气设备的供电方式选用剩余电流动作保护装置。单相 220V 电源供电的电气设备，应优先选用二极二线式剩余电流动作保护装置；三相三线式 380V 电源供电的电气设备，应选用三极三线式剩余电流动作保护装置；三相四线式 380V 电源供电的电气设备，三相设备与单相设备共用的电路应选用三极四线或四极四线式剩余电流动作保护装置

（3）根据电气设备的工作环境条件选用剩余电流动作保护装置。剩余电流保护装置应与使用环境条件相适应；对电源电压偏差较大地区的电气设备应优先选用动作功能与电源电压无关的剩余电流动作保护装置；在高温或特低温环境中的电气设备应选用非电子型剩余电流动作保护装置；对于做家用电器保护的漏电保护装置必要时可选用满足过电压保护的剩余电流动作保护装置；安装在易燃、易爆、潮湿或有腐蚀性气体等恶劣环境中的剩余电流动作保护装置，应根据有关标准选用特殊防护条件的剩余电流动作保护装置，或采取相应的防护措施。

九、剩余电流动作保护装置动作参数的选择

（1）除末端保护外，各级剩余电流动作保护装置应选用低灵敏度延时型的保护装置，且各级保护装置的动作特性应协调配合，实现具有选择性的分级保护。

（2）手持式电动工具、移动电器、家用电器等设备应优先选用额定剩余动作电流不大于 30mA、一般型（无延时）的剩余电流动作保护装置。

（3）单台电气机械设备，可根据其容量大小选用额定剩余动作电流 30mA 以上、100mA 及以下、一般型（无延时）的剩余电流动作保护装置。

（4）医院中的医用设备安装剩余电流动作保护装置时，应选用额定剩余动作电流为 10mA、一般型（无延时）的剩余电流动作保护装置。

（5）安装在潮湿场所的电气设备应选用额定剩余动作电流为 16～30mA、一般型（无延时）的剩余电流动作保护装置。

（6）安装在游泳池、水景喷水池、水上游乐园、浴室等特定区域的电气设备应选用额定剩余动作电流为 10mA、一般型（无延时）的剩余电流动作保护装置。

（7）在金属物体上工作，操作手持式电动工具或使用非安全特低电压的行灯时，应选用额定剩

余动作电流为 10mA、一般型（无延时）的剩余电流动作保护装置。

（8）电气线路或多台电气设备（或多住户）的电源端为防止接地故障电流引起电气火灾，安装的剩余电流动作保护装置，其动作电流和动作时间应按被保护线路和设备的具体情况及其泄漏电流值确定。必要时应选用动作电流可调和延时动作型的剩余电流动作保护装置。

（9）在采用分级保护方式时，上下级剩余电流动作保护装置的动作时间差不得小于 0.2s。上一级剩余电流动作保护装置的极限不驱动时间应大于下一级剩余电流动作保护装置的动作时间，且时间差应尽量小。

（10）选用的剩余电流动作保护装置的额定剩余不动作电流，应不小于被保护电气线路和设备的正常运行时泄漏电流最大值的 2 倍。

十、剩余电流动作保护装置在电击防护方面的实际应用

1. 应用于电击防护的原则

（1）应用于直接接触电击防护的原则。在直接接触电击事故的防护中，剩余电流保护只作为直接接触电击事故基本防护措施（绝缘防护、屏护、安全距离、特低电压等）的附加保护措施，但不能替代应有的直接接触电击防护措施。

但剩余电流保护不适用对相与相、相与 N 线间形成的直接接触电击事故的保护，因此带电导体间相与相间及相与 N 线间的短路应靠保护电器切断电源。

（2）应用于间接接触电击防护的原则。间接接触电击事故防护的主要措施应是自动切断电源的保护（即过电流保护）。自动切断电源的保护可以防止由于电气设备绝缘损坏发生接地故障时，电气设备的外露可接近导体持续带有危险电压而产生电击事故或电气设备损坏事故。

当电路发生绝缘损坏造成接地故障，其故障电流值小于过电流保护装置的动作电流值时，自动切断电源的过电流保护不起作用，应采用剩余电流保护。

（3）分级保护必须有末端保护的原则。剩余电流动作保护装置的分级保护应以末端保护为基础。为防止发生人身电击事故，无论两级或三级保护，都必须有末端保护。

2. 需要设置剩余电流保护装置用于电击防护的情况

需要指出的是，近年来，由于 GB 13955—2005《剩余电流动作保护装置安装和运行》中的一些条文存在逻辑上的问题，致使剩余电流动作保护装置的应用出现了一些混乱现象。

如：GB 13955—2005《剩余电流动作保护装置安装和运行》的第 4.2.2.2 条规定：TT 系统的电气线路或电气设备必须装设剩余电流动作保护装置作为防电击事故的保护措施。这一条规定否定了 TT 系统中过电流保护在单项接地保护时的作用，与 GB 16895.21—2011《低压电气装置　第 4-41 部分：安全防护　电击防护》中的第 411.5.2 条（其规定当故障回路阻抗值足够小且稳定时，可选用过电流保护电器而不选用剩余电流保护装置）相矛盾，也与 GB 50054—2011《低压配电设计规范》中的第 5.2.18 条相矛盾。

综合上述情况，根据上述原则，在下列情况下，需要设置剩余电流保护装置用于电击防护：

（1）对于一般人使用的用于普通用途的额定电流不大于 20A 的户内电源插座回路，应采用剩余电流动作保护装置作为人身电击防护的附加防护。

（2）所有额定电流不大于 32A 的户外电源插座回路，从人身电击防护出发，应采用剩余电流动作保护装置作为人身电击防护的附加防护。

（3）TN 系统中，当采用过电流保护电器兼作线路的间接接触防护电器，而其动作特性不能符

合公式 $Z_sI_a \leqslant U_o$（式中，Z_s 为接地故障回路的阻抗，Ω；U_o 为导体对地标称电压，V；I_a 为规定时间内切断故障回路的动作电流，A）时，应采用剩余电流保护装置作为间接接触防护保护电器。

（4）TT 系统中，当采用过电流保护电器作为线路的间接接触防护电器，而其动作特性不符合公式 $R_AI_a \leqslant 50V$（式中，R_A 为外露可导电部分的接地电阻和保护导体电阻之和，Ω；I_a 为当采用熔断器时，应为保证熔断器在 5s 内切断故障回路的电流，A；当采用断路器时，应为保证断路器瞬时切断故障回路的电流，A）时，应采用剩余电流动作保护装置作为间接接触防护的保护电器。

（5）IT 系统中，当外露可导电部分为共同接地，在发生第二次接地故障，采用过电流保护电器不能符合 TN 系统切断故障回路的要求时，应采用剩余电流动作保护装置作为辅助保护。

3. 必须设置末端保护的情况

GB 13955—2005《剩余电流动作保护装置安装和运行》规定住宅和末端用电设备必须安装剩余电流动作保护装置，并列出规定的的十种必须设置末端保护的情况：

（1）属于Ⅰ类的移动式电气设备及手持式电动工具；

（2）生产用的电气设备；

（3）施工工地的电气机械设备；

（4）安装在户外的电气装置；

（5）临时用电的电气设备；

（6）机关、学校、宾馆、饭店、企事业单位和住宅等除壁挂式空调电源插座外的其他电源插座或插座回路；

（7）游泳池、喷水池、浴池的电气设备；

（8）安装在水中的供电线路和设备；

（9）医院中可能直接接触人体的电气医用设备；

（10）其他需要安装剩余电流动作保护装置的场所。

【案例 4-3】 手提切割机操作不当，割破电线造成触电死亡

事故经过：

2002 年 7 月 21 日，在上海某建设实业发展中心承包的某学林苑 4 号房工地上，水电班班长朱某、副班长蔡某，安排普工朱某、郭某二人为一组到 4 号房东单元 4~5 层开凿电线管墙槽工作。下午 1 时上班后，朱、郭二人分别随身携带手提切割机、榔头、凿头、开关箱等作业工具继续作业。朱某去了 4 层，郭某去了 5 层。当郭某在东单元西套卫生间开墙槽时，由于操作不慎，切割机切破电线，使郭某触电。下午 14 时 20 分左右，木工陈某路过东单元西套卫生间，发现郭某躺倒在地坪上，不省人事。事故发生后，项目部立即叫来工人宣某、曲某将郭某送往医院，经抢救无效死亡。

事故原因分析：

1. 直接原因

郭某在工作时，使用手提切割机操作不当，以致割破电线造成触电，是造成本次事故的直接原因。

2. 间接原因

（1）项目部对职工安全教育不够严格，缺乏强有力的监督；

（2）工地安全对施工班组安全操作交底不细，现场安全生产检查监督不力；

（3）职工缺乏相互保护和自我保护意识。

3. 主要原因

施工现场用电设备、设施缺乏定期维护、保养，开关箱漏电保护器失灵，是造成本次事故的主要原因。

第八节　等　电　位　连　接

一、概述

1. 等电位连接的定义

（1）美国《国家电气法规》的定义是：将各金属体做永久的连接以形成导电通路，它应保证电气的连续导通性并将预期可能加于其上的电流安全导走。

（2）JGJ 16—2008《民用建筑电气设计规范》和 GB 50057—2010《建筑物防雷设计规范》的定义是：将分开的装置、诸导电物体用等电位连接导体或电涌保护器连接起来以减小雷电流在它们之间产生的电位差。

（3）GB/T 4776—2008《电气安全术语》的定义是：在外露导电部分和外部导电部分之间实现电位相等的电气连接。

外露导电部分：是指作为电气装置（设备）可被人体触及的外廓、故障情况下可带电的导电部分，即通常所说的电气设备的金属外壳。

外部导电部分：是指不是电气装置（设备）的组成部分且易引入电位（通常是地表电位）的导电部分。

（4）GB/T 50065—2011《交流电气装置的接地设计规范》的定义是：使各外露导电部分和装置外导电部分的电位实质上相等的电气连接。

从以上定义可以看出，等电位连接的实质是将分开的装置（设备）、诸导电物体进行电气连接以实现其电位相等的技术措施。

一般的解释是：等电位连接是将建筑物中各电气装置和其他装置外露的金属及可导电部分与人工或自然接地体用导体连接起来，以达到减少电位差的技术措施。

2. 等电位连接的保护作用

国际上非常重视等电位连接的作用，它对用电安全、防雷以及电子信息设备的正常工作和安全使用，都是十分必要的。等电位连接的保护作用主要有以下几个方面：

（1）电击防护。电力系统发生短路、绝缘老化、中性点偏移或外界雷电导致 PE 线上产生故障电压时，人受到电击的可能性非常大。采用等电位连接后，与 PE 线连接的电气装置外露可导电部分（设备外壳）及周围环境的电位都近似相等（电压都近似等于这个故障电压），因而不会产生接触电压造成人体电击。

（2）雷击防护。IEC 标准中指出，等电位连接是建筑物内部防雷措施的一部分。当雷击建筑物时，雷电传输有梯度，垂直相邻层金属构架节点上的电位差可能达到 10kV 量级，危险极大。但等电位连接将本层柱内主筋、建筑物的金属构架、金属装置、电气装置、电信装置等连接起来，形成一个等电位连接网络，可防止直击雷、感应雷或其他形式的雷，避免火灾、爆炸、生命危险和设备损坏。

（3）静电防护。静电是指分布在电介质表面或体积内，以及在绝缘导体表面处于静止状态的电荷。传送或分离固体绝缘物料、输送或搅拌粉体物料、流动或冲刷绝缘液体、高速喷射蒸汽或气体，都会产生和积累危险的静电。静电电量虽然不大，但电压很高，容易产生火花放电，引起火灾、爆炸或电击。等电位连接可以将静电电荷收集并传送到接地网，从而消除和防止静电危害。

（4）电磁干扰防护。在供电系统故障或直击雷放电过程中，强大的脉冲电流对周围的导线或金属物形成电磁感应，敏感电子设备处于其中，可以造成数据丢失、系统崩溃等。通常，屏蔽是减少电磁波破坏的基本措施，在机房系统分界面做的等电位连接，由于保证所有屏蔽和设备外壳之间实现良好的电气连接，最大限度减小了电位差，外部电流不能侵入系统，得以有效防护电磁干扰。

3. 等电位连接和保护接地的关系

保护接地是以大地电位为参考电位，通过电气连接实现电气装置外露可导电部分与大地表面的等电位；等电位连接则是以某一导体的电位为参考电位，以与该导体的连接代替与大地的连接。

例如飞机飞行中极少发生电击事故和电气火灾，但其用电安全不是靠保护接地，而是靠在飞机内以机身电位为基准电位来做等电位连接来保证。由于飞机内范围很窄小，即使在绝缘损坏的事故情况下各处的电位差也很小，因此飞机上的电气安全是可以得到有效保证的。

两者有共同点，但又不完全等同，例如不与大地连接的等电位连接无法对地泄放雷电流和静电荷。

4. 等电位连接的分类

根据等电位连接适用的场合不同，等电位连接可分为总等电位连接、局部等电位连接和辅助等电位连接三种。

二、总等电位连接

1. 总等电位连接的定义

将一建筑物内的总 PE 母排和所有的大金属构件（包括各类金属干管、金属结构）互相连通，使这些金属部分的电位相等或接近，称为总等电位连接。

2. 总等电位连接的做法

如图 4-42 为建筑物内总等电位连接示意图，通过每一进线配电箱近旁的总等电位连接母排将下列导电部分互相连通：进线配电箱的 PE（PEN）母排，公用设施的上水、下水、热力、煤气以及暖气、中央空调的干管等金属管道，建筑物金属结构和接地引出线；并且各个总等电位连接端子板应互相连通。

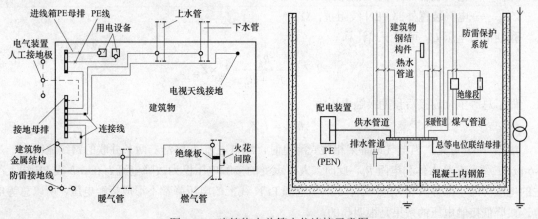

图 4-42 建筑物内总等电位连接示意图

需要说明，煤气管和暖气管可进行总等电位连接，但不允许用作接地体。因为煤气管道在入户后应插入一段绝缘部分，并跨接过电压保护器；户外地下暖气管因包有隔热材料，与地非良好接触。

3. 总等电位连接的作用分析

（1）降低建筑物内间接接触电压和不同金属部件间的电位差。以 TN-C-S 系统为例加以说明。图 4-43 为常用的 TN-C-S 系统，在电源进线处 PEN 线分成 PE 线和 N 线（N 线从此处开始与 PE 线绝缘），设有等电位连接和重复接地。图中虚线所示为金属管道、建筑物钢筋等组成的等电位连接，MEB 为总等电位连接端子板或接地端子板，Z_h 及 R_P 为人体阻抗及地板、鞋袜电阻，R_A 为重复接地电阻，R_B 为系统接地电阻。

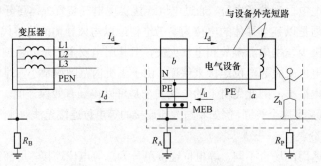

图 4-43　总等电位连接的作用分析

假如不安装总等电位连接，如果设备发生接地故障，忽略接地故障点的阻抗，R_A 与 R_B 串联后再与 Z_{PEN} 并联，$R_A+R_B \gg Z_{PEN}$；人体阻抗 Z_h 与地板和鞋袜电阻 R_p 串联后再与 Z_{PE} 并联，$Z_h+R_p \gg Z_{PE}$，接地故障电流 I_d 流经相线和 PE 线、PEN 线，返回变压器低压绕组，即

$$I_d = \frac{U_0}{Z_T + Z_L + Z_{PEN} + Z_{PE}}$$

式中　U_0——相对地标称电压，V；

Z_T——变压器零序阻抗，Ω；

Z_L——相线阻抗，Ω；

Z_{PE}——电气装置内部 PE 线阻抗，Ω；

Z_{PEN}——电气装置外部 PEN 线阻抗，Ω。

预期故障电压 U_{T1} 可用下式计算

$$U_{T1} = I_d Z_{PEN} \frac{R_A}{R_A + R_B} + I_d \times Z_{PE}$$

做了总等电位连接后预期接触电压为

$$U_{T2} = I_d Z_{PE}$$

由图 4-43 可见，当电气设备某相碰壳漏电时，漏电电流 I_d 将沿着两条并联的路线流动：一是 a-b 段 PE 线，二是人体和电阻 R_p。此时，人体承受的接触电压仅为故障电流 I_d 在 a-b 段 PE 线上产生的电压降的一部分（与 R_p 分压）；b 点至电源 PEN 线上的电压降都不形成接触电压，所以总等电位连接降低接触电压的效果是很明显的。

电源线路中 PEN 线上的电压降虽不在建筑物内产生接触电压，但它能使接地端子板 MEB 对地电位升高。由于在总等电位连接范围内电气装置外露可导电部分和装置外可导电部分都和接地端子板 MEB 相连通，其电位都同样升高而基本处于同一电位上，人体接触这些导电部分时，没有接触不同电位，自然不存在电击危险的。

总等电位连接的实质是提高了地表电位，使地表电位和电气装置外露可导电部分和装置外可导电部分的电位均衡来降低接触电压，比接地保护效果更好。

（2）消除自建筑物外经电气线路和各种金属管道引入的危险故障电压的危害。有可能自建筑物外经电气线路（PEN 线或 PE 线）和各种金属管道引入危险故障电压，但由于 PEN 线或 PE 线和各种金属管道在建筑物内均已等电位连接，在等电位连接范围内人体可同时触及的电气装置外露可导电部分基本上处于同一电位，火灾及人身电击自然不会产生。

（3）防止雷电造成的触电危险和设备损坏。此道理与消除自建筑物外经电气线路和各种金属管道引入的危险故障电压的危害相同。

（4）同时也能起到重复接地的作用。在总等电位连接区内，作为总等电位连接组成部分的建筑物基础钢筋、金属结构件、金属管道、金属电缆桥架、电缆金属护套、敷设电缆或导线金属管等自然接地体，接地电阻值较小，已起到重复接地的作用。

4. 总等电位连接的应用

单一的防止间接触电的自动切断电源的防护措施因保护电器产品的质量、电器参数的选择和其使用中的变化，以及施工质量、维护管理水平等原因，其动作并非完全可靠；且保护电器不能防止由建筑物外进入的故障电压的危害，因此 IEC 标准和一些技术先进的国家都规定在采用自动切断电源的保护措施时，还应采取总等电位连接措施，以更有效地降低人体受到电击时的接触电压，提高电气安全水平。

目前，我国 GB 16895.21—2011《低压电气装置　第 4-41 部分：安全防护　电击防护》、JGJ 16—2008《民用建筑电气设计规范》和 GB 50054—2011《低压配电设计规范》都规定，采用自动切断电源的防护措施时，在建筑物内应将下列导电体做总等电位连接：

（1）PE、PEN 干线；

（2）电气装置接地极的接地干线；

（3）建筑物内的水管、煤气管、集中采暖和空调系统的金属管道；

（4）条件许可的建筑物金属构件等导电体。

上述导电体宜在进入建筑物处接向总等电位连接端子。等电位连接中金属管道连接处应可靠地连通导电。

三、局部等电位连接

1. 局部等电位连接的定义

在一局部场所范围内将各可导电部分进行电气连接实现等电位，称为局部等电位连接。

它可通过局部等电位连接端子板将下列部分互相连通：PE 母线或 PE 干线、公用设施的金属管道、建筑物金属结构。

2. 局部等电位连接的应用

总等电位连接固然能大大降低接触电压，但如果建筑物离电源较远，建筑物内线路过长（即自动切断电源的条件不能满足），则过电流保护动作时间和接触电压都可能超过规定的限值，不能满足电击防护的要求，这时应在局部范围内作等电位连接。

3. 局部等电位连接的保护原理

图 4-44 为局部等电位连接示意图。图中暖气片 R_a 是电气设备 M 的外部导电部分，MEB 为总等电位连接端子板，LEB 为局部等电位连接端子板。

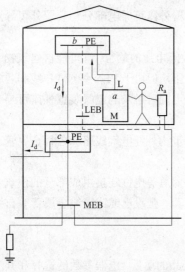

由图 4-44 可见人的双手承受的接触电压为电气设备 M 与暖气片 R_a 之间的电位差；其值为 a-b-c 段 PE 线上的故障电流 I_d 产生的电压降，由于此段线路较长，电压降超过 50V，但因离电源远，故障电流不能使过电流保护电器在 5s 内切断故障。为保证人身安全应如图虚线所示作局部等电位连接。这时接触电压降低为 a-b 段 PE 线的电压降，其值小于安全的电压限值 50V。

实际上，由于局部等电位连接后故障电流的分流使 R_a 电位升高，接触电压将更降低。

4. 配合手握式或移动式设备的局部等电位连接

如果在 TN 系统中，一个配电盘既供电给固定式设备，又供电给手握式和移动式设备，当固定式设备发生接地故障时，因 TN 系统内 PE 线连通整个电气装置，故障引起的危险对地电压将通过它蔓延到所有手握式和移动式设备的金属外壳，由于固定设备切断故障电路的时间允许达 5s（见 GB 16895.21—2011

图 4-44　局部等电位连接示意图

《低压电气装置　第 4-41 部分：安全防护　电击防护》第 415.2.2 条），这给正在使用手握或移动式设备的人带来很大危险。

解决的方法之一，就是如图 4-45 所示的局部等电位连接，将进线配电箱的总等电位连接端子板 MEB 与 PE 线端子排、连接手握式或移动式设备的局部等电位连接端子板 LEB 通过结构钢筋连接起来，形成局部等电位连接。这样当固定式电气设备发生接地故障时，人体承受的接触电压只是图中 3-c 这一段 PE 线的电压降，其值小于安全的电压限值 50V。

5. 建筑物内多处局部等电位连接

如图 4-46 所示，在建筑物内多处做局部等电位连接。

若忽略总等电位连接端子板 MEB 和局部等电位连接端子板 LEB 与 PE 线和可导电部分连接导体的电阻，因为 LEB 互相连接并与 MEB 连通，PE 线与可导电部分导体在局部等电位连接间并联后又串联，这样就降低了接地故障回路阻抗，无论 k_1 或 k_2 处发生接地故障时，都加大了接地故障电流 I_d，可以缩短保护电器的动作时间，防止电击事故发生。

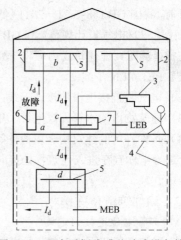

图 4-45　配合手握式或移动式设备的
局部等电位连接示意图

1—进线配电箱；2—配电箱；3—手持式电气设备；
4—钢筋结构；5—保护导体；6—固定式电气设备；
7—PE 线端子排

四、辅助等电位连接

将两导电部分用导线直接做等电位连接，使故障接触电压降至限制值 50V 以下，称为辅助等电位连接。

如图 4-47 中虚线所示，将图中的 R_a 与电气设备 M 的外露导电部分直接连接，即为辅助等电位连接。

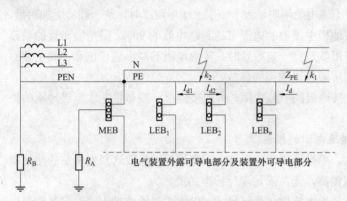

图 4-46　建筑物内多处局部等电位连接示意图

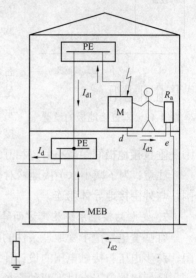

图 4-47　辅助等电位连接示意图

如果这时电气设备 M 漏电，人体承受的接触电压仅为故障电流的分流 I_{d2} 在 R_a 与 M 间等电位连接线 d-e 上产生的电压降，显然此值接近于 0。

第九节　接触电压、跨步电压的限制和防护

一、变电站接地系统设计、施工限制接触电压和跨步电压的措施

1. 变电站接地系统设计方面的措施

（1）人工接地网的设计符合行业标准对跨步电压的限制要求。GB/T 50065—2011《交流电气装置的接地设计规范》对不同的变电站接地系统，规定了接触电压和跨步电压的限制数值；并规定设计接地网时，应验算接触电压和跨步电压，并应通过实测加以验证。

（2）人工接地网的边角做成圆弧形。变电站人工接地网的外缘应闭合形成环形接地网，外缘各角应做成圆弧形，可使接地保护区域内电位分布尽可能均匀，因而可以减少接触电压和跨步电压。

（3）敷设水平均压带。变电站人工接地网内应敷设水平均压带；接地网边缘经常有人出入的走道处，可在地下装设两条与接地网相连的水平均压带。这样，使地面电位分布均匀，可以直接减小跨步电压。

（4）局部铺设砾石地面或沥青地面。35kV 及以上变电站接地网边缘经常有人出入的走道处，应局部铺设砾石地面或沥青地面，用以提高地表面电阻率，降低地面电位；在现场有操作需要的设备处，应铺设沥青、绝缘水泥或鹅卵石。

（5）局部增设垂直接地极。当人工接地网局部地带的接触电压、跨步电压超过规定值时，可采

取局部增设垂直接地极的方法减小跨步电压。

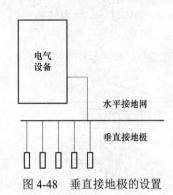

图 4-48　垂直接地极的设置

如图 4-48 所示，其他条件不变时增设垂直接地极后，接地系统的接地电阻随垂直接地极根数的增加而降低，大部分故障电流通过垂直接地极流入大地，相应减少了水平导体的散流量，因此地表面的水平方向电流密度大大减少，降低了地电位升高的数值，从而降低了跨步电压。

例如，在垂直接地极为 12 根时，水平网流散的电流为 25%左右，而垂直接地极流散的电流大约为 75%。而在土壤不均匀，特别是上层土壤电阻率明显大于下层土壤电阻率时，这一趋势更加明显，垂直接地极中流散的电流可达到总电流的 90%。但是当布置的垂直接地极根数达到一定数量时，接地电阻的减小趋于饱和，其主要原因是垂直接地极间距减小后，相互之间屏蔽作用增强的缘故。

注意：为了减小水平接地网对垂直接地极的屏蔽作用，垂直接地极一般布置在水平接地网的外围，与外围接地导体相连。

2. 变电站接地系统施工方面降低接地电阻的措施

有些变电站由于受地理条件的限制，不得不建在高土壤电阻率地区，导致这些变电站的接地电阻、跨步电压与接触电压的设计计算值偏高，无法满足现行标准的要求。

降低接地电阻有以下两种途径，一是增大接地体几何尺寸，以增大接地体的电容；二是改善地质电学性质，减小地的电阻率和介电系数。据此，在施工方面降低接地电阻的方法主要有：

（1）敷设水平外延接地。当在变电站周围 2000m 以内有较低电阻率的土壤时，可敷设引外延接地极。因为水平放设施工费用低，不但可以降低工频接地电阻，还可以有效地降低冲击接地电阻。

（2）采用深埋式接地极。当地下较深处的土壤电阻率较低时，可以采用深埋接地体（可采用井式或深钻式接地极）的方法，或采用爆破式接地技术减小接地电阻。

（3）在接地极周围填充降阻剂。在接地极周围填充了降阻剂后，可以起到增大接地极外形尺寸，降低接地电阻的作用。

降阻剂的主要作用是降低与接地网接触的局部土壤电阻率，即降低接地网与土壤的接触电阻，而不是降低接地网本身的接地电阻。这是目前采用的一种较新和积极推广普及的方法。

（4）敷设水下接地网。水力发电厂可在水库、上游围堰、施工导流隧洞、尾水渠、下游河道或附近的水源中的最低水位以下区域敷设人工接地极。

（5）利用电解离子接地系统。有研究和实践证明，土壤电阻率过高的直接原因是因为缺乏自由离子在土壤中的辅助导电作用，电解离子接地系统能在土壤中提供大量的自由离子，从而有效的解决接地问题，但投资相对也比较大。

3. 变电站室内铺设绝缘垫（毯）

绝缘垫一般铺在配电室内地面上，或者控制屏、保护屏等处地面上，绝缘毯一般铺在高、低压开关柜前地面上，用来提高操作人员对地面的绝缘，防止接触电压和跨步电压的伤害。

二、电气设备接地采用均压措施

对没有接地网而设置了保护接地的电气设备，当发生漏电（接地故障）时，人距漏电设备接地体越近，接触电压越小；人距漏电设备体越远，接触电压越大；相反，人距漏电设备接地体越近，跨步电压越大；人距漏电设备体越远，跨步电压越小。

为了解决这一矛盾，如图 4-49 所示，可以采用环路式接地装置，形成电气设备附近地面电位均匀状态。这样，就可以有效降低接触电压和跨步电压，防止接触电压和跨步电压触电。

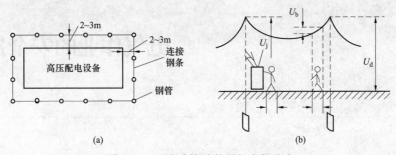

图 4-49 环路式接地装置与电位分布

（a）平面布置；（b）电位分布

U_b—跨步电压；U_j—接触电压；U_d—设备对地电压

三、电力巡视工作中防止跨步电压触电的措施

1. 电力线路巡视工作中防止跨步电压触电的措施

根据 Q/GDW 1799.2—2013《国家电网公司电力生产安全工作规程 线路部分》的规定，以及前人的经验，巡线工作中防止跨步电压触电的措施主要有：

（1）雷雨、大风天气或事故巡线，巡视人员应穿绝缘鞋或绝缘靴。

（2）巡线人员发现导线、电缆断落地面或悬挂空中，应设法防止行人靠近断线地点 8m 以内，以免跨步电压伤人，并迅速报告调度和上级，等候处理。

（3）一旦不小心已步入导线、电缆断落区域且感觉到跨步电压时，应赶快把双脚并在一起或用一条腿跳着离开断线落地区。

（4）当必须进入导线断落区域救人或排除故障时，应穿绝缘靴（鞋）。

2. 高压电气设备巡视工作中防止跨步电压触电的措施

根据 Q/GDW 1799.1—2013《国家电网公司电力生产安全工作规程 变电部分》的规定，高压电气设备巡视工作中防止跨步电压触电的措施主要有：

（1）雷雨天气巡视室外高压设备时，应穿绝缘靴，并不准靠近避雷器和避雷针。

（2）发现高压设备发生接地时，应迅速报告上级，并警告他人，室内不准接近故障点 4m 以内，室外不准接近故障点 8m 以内，以免跨步电压伤人。

（3）一旦不小心已步入高压设备发生接地的区域且感觉到跨步电压时，应赶快把双脚并在一起或用一条腿跳着离开接地的区域。

（4）高压电气设备未能及时停电，而又必须进入故障点附近范围救人或排除故障的人员应穿绝缘靴。

四、线路检修中防止跨步电压触电的措施

线路检修中防止跨步电压触电的措施就是在停电工作杆塔对外一基杆塔上挂接地线。

原因是：假如接地杆塔也是停电检修的杆塔，遇有突然来电时接地线会给地面带来跨步电压，这可能威胁杆塔下工作人员的人身安全。而将接地杆塔和检修杆塔分开，接地杆塔下面没有人员逗留，就会大大提高了停电检修工作的安全性。

电气作业的安全措施

第一节　保证安全的组织措施（变电部分）

Q/GDW 1799.1—2013《国家电网公司电力安全工作规程　变电部分》规定：在电气设备上工作，保证安全的组织措施有现场勘察制度，工作票制度，工作许可制度，工作监护制度，工作间断、转移和终结制度。

一、现场勘察制度

（1）现场勘察的重要性。

1）现场勘察能够掌握工作环境和危险点的具体情况，是预防事故发生的重要基础。

作业前认真地进行现场勘查，并做好记录，就能够掌握危险点的具体情况，是编制好检修（施工）作业的组织措施、技术措施和安全措施，顺利完成工作任务、预防事故发生的重要基础。

2）正确详细的现场勘察记录是填写工作票的重要依据。

根据现场勘察的结果，工作负责人填写工作票就能做到心中有数、得心应手了。

例如，根据现场勘察记录和任务量，就能够合理安排工作班人员数量和位置；清楚检修（施工）作业中应采取的安全措施，停电范围和需要保留的带电部位，断开断路器和隔离开关的编号，需要携带多少组接地线，接地线挂在多少杆号的位置等。这些内容填写正确了，就能做到票面与现场情况统一。

3）现场勘察的结果是编制施工方案的重要依据。

根据现场勘察的结果，能充分地准备施工中所需的生产机具、安全工器具和材料。

在实践中，如果现场勘察不仔细或不组织现场勘察，在施工现场，生产机具、安全工器具和材料准备不充分，势必影响施工作业的进度，延误工作时间，导致施工作业的效率和质量降低。

（2）应组织现场勘察的情况：变电检修（施工）作业，工作票签发人或工作负责人认为有必要现场勘察的，检修（施工）单位应根据工作任务组织现场勘察，并填写现场勘察记录。

（3）现场勘察的组织：现场勘察由工作票签发人或工作负责人组织。

（4）现场勘察应查看的内容：现场勘察应查看现场检修（施工）作业需要停电的范围、保留的带电部位和作业现场的条件、环境及其他危险点等。

二、工作票制度

1. 概念

（1）变电工作票。是批准在已经投入运行的电气设备上及电气场所进行工作、具有固定格式的书面命令，也是明确安全责任，向全体工作人员现场交底，办理工作许可、工作监护、工作间断、工作转移和工作终结手续，实施安全措施的书面依据。

（2）工作票制度。是一种在电力生产过程中，按照 Q/GDW 1799.1—2013《国家电网公司电力安全工作规程　变电部分》规定，必须使用工作票并遵守其相关规定，防止发生人身伤害和设备损坏事故的安全管理制度。

2. 工作票制度的主要内容

工作票制度主要规定了以下几个方面内容：

（1）工作票的种类及使用的工作范围。

（2）执行工作票的组织结构、职责分工。

（3）执行工作票的程序（包括填写、签发、使用延期等）及其要求。

由于变电工作票制度的内容很多，单独放在本章第二节中介绍。

三、工作许可制度

1. 工作许可人许可的主要内容

（1）许可开工。工作许可人根据工作票的内容在做设备停电安全技术措施后，向工作负责人发出工作许可的命令，工作负责人方可开始工作。

（2）许可工作间断和复工。每日收工时，工作负责人应电话告知工作许可人；次日复工时，工作负责人应电话告知工作许可人，得到其许可方可开始工作；工作许可人应在工作票上记录每日收工、开工时间栏目内签字。

（3）许可试加电压后继续工作。试加工作电压后，工作班若需继续工作时，应重新履行工作许可手续。

（4）许可工作终结。全部工作完毕后，工作负责人和工作许可人在工作票上"工作终结"栏目签名后，完成工作终结手续。

2. 工作班许可开始工作的手续

工作许可人在完成工作现场的安全措施后，还应完成以下手续，工作班方可开始工作：

（1）会同工作负责人到现场再次检查所做的安全措施，对具体的设备指明实际的隔离措施，证明检修设备确无电压。

（2）对工作负责人指明带电设备的位置和注意事项。

（3）和工作负责人在工作票上分别确认、签名。

3. 分工作票的许可

分工作票的许可由分工作票负责人与总工作票负责人办理。分工作票必须在总工作票许可后才可许可。

4. 变更安全措施

运维人员不得变更有关检修设备的运行接线方式。

工作中任何人不得擅自变更安全措施，如有特殊情况需要变更时，应经工作负责人、工作许可人双方同意，将变更情况记录在值班日志内，并及时恢复。

5. 第二种工作票可采取电话许可

变电站（发电厂）第二种工作票可采取电话许可方式，但应录音，并各自做好记录。采取电话许可的工作票，工作所需安全措施可由工作人员自行布置，工作结束后应汇报工作许可人。

四、工作监护制度

1. 工作班可以开始工作的条件

（1）工作许可手续已经完成。

（2）工作负责人、专责监护人应向工作班成员交代工作内容、人员分工、带电部位和现场安全措施，进行危险点告知。

（3）履行确认手续，即工作班成员明白上述内容后在（工作负责人所持的）工作票上签字。

注意：开工后新增加工作人员也应履行确认签名程序。

2. 监护人员的设置

（1）工作负责人作为工作现场安全的第一责任人，本身就是监护人。

（2）工作票签发人或工作负责人，应根据现场的安全条件、施工范围、工作需要等具体情况，增设专责监护人和确定被监护的人员。

3. 对监护人员监护工作的要求

（1）工作负责人（监护人）、专责监护人应始终在工作现场，对工作班人员的安全认真监护，及时纠正不安全的行为。

（2）工作负责人一般不能参加工作班工作，只有下述情况可以参加工作班工作：

1）在全部停电时，可以参加工作班工作。

2）在部分停电时，只有在安全措施可靠，人员集中在一个工作地点，不致误碰有电部分的情况下，方能参加工作。

（3）工作期间，工作负责人离开工作现场时必须履行的手续。

工作期间，工作负责人若因故暂时离开工作现场时，应指定能胜任的人员临时代替，离开前应将工作现场交代清楚，并告知工作班成员。原工作负责人返回工作现场时，也应履行同样的交接手续。

若工作负责人必须长时间离开工作现场时，应由工作票签发人变更工作负责人，履行变更手续，并告知全体工作人员及工作许可人。原、现工作负责人应做好必要的交接。

（4）专责监护人应专心监护，不得兼做其他任何工作。

（5）工作期间，专责监护人离开工作现场时必须履行的手续。

工作期间，专责监护人临时离开时，应通知被监护人员停止工作或离开工作现场，待专责监护人回来后方可恢复工作。若专责监护人必须长时间离开工作现场时，应由工作负责人变更专责监护人，履行变更手续，并告知全体被监护人员。

4. 变更工作班成员

需要变更工作班成员时，应经工作负责人同意，履行变更手续。新的作业人员履行交底签名手续后，方可进行工作。

五、工作间断、转移和终结制度

（一）工作间断制度

工作间断是指因为工作班人员的午间休息、每日收工和意外因素（如天气突变）造成的工作暂时停止的过程。在此过程中，基本要求是：

（1）工作间断时，工作班人员应从工作现场撤出。

（2）每日收工，应清扫工作地点，开放已封闭的通道，并电话告知工作许可人。

（3）若工作间断后所有安全措施和接线方式保持不变，工作票可由工作负责人执存，复工时，工作负责人应电话告知工作许可人，并在重新认真检查、确认安全措施符合工作票要求后方可开工；若工作间断后安全措施和接线方式有变化，工作负责人应将工作票交回运维负责人，复工时，应在得到工作许可人的许可后取回工作票，并重新履行开工许可手续。

（4）间断后继续工作，若无工作负责人或专责监护人带领，作业人员不得进入工作地点。

（二）工作转移制度

在同一电气连接部分用同一工作票依次在几个工作地点转移工作时，全部安全措施由运维人员在开工前一次做完，不需再办理转移手续。但工作负责人在转移工作地点时，应向工作人员交代带电范围、安全措施和注意事项。

（三）工作终结制度

1. 停电设备合闸送电

（1）合闸送电的原则：只有得到值班调控人员或运维负责人的许可指令后，停电设备方可合闸送电。除此之外，任何人员、任何时候不准擅自下令或通过操作将停电设备合闸送电。

（2）一般情况下，在同一停电系统的所有工作票都已终结交回的情况下，在得到值班调控人员或运维负责人的许可指令后，可以合闸送电。

（3）在工作间断期间，若有紧急情况需要合闸送电，得到运维负责人的许可指令后，运维人员应先通知工作负责人终结工作，在得到"工作班全体人员已经离开工作现场、可以送电"的答复，并采取下列措施后，方可在工作票未终结交回的情况下合闸送电：

1）拆除临时遮栏、接地线和标志牌，恢复常设遮栏，换挂"止步，高压危险！"的标志牌。

2）应在所有道路派专人守候，以便告诉工作班人员"设备已经合闸送电，不得继续工作"。守候人员在工作票未终结交回以前，不得离开守候地点。

（4）若计划工作结束时间已到，一部分工作尚未完成，在需要送电而继续工作不妨碍送电的情况下，为了继续工作和及时送电，应首先办理工作票终结手续，在得到运维负责人的许可指令后合闸送电；剩余工作在办理新的工作票后安排进行。

2. 设备试加工作电压的要求

检修工作结束以前，若需将设备试加工作电压，应按下列要求进行：

（1）全体工作人员撤离工作地点。

（2）将该系统的所有工作票收回，拆除临时遮栏、接地线和标志牌，恢复常设遮栏。

（3）应在工作负责人和运维人员进行全面检查无误后，由运维人员进行加压试验。

（4）试加工作电压后，工作班若需继续工作时，应重新履行工作许可手续。

3. 全部工作完毕后的清理工作

全部工作完毕后，工作班应清扫、整理现场。

4. 工作终结

全部工作完毕后，工作负责人应先仔细地检查工作现场，待全体工作人员撤离后，再向工作许可人交代所修项目、发现的问题、试验结果和存在问题等，并与工作许可人共同检查设备状况、状态，有无遗留物件，是否清洁等，然后在工作票上填明工作结束时间。经双方签名后，表示工作终结。

5. 工作票终结

（1）工作票终结的条件。待工作票上的临时遮栏已拆除，标志牌已取下，已恢复常设遮栏，未拆除的接地线、未拉开的接地开关（装置）等设备运行方式已汇报调控中心，工作票方告终结。

（2）分工作票和总工作票的终结。

1）分工作票的终结，由分工作票负责人与总工作票负责人办理。

2）总工作票必须在所有分工作票终结后才可终结，分工作票的终结时间应记入总工作票的"备注"栏。

第二节　变电工作票制度

一、工作票的种类、格式与选用

（一）工作票的种类和格式

（1）在电气设备上工作时，应填用的工作票和事故紧急抢修单有以下 6 种：

1）变电站（发电厂）第一种工作票，格式见附录 A。

2）电力电缆第一种工作票，格式见附录 B。

3）变电站（发电厂）第二种工作票，格式见附录 C。

4）电力电缆第二种工作票，格式见附录 D。

5）变电站（发电厂）带电作业工作票，格式见附录 E。

6）变电站（发电厂）事故紧急抢修单，格式见附录 F。

（2）总工作票和分工作票。

第一种工作票所列工作地点超过两个，或有两个及以上不同的工作单位（班组）在一起工作时，可采用总工作票和分工作票。

（二）工作票的选用

（1）填用第一种工作票的工作。

1）高压设备上需要全部停电或部分停电的工作。

2）二次系统和照明等回路上，需要将高压设备停电者或做安全措施的工作。

3）高压电力电缆需停电的工作。

4）换流变压器、直流场设备及阀厅设备上，需要将高压直流系统或直流滤波器停用的工作。

5）直流保护装置、通道和控制系统上，需要将高压直流系统停用的工作。

6）换流阀冷却系统、阀厅空调系统、火灾报警系统及图像监视系统等系统上，需要将高压直流系统停用的工作。

7）其他需要将高压设备停电或要做安全措施的工作。

（2）填用第二种工作票的工作。

1）控制盘和低压配电盘、配电箱、电源干线上的工作。

2）二次系统和照明等回路上，无需将高压设备停电者或做安全措施的工作。

3）转动中的发电机、同期调相机的励磁回路或高压电动机转子电阻回路上的工作。

4）非运行人员用绝缘棒、核相器和电压互感器定相或用钳型电流表测量高压回路电流的工作。

5）大于设备不停电时的安全距离的相关场所和带电设备外壳上的工作以及不可能触及带电设备导电部分的工作。

6）高压电力电缆不需停电的工作。

7）换流变压器、直流场设备及阀厅设备上，无需将直流单、双极或直流滤波器停用的工作。

8）直流保护控制系统上，无需将高压直流系统停用的工作。

9）换流阀水冷系统、阀厅空调系统、火灾报警系统及图像监视系统等系统上，无需将高压直流系统停用的工作。

（3）带电作业或与邻近带电设备距离小于设备不停电时的安全距离的工作，应填用带电作业工作票。

（4）事故紧急抢修工作应使用事故紧急抢修单（非连续进行的事故修复工作应使用相应的工作票）。

二、工作票所列人员条件及其职责

（一）工作票所列人员及兼任规定

1. 工作票执行过程中涉及的人员

工作票执行过程中涉及的人员包括工作负责人、工作票签发人、工作许可人、专责监护人、工作班成员、运维人员、运维负责人和值班调控人员。

2. Q/GDW 1799.1—2013《国家电网公司电力安全工作规程　变电部分》对所列人员兼任的规定

（1）一张工作票中，工作许可人与工作负责人不得互相兼任。

（2）若工作票签发人兼任工作许可人或工作负责人，应具备相应的资质，并履行相应的安全责任。

（二）主要人员的基本条件

（1）工作票的签发人应是熟悉人员技术水平、熟悉设备情况、熟悉本规程，并具有相关工作经验的生产领导人、技术人员或经本单位分管生产领导批准的人员。工作票签发人员名单应书面公布。

（2）工作负责人（监护人）应是具有相关工作经验，熟悉设备情况和本规程，经车间（工区、公司、中心）生产领导书面批准的人员。工作负责人还应熟悉工作班成员的工作能力。

（3）工作许可人应是经车间（工区、公司、中心）生产领导书面批准的有一定工作经验的运维人员或检修操作人员（进行该工作任务操作及做安全措施的人员）；用户变电站、配电站的工作许可人应是持有效证书的高压电气工作人员。

（4）专责监护人应是具有相关工作经验，熟悉设备情况和本规程的人员。

（三）职责划分

1. 组织职责（以变电第一种工作票为例）

（1）工作票签发人的职责。

1）审查工作票是否合格，签发工作票。

2）填写工作票中工作地点保留带电部分。

3）履行工作负责人变动手续。

4）根据现场具体情况，指定专责监护人和确定被监护的人员。

5）同意增加工作任务。

6）填写工作票。

（2）工作负责人的职责。

1）填写工作票。

2）履行工作票收执手续。

3）会同工作许可人完成许可开工手续。

4）组织、指挥所在工作班完成工作任务。

5）根据现场具体情况，指定专责监护人和确定被监护的人员。

6）履行工作班成员、专责监护人的变动手续。

7）会同工作许可人完成工作间断、复工（收工、复工时应电话告知工作许可人）、工作票延期和工作终结手续。

8）正常收工期间执存工作票。

9）工作间断、安全措施和接线方式有变化时交回工作票（将工作票交回运维负责人），复工时（得到工作许可人的许可后）取回工作票，并会同工作许可人重新完成许可开工手续。

10）填写增加的工作任务。

11）同意紧急情况下、工作票未终结交回时运维人员合闸送电。

（3）工作许可人的职责。

1）履行工作许可开工手续。

2）履行许可工作间断（收工）、复工的手续。

3）履行工作票延期的手续。

4）工作间断时若安全措施和接线方式有变化，复工时重新履行工作许可开工手续。

5）试加电压后，工作班继续工作时，重新履行工作许可开工手续。

6）同意增加工作任务。

7）填写工作票中工作地点补充保留带电部分和安全措施。

8）会同工作负责人完成工作终结手续。

9）完成工作票终结手续。

（4）运维负责人的职责。

1）收到工作票后，及时审核正确性（安全措施是否完备、是否符合现场条件和 Q/GDW 1799.1—2013《国家电网公司电力安全工作规程　变电部分》规定），对审查不合格的工作票，退回重新办理。

2）对工作票编号，填写收到时间和签名，并填写相应记录。

3）批准工作票延期申请并通知工作许可人给予办理。

4）工作间断后安全措施和接线方式有变化时收回工作票，复工时发还工作票。

5）许可工作票终结后的合闸送电（或者由调控中心值班调控人员许可）或紧急情况下、工作票终结前的合闸送电。

2. 安全职责

（1）工作票签发人安全职责。

1）审查工作必要性和安全性。

2）审查工作票上所填安全措施是否正确完备。

3）审查所派工作负责人和工作班人员是否适当和充足。

（2）工作负责人（监护人）安全职责。

1）正确组织工作。

2）检查工作票所列安全措施是否正确完备，是否符合现场实际条件，必要时予以补充完善。

3）工作前，对工作班成员进行工作任务、安全措施、技术措施交底和危险点告知，并确认每一个工作班成员都已签名。

4）严格执行工作票所列安全措施。

5）监督工作班成员遵守本部分，正确使用劳动防护用品和安全工器具以及执行现场安全措施。

6）关注工作班成员身体状况和精神状态是否出现异常迹象，人员变动是否合适。

（3）工作许可人安全职责。

1）审查工作票所列安全措施是否正确、完备，是否符合现场条件，必要时予以修改、补充。

2）确认由其负责的安全措施正确实施。

3）检查检修设备有无突然来电的危险。

4）对工作票所列内容即使发生很小疑问，也应向工作票签发人询问清楚，必要时应要求作详细补充。

（4）专责监护人安全职责。

1）明确被监护人员和监护范围。

2）工作前对被监护人员交代安全措施，告知危险点和安全注意事项。

3）监督被监护人员遵守本规程和现场安全措施，及时纠正不安全行为。

（5）工作班成员安全职责。

1）熟悉工作内容、工作流程，掌握安全措施，明确工作中的危险点，并在工作票上履行签名确认手续。

2）服从工作负责人（监护人）、专责监护人的指挥，严格遵守本部分和劳动纪律，在确定的作业范围内工作，对自己在工作中的行为负责，互相关心工作安全。

3）正确使用施工机具、安全工器具和劳动防护用品。

三、工作票的填写

1. 填写人

工作票由工作负责人填写，也可以由工作票签发人填写。

2. 填写根据

（1）设备检修计划或经调控中心批准的临时检修申请。

（2）应对照与现场实际设备的名称和编号相符的接线图或模拟图板及现场设备安装的具体位置。工作票签发人或工作负责人不清楚时应组织进行现场勘察。

3. 手工填写的要求

工作票采用手工方式填写时，应用黑色或蓝色的钢（水）笔或圆珠笔填写和签发，一式两份，内容应正确，填写应清楚，不得任意涂改（工作地点、设备名称编号、接地线装设地点和编号、计划工作时间、许可开始工作时间、工作延期时间、工作终结时间、操作动词等不得涂改）。若有个别错、漏字需要修改、补充时，应使用规范的符号，字迹应清楚。

4. 计算机生成或打印的格式要求

（1）用计算机生成或打印的工作票应使用统一的票面格式。

（2）总、分工作票在格式上与第一种工作票一致。

5. 总、分工作票的其他填写要求

（1）总工作票上所列的安全措施应包括所有分工作票上所列的安全措施。

（2）几个班同时进行工作时，总工作票的工作班成员栏内，只填写各分工作票的负责人姓名，不必填写工作班全体人员姓名。分工作票上要填写工作班全体人员姓名。

四、工作票的签发

1. 由谁签发

（1）工作票由设备运维管理单位（部门）签发，也可由经设备运维单位（部门）审核合格且经批准的检修及基建单位签发。检修及基建单位的工作票签发人及工作负责人名单应事先送有关设备运维管理单位（部门）备案。

（2）承发包工程中，工作票可实行"双签发"形式。签发工作票时，双方工作票签发人在工作票上分别签名，各自承担本规程工作票签发人相应的安全责任。

（3）总、分工作票应由同一个工作票签发人签发。

（4）供电单位或施工单位到用户变电站内施工时，工作票应由有权签发工作票的供电单位、施工单位或用户单位签发。

2. 签名生效

工作票的填写或打印好后，由工作票签发人审核无误，手工或电子签名后生效，方可执行。

五、执行（使用）一张工作票的规定

（1）一个工作负责人在同一时间内只能执行一张工作票，工作票上所列的工作地点，以一个电气连接部分为限。

所谓一个电气连接部分，是指电气装置中，可以用隔离开关同其他电气装置分开的部分。

直流双极停用，换流变压器及所有高压直流设备均可视为一个电气连接部分；直流单极运行，停用极的换流变压器，阀厅，直流场设备、水冷系统可视为一个电气连接部分。

（2）一张工作票上所列的检修设备应同时停、送电，开工前工作票内的全部安全措施应一次完成。

（3）以下设备同时停、送电的情况可使用同一张工作票：

1）属于同一电压等级、位于同一平面场所，工作中不会触及带电导体的几个电气连接部分的设备同时停、送电。

2）一台变压器停电检修，其断路器也配合检修。

3）全站停电。

（4）同一变电站内在几个电气连接部分上依次进行不停电的同一类型的工作，可以使用一张第二种工作票。

（5）在同一变电站内，依次进行的同一类型的带电作业可以使用一张带电作业工作票。

六、工作票的执行

1. 工作票的送达

（1）第一种工作票的送达。按计划进行的工作，第一种工作票应在工作前一日送达运维人员。可直接送达或通过传真、局域网传送，但传真传送的工作票许可应待正式工作票到达后履行。

临时工作可在工作开始前直接交给工作许可人。

（2）第二种工作票和带电作业工作票可在进行工作的当天预先交给工作许可人。

2. 工作票收执

工作票一份应保存在工作地点，由工作负责人收执；另一份由工作许可人收执，按值移交。工作许可人应将工作票的编号、工作任务、许可及终结时间记入登记簿。

分工作票应一式两份，由总工作票负责人和分工作票负责人分别收执。

3. 增加工作任务

在原工作票的停电及安全措施范围内增加工作任务时，应由工作负责人征得工作票签发人和工作许可人同意，并在工作票上增填工作项目。若增加工作任务需变更或增设安全措施，应填用新的工作票，并重新履行签发、许可手续。

如工作票签发人无法当面办理，应通过电话联系，并在工作票登记簿和工作票上注明。

4. 工作票有效期与延期

（1）第一、二种工作票和带电作业工作票的有效期，以批准的检修计划工作时间为限。

（2）第一、二种工作票需办理延期手续，应在工期尚未结束以前由工作负责人向运维负责人提出申请（属于调控中心管辖、许可的设备检修工作，还应通过值班调控人员批准），由运维负责人通知工作许可人给予办理。

（3）第一、二种工作票只能延期一次。带电作业工作票不准延期。

5. 工作票盖章与保存

（1）对未执行的工作票，在其编号上加盖"未执行"章，并在备注栏说明原因。

（2）工作票未执行完毕，因其他原因又重新办理工作票重新开工的，原工作票盖"作废"章。

（3）工作终结手续完成后，由运维人员在工作负责人所持工作票的工作终结栏内盖"已执行"章，交工作负责人保存。

（4）工作票终结手续完成后，由运维人员在工作票终结栏内盖"已执行"章。

（5）已终结的工作票、事故紧急抢修单应保存1年。

七、工作结束前需要重新办理工作票的情况

工作结束前，如遇下列情况之一者，应重新办理工作票，并重新履行工作许可手续和开工交底签名手续。

（1）增加工作任务需变更或增设安全措施。

（2）计划工作结束时间已到，而工作尚未完成，需要继续工作且不妨碍送电。

此时，为了继续工作和及时送电，不能办理工作票延期手续，而是应该在送电前首先办理原工作票终结手续，然后按照送电后现场设备带电情况，办理新的工作票，重新布置好安全措施后，重新履行许可手续和开工确认手续，方可继续工作。

（3）工作票已延期一次仍不能完成工作，需要继续工作。

（4）工作票有破损或字迹模糊难以辨认，不能继续使用。

八、工作票填用基本流程

（1）工作票填写。

（2）工作票签发。

（3）工作票送达。

（4）工作票收到、审核。

（5）工作票收执。

（6）工作票许可。

（7）工作票执行（包括工作班开工、工作监护、工作间断、工作转移、工作票延期、工作终结）。

（8）工作票终结。

【案例 5-1】 走错间隔触电死亡

事故经过：

2005 年 3 月 8 日，某电业局根据设备检修计划由高压班、开关班对城东变电站 110kV 城西二线 042 断路器、避雷器、电压互感器等进行预试及断路器做油试验工作。

高压班在做完断路器试验，取出油样后，将设备移到线路侧做避雷器及电压互感器预试工作。

此时，开关班人员发现 042 断路器油位偏低，需加油。在准备工作中，开关班工作负责人（兼监护人）查某因上厕所离开工作现场。11 时 29 分，开关班热某走错间隔，误将正在运行的 2 号主变压器 032 断路器认做停运检修的 042 断路器，爬上断路器进行加油，刚接触到 2 号主变压器 032 断路器 A 相时发生触电坠地，经抢救无效死亡。

原因分析：

（1）热某安全意识差，没有对现场的设备进行核对，走错间隔，是导致事故发生的直接原因。

（2）工作票不规范，没有填写现场具体工作地点、安全措施，属不合格工作票。工作票审核、批准未能严格把关，管理存在漏洞。

（3）工作许可人未认真履行职责，在布置现场安全措施时没有认真进行现场查看，现场安全措施不完善，未设置遮栏。

（4）工作负责人未认真履行职责，没有召开班前会，进行危险点分析，向工作班成员安全交底；同时不严格执行现场监护制度（离开工作现场），是造成事故的重要原因。

（5）热某工作时，现场无人监护，违反《国家电网公司电力安全工作规程　变电部分》规定。

第三节　保证安全的技术措施（变电部分）

Q/GDW 1799.1—2013《国家电网公司电力安全工作规程　变电部分》第 5.4.2 条规定，在高压设备上工作，应至少由两人进行，并完成保证安全的组织措施和技术措施；第 7.1 条规定，在电气设备上工作，保证安全的技术措施有停电、验电、接地、悬挂标志牌和装设遮栏（围栏）。

一、停电

（一）在运用中的高压设备上工作的分类

1. 运用中的高压设备的停电状态

运用中的高压设备的停电状态有三种：

（1）全部停电状态：室内高压设备（包括架空线路与电缆引入线在内）全部停电，并且通至邻接高压室的门全部闭锁，以及室外高压设备（包括架空线路与电缆引入线在内）全部停电。

（2）部分停电状态：高压设备部分停电，或室内虽全部停电，而通至邻接高压室的门并未全部闭锁。

（3）不停电状态：高压设备不停电。

2. 在运用中的高压设备上作业（工作）的分类

根据上述停电状态，在运用中的高压设备上的作业（工作）可分为三类：

（1）全部停电作业（工作）：高压设备处于全部停电状态下的作业（工作）。

（2）部分停电作业（工作）：高压设备处于部分停电状态下的作业（工作）。

（3）不停电作业（工作）：高压设备处于不停电状态下的作业（工作）。它包括三种情况：① 工作本身不需要停电并且不可能触及导电部分的作业（工作）；② 可在带电设备外壳上进行的作业（工作）；③ 可在带电设备的导电部分上进行的作业（工作），这属于带电作业的一种情况（带电作业的另一种情况是与邻近带电设备距离小于"设备不停电时的安全距离"的作业）。

（二）在工作地点应停电的设备

（1）检修的设备。

（2）与工作人员在进行工作中正常活动范围的距离小于表 5-2 的规定数值的设备。

（3）在 35kV 及以下的设备处工作，安全距离虽大于表 5-2 的规定数值，但小于表 5-1 的规定数值，同时又无绝缘隔板、安全遮栏措施的设备。

表 5-1 设备不停电时的安全距离

电压等级（kV）	安全距离（m）	电压等级（kV）	安全距离（m）
10 及以下（13.8）	0.70	1000	8.70
20、35	1.00	±50 及以下	1.50
66、110	1.50	±400	5.90
220	3.00	±500	6.00
330	4.00	±660	8.40
500	5.00	±800	9.30
750	7.20		

表 5-2 作业人员工作中正常活动范围与设备带电部分的安全距离

电压等级（kV）	安全距离（m）	电压等级（kV）	安全距离（m）
10 及以下（13.8）	0.35	1000	9.50
20、35	0.60	±50 及以下	1.50
66、110	1.50	±400	6.70*
220	3.00	±500	6.80
330	4.00	±660	9.00
500	5.00	±800	10.10
750	8.00**		

注 表中未列电压按高一挡电压等级的安全距离。

* ±400kV 数据是按海拔 3000m 校正的，海拔 4000m 时安全距离为 6.80m。

** 750kV 数据是按海拔 2000m 校正的，其他等级数据按海拔 1000m 校正。

（4）带电部分在工作人员后面、两侧、上下，且无可靠安全措施的设备。

（5）其他需要停电的设备。

（三）确保检修设备可靠停电的技术措施

（1）把各方面的电源完全断开。只有把各方面的电源完全断开，才能确保检修设备可靠停电。要做到这一点，应注意以下几个问题。

1）断开电源时注意切断通过其他装置的供电通道。例如，在变电站采用单母线分段接线方式时，每段母线均装设电压互感器。当一段母线电压互感器退出运行时，该段母线所带二次设备可由另一段母线电压互感器提供二次电压，该功能由电压互感器并列装置实现，电压互感器并列装置处于并列状态。各段电压互感器均投运时，电压互感器并列装置处于分列状态。

所以，此时电压互感器停电时不仅需要停掉本身与一次侧的连接，同时要退出并列装置。

2）任何运行中的星形接线设备的中性点，应视为带电设备。这是因为，不论是中性点直接接地的系统还是中性点不接地的系统，正常运行中中性点都存在一定的对地电压。这个对地电位称为中性点的位移电压，也称为不对称电压。

对中性点经消弧线圈接地或不接地的系统来说，这个电压是因导线排列不对称、相对地电容不相等以及负荷不对称产生的。尤其是发生单相接地故障时，若是金属性接地，接地相对地电压为零，非接地相对地电压升高为线电压，而中性点电压升高为相电压。

在中性点直接接地系统中，由于三相负荷不平衡而产生零序电流，使中性线有电流流过而产生阻抗压降，导致变压器的中性点漂移而具有一定的电压。

如果在停电时不注意将检修设备的中性点与运用中的设备的中性点断开，就有可能会使这些电压引到检修设备上去，那将是很危险的。

（2）设置明显断开点。

1）设置明显断开点的目的。设置明显断开点的目的有两个：一是一目了然，可以使检修人员随时随地可以看到，或顺着线路导线可以找到；二是使停电设备与电源之间保持有一个或一个以上的空气间隙（也称为空气断口），这个间隙即可将电源与工作地点断开，又能避免因过电压将间隙击穿而导电。

2）设置明显断开点的方法。设置明显断开点一般选择拉开隔离开关、隔离负荷开关、闸刀开关、刀开关，或者取下熔断器，手车开关应拉至试验或检修位置，把导线从接头处断开等方法（由于这种断开点特别明显，所以称为明显断开点）。这些方法形成的明显断开点，能够保持一定的空气距离或间隙。因为空气间隙的放电电压一般是比较稳定的，即使在潮湿的情况下，也能保护较高的绝缘强度。

3）设置明显断开点的注意事项。

a. 断路器不能作为明显断开点。

按照国家规范及 IEC 标准，任何断路器都无隔离功能。所以不能作为明显断开点。例如：油断路器因为箱（壳）内有绝缘油。当绝缘油溶解水分时，其绝缘强度将显著下降。

另外，不论有油的断路器或无油的空气断路器，往往可能由于触头熔断、机构故障、位置指示器却指示在断开位置；其次，断路器的操作方式有手动或电动式，如电动式则可能由于误操作或误动将断开的断路器又重新合闸，造成停电工作的设备合闸送电，这样就可能造成事故。

b. 换流器闭锁不能作为明显断开点。

c. 若无法观察到停电设备的断开点，应有能够反映设备运行状态的电气和机械等指示。

由于以上原因，Q/GDW 1799.1—2013《国家电网公司电力安全工作规程　变电部分》特别强调：禁止在只经断路器断开电源或只经换流器闭锁隔离电源的设备上工作。应拉开隔离开关，手车开关应拉至试验或检修位置，使各方面有一个明显的断开点。

（3）与停电设备有关的变压器和电压互感器，必须从高低压两侧断开，防止向停电检修设备反送电。

（4）检修设备可能来电侧的断路器、隔离开关应断开控制电源和合闸电源，隔离开关操作把手应锁住，确保不会误送电。

在变电检修中，因隔离开关操作把手没锁住，曾经发生过带接地线合隔离开关的违章操作事故。将一经合闸即可送电到工作地点的隔离开关的操作把手锁住，可以增加一个更有效的保护措施，杜绝违章合闸，确保不会误送电。

（5）对难以做到与电源完全断开的检修设备，可以拆除设备与电源之间的电气连接。

（四）防止自备电源倒送电的技术措施

（1）与电网有关联的自备电源客户，其两路电源之间必须有电磁型或机械型闭锁装置，并不得任意拆除闭锁等安全技术装置。

（2）自备电源用户在进户线电杆处（电缆线路在电源电缆头处）装设明显标志。

（3）用户线路计划检修停电时，对可能送电到检修线路的分支线（用户）都要挂设接地线，以保证检修人员安全。

（五）防止双电源用户倒送电的技术措施

双电源用户，不论是从电力系统双回线供电的用户，还是有自备发电机的用户，在倒闸操作中，都具有可能向另一条停电线路倒送电的危险性。或者是用户甲有可能通过低压联络线向用户乙倒送电。这些都会造成人身伤亡事故。

防止出现这种危险的措施有以下几种：

（1）对于两条以上线路同时供电的用户，分段运行或环网运行、各带一部分负荷、因故不能安装机械的或电气的联锁装置的用户，线路的停电检修或倒换负荷，都必须由当地供电部门的电力系统调控中心负责调控，用电单位不得擅自操作。

用户与调试部门应就调控方式签订调试协议。用户应制订双电源操作的现场规程，指定专人负责管理并应定期学习和进行考核，以保证操作正确。

（2）由一条常用线路供电，一条备用线路或保安负荷供电的用户，在常用线路与备用线路开关之间应加装闭锁装置，以防止两电源并联运行。

（3）对装有备用电源自动投入装置的用户，一般应在电源断路器的电源侧加装一组隔离开关，以备在电源检修时有一个明显的断开点。用户不得自行改变常用、备用的运行方式。

（4）一个电源来自电力系统，另备有自备发电机做备用电源的用户，除经批准外，一般不允许将自备发电机和电力系统并联运行。发电机和电力系统电源间应装闭锁装置，以保证不向系统倒送电。

其接线方式还应保证自发电力不流经电力部门计费用的动力、照明电能表。

二、验电

在电气设备运维和检修工作中，准确判断高压设备上的停电状态，对保证作业人员的安全起着至关重要的作用。目前，电气设备验电的主要方法是使用接触式验电器进行直接验电和利用相关指示或信号进行间接验电两种。

1. 使用高压验电器的注意事项

（1）高压验电应使用相应电压等级而且合格的接触式验电器。

（2）使用前，要认真阅读使用说明书，检查验电器的标签、合格证是否完善，检查是否超过试验周期、是否完好（有无污垢、损伤、裂纹）。

（3）验电前须先在有电设备上进行试验，确证验电器良好；无法在有电设备上进行试验时可用工频高压发生器等确证验电器良好。

（4）使用验电器时手应握在手柄处，不得超过护环或标志线，伸缩式验电器时应将绝缘棒长度拉足，以保证绝缘的有效长度。

（5）对电气设备应在装设接地线或合接地开关（装置）处对各相分别验电。

（6）对线路的验电应逐相进行，对联络用的断路器或隔离开关或其他检修设备验电时，应在其进出线两侧各相分别验电。

（7）验电时验电器应慢慢移近设备或线路，直到触头接触导电部分。在此过程中如一直无声光指示，可判断为无电；有声光指示，即可知带电。

（8）应注意不使验电器受邻近带电体的影响而发出信号。

（9）无论验电结果如何，已经有设备带电指示时视同带电。表示设备断开和允许进入间隔的信号、经常接入的电压表等，无论验电结果如何，如果指示有电，应视同带电，在排除异常情况前，禁止在设备上工作。但是这些信号、表计等指示无电时，必须经过验电器验电确认。

（10）雨雪天气时不得进行室外直接验电。原因是在雨雪、大雾等空气湿度大的天气，空气容易击穿，验电器的绝缘性能明显下降，因而使得户外直接验电不安全。

2. 高压验电操作时的安全措施

（1）必须认真执行操作监护制度，整个验电过程要一人操作，一人监护。

（2）验电操作时应戴安全帽和绝缘手套，室外验电时应穿绝缘靴，防止跨步电压或接触电压对人体的伤害。

（3）验电操作时人体与被验电设备应保持设备不停电时的安全距离。

（4）在电容器组上验电，应先对其放电，完毕后再进行验电操作。

（5）验电操作时如果需要使用梯子，应使用绝缘材料制作且牢固的梯子（禁止使用金属梯），并应采取必要的防滑措施。

3. 电气设备的间接验电

（1）间接验电的概念。

间接验电是通过设备的机械位置指示、电气指示、带电显示装置指示、仪表指示及遥测信号或遥信信号等的变化来判断。

（2）间接验电的对象。在变电站中主要有以下几种设备可以进行间接验电：

1）由于结构原因无法进行直接验电的设备。主要是全封闭式开关柜和 GIS 设备等。原因是：全封闭式开关柜一般设计为带接地开关的机械闭锁机构，需要线路接地开关合上后，后柜门才能开启；GIS 设备为密闭式 SF_6 绝缘高压成套组合电气设备，设备检修时不能看到明显的断开点，没有可以直接验电的裸露导体。

2）高压直流输电设备。原因是目前使用的验电器都是电容型验电器，无法对直流输电设备验电。

3）雨雪天气、大雾等空气湿度大的天气时的户外设备。原因是在雨雪、大雾等空气湿度大的天气，空气容易击穿，验电器的绝缘性能明显下降，因而使得户外直接验电不安全。

4）330kV及以上的电气设备。主要原因是330kV及以上电压等级的电气设备高度都很高（如变电站500kV的设备高度接近9m），使用的接触式验电器绝缘杆都很长（330kV及以上电压等级的验电器绝缘杆的长度达到了9m）、很重，给操作带来极大的困难。

330kV及以上电压等级的电气设备使用接触式验电器直接验电时，由于验电器绝缘杆很长且都使用轻质材料制作，因而使用中举起时容易弯曲；绝缘杆很长、很重造成操作人员不易把持，特别是刮风时验电器上端摆动幅度大，不易保证安全操作（系统中曾发生多次验电操作中因手持验电器不稳，绝缘杆偏摆而造成邻近高压电气设备闪络的事故）；严重时还会发生绝缘杆折断的现象。

5）进行遥控操作的电气设备。从远方监控机上对一次设备进行的操作称为遥控操作。现在大多数变电站的断路器、隔离开关和主变压器调压分接开关等都可以实现遥控操作。遥控操作时，人员不在设备现场，无法进行直接验电。

6）在目前技术水平下，采用间接验电更方便的设备。例如220kV母线距离地面很高，直接验电不方便。

（3）间接验电应注意的问题。

1）对必须采用间接验电方法进行验电的设备，运维单位应事先制订验电检查项目和操作步骤，并经单位分管领导批准执行。

2）判断时，至少应有两个非同样原理或非同源的指示或信号发生对应变化，且所有用于判断设备是否有电的指示或信号均已同时发生对应变化，才能确认该设备已无电。

3）用于判断设备是否有电的指示或信号应作为检查项填写在操作票中。

4）全封闭式高压开关柜、GIS设备等出线侧安装的带电显示装置，应定期检查、确保完好。

三、接地

1. 检修接地（工作接地）的概念

显然，作为在变电检修作业中防止人身触电的技术措施，这里的接地是指在停电检修范围内的工作地点，临时用接地装置（接地开关或接地线），将电气设备的导电部分或电力线路与大地进行电气连接。检修作业结束时还要拆除接地线或断开接地开关。

对此种接地，《国家电网公司防止电气误操作安全管理规定》定义为工作接地。其中3.6.1条指出：操作接地是指改变电气设备状态的接地，由操作人员负责实施；工作接地是指在操作接地实施后，在停电范围内的工作地点，对可能来电（含感应电）的设备端进行的保护性接地。

而GB/T 4776—2008《电气安全术语》则定义为检修接地。其中3.3.2.1条指出：检修接地就是在检修设备和线路时，切断电源，临时将检修的设备和线路的导电部分与大地连接起来，以防止电击事故的接地。

相比之下，GB/T 4776—2008《电气安全术语》的命名更容易理解。在这里就把这种接地称为检修接地或工作接地。

检修接地或工作接地是为了保护检修人员安全而设的临时接地，应注意与保护接地、系统接地等区别开。

注意，过去常常把电力系统中性点的接地称为"工作接地"，现在应称为"系统接地"，以避免与《国家电网公司防止电气误操作安全管理规定》定义的"工作接地"混淆。

2. 检修接地（工作接地）的作用

在检修时将已停电设备或线路临时短路接地，可以起到以下几个作用：

（1）将电气设备或电力线路上的剩余电荷泄入大地，防止剩余电荷触电。

（2）防止设备或线路突然来电时产生危险电压和电弧，造成工作人员触电死亡或严重灼伤。

（3）防止电气设备或线路受邻近带电设备或线路的影响产生感应电压，造成工作人员感应电压触电。

3. 接地线的选择

（1）形式的选择。接地线一般采用三相短路式接地线。若使用分相式接地线时，应设置三相合一的接地端。

三相短路式接地线又名携带型短路接地线、合相式短路接地线，在工作中使用方便，因而得到了广泛应用。

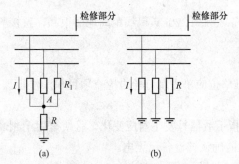

图 5-1　三相短路式接地线与分相式接地线示意图
（a）三相短路式接地线；（b）分相式接地线

但是，对于 220kV 及以上系统，因相间距离比较大，采用固定长度的三相短路式接地线时，由于短接点（见图 5-1 中 A 点）是固定的，不好根据实际情况调节各相的长度，使用不方便。因此，常采用分相式接地线，其三相各用一组可以很长的接地导线，但是必须设置三相合一的接地端（这就要求此接地端必须能够同时接三个接地线夹）。

原因是使用三相短路式接地线能保证检修人员的安全；若使用分相式接地线，不设置三相合一的接地端而三相分别单独接地，不能保证检修人员的安全。

当突然来电时，图 5-1（a）中所示的情况是三相短路式接地线将三相短接后再接地，由于是对称的三相金属性短路，三相短路电流相等且相量和等于零，被检修设备导电部分对地电压可认为等于 0，能保证检修人员安全。

图 5-1（b）所示的情况是不设置三相合一的接地端而三相分别单独接地。当突然来电时，被检修设备导电部分就会出现由于短路电流引起的对地电压，不能保证检修人员安全。

（2）截面积的选择。Q/GDW 1799.1—2013《国家电网公司电力安全工作规程　变电部分》规定：成套接地线应用有透明护套的多股软铜线组成，其截面积不得小于 25mm²，同时应满足装设地点短路电流的要求。

在选择接地线截面积大小时，需按接地点最大运行方式下三相短路电流来校验接地线的热稳定，校验时间一般取本级主保护的后备保护的动作时间。若装设接地开关则应按主断路器的额定动、热稳定电流和时间校验它的动、热稳定。由此可见，所有接地线均选 25mm²，甚至随便用一根导线代替接地线，都是错误的。

对于 220kV 及以上电压等级的设备，如果按接地点最大运行方式下三相短路电流来选择接地线的截面积，所需接地线截面积和重量太大，给实际使用带来不方便，故一般采用接地开关。在线路清扫等工作中，在接地开关的有效接地范围内，为防止感应电而再挂的接地线，其截面不必强调按短路电流校核，只要大于 25mm² 即可。

为防止发生不同截面的接地线使用时相互混淆，在同一个变、配电站，接地线规格也不宜太多。

4. 变电站检修接地（工作接地）的基本要求

（1）对于可能送电至停电设备的各方面都应装设接地线或合上接地开关（装置），所装接地线与带电部分应考虑接地线摆动时仍符合安全距离的规定。

（2）因平行或邻近带电设备导致检修设备可能产生感应电压时，应加装工作接地线或使用个人保安线。加装的接地线应登录在工作票上，个人保安线由作业人员自装自拆。

（3）在门型构架的线路侧进行停电检修，如工作地点与所装接地线的距离小于 10m，工作地点虽在接地线外侧，也可不另装接地线。

（4）检修部分若分为几个在电气上不相连接的部分[如分段母线以隔离开关或断路器隔开分成几段]，则各段应分别验电并接地。

（5）降压变电站全部停电时，应将各个可能来电侧的部分接地，其余部分不必每段都装设接地线或合上接地开关（装置）。

（6）接地线、接地开关与检修设备之间不得连有断路器或熔断器。若由于设备原因，接地开关与检修设备之间连有断路器，在接地开关和断路器合上后，应有保证断路器不会分闸的措施。

（7）在配电装置上，接地线应装在该装置导电部分的规定地点（这些地点的油漆或绝缘层应去除，并划有黑色标记，设有与接地网相连的接地端，接地电阻应合格）。绝缘导线的接地线应装设在验电接地环上。

不准把接地线夹接在表面油漆过的金属构架或金属板上（这是在电气一次设备场所挂接地线时常见的违章现象）。虽然金属与接地系统相连，但油漆表面是绝缘体，油漆厚度的耐压达 10kV/mm，可使接地电阻过大，失去保护作用。

（8）检修母线时，要求检修人员与已装设的接地线的距离小于 10m。检修 10m 及以下的母线，可以只装设一组接地线。在变电站门型构架的线路侧进行停电检修，如工作地点与所装接地线的距离小于 10m，工作地点虽在接地线外侧，也可不另装接地线。

5. 使用接地线的注意事项

（1）接地线应采用三相短路式接地线，若使用分相式接地线时，应设置三相合一的接地端。

（2）携带型短路接地线在每次使用之前应详细检查，如发现有损坏不得使用。损坏的接地线应及时修理或更换。

检查内容：软铜线是否断头；螺钉连接处有无松动；线钩的弹力是否正常；接地线截面是否受损；绞线是否松股、断股；护套是否破损；夹具是否断裂松动；三相短接是否可靠，即是否能保证三相短接后再接地。

（3）严格执行停电—验电—挂接地线（或合接地开关）的规定。在挂接地线（或合接地开关）之前一定要先验电，以防止带电挂接地线或合接地开关。当验明设备确已无电压后，应立即将检修设备接地并三相短路，防止突然来电时对人体造成伤害。

（4）装设接地线应先接接地端，后接导体端；拆接地线的顺序与此相反。这样，可以避免残余电压或突然来电产生的危险。

（5）在打接地桩时，要选择黏结性强、有机质多、较为湿润、实在的土壤，避开松散、坚硬、回填土及干燥的地表层，目的保证是插入牢固，降低接地电阻。

（6）电缆及电容器接地前要充分放电（不合接地开关不能打开网门的电容器除外）。

星形接线电容器的中性点应接地、串联电容器及与整组电容器脱离的电容器应逐个多次放电，装在绝缘支架上的电容器外壳也应放电，防止剩余电荷造成工作人员触电。

（7）装、拆接地线，应做好记录，交接班时应交代清楚。

（8）设备检修时模拟盘上所挂接地线的数量、位置和接地线编号，应与工作票和操作票所列内容一致，与现场所装设的接地线一致。

（9）现场工作不得少挂接地线或者擅自变更挂接地线地点。设备停电检修，工作票上安全措施一栏所要求装设的接地线数目和位置是由工作票签发人、工作负责人、工作许可人以及调控人员共同审查确认的。少挂或变换接点，都会使现场保护作用降低，使工作人员处于危险的工作状态。

（10）考虑当短路电流通过时接地线可能会产生剧烈的位移，以及刮风时接地线的舞动，接地线的装设位置应与工作人员和带电部分保持足够的安全距离。

（11）接地线应接触良好，连接应可靠。接地线应使用专用的线夹固定在导体上，禁止用将接地线缠绕在其他接地体上的方法进行接地。

（12）带接地线拆设备接头时，应采取防止接地线脱落的措施。

（13）接地线在使用过程中不得扭花，不用时应将软铜线盘好放置手提盒内，接地线在拆除后，不得随意放置或随地乱摔。

（14）要注意接地线的清洁工作，用完后将软铜线和接地棒擦干净，预防泥沙、杂物进入接地装置的孔隙之中，从而影响正常使用。

（15）工作过程中禁止工作人员擅自拆除接地线。接地线一经装设不允许擅自拆除，只有经过运维人员或调控人员的许可才能拆除。一旦拆除，便认为该设备或线路带电，禁止再进行工作。

高压回路上的工作，必须要拆除全部或一部分接地线后始能进行工作者［如测量母线和电缆的绝缘电阻，测量线路参数，检查断路器触头是否同时接触］，应征得运维人员的许可（根据调控人员指令装设的接地线，应征得调控人员的许可），方可进行。工作完毕后立即恢复。

（16）工作过程中人体不得碰触接地线，以防止感应电压触电。

（17）工作完毕要及时、完全拆除接地线。

接地线不及时拆除，会造成带接地线合隔离开关事故，损坏电气设备和破坏电网的稳定。

6. 装、拆接地线操作时的安全措施

（1）装、拆接地线应由两人进行（经批准可以单人装设接地线的项目及运维人员除外），一人监护，一人操作。监护人距离接地极一般应在 8m 之外。

（2）装、拆接地线均应使用绝缘棒和戴绝缘手套。

（3）装、拆接地线均应保持 Q/GDW 1799.1—2013《国家电网公司电力安全工作规程　变电部分》规定的作业人员工作中正常活动范围与设备带电部分的安全距离。

四、悬挂标志牌、装设遮栏（围栏）

1. 悬挂标志牌、装设遮栏（围栏）的作用

标志牌是用醒目的颜色和图像，配合一定的文字说明，警告或提醒工作人员应该或不应该采用什么行动，或对危险因素注意。

高压设备检修、试验时，用临时遮栏（围栏）将工作段与带电设备隔开，防止工作人员走错间

隔，或意外触碰带电部分。

2. 变电站悬挂标志牌和装设遮栏（围栏）的一般情形

（1）在一经合闸即可送电到工作地点的断路器和隔离开关的操作把手上，均应悬挂"禁止合闸，有人工作！"的标志牌。

（2）如果线路上有人工作，应在线路断路器和隔离开关操作把手上悬挂"禁止合闸，线路有人工作！"的标志牌，并对操作把手有效闭锁。

（3）对由于设备原因，接地开关与检修设备之间连有断路器，在接地开关和断路器合上后，在断路器操作把手上，应悬挂"禁止分闸！"的标志牌。

（4）在显示屏上进行操作的断路器和隔离开关的操作处均应相应设置"禁止合闸，有人工作！"或"禁止合闸，线路有人工作！"以及"禁止分闸！"的标记。

（5）部分停电的工作，安全距离小于"设备不停电时的安全距离"的未停电设备，应装设临时遮栏，并悬挂"止步，高压危险！"的标志牌。

此种情形下对临时遮栏的要求：

1）装设的临时遮栏与带电部分的距离不得小于"作业人员工作中正常活动范围与设备带电部分的安全距离"。

2）临时遮栏装设应牢固。

3）不得使用金属遮栏，应使用干燥木材、橡胶或其他坚韧绝缘材料制成的遮栏。

4）35kV 及以下设备的临时遮栏，如因工作特殊需要，可用绝缘隔板与带电部分直接接触代替临时遮栏。绝缘隔板的绝缘性能应符合 Q/GDW 1799.1—2013《国家电网公司电力安全工作规程　变电部分》的要求。

（6）在室内高压设备上工作，应在工作地点两旁及对面运行设备间隔的遮栏（围栏）上和禁止通行的过道遮栏（围栏）上悬挂"止步，高压危险！"的标志牌。

（7）高压开关柜内手车开关拉出后，隔离带电部位的挡板封闭后禁止开启，并设置"止步，高压危险！"的标志牌。

（8）在室外高压设备上工作，分为两种情形：

1）若室外高压配电装置只有很少部分设备停电（停电范围较小）时，应在工作地点四周装设围栏，其出入口要围至临近道路旁边，并设有"从此进出！"的标志牌。工作地点四周围栏上悬挂适当数量的"止步，高压危险！"的标志牌，标志牌应朝向围栏里面。

2）若室外配电装置的大部分设备停电（停电范围较大），只有个别地点保留有带电设备而其他设备无触及带电导体的可能时，可以在带电设备四周装设全封闭围栏（不得留出入口），围栏上悬挂适当数量的"止步，高压危险！"标志牌，标志牌应朝向围栏外面。

（9）在工作地点设置设置"在此工作！"的标志牌。此项标志牌应悬挂在停电检修设备的本体或构架上，不能悬挂时，可放置在工作地点处。

（10）在室外构架上工作时邻近带电部分的横梁或地线支架上，悬挂"止步，高压危险！"的标志牌。

（11）在作业人员上下的铁架或梯子上，应悬挂"从此上下！"的标志牌。

（12）在邻近其他可能误登的带电构架上，应悬挂"禁止攀登，高压危险！"的标志牌。

（13）直流换流站单极停电工作，应在双极公共区域设备与停电区域之间设置围栏，在围栏面向停电设备及运行阀厅门口悬挂"止步，高压危险！"标志牌。在检修阀厅和直流场设备处设置"在此工作！"的标志牌。

3. 变电站悬挂标志牌和装设遮栏（围栏）的特殊或具体情形

以下 Q/GDW 1799.1—2013《国家电网公司电力安全工作规程　变电部分》是没有作出明确规定的特殊或具体情形，供参考。

（1）进行改、扩建项目施工时，运行人员应用网状围栏将施工区域与相邻带电部分隔离，并悬挂适当数量的"止步，高压危险！"标志牌，标志牌应朝向施工区域。围栏的出入口要围至邻近道路旁边，并设有"从此进出！"标志牌。外单位担任工作负责人的工作，运行人员应在工作人员进出施工区域的通道上装设网状围栏。

（2）悬挂"在此工作！"标志牌的特殊情形。

1）以下工作可不悬挂"在此工作！"标志牌和装设围栏：① 查找直流接地等不确定工作地点的工作；② 小母线安装、搭接及拆除的工作；③ 工作涉及三个及以上地点，且为依次进行不停电的同一类型的工作（如接地导通测量等工作）；④ 在电缆沟展放电缆的工作；⑤ 工作地点为"全站"同类型的工作；⑥ 全站停电检修。

2）对一些安装有围网的成组设备（如电容器组），只需在网门上悬挂"在此工作！"标志牌。

（3）在室外构架上工作的具体情形。

1）隔离开关一端带电，进行隔离开关辅助接点调整等工作，应在隔离开关支架上悬挂"禁止攀登，高压危险！"标志牌。

2）当其他班组涉及到同一隔离开关设置遮栏（围栏）或悬挂不同标志牌时，工作许可人应在两联工作票"需补充或调整的安全措施"或"备注栏"内对有调整的遮栏（围栏）、标志牌注明情况。

3）在门形架上进行工作，可不装设围栏，但应在工作地点相邻横梁或地线支架上悬挂"止步，高压危险！"标志牌。

（4）高压试验的具体情形。在进行高压试验时，应在试验现场和禁止通行的过道上装设围栏，围栏与试验设备高压部分应有足够的安全距离，向外悬挂"止步，高压危险！"标志牌，并派人看守。被试设备两端不在同一点时，另一端还应派人看守。

4. 变电站悬挂标志牌和装设遮栏（围栏）的其他要求

（1）任何人禁止越过围栏。

（2）禁止工作人员擅自移动或拆除遮栏（围栏）、标志牌。

因工作原因必须短时移动或拆除遮栏（围栏）、标志牌，应征得工作许可人同意，并在工作负责人的监护下进行。完毕后应立即恢复。

第四节　保证安全的组织措施（线路部分）

在电力线路上工作，保证安全的组织措施有现场勘察制度、工作票制度、工作许可制度、工作监护制度、工作间断制度、工作终结和恢复送电制度。

一、现场勘察制度

Q/GDW 1799.2—2013《国家电网公司电力安全工作规程　线路部分》5.2.1 条规定：进行电力线路施工作业、工作票签发人或工作负责人认为有必要现场勘察的检修作业，施工、检修单位均应根据工作任务组织现场勘察，并填写现场勘察记录（格式见附录 G）。

1. 需要进行现场勘查的作业

主要包括运行线路、配电设备的改造工程中进行的施工作业（如组立杆塔，立、撤杆，放、换导线，配电变压器台架安装，调换设备等），以及工作票签发人或工作负责人对现场情况心中无底、了解不够的检修作业。但常规的检查、测量、清扫等工作，一般不需要进行现场勘察。

2. 现场勘察的重要性

（1）现场勘察能够掌握工作环境和危险点的具体情况，是预防事故发生的重要基础。

线路作业具有点多、面广、线长、施工复杂、危险性大的特点。诸多事故案例证明，缺乏严肃认真的现场勘查和分析，就必定导致现场作业组织的缺失及对危险点的失控，进而导致对工作计划性不够、效率降低，甚至事故的发生。

所以，作业前认真地进行现场勘查（而不是仅仅根据图纸、资料推测），并做好记录，就能够掌握危险点的具体情况，是编制好线路作业的组织措施、技术措施和安全措施，顺利完成工作任务、预防事故发生的重要基础。

（2）正确详细的现场勘察记录是填写工作票的重要依据。根据现场勘察的结果，工作负责人填写工作票就能做到心中有数、得心应手。例如，根据现场勘察记录和任务量，就能够合理安排工作班人员数量和位置；清楚施工（检修）作业中应采取的安全措施，停电范围和需要保留的带电部位，断开断路器和隔离开关的杆号和编号，需要携带多少组接地线，接地线挂在多少杆号的位置等；能正确无误地绘出操作示意图等。这些内容填写正确了，就能做到票面与现场情况统一。

（3）根据现场勘察的结果，能充分地准备施工中所需的施工机具、安全生产工器具和材料。

在实践中，如果现场勘察不仔细或不组织现场勘察，在施工现场，施工机具、安全生产工器具和材料准备不充分，势必影响施工作业的进度，延误工作时间，导致施工作业的效率和质量降低。

3. 现场勘察的组织

现场勘察的组织由工作票签发人或工作负责人组织。

4. 现场勘察的内容

现场勘察应查看现场施工（检修）作业需要停电的范围、保留的带电部位和作业现场的条件、环境及其他危险点（有无反送电危险，有无触电危险，有无倒杆断线危险）等。

5. 现场勘察的要点

（1）施工作业现场的条件（地面、道路）和环境（如城市交通要道的路口）情况是否方便、安全。

（2）工作地段邻近和交叉跨越带电线路情况及各条线路的电源侧来电情况。

（3）工作地段线路交叉跨越铁路、航道、公路、广播线、通信线、建筑物等情况。

（4）用户双路电源（开关站双路电源）、并网小水（火）电、自备电源倒送电的可能性。

（5）低压电源倒送电的可能性（对易发生私拉乱接地段必须特别引起注意）。

（6）同杆架设多回线路的停电范围、安全措施和布置安全措施时的注意事项。

（7）交叉、邻近平行高压线路感应电压情况。

（8）杆塔情况（是铁塔还是水泥杆，高度是多少，杆根是否下沉，杆体有无裂纹，拉线是否松动，同杆架设高低压线、通信线）。

6. 现场勘察结果的应用

根据现场勘察结果，对危险性、复杂性和困难程度较大的作业项目，应编制组织措施、技术措施、安全措施，经本单位分管生产领导（总工程师）批准后执行。

【案例 5-2】 作业前未认真进行现场勘察，造成触电坠落死亡事故
事故经过：

某年 2 月 7 日，某供电公司送电工区带电班进行 330kV 凉金Ⅱ线路 180 号塔中相导线防震锤脱落带电消缺工作，作业前未认真到现场进行勘察，更未制定"三措一案"（组织措施、技术措施、安全措施和施工方案）、作业指导书等文件，也没有进行组合间隙距离验算，导致绝缘软梯挂点选择不当，带电作业安全距离不满足等电位作业最小组合间隙距离要求，最终造成等电位作业人员在沿绝缘软梯进入强电场时，带电导线经人体对铁塔放电，触电坠落死亡。

原因分析：

工作人员违反"现场勘察制度"，作业前未认真进行现场勘察，对于危险性、复杂性的带电作业没有按照要求编制"三措一案"，导致安全距离不满足要求，是造成触电坠落死亡事故的直接原因和主要原因。

二、工作票制度

1. 概念

（1）线路工作票。是批准在已经投入运行的电力线路上进行工作、具有固定格式的书面命令，也是明确安全责任，向全体工作人员现场交底，办理工作许可、工作监护、工作间断、工作终结和恢复送电手续，实施安全措施的书面依据。

（2）工作票制度。是一种在电力生产过程中，按照 Q/GDW 1799.2—2013《国家电网公司电力安全工作规程 线路部分》规定，必须使用工作票并遵守其相关规定，防止发生人身伤害和设备损坏事故的安全管理制度。

2. 工作票制度的主要内容

作为保障工作过程中人员安全的组织措施，工作票制度主要规定了以下几个方面内容：

（1）工作票的种类及使适用的工作范围。

（2）执行工作票的组织结构、职责分工。

（3）执行工作票的程序（包括填写、签发、使用延期等）及其要求。

由于电力线路工作票制度的内容很多，单独放在本章第五节专门介绍。

三、工作许可制度

1. 填用线路第一种工作票的工作许可

（1）工作许可的几种情况。

填用线路第一种工作票的线路停电检修工作，需要做安全措施的方面包括相关的变电站和发电厂、检修线路、环网线路、分支线路、用户线路、配合停电线路和工作现场等，其工作许可包括以下几种情况：

1）值班调控人员许可。是指值班调控人员发出调控指令安排线路（包括检修线路、环网线路、分支线路）停电，并完成检修申请票要求的线路侧的安全措施后，向工作负责人下达线路已停电允许工作的指令。

2）厂站运维人员许可。是指相关变电站、发电厂根据调控命令或停电申请已停电并做好安全

措施（挂好操作接地线）后，其运维人员向工作负责人发出许可开始工作的通知。

以上两种情况下，许可命令直接下达给工作负责人，工作负责人担任停、送电联系人。

3）其他单位或用户配合停电联系人的许可（履行书面手续）。若停电线路作业还涉及其他单位或用户配合停电的线路，工作负责人应在得到指定的配合停电线路运维管理单位（部门）或用户联系人通知，确认这些线路已停电和接地，并履行工作许可书面手续后，方可开始工作。

4）线路运维人员许可（又称现场许可）。现场工作许可人（线路运维人员）负责组织现场停电操作并做好安全措施，在工作现场安全措施完成，以及线路可能受电的各方面都已停电，并挂好操作接地线后，向工作负责人下达的允许工作的指令。

综上所述，根据《国家电网公司电力安全工作规程 线路部分》的规定及各单位的具体规定，线路第一种工作票的工作许可人可能涉及值班调控人员（调控许可人）、线路运维人员（线路许可人，又称现场许可人，是负责实施现场各方停电安全措施的操作人或操作负责人）、相关变电站或发电厂运维人员（场站许可人）和其他单位或用户线路配合停电的联系人（其他单位或用户许可人）等几方面人员。

在实际工作中，一般馈路（电源端向负载供电的线路）停电时，工作许可人包括调控许可人、场站许可人、若干个现场工作许可人、其他单位或用户工作许可人；线路部分停电或支线停电时，工作许可人包括若干个现场工作许可人和其他单位或用户工作许可人。

（2）工作许可注意事项。

1）填用第一种工作票进行工作，工作负责人应在得到全部工作许可人的许可后，方可开始工作。

2）值班调控人员或运维人员在向工作负责人发出许可工作的命令前，应将工作班组名称、数目、工作负责人姓名、工作地点和工作任务做好记录。

3）线路停电检修，现场工作许可人应在线路可能受电的各方面（含变电站、发电厂、环网线路、分支线路、用户线路和配合停电的线路）都已停电，并挂好操作接地线后，方能发出许可工作的命令。

4）禁止以约时停电的方式进行工作许可。

（3）许可开工的条件。

1）技术条件：检修线路可能受电的各方面（含变电站、发电厂、环网线路、分支线路、用户线路和配合停电线路）都已停电并挂好操作接地线；工作现场也做好安全措施。

2）组织条件：工作负责人应在得到全部工作许可人的许可。

2. 其他工作票的工作许可

（1）填用电力线路第二种工作票的工作，不需要履行工作许可手续。

（2）填用电力电缆第一种、第二种工作票的工作，需要履行线路和相关变电站或发电厂两方面的工作许可手续。

（3）填用带电作业工作票的工作，需要履行调控工作许可手续。

（4）填用事故紧急抢修单的工作，需要经值班调控人员或运维人员许可。

3. 许可命令的下达

许可开始工作的命令，应通知工作负责人。可采用当面通知、电话下达或派人送达的方法。

电话下达时，工作许可人及工作负责人应分别记录许可时间和双方姓名，并复诵核对无误。对直接在现场许可的停电工作（当面通知时），工作许可人和工作负责人应在工作票上记录许可时间，并签名。

四、工作监护制度

1. 工作班可以开始工作的条件

（1）工作许可手续已经完成。

（2）工作负责人、专责监护人向工作班成员交代工作任务、人员分工、带电部位和现场安全措施，进行危险点告知。

（3）全部工作班成员交底签名确认手续履行完毕。

（4）工作接地线（检修接地线）装设完毕。

2. 监护人员的设置

（1）工作负责人作为工作现场安全的第一责任人，本身就是监护人。

（2）工作票签发人、工作负责人对有触电危险、检修（施工）复杂容易发生事故的工作，应增设专责监护人，并确定其监护的人员和工作范围。

3. 对监护工作的要求

（1）工作负责人、专责监护人应始终在工作现场，对工作班人员的安全认真监护，及时纠正不安全的行为。

（2）工作负责人一般不能参加工作班工作，只有在线路停电时进行工作，而且确认班组成员无触电等危险的条件下，可以参加工作班工作。

（3）专责监护人应专心监护，不得兼做其他任何工作。

（4）工作期间，专责监护人临时离开时，应通知被监护人员停止工作或离开工作现场，待专责监护人回来后方可恢复工作。若专责监护人必须长时间离开工作现场时，应由工作负责人变更专责监护人，履行变更手续，并告知全体被监护人员。

（5）工作期间，工作负责人若因故暂时离开工作现场时，应指定能胜任的人员临时代替，离开前应将工作现场交代清楚，并告知工作班成员。原工作负责人返回工作现场时，也应履行同样的交接手续。若工作负责人必须长时间离开工作现场时，应由原工作票签发人变更工作负责人，履行变更手续，并告知全体工作人员及工作许可人。原、现工作负责人应做好必要的交接。

4. 变更工作班成员

需要变更工作班成员时，应经工作负责人同意，履行变更手续。新的作业人员履行交底签名手续后，方可进行工作。

五、工作间断制度

1. 允许临时停止工作的情况

在工作中遇雷、雨、大风或其他任何情况威胁到工作人员的安全时，工作负责人或专责监护人可根据情况，临时停止工作。

2. 白天工作间断后的管理措施

白天工作间断时，工作地点的全部接地线仍保留不动。如果工作班须暂时离开工作地点，则应采取安全措施和派人看守，不让人、畜接近挖好的基坑或未竖立稳固的杆塔以及负载的起重和牵引机械装置等。恢复工作前，应检查接地线等各项安全措施的完整性。

3. 每日收工时的管理措施

填用数日内有效的第一种工作票，每日收工时如果将工作现场所装的接地线拆除，次日恢复工作前应重新验电挂接地线。

如果是经调控中心允许的连续停电、夜间不送电的线路，工作现场的接地线可以不拆除，但次日恢复工作前应派人检查。

六、工作终结和恢复送电制度

1. 工作完工后的收尾工作

完工后，工作负责人（包括小组负责人）应检查线路检修地段的状况，确认在杆塔上、导线上、绝缘子串上及其他辅助设备上没有遗留的个人保安线、工具、材料等，查明全部工作人员确由杆塔上撤下后，再命令拆除工作现场所挂的接地线。

接地线拆除后，应即认为线路带电，不准任何人再登杆进行工作。

2. 工作终结的确认

单个小组工作时，这些收尾工作结束，即确认工作终结。多个小组工作，工作负责人应得到所有小组负责人工作结束的汇报，方可确认工作终结。

3. 工作终结后的报告

（1）报告对象。工作终结后，工作负责人应及时报告工作许可人，若有其他单位配合停电线路，还应及时通知指定的配合停电设备运维管理单位联系人。

（2）报告方式。当面报告或用电话报告并经复诵无误。

（3）报告内容。工作终结的报告应简明扼要，并包括下列内容：工作负责人姓名，某线路上某处（说明起止杆塔号、分支线名称等）工作已经完工，设备改动情况，工作地点所挂的接地线、个人保安线已全部拆除，线路上已无本班组工作人员和遗留物，可以送电。

4. 线路恢复送电的条件

工作许可人在接到所有工作负责人（包括用户）的完工报告，并确认全部工作已经完毕，所有工作人员已由线路上撤离，接地线已经全部拆除，与记录核对无误并作好记录后，方可下令拆除变电站或发电厂内的安全措施，向线路恢复送电。

注意：禁止约时送电。

【案例 5-3】 工作票不合格，造成人身触电死亡事故

事故经过：

2003 年 9 月 23 日 8 时，为配合市政道路改造路灯亮化工程，10kV 大格干 1～109 号停电作业，某供电公司检修二班按工作票的要求，先后在已停电的 10kV 大格干 1、42、43、109 号杆上进行验电、并挂接了四组接地线，工作班 7 人集中在一起处理了两处缺陷后，将 2 人留在大格干 58 号，负责更换一组跌落式熔断器及一组低压刀闸，其余 4 人在工作负责人冯某带领下在 10 时 50 分左右按缺陷汇总单上缺陷内容的作业地点到达 10kV 荣达分 7 号变压器台，冯某安排赵某（死者，男，21 岁）、李某（男，38 岁）负责此台作业，工作任务是更换两支变压器台跌落式熔断器及一支低压刀闸。二人接受任务后赵某伸手拽变压器台托铁登台。这时李某对赵说"听听帽子有响没有"后李某即俯身去取材料。李某听赵某说"感应电"，紧接着就听到"呼"地一声，李某抬头一看发现赵某已经触电倒在变压器台上（约 11 时 07 分）。经现场人员紧急联系调度将 10kV 砂轮Ⅱ线停电后（约 11 时 18 分），将赵某救下变压器台，此时赵某已触电死亡（当时 10kV 荣达分实际在带电运行中，原因是 10kV 荣达分是 10kV 大格干和 10kV 砂轮Ⅱ线的联络线，原来由 10kV 大格干 72 号受电运行，因系统运行方式变更,荣达分已于 2000 年 11 月 21 日改由 10kV 砂轮Ⅱ线受电,非本次停电范围)。

原因分析:

(1)此次作业的工作票,从签发伊始即是一张不合格的工作票,在工作票中未能明确注明有电部位,签发人也没有明确向工作负责人交代有电部位和注意事项,未能够认真履行好自己的安全职责,这是造成此次事故的主要原因。

(2)线路停电作业,已在停电的线路上装设了接地线,但在登变压器台作业时,在变压器台低压侧不验电,不装设接地线,是造成此次事故的直接原因。

第五节　电力线路工作票制度

一、工作票的种类、格式与选用

1. 工作票的种类和格式

在电力线路上的工作,应填用的工作票和事故紧急抢修单共有以下 6 种:

(1)电力线路第一种工作票,格式见附录 H。

(2)电力电缆第一种工作票,格式见附录 B。

(3)电力线路第二种工作票,格式见附录 I。

(4)电力电缆第二种工作票,格式见附录 D。

(5)电力线路带电作业工作票,格式见附录 J。

(6)电力线路事故紧急抢修单,格式见附录 K。

2. 工作票、事故紧急抢修单的填用选择

(1)填用线路第一种工作票的工作:

1)在停电的线路或同杆(塔)架设多回线路中的部分停电线路上的工作。

2)在停电的配电设备上的工作。

3)高压电力电缆需要停电的工作。

4)在直流线路停电时的工作。

5)在直流接地极线路或接地极上的工作。

(2)填用第二种工作票的工作:

1)带电线路杆塔上且与带电导线最小距离不小于"在带电线路杆塔上工作与带电导线最小安全距离"的工作。

2)在运行中的配电设备上的工作。

3)电力电缆不需要停电的工作。

4)直流线路上不需要停电的工作。

5)直流接地极线路上不需要停电的工作。

(3)填用带电作业工作票的工作为带电作业或与邻近带电设备距离小于"在带电线路杆塔上工作与带电导线最小安全距离"、大于"带电作业时人身与带电体的安全距离"的工作。

(4)事故紧急抢修应使用事故紧急抢修单。事故紧急抢修工作是指电力线路和配电设备发生故障被迫紧急停止运行,需短时间内恢复的抢修和排除故障的工作。非连续进行的事故修复工作(例如事故紧急抢修后的线路和配电设备修复工作)不应视为事故紧急抢修,应使用相应的工作票。

二、工作票所列人员条件及其职责

线路工作票执行过程中涉及的人员包括工作负责人、工作票签发人、工作许可人、专责监护人、工作班成员、运维负责人、值班调控人员。Q/GDW 1799.2—2013《国家电网公司电力安全工作规程线路部分》规定：一张线路工作票中，工作票签发人和工作许可人不得兼任工作负责人。

（一）工作票所列主要人员的基本条件

（1）工作票的签发人应是熟悉人员技术水平、熟悉线路情况、熟悉本部分，并具有相关工作经验的生产领导人、技术人员或经本单位分管生产领导批准的人员。

（2）工作负责人（监护人）、工作许可人应由具有相关工作经验，熟悉线路情况和本部分，经车间（工区、公司、中心）生产领导书面批准的人员担任。工作负责人还应熟悉工作班成员的工作能力。

用户变电站、配电站的工作许可人应是持有效证书的高压电气工作人员。

（3）专责监护人应是具有相关工作经验，熟悉线路情况和本部分的人员。

（二）工作票所列主要人员的职责划分

1. 组织职责

（1）工作票签发人的职责。

1）审查工作票是否合格，签发工作票。

2）履行工作负责人变动手续。

3）根据现场具体情况，指定专责监护人和确定被监护的人员。

4）同意由工作班自行装设的接地线等安全措施的分段执行。

5）同意工作班变更工作票中指定的接地线位置。

6）填写工作票。

（2）工作负责人的职责。

1）填写工作票。

2）履行工作票收执手续。

3）会同工作许可人完成许可开工手续。

4）组织、指挥所在工作班完成工作任务。

5）根据现场具体情况，指定专责监护人和确定被监护的人员。

6）履行工作班成员、专责监护人的变动手续。

7）会同工作许可人完成工作票延期和工作终结手续。

8）工作期间执存工作票。

（3）工作许可人的职责。

1）履行工作许可开工手续。

2）会同工作负责人履行工作票延期手续。

3）会同工作负责人完成工作票终结手续。

2. 安全职责

（1）工作票签发人安全职责。

1）审查工作必要性和安全性。

2）审查工作票上所填安全措施是否正确完备。

3）审查所派工作负责人和工作班人员是否适当和充足。

（2）工作负责人（监护人）安全职责。

1）正确安全地组织工作。

2）检查工作票所列安全措施是否正确完备，是否符合现场实际条件，必要时予以补充完善。

3）工作前对工作班成员进行工作任务、安全措施、技术措施交底和危险点告知，并确认每一个工作班成员都已签名。

4）组织执行工作票所列安全措施。

5）监督工作班成员遵守本部分，正确使用劳动防护用品和安全工器具以及执行现场安全措施。

6）关注工作班成员身体状况和精神状态是否出现异常迹象，人员变动是否合适。

（3）工作许可人安全职责。

1）确认工作票所列安全措施是否正确完备，必要时予以修改、补充。

2）对工作票所列内容发生疑问时，应向工作票签发人询问清楚，必要时予以补充。

3）保证发出的线路停、送电命令和许可工作的命令正确。

4）确认由其负责许可的安全措施正确实施。

（4）专责监护人安全职责。

1）确认被监护人员和监护范围。

2）工作前向被监护人员交代监护范围内的安全措施，告知危险点和安全注意事项。

3）监督被监护人员遵守本部分和执行现场安全措施，及时纠正被监护人员的不安全行为。

（5）工作班成员安全职责。

1）熟悉工作内容、工作流程，掌握安全措施，明确工作中的危险点，并在工作票上履行签名确认手续。

2）服从工作负责人（监护人）、专责监护人的指挥，严格遵守本部分和劳动纪律，在确定的作业范围内工作，对自己在工作中的行为负责，互相关心工作安全。

3）正确使用施工机具、安全工器具和劳动防护用品。

三、工作票的填写、打印

1. 填写人

工作票由工作负责人填写，也可由工作票签发人填写。

2. 手工填写的要求

工作票应使用黑色或蓝色的钢（水）笔或圆珠笔填写与签发，一式两份，内容应正确，填写应清楚，不得任意涂改（一般工作地点、设备名称编号、接地线装设地点和编号、计划工作时间、许可开始工作时间、工作延期时间、工作终结时间、操作动词不得涂改）。如有个别错、漏字需要修改、补充时，应使用规范的符号，字迹应清楚。

3. 计算机生成或打印的要求

用计算机生成或打印的工作票应使用统一的票面格式。

四、工作票的签发

1. 签发方式

（1）工作票由线路运维管理单位（部门）签发，也可由经线路运维管理单位（部门）审核合格且经批准的检修及基建单位签发。检修及基建单位的工作票签发人及工作负责人名单应事先送有关线路运维管理单位（部门）备案。

（2）承发包工程中，工作票可实行"双签发"形式。签发工作票时，双方工作票签发人在工作票上分别签名，各自承担本规程工作票签发人相应的安全责任。

2. 工作票的签名生效

工作票的填写或打印好后，由工作票签发人审核无误，手工或电子签名后生效，方可执行。

五、工作票、工作任务单的使用

（1）第一种工作票，每张只能用于一条线路或同一个电气连接部位的几条供电线路或同（联）杆塔架设且同时停送电的几条线路。

（2）同一电压等级、同类型的工作，可在数条线路上共用一张第二种工作票。

（3）同一电压等级、同类型、相同安全措施且依次进行的带电作业，可在数条线路上共用一张带电作业工作票。

（4）一个工作负责人不能同时执行多张工作票，若一张工作票下设多个小组工作，每个小组应指定小组负责人（监护人），并使用工作任务单。

工作任务单一式两份，由工作票签发人或工作负责人签发，一份工作负责人留存，一份交小组负责人执行。工作任务单由工作负责人许可。工作结束后，由小组负责人交回工作任务单，向工作负责人办理工作结束手续。

（5）一回线路检修（施工），其邻近或交叉的其他电力线路需进行配合停电和接地时，应在工作票中列入相应的安全措施。若配合停电线路属于其他单位，应由检修（施工）单位事先书面申请，经配合线路的设备运行管理单位同意并实施停电、接地。

（6）一条线路分区段工作，若填用一张工作票，经工作票签发人同意，在线路检修状态下，由工作班自行装设的接地线等安全措施可分段执行。工作票中应填写清楚使用的接地线编号、装拆时间、位置等随工作区段转移情况。

（7）持线路或电缆工作票进入变电站或发电厂升压站进行架空线路、电缆等工作，应增填工作票份数，由变电站或发电厂工作许可人许可，并留存。

六、工作票收执

工作票一份交工作负责人，一份留存工作票签发人或工作许可人处。工作票应提前交给工作负责人。在工作期间，工作票应始终保留在工作负责人手中。

七、工作票的有效期与延期

（1）第一、二种工作票和带电作业工作票的有效时间，以批准的计划工作时间为限。

（2）第一种工作票需办理延期手续，应在有效时间尚未结束以前由工作负责人向工作许可人提出申请，经同意后给予办理。

（3）第二种工作票需办理延期手续，应在有效时间尚未结束以前由工作负责人向工作票签发人提出申请，经同意后给予办理。

（4）第一、二种工作票只能延期一次，带电作业工作票不准延期。

八、工作票、事故紧急抢修单、工作任务单的保存

已终结的工作票、事故紧急抢修单、工作任务单应保存1年。

第六节 保证安全的技术措施（线路部分）

在电力线路上工作，保证安全的技术措施有停电、验电、装设接地线、使用个人保安线悬挂标志牌和装设遮栏（围栏）。

一、停电

1. 线路停电后有可能造成重新带电的原因

（1）与检修线路连接的电源，即发电厂及各个变、配电站来电。

（2）与检修线路连接的各个高压线路（含分支）可能还连接有其他电源，如果不切断两者之间的电气连接，就会造成检修线路带电。

例如，环网运行的电力线路之间不切断连接时，实际相当于都具有多电源；分支线路连接的具有自备电源、双电源的用户会对停电线路倒送电。

（3）低压用户对检修线路倒送电。例如，具有自备电源的低压用户对检修线路倒送电。

（4）与检修线路交叉跨越、平行和同杆架设的其他线路带电，造成检修线路感应带电。

（5）没有设置明显断开点，使线路之间电气连接断开无效。

（6）各种误操作造成对停电工作中的线路倒送电。例如，作为检修线路电源的发电厂、变电站的厂（站）用变压器，误合断路器、隔离开关，误合检修线路与相邻线路之间的断路器、隔离开关、跌落式熔断器等。

2. 线路停电作业前必须做好的安全措施

针对以上原因，进行线路停电作业前，必须做好下列安全措施，防止检修线路来电：

（1）断开发电厂、变电站、换流站、开关站、配电站（包括用户设备）等线路断路器和隔离开关。

（2）断开线路上需要操作的各端（含分支）断路器、隔离开关和熔断器。

（3）断开危及线路停电作业，且不能采取相应安全措施的交叉跨越、平行和同杆架设线路（包括用户线路）的断路器、隔离开关和熔断器。

（4）断开有可能返回低压电源的断路器、隔离开关和熔断器。

（5）停电线路的各端，应有明显的断开点，若无法观察到停电线路的断开点，应有能够反映线路运行状态的电气和机械等指示。

（6）用于线路停电的断路器、隔离开关的操动机构应断开控制电源和合闸电源，可直接在地面操作的断路器、隔离开关的操动机构上应加锁，不能直接在地面操作的断路器、隔离开关应悬挂标志牌。

二、验电

停电线路检修工作中，准确判断电力线路的停电状态，对保证作业人员的安全起着至关重要的作用。Q/GDW 1799.2—2013《国家电网公司电力安全工作规程 线路部分》规定在停电线路工作地段装接地线前，应先验明线路确无电压。

1. 验电方法

高压线路验电应使用相应电压等级、合格的接触式验电器。直流线路和 330kV 及以上的交流线路，可使用合格的绝缘棒或专用的绝缘绳验电。

在某些没有专用验电器特殊情况下，可以使用绝缘棒或绝缘绳替代验电器验电的原因是：当线路具有足够的电场强度时，用绝缘棒或绝缘绳的尖端部分接近带电线路，空气会被电离，必然会在小间隙中产生火花和噼叭放电声。实际的工作经验证明，用电压等级合格的绝缘棒或绝缘绳验电是一种简便实用的验电办法。但操作使用时要注意，不可勾住导线，这样就破坏了产生光声现象的条件。

2. 在停电线路工作地段验电注意事项

（1）各工作班工作地段线路各端都要验电。

（2）验电前，要认真阅读验电器使用说明书，检查是否超过试验周期、是否完好（有无污垢、损伤、裂纹）。

（3）验电前，应先在有电设备上进行试验，确证验电器良好；无法在有电设备上进行试验时可用工频高压发生器等确证验电器良好。

（4）使用验电器时手应握在手柄处，不得超过护环或标志线，伸缩式验电器时应将绝缘棒长度拉足，以保证绝缘的有效长度。

（5）对线路的验电应逐相（直流线路逐极）进行，对联络用的断路器或隔离开关或其他检修设备验电时，应在其进出线两侧各相分别验电。

（6）验电时验电器应慢慢移近线路，直到触头接触导电部分。在此过程中如一直无声光指示，可判断为无电；有声光指示，即可知带电。

使用绝缘棒或绝缘绳验电时，绝缘棒或绝缘绳的金属部分应逐渐接近导线，根据有无放电声和火花来判断线路是否确无电压。

（7）对同杆塔架设的多层电力线路进行验电时，应先验低压、后验高压，先验下层、后验上层，先验近侧、后验远侧。禁止工作人员穿越未经验电、接地的 10kV 及以下线路对上层线路进行验电。

（8）雨雪天气时室外直接验电应使用防雨雪型验电器。原因是在雨雪、大雾等空气湿度大的天气，空气容易击穿，应使用防雨雪型验电器并戴绝缘手套。

（9）虽未经验电，但已经有线路带电指示时视同带电。

3. 高压线路验电操作时的安全措施

（1）验电时要设专人监护。

（2）验电时应戴绝缘手套。

（3）验电时人体与验电线路应保持 Q/GDW 1799.2—2013《国家电网公司电力安全工作规程线路部分》规定的"在带电线路杆塔上工作与带电导线最小安全距离"。

三、装设接地线

1. 检修接地

作为防止人身触电的技术措施，装设接地线是指在线路检修作业中，临时用接地线将电力线路与大地进行电气连接（检修作业结束时还要拆除接地线）。

GB/T 4776—2008《电气安全术语》将这种接地定义为检修接地。其中 3.3.2.1 条指出：检修接地就是在检修设备和线路时，切断电源，临时将检修的设备和线路的导电部分与大地连接起来，以防止电击事故的接地。

2. 电力线路装设接地线的作用

在检修时将已停电线路临时短路接地，可以起到以下几个作用：

（1）将电力线路上的剩余电荷泄入大地，防止剩余电荷触电。

（2）防止线路突然来电时产生危险电压和电弧，造成工作人员触电死亡或严重灼伤。

（3）防止线路受邻近带电线路的影响产生感应电压，造成工作人员感应电压触电。

3. 接地线的选择

（1）形式的选择。接地线应采用三相短路式接地线，若使用分相式接地线时，应设置三相合一的接地端。

（2）截面积的选择。成套接地线应由有透明护套的多股软铜线组成，其截面积不得小于 25mm²，同时应满足装设地点短路电流的要求。

（3）禁止使用其他导线作接地线或短路线。

4. 装设接地线的位置

（1）各工作班工作地段各端和有可能送电到停电线路工作地段的分支线（包括用户）都要装设工作接地线。

（2）直流接地极线路，作业点两端应装设工作接地线。

（3）配合停电的线路可以只在工作地点附近装设一处工作接地线。

（4）断开耐张杆塔引线或工作中需要拉开断路器、隔离开关时，应先在其两侧装设接地线。

5. 在杆塔上接地线接地的方法

（1）利用杆塔接地。在杆塔或横担接地良好的条件下装设接地时，接地线可单独或合并后接到杆塔上，但杆塔接地电阻和接地通道应良好。杆塔与接地线连接部分应清除油漆，接触良好。

（2）采用临时接地体接地。对于无接地引下线的杆塔，可采用临时接地体。接地体的截面积不准小于 190mm²（如 ϕ16 圆钢）。接地体在地面下深度不准小于 0.6m。对于土壤电阻率较高地区如岩石、瓦砾、沙土等，应采取增加接地体根数、长度、截面积或埋地深度等措施改善接地电阻。

6. 线路检修装、拆接地线的注意事项

（1）接地线应采用三相短路式接地线，若使用分相式接地线时，应设置三相合一的接地端。

（2）携带型短路接地线在每次使用之前应详细检查，如发现有损坏不得使用。损坏的接地线应及时修理或更换。

检查内容：软铜线是否断头；螺钉连接处有无松动；线钩的弹力是否正常；接地线截面是否受损；绞线是否松股、断股；护套是否破损；夹具是否断裂松动；三相短接是否可靠，即是否能保证三相短接后再接地。

（3）严格执行停电-验电-挂接地线（或合接地开关）的规定。在挂接地线（或合接地开关）之前一定要先验电，以防止带电挂接地线或合接地开关。当验明设备确已无电压后，应立即将检修设备接地并三相短路，防止突然来电时对人体造成伤害。

（4）装设接地线应先接接地端，后接导体端；同杆架设的多层电力线路挂接地线时，应先挂低压、后挂高压，先挂下层、后挂上层，先挂近侧、后挂远侧。拆接地线的顺序与此相反。

（5）采用临时接地体打接地桩时，要选择黏结性强、有机质多、较为湿润、实在的土壤，避开松散、坚硬、回填土及干燥的地表层，目的保证是插入牢固，降低接地电阻。

（6）接地线应接触良好，连接应可靠。接地线应使用专用的线夹固定在导体上，禁止用缠绕的方法进行接地。

（7）在同塔架设多回线路杆塔的停电线路上装设的接地线，应采取措施防止接地线摆动，并应保持 Q/GDW 1799.2—2013《国家电网公司电力安全工作规程　线路部分》规定的"在带电线路杆塔上工作与带电导线最小安全距离"。

（8）工作接地线应全部列入工作票，工作负责人应确认所有工作接地线均已挂设完成方可宣布开工。

（9）接地线的位置必须保证工作人员在有效保护范围之内。工作负责人应结合具体工作和现场实际情况而定，可装设在工作地段起、止杆塔号的小号侧、大号侧，也可装设在工作地段起、止杆塔号的前一号杆塔、后一号杆塔。

（10）禁止工作人员擅自变更工作票中指定的接地线位置。如需变更，应由工作负责人征得工作票签发人同意，并在工作票上注明变更情况。

（11）禁止工作人员擅自拆除接地线。接地线一经装设，只有工作负责人的许可才能拆除。一旦拆除，便认为该线路带电，禁止任何人再登上杆塔进行工作。

（12）禁止用个人保安线代替接地线。

7. 装、拆线路接地线操作时的安全措施

（1）装、拆接地线应由两人进行，一人监护，一人操作。

（2）装、拆接地线均应戴绝缘手套，使用绝缘棒或专用的绝缘绳。

（3）装、拆接地线均应保持 Q/GDW 1799.2—2013《国家电网公司电力安全工作规程　线路部分》规定的"在带电线路杆塔上工作与带电导线最小安全距离"。

【案例 5-4】　35kV 线路检修作业触电事故造成一死两伤

事故经过：

某县电力公司输变电管理所按计划于 2009 年 2 月 11 日，对象妙线等相关的 35kV 线路进行例行的停电登检工作。在工作的前一天，为了缩小停电范围，在没有考虑 10kV 屯村线与 35kV 停电登检的象妙线有一段为共杆塔架设的情况下，就制订了通过 10kV 屯村线对停电区域送电的方式。在工作方案尚未审定、批复的情况下，于 2 月 11 日，就按计划开展象妙线等相关的 35kV 线路的停电登检工作。

当天工作的 2 个工作小组分别办理了工作票，但输变电管理所检修班班长、第一工作小组工作负责人覃某没有按工作票的分工开展工作，而是将两个工作小组的工作人员集中到第一工作小组工作面上同时开展工作。9 时 45 分，完成了第一工作小组的工作任务，并向调度办理工作终结手续后，两个工作小组的工作人员又转移到第二工作小组的工作面上工作。

11 时左右，输变电管理所检修班工作人员陈某一、陈某二，分别登上 35kV 象妙线与 10kV 屯村线共杆架设的 123、131 号铁塔悬挂接地线。陈某一和陈某二均采用先挂上层 35kV 停电线路的接地线，然后再挂下层 10kV 屯村线接地线的错误方法。此时，其他工作人员也纷纷上杆作业。

10 时 31 分，调度值班员按通过 10kV 线路对停电区域送电的方式，对城关供电所运行操作人员下达 10kV 线路的送电命令。11 时 15 分，城关供电所运行操作人员送电操作完毕，与停电登检的 35kV 象妙线共杆的 10kV 屯村线处于带电状态。

11 时 20 分，陈某一在 123 号铁塔挂完上层 35kV 线路接地线后，下到下层挂 10kV 屯村线的接地线时，在未经验电即挂接地线时，被 10kV 屯村带电线路电击受伤，随着就伏在铁塔上；与此同时，陈某二在 131 号铁塔，到下层挂 10kV 屯村线的接地线时，头部右侧被 10kV 屯村带电线路电击死亡，安全带烧断后从铁塔上坠落到地面。在 125 号杆工作的临时聘请的工作人员陈某三，在下杆时，也被带电的 10kV 屯村线路电击受伤。

事故最终导致 1 死 2 伤。

事故初步原因：

（1）工作人员严重违反《国家电网公司电力安全工作规程　线路部分》安全技术措施的要求，挂接地线前不验电，在同杆架设的线路挂接地线时，先挂上层后挂下层，顺序不正确，造成触电，是事故发生的直接原因之一。

（2）电力公司工作安排管理混乱，在检修工作期间，临时安排停电区域供电，造成 35kV 象妙线 123～131 号杆塔的作业区域带电，是导致事故发生的直接原因之二。

（3）检修班组工作组织混乱，两个工作组混在一起工作，工作交底不清，职责不明，在安全措施未做好前就登杆作业，严重违反工作票管理规定，是导致事故发生的间接原因之一。

（4）工作负责人工作不细致，在安排工作前，没有认真勘查现场，对 35kV 象妙线 123～131 号杆塔与 10kV 屯村线同杆架设情况不明，没有提出同杆架设 10kV 线路停电的安全措施，是导致事故发生的间接原因之二。

（5）工作票签发人不熟悉作业现场，审票不严，在工作方案未经审批、工作票安全措施不完善就签发工作票，是导致事故发生的间接原因之三。

四、使用个人保安线

1. 应使用个人保安线的情况

工作地段如有邻近、平行、交叉跨越及同杆塔架设线路，为防止停电检修线路上感应电压伤人，在需要接触或接近导线工作时，应使用个人保安线。

2. 个人保安线的选择

应使用有透明护套的多股软铜线，截面积不小于 $16mm^2$，且带有绝缘手柄或绝缘部件的个人保安线。

3. 使用个人保安线的基本要求

（1）个人保安线应在杆塔上接触或接近导线的作业开始前挂接，作业结束脱离导线后拆除。

（2）个人保安线由作业人员负责自行装、拆。

（3）装设时，应先接接地端，后接导线端，拆个人保安线的顺序与此相反。

（4）装设时要接触良好，连接可靠。

（5）在杆塔或横担接地通道良好的条件下，个人保安线接地端允许接在杆塔或横担上。

（6）禁止用个人保安线代替接地线。

五、悬挂标志牌和装设遮栏（围栏）

1. 悬挂标志牌与装设遮栏（围栏）

标志牌是用醒目的颜色和图像，配合一定的文字说明，警告或提醒工作人员应该或不应该采用什么行动，或对危险因素注意。

配电设备检修、试验时，用临时遮栏将工作区域与带电设备隔开，防止工作人员意外触碰带电部分。线路检修时，用临时遮栏将工作区域与其他公共区域（城区、人口密集区地段或交通道口和通行道路上）隔开，防止其他人员、车辆、物体或大型动物进入而影响工作或发生危险。

2. 悬挂标志牌和装设遮栏（围栏）的规定情形及要求

（1）在一经合闸即可送电到工作地点的断路器、隔离开关的操作把手上及跌落式熔断器的操作处，均应悬挂"禁止合闸，线路有人工作！"或"禁止合闸，有人工作！"的标志牌，并对操作把手进行有效闭锁。

（2）进行地面配电设备部分停电的工作，人员工作时距离小于"设备不停电时的安全距离"以内的未停电设备，应增设临时围栏，并悬挂"止步，高压危险！"的标志牌。

此种情形下对临时遮栏的要求：

1）装设的临时遮栏与带电部分的距离不得小于"作业人员工作中正常活动范围与设备带电部分的安全距离"。

2）临时遮栏装设应牢固。

3）不得使用金属遮栏，应使用干燥木材、橡胶或其他坚韧绝缘材料制成的遮栏。

4）35kV及以下设备的临时遮栏，如因工作特殊需要，可用绝缘隔板与带电部分直接接触代替临时遮栏。绝缘隔板的绝缘性能应符合Q/GDW 1799.2—2013《国家电网公司电力安全工作规程　线路部分》的要求。

（3）在城区、人口密集区地段或交通道口和通行道路上施工时，工作场所周围应装设遮栏（围栏），并在相应部位装设标志牌。必要时，派专人看管。

（4）高压配电设备做耐压试验时应在周围设围栏，围栏上应悬挂适当数量的"止步，高压危险！"标志牌。禁止工作人员在工作中移动或拆除围栏和标志牌。

3. 线路检修作业悬挂标志牌和装设遮栏（围栏）典型示例

示例1：野外线路杆塔组立施工悬挂标志牌和装设遮栏（围栏）的要点：

（1）在线路杆塔组立的施工现场四周设置安全围栏。安全围栏大小应依据杆塔长度、起吊高度、作业人员活动区域、高处坠落范围半径等因素综合考虑。

（2）在安全围栏出入口处两侧分别悬挂"从此进出！""在此工作！"标志牌。出入口设置应方便作业人员、车辆及施工机械进出。

示例2：居民区及城市道路附近进行电缆分支箱检修工作悬挂标志牌和装设遮栏（围栏）要点（见图5-2）：

（1）在电缆分支箱作业区四周设置安全围栏。

（2）在安全围栏出入口处两侧分别悬挂"从此进出！""在此工作！"标志牌。

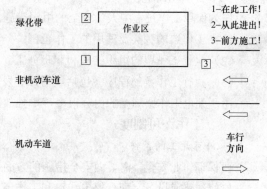

图5-2　居民区及城市道路附近施工设置围栏、悬挂标志牌示意图

（3）占用人行道、非机动车道及机动车道时，安全围栏面向车辆、行人前进方向设置"前方施工！"标志牌。占道施工应留有合理通道，尽量避免全部占用。

第七节　保证安全的组织措施（配电部分）

《国家电网公司电力安全工作规程（配电部分）（试行）》3.1条规定，在配电线路和设备上工作，保证安全的组织措施包括现场勘察制度，工作票制度，工作许可制度，工作监护制度，工作间断、转移制度，工作终结制度。

一、现场勘察制度

1. 需要现场勘察的情况

配电检修（施工）作业和用户工程、设备上的工作，工作票签发人或工作负责人认为有必要现场勘察的，应根据工作任务组织现场勘察，并填写现场勘察记录。

2. 现场勘察的组织和参与人员

现场勘察应由工作票签发人或工作负责人组织，工作负责人、设备运维管理单位（用户单位）和检修（施工）单位相关人员参加。对涉及多专业、多部门、多单位的作业项目，应由项目主管部门、单位组织相关人员共同参与。

3. 现场勘察内容

现场勘察应查看检修（施工）作业需要停电的范围、保留的带电部位、装设接地线的位置、邻近线路、交叉跨越、多电源、自备电源、地下管线设施和作业现场的条件、环境及其他影响作业的危险点，并提出针对性的安全措施和注意事项。

4. 现场勘察记录的使用

现场勘察后，现场勘察记录应送交工作票签发人、工作负责人及相关各方，作为填写、签发工作票等的依据。开工前，工作负责人或工作票签发人应根据现场勘察记录重新核对现场勘察情况，发现与原勘察情况有变化时，应及时修正、完善相应的安全措施。

二、工作票制度

作为保障工作过程中人员安全的组织措施，工作票制度主要规定了以下几个方面内容：

（1）工作票的种类及适用的工作范围。

（2）执行工作票的组织结构和职责分工。

（3）执行工作票的程序（包括填写、签发、使用延期等）及其要求。

由于配电工作票制度的内容很多，单独放在本章第八节专门介绍。

三、工作许可制度

1. 许可开工的条件

要保证作业安全，需要做安全措施的方面包括相关的变、配电站（含用户变、配电站）和发电厂、检修线路或设备、配合停电线路和工作现场等。

而配电工作票的工作许可人可能有值班调控人员，配电运维人员，相关变、配电站（含用户变、配电站）和发电厂的运维人员，配合停电线路许可人及现场工作许可人等多人。

所以，配电工作票的工作许可开工的条件包括以下两个方面：

（1）技术条件：① 检修的配电线路或设备可能受电的各方面，包括相关变、配电站（含用户变、配电站）和发电厂、配合停电线路等，都已停电并挂好操作接地线；② 工作班也做好检修现场的安全措施。

（2）组织条件：工作负责人应得到全部工作许可人的许可。

2. 许可开工的注意事项

（1）各工作许可人应在完成工作票所列由其负责的停电和装设接地线等安全措施后，方可发出许可工作的命令。

工作中，工作负责人、工作许可人任何一方不得擅自变更运行接线方式和安全措施，工作中若有特殊情况需要变更时，应先取得对方同意，并及时恢复，变更情况应及时记录在值班日志或工作票上。

（2）值班调控人员、运维人员在向工作负责人发出许可工作的命令前，应记录工作班组名称、工作负责人姓名、工作地点和工作任务。

（3）现场办理工作许可手续前，工作许可人应与工作负责人核对线路名称、设备双重名称，检查核对现场安全措施，指明保留带电部位。

（4）带电作业需要停用重合闸（含已处于停用状态的重合闸），应向调控人员申请并履行工作许可手续。

（5）填用配电第二种工作票的配电线路工作，可不履行工作许可手续。

（6）用户侧设备检修，需电网侧设备配合停电时，应得到用户停送电联系人的书面申请，经批准后方可停电。在电网侧设备停电措施实施后，由电网侧设备的运维管理单位或调控中心负责向用户停送电联系人许可。恢复送电，应接到用户停送电联系人的工作结束报告，做好录音并记录后方可进行。

（7）在用户设备上工作，许可工作前，工作负责人应检查确认用户设备的运行状态、安全措施符合作业的安全要求，检查多电源和有自备电源的用户已采取机械或电气联锁等防反送电的强制性技术措施。

（8）禁止采用约时停电的方式许可开工。

3. 许可命令的下达

许可开始工作的命令，应通知工作负责人，可采用当面下达和电话下达的方法。

当面下达时，工作许可人和工作负责人应在工作票上记录许可时间，并分别签名。电话下达时，工作许可人及工作负责人应分别记录许可时间和双方姓名，并复诵核对无误。

四、工作监护制度

1. 工作班可以开始工作的条件

（1）工作许可手续已经完成。

（2）工作负责人、专责监护人向工作班成员交代工作内容、人员分工、带电部位和现场安全措施，进行危险点告知。

（3）全部工作班成员签名确认手续履行完毕。

2. 监护人员的设置

（1）工作负责人作为工作现场安全的第一责任人，本身就是监护人。

（2）工作票签发人、工作负责人对有触电危险、检修（施工）容易发生事故的工作，应增设专责监护人，并确定其监护的人员和工作范围。

3. 对工作负责人监护工作的要求

（1）工作负责人应始终在工作现场，对工作班人员的安全认真监护，及时纠正不安全的行为。

（2）工作期间，工作负责人若因故暂时离开工作现场时，应指定能胜任的人员临时代替，离开前应将工作现场交代清楚，并告知工作班成员。原工作负责人返回工作现场时，也应履行同样的交接手续。

（3）工作负责人变更手续。工作期间，若工作负责人需要长时间离开工作现场时，应由原工作票签发人变更工作负责人，履行变更手续，并告知全体工作班成员及所有工作许可人。若工作票签发人无法当面办理，应通过电话联系，并在工作票登记簿和工作票上注明。原、现工作负责人应履行必要的交接手续，并在工作票上签名确认。

4. 对专责监护人监护工作的要求

（1）专责监护人应始终在工作现场，对工作班人员的安全认真监护，及时纠正不安全的行为。

（2）专责监护人应专心监护，不得兼做其他任何工作。

（3）工作期间，专责监护人临时离开工作现场时，应通知被监护人员停止工作或离开工作现场，待专责监护人回来后方可恢复工作。

（4）专责监护人变更手续。工作期间，若专责监护人必须长时间离开工作现场时，应由工作负责人变更专责监护人，履行变更手续，并告知全体被监护人员。

5. 对检修人员（包括工作负责人）的要求

检修人员（包括工作负责人）不宜单独进入或滞留在高压配电室、开关站等带电设备区域内。若工作需要（如测量极性、回路导通试验、光纤回路检查等），而且现场设备允许时，可以准许工作班中有实际经验的一个人或几个人同时在他室进行工作，但工作负责人应在事前将有关安全注意事项予以详尽的告知。

6. 变更工作班成员

工作班成员的变更，应经工作负责人同意，并在工作票上做好变更记录。中途新加入的工作班成员，应由工作负责人、专责人监护人对其进行交底并履行签名确认手续。

五、工作间断、转移制度

1. 允许临时停止工作的情况

在工作中遇雷、雨、大风或其他任何情况威胁到工作人员的安全时，工作负责人或专责监护人应下令停止工作。

2. 工作间断后的措施

（1）工作间断、工作班离开工作地点时，应采取措施或派人看守，不让人、畜接近挖好的基坑或未竖立稳固的杆塔以及负载的起重和牵引机械装置等。

（2）工作间断、工作班离开工作地点时，若接地线保留不变，恢复工作前应检查确认接地线完好；若接地线拆除，恢复工作前应重新验电、装设接地线。

3. 工作转移

（1）安全措施不随工作地点转移。使用同一张工作票依次在不同工作地点转移工作时，若工作票所列的安全措施在开工前一次做完，则在工作地点转移时不需要再分别办理许可手续。

（2）安全措施随工作地点转移。若工作票所列的停电、接地等安全措施随工作地点转移，则每次转移均应分别履行工作许可、终结手续，依次记录在工作票上，并填写使用的接地线编号、装拆时间、位置等随工作地点转移情况。工作负责人在转移工作地点时，应逐一向工作人员交代带电范围、安全措施和注意事项。

（3）配电线路检修安全措施随工作区段转移。一条配电线路分区段工作，若填用一张工作票，经工作票签发人同意，在线路检修状态下，由工作班自行装设的接地线等安全措施可分段执行。工作票上应填写使用的接地线编号、装拆时间、位置等随工作区段转移情况。

六、工作终结制度

1. 工作完工后的收尾工作

工作完工后，应清扫整理现场，工作负责人（包括小组负责人）应检查工作地段的状况，确认工作的配电设备和配电线路的杆塔、导线、绝缘子及其他辅助设备上没有遗留个人保安线和其他工具、材料，查明全部工作人员确由线路、设备上撤离后，再命令拆除由工作班自行装设的接地线等安全措施。

接地线拆除后，任何人不得再登杆工作或在设备上工作。

2. 工作终结报告

（1）工作终结的确认。单个小组工作时，这些收尾工作结束，即确认工作终结，工作负责人应及时向相关工作许可人（含配合停电线路、设备许可人）报告工作终结。多小组工作，工作负责人应在得到所有小组负责人工作结束的汇报后，方可确认、报告工作终结，与工作许可人办理工作终结手续。

（2）报告方式。当面报告或用电话报告并经复诵无误。

（3）报告内容。工作终结的报告应简明扼要，并包括下列内容：工作负责人姓名，某线路（设备）上某处（说明起止杆塔号、分支线名称、位置称号、设备双重名称等）工作已经完工，所修项目、试验结果、设备改动情况和存在问题等，工作班自行装设的接地线已全部拆除，线路（设备）上已无本班组工作人员和遗留物。

3. 拆除各侧安全措施的条件

工作许可人在接到所有工作负责人（包括用户）的终结报告，并确认所有工作已完毕，所有工作人员已撤离，所有接地线已拆除，与记录簿核对无误并做好记录后，方可下令拆除各侧安全措施。

第八节　配电工作票制度

一、工作票的种类、格式与选用

1. 工作票的种类和格式

在配电线路和设备上的工作，应填用的工作票和故障紧急抢修单共有以下 6 种：

（1）配电第一种工作票，格式见附录 L。

（2）配电第二种工作票，格式见附录 M。

（3）配电带电作业工作票，格式见附录 N。

（4）低压工作票，格式见附录 O。

（5）配电故障紧急抢修单，格式见附录 P。

2. 工作票的填用选择

生产过程中填用哪种工作票，《国家电网公司电力安全工作规程（配电部分）（试行）》根据工作的特点做出了明确规定。

（1）填用配电第一种工作票的工作：需要将高压线路、设备停电或做安全措施的配电工作。

（2）填用配电第二种工作票的工作：与邻近带电高压线路或设备的距离大于"高压线路、设备不停电时的安全距离"，不需要将高压线路、设备停电或做安全措施的高压配电（含相关场所及二次系统）工作。

（3）填用配电带电作业工作票的工作：

1）高压配电带电作业。

2）与邻近带电高压线路或设备距离小于"高压线路、设备不停电时的安全距离"、大于"带电作业时人身与带电体的安全距离"的工作。

（4）填用低压工作票的工作：不需要将高压线路、设备停电或做安全措施的低压配电工作。

（5）填用故障紧急抢修单的工作：配电线路、设备故障紧急处理工作。

配电线路、设备故障紧急处理是指配电线路、设备发生故障被迫紧急停止运行，需短时间内恢复供电或排除故障的、连续进行的故障修复工作。

非连续进行的故障修复工作应使用工作票。

二、工作票所列人员条件及其职责

配电工作票执行过程中涉及的人员包括工作负责人、工作票签发人、工作许可人、专责监护人、工作班成员、运维人员、运维负责人、值班调控人员。

（一）《国家电网公司电力安全工作规程（配电部分）（试行）》对工作票"三种人"的特别规定

《国家电网公司电力安全工作规程（配电部分）（试行）》对工作票"三种人"（工作票签发人、工作许可人和工作负责人）作出了如下特别规定：

1. 关于工作票签发人、工作许可人和工作负责人相互兼任的规定

一张配电工作票中，工作票签发人、工作许可人和工作负责人三者中的两个可以互相兼任，但三者不得为同一个人。

2. 关于工作许可人的规定

（1）工作许可人包括值班调控人员，配电线路和设备运维人员，相关变、配电站（含用户变、配电站）和发电厂运维人员，配合停电线路许可人及现场许可人等。

（2）工作许可人中只有现场工作许可人（作为工作班成员之一，进行该工作任务所需现场操作及做安全措施者）可与工作负责人相互兼任。若相互兼任，应具备相应的资质，并履行相应的安全责任。

3. 关于检修（施工）单位的工作票签发人和工作负责人的规定

检修（施工）单位的工作票签发人和工作负责人名单应事先送设备运维管理单位、调控中心备案。

（二）工作票所列主要人员的基本条件

（1）工作票签发人应由熟悉人员技术水平、熟悉配电网络接线方式、熟悉工作范围内的设备情况、熟悉《国家电网公司电力安全工作规程（配电部分）（试行）》，并具有相关工作经验的生产领导人、技术人员或经本单位批准的人员担任，名单应公布。

（2）工作负责人应由具有本专业工作经验，熟悉工作范围内的设备情况、熟悉《国家电网公司电力安全工作规程（配电部分）（试行）》，并经工区（车间）批准的人员担任，名单应公布。

（3）工作许可人应由熟悉配电网络接线方式、熟悉工作范围内的设备情况、熟悉《国家电网公司电力安全工作规程（配电部分）（试行）》，并经工区（车间）批准的人员担任，名单应公布。

（4）专责监护人应由具有相关工作经验，熟悉工作范围内的设备情况和《国家电网公司电力安全工作规程（配电部分）（试行）》的人员担任。

（三）工作票所列主要人员的安全职责

1. 工作票签发人的安全职责

（1）审查工作必要性和安全性。

（2）审查工作票上所填安全措施是否正确完备。

（3）审查所派工作负责人和工作班人员是否适当和充足。

2. 工作负责人的安全职责

（1）正确组织工作。

（2）检查工作票所列安全措施是否正确完备，是否符合现场实际条件，必要时予以补充完善。

（3）工作前，对工作班成员进行工作任务、安全措施交底和危险点告知，并确认每一个工作班成员都已签名。

（4）组织执行工作票所列由其负责的安全措施。

（5）监督工作班成员遵守《国家电网公司电力安全工作规程（配电部分）（试行）》，正确使用劳动防护用品和安全工器具以及执行现场安全措施。

（6）关注工作班成员身体状况和精神状态是否出现异常迹象，人员变动是否合适。

3. 工作许可人的安全职责

（1）确认工作票所列安全措施是否正确完备，必要时予以修改、补充。

（2）对工作票所列内容发生疑问时，应向工作票签发人询问清楚，必要时予以补充。

（3）保证由其负责的停、送电命令和许可工作的命令正确。

（4）确认由其负责许可的安全措施正确实施。

4. 专责监护人的安全职责

（1）明确被监护人员和监护范围。

（2）工作前，向被监护人员交代监护范围内的安全措施，告知危险点和安全注意事项。

（3）监督被监护人员遵守《国家电网公司电力安全工作规程（配电部分）（试行）》和执行现场安全措施，及时纠正被监护人员的不安全行为。

5. 工作班成员安全职责

（1）熟悉工作内容、工作流程，掌握安全措施，明确工作中的危险点，并在工作票上履行签名确认手续。

（2）服从工作负责人（监护人）、专责监护人的指挥，严格遵守《国家电网公司电力安全工作规程（配电部分）（试行）》和劳动纪律，在指定的作业范围内工作，对自己在工作中的行为负责，互相关心工作安全。

（3）正确使用施工机具、安全工器具和劳动防护用品。

三、工作票的填写、打印

1. 填写人

工作票由工作负责人填写，也可由工作票签发人填写。

2. 手工填写的要求

工作票、故障紧急抢修单采用手工方式填写时，应使用黑色或蓝色的钢（水）笔或圆珠笔填写和签发，至少一式两份。工作票票面上的时间、工作地点、线路名称、设备双重名称、操作动词等关键字不得涂改。如有个别错、漏字需要修改、补充时，应使用规范的符号，字迹应清楚。

3. 打印要求

用计算机生成或打印的工作票应使用统一的票面格式。

4. 多点工作的工作票填写要求

同一张工作票多点工作，工作票上的工作地点、线路名称、设备双重名称、工作任务、安全措施应填写完整。不同工作地点的工作应分栏填写。

四、工作票的签发

1. 签发方式

（1）工作票由线路运维管理单位签发，也可由经设备运维管理单位审核合格且经批准的检修及基建（施工）单位签发。

（2）承发包工程中，工作票可实行"双签发"形式。签发工作票时，双方工作票签发人在工作票上分别签名，各自承担相应的安全责任。

（3）供电单位或施工单位到用户工程或设备上检修（施工）时，工作票应由有权签发的用户单位、施工单位或供电单位签发。

2. 工作票的签名生效

工作票应由工作票签发人审核，手工或电子签发后方可执行。

五、工作票、工作任务单的使用

（1）可以使用一张配电第一种工作票的情况：

1）一条配电线路（含线路上的设备及其分支线）或同一个电气连接部分的几条配电线路或同（联）杆塔架设、同沟（槽）敷设且同时停送电的几条配电线路。

2）不同配电线路经改造形成同一电气连接部分，且同时停送电者。

3）同一高压配电站、开关站内，全部停电或属于同一电压等级、同时停送电、工作中不会触及带电导体的几个电气连接部分上的工作。

4）配电变压器及与其连接的高低压配电线路、设备上同时停送电的工作。

5）同一天在几处同类型高压配电站、开关站、箱式变电站、柱上变压器等配电设备上依次进行的同类型停电工作。

（2）可以使用一张配电第二种工作票的情况：

1）同一电压等级、同类型、相同安全措施且依次进行的不同配电线路或不同工作地点上的不停电工作。

2）同一高压配电站、开关站内，在几个电气连接部分上依次进行的同类型不停电工作。

（3）可以使用一张配电带电作业工作票的情况：同一电压等级、同类型、相同安全措施且依次进行的数条配电线路的带电作业。

（4）可以使用一张配电带电作业工作票的情况：对同一个工作日、相同安全措施的多条低压配电线路或设备上的工作，可使用一张低压工作票。

（5）应使用工作任务单的情况：一个工作负责人不能同时执行多张工作票。若一张工作票下设多个小组工作，每个小组应指定每个小组负责人（监护人），并使用工作任务单。

工作任务单一式两份，由工作票签发人或工作负责人签发，工作任务单由工作负责人许可，一份工作负责人留存，一份交小组负责人。工作结束后，由小组负责人交回工作任务单，向工作负责人办理工作结束手续。

（6）一回线路检修（施工），其邻近或交叉的其他电力线路需进行配合停电和接地时，应在工作票中列入相应的安全措施。若配合停电线路属于其他单位，应由检修（施工）单位事先书面申请，经配合线路的设备运维管理单位同意并实施停电、接地。

（7）需要进入变电站或发电厂升压站进行架空线路、电缆等工作，应增填工作票份数（按许可单位确定数量），分别经变电站或发电厂等设备运维管理单位的工作许可人许可，并留存。

（8）在配电线路、设备上进行非电气专业工作（如电力通信工作等），应执行工作票制度，并履行工作许可、监护等相关安全组织措施。

六、工作票收执

工作许可时，工作票一份由工作负责人收执，其余留存工作票签发人或工作许可人处。

工作票应提前交给工作负责人，便于工作负责人提前知晓工作票内容，并做好工作准备。工作期间，工作票应始终保留在工作负责人手中。

七、工作票送达

配电第一种工作票，应在工作前一天送达设备运维管理单位（包括信息系统送达）；通过传真送达的工作票，其工作许可手续应待正式工作票送到后履行。

需要运维人员操作设备的配电带电作业工作票和需要办理工作许可手续的配电第二种工作票，应在工作前一天送达设备运维管理单位。

八、增加工作任务

在原工作票的停电及安全措施范围内增加工作任务时，应由工作负责人征得工作票签发人和工作许可人同意，并在工作票上增填工作项目。若需变更或增设安全措施，应填用新的工作票，并重新履行签发、许可手续。

若工作票签发人和工作许可人无法当面办理，应通过电话联系，并在工作票登记簿和工作票上注明。

九、工作票有效期与延期

（1）配电工作票的有效期，以批准的检修时间为限。批准的检修时间为调控中心或设备运维管理单位批准的开工至完工时间。

（2）办理工作票延期手续，应在工作票的有效期内，由工作负责人向工作许可人提出申请，得到同意后给予办理；不需要办理许可手续的配电第二种工作票，由工作负责人向工作票签发人提出申请，得到同意后给予办理。

（3）工作票只能延期一次，延期手续应记录在工作票上。

（4）带电作业工作票不得延期。

十、工作票（含工作任务单）、故障紧急抢修单、现场勘察记录的保存

已终结的工作票（含工作任务单）、故障紧急抢修单、现场勘察记录至少应保存1年。

第九节　低压电气工作的安全措施

一、在变电站低压配电装置和低压导线上工作的安全措施

（1）工作票的使用。低压配电盘、配电箱和电源干线上的工作，应填用变电站（发电厂）第二种工作票。

在低压电动机和在不可能触及高压设备、二次系统的照明回路上工作可不填用工作票，但应做好相应记录，该工作至少由两人进行。

（2）低压回路停电的安全措施。

1）将检修设备的各方面电源断开取下熔断器，在断路器或隔离开关操作把手上挂"禁止合闸，有人工作！"的标志牌。

2）工作前应验电。

3）根据需要采取其他安全措施。

（3）停电更换熔断器后，恢复操作时的安全措施：戴手套和护目眼镜。

（4）低压不停电工作的安全措施。

1）低压不停电工作时，应采取遮蔽有电部分等防止相间或接地短路的有效措施；若无法采取遮蔽措施时，则将影响作业的有电设备停电。

2）使用有绝缘柄的工具，其外裸的导电部位应采取绝缘措施，防止操作时相间或相对地短路。工作时，应穿绝缘鞋和全棉长袖工作服，并戴手套、安全帽和护目镜，站在干燥的绝缘物上进行。

禁止使用锉刀、金属尺和带有金属物的毛刷、毛掸等工具。

3）作业前，应先分清相线、中性线，选好工作位置。断开导线时，应先断开相线，后断开中性线。搭接导线时，顺序应相反。人体不得同时接触两根线头。

二、配电低压电气工作的安全措施

（一）在低压配电线路和设备上工作，保证安全的技术措施

1. 停电

检修的低压配电线路和设备，应断开所有可能来电的电源（包括解开电源侧和用户侧连接线）。

对难以做到与电源完全断开的低压配电线路、设备，可拆除其与电源之间的电气连接。

对工作中有可能触碰的相邻低压带电线路、设备应采取停电或绝缘遮蔽措施。

2. 验电

低压电气工作前，应用接触式低压验电器或测电笔检验检修线路或设备、金属外壳和相邻设备是否有电。

室外低压配电线路和设备验电宜使用声光验电器。低压验电前，应先在低压有电部位上试验，验证验电器或测电笔良好。

低压配电线路和设备停电后，检修或装表接电前，应在停电检修部位或与表计有直接电气连接的可验电部位验电。

3. 接地

可能送电到停电检修设备的各侧都应接地。

当验明检修的低压配电线路、设备确无电压后，立即将所有相线和中性线接地并短路。

电缆及电容器接地前应充分放电。

4. 隔离（绝缘遮蔽）

低压配电线路和设备检修工作中有可能触碰的相邻带电线路、设备应采取停电或绝缘遮蔽措施。

低压配电设备、低压电缆、集束导线停电检修，无法装设接地线时，应采取绝缘遮蔽或其他可靠隔离措施。

5. 悬挂标志牌

在低压配电线路、设备的电源断开点（断路器、隔离开关的操动机构）应加锁，悬挂"禁止合闸，有人工作！"或"禁止合闸，线路有人工作！"的标志牌。

低压开关（熔丝）拉开（取下）后，应在适当位置悬挂"禁止合闸，有人工作！"或"禁止合闸，线路有人工作！"标志牌。

6. 防止反送电的技术措施

（1）所有相线和中性线接地并短路。

（2）绝缘遮蔽。

（3）在断开点加锁，悬挂"禁止合闸，有人工作！"或"禁止合闸，线路有人工作！"的标志牌。

（二）低压电气工作的一般安全措施

（1）低压电气带电工作应戴手套、护目镜，并保持对地绝缘。

（2）低压配电网中的开断设备应易于操作，并有明显的开断指示。

（3）低压电气工作前，应用低压验电器或测电笔检验检修设备、金属外壳和相邻设备是否有电。

（4）低压电气工作，应采取措施防止误入相邻间隔、误碰相邻带电部分。

（5）低压电气工作时，拆开的引线、断开的线头应采取绝缘包裹等遮蔽措施。

（6）低压电气带电工作，应采取绝缘隔离措施防止相间短路和单相接地。

（7）低压电气带电工作时，作业范围内电气回路的剩余电流动作保护装置应投入运行。

（8）低压电气带电工作使用的工具应有绝缘柄，其外裸露的导电部位应采取绝缘包裹措施；禁止使用锉刀、金属尺和带有金属物的毛刷、毛掸等工具。

（9）所有未接地或未采取绝缘遮蔽、断开点加锁挂牌等可靠措施隔绝电源的低压线路和设备都应视为带电。未经验明确无电压，禁止触碰导体的裸露部分。

（10）不填用工作票的低压电气工作可单人进行。

（三）低压配电网工作的安全措施

（1）带电断、接低压导线应有人监护。断、接导线前应核对相线、中性线。断开导线时，应先断开相线，后断开中性线。搭接导线时，顺序应相反。

禁止人体同时接触两根线头。禁止带负荷断、接导线。

（2）高低压同杆（塔）架设时，在低压带电线路上工作前，应先检查与高压线路的距离，并采取防止误碰高压带电线路的措施。

（3）高低压同杆（塔）架设时，在下层低压带电导线未采取绝缘隔离措施或未停电接地时，作业人员不得穿越。

（4）低压装表接电时，应先安装计量装置后接电。

（5）电容器柜内工作，应断开电容器的电源、逐相充分放电后，方可工作。

（6）在配电柜（盘）内工作，相邻设备应全部停电或采取绝缘遮蔽措施。

（7）当发现配电箱、电表箱箱体带电时，应断开上一级电源，查明带电原因，并作相应处理。

（8）配电变压器测控装置二次回路上工作，应按低压带电工作进行，并采取措施防止电流互感器二次侧开路。

（9）非运维人员进行的低压测量工作，宜采用低压工作票。

（四）低压用电设备工作的安全措施

（1）在低压用电设备（如充电桩、路灯、用户终端设备等）上工作，应采用工作票或派工单、任务单、工作记录、口头、电话命令等形式，口头或电话命令应留有记录。

（2）在低压用电设备上工作，需高压线路、设备配合停电时，应填用相应的工作票。

（3）在低压用电设备上停电工作前，应断开电源、取下熔丝，加锁或悬挂标志牌，确保不误合。

（4）在低压用电设备上停电工作前，应验明确无电压，方可工作。

第十节　倒闸操作的安全措施和要求

一、变电站倒闸操作及其安全措施和要求

（一）变电站倒闸操作

1. 电气设备的工作状态

（1）运行状态。是指某回路中的高压隔离开关和高压断路器（或低压刀开关及自动开关）均处于合闸位置，电源至受电端的电路得以接通而运行的状态。

（2）检修状态。是指某回路中的高压断路器及高压隔离开关（或自动开关及刀开关）均已断开，同时按保证安全的技术措施的要求悬挂了临时接地线，并悬挂标志牌和装好临时遮栏，处于停电后即将开始或正在检修的状态。

（3）热备用状态。是指某回路中的高压断路器（或自动开关）已断开，而高压隔离开关（或刀开关）仍处于合闸位置的状态。

（4）冷备用状态。是指某回路中的高压断路器及高压隔离开关（或自动开关及刀开关）均已断开。

2. 倒闸操作

在变电站中，所有的电气设备都是通过断路器和隔离开关连接到配电装置的汇流母线上。通过操作断路器和隔离开关可以改变电气设备的运行状态和电力系统的运行方式（包括事故处理）。改变电气设备运行状态和电力系统运行方式的操作过程称为倒闸操作。

3. 倒闸操作的主要工作任务

（1）电力系统间、发电机与电力系统间的并列与解列。

（2）输电线路和变压器的停电和送电，补偿设备的停用和投入运行（包括对新装设备的充电）。

（3）电力网络的合环与解环。

（4）改变母线运行方式。

（5）改变变压器中性点接地运行方式。

（6）切除或接入负荷。

（7）投入或退出继电保护与安全自动装置。

（8）对已停电检修施工的设备实施接地及相间短路，或解除接地与相间短路。

（9）投入与退出调度自动化装置等。

（10）事故或异常处理。

（11）其他操作，如冷却器启停、蓄电池充放电等。

4. 倒闸操作的分类及其要求

（1）监护操作：有人监护的操作。监护操作时要求对设备较为熟悉的人员作监护人，特别重要和复杂的倒闸操作，由熟练的运维人员操作，运维负责人监护。

（2）单人操作：由一人完成的操作。单人操作时应满足的要求如下：

1）单人值班的变电站或发电厂升压站操作时，运维人员根据发令人用电话传达的操作指令填用操作票，复诵无误。

2）若有可靠的确认和自动记录手段，调控人员可实行单人操作。

3）实行单人操作的设备、项目及人员需经设备运维管理单位或调控中心批准，人员应通过专项考核。

（3）检修人员操作：由检修人员完成的操作。检修人员操作时应满足的要求如下：

1）经设备运维管理单位（部门）考试合格、批准的本单位的检修人员，可进行 220kV 及以下的电气设备由热备用至检修或由检修至热备用的监护操作，监护人应是同一单位的检修人员或设备运维人员。

2）检修人员进行操作的接、发令程序及安全要求应由设备运维管理单位审定，并报相关部门和调控中心备案。

5. 电气倒闸操作的基本步骤

（1）调控中心预发操作任务，值班员接受并复诵无误。

（2）操作人查对模拟图板或接线图，根据预发指令填写操作票。

（3）操作人和监护人了解操作目的和操作顺序，根据模拟图或接线图核对填写的操作项目和顺序。

（4）审票人（运维负责人）审核并签名。

（5）监护人与操作人进行危险点分析和制订控制措施。

（6）调控中心正式发布操作指令，运维负责人接受并复诵无误。

（7）操作人、监护人在模拟图（或微机防误装置、微机监控装置）上进行模拟预演，核对操作步骤的正确性。

（8）准备并检查必要的安全工器具（如绝缘手套、绝缘靴、绝缘棒、验电器、绝缘隔板等）、有关钥匙、红绿牌等，并检查操作录音设备、对讲机良好。

（9）监护人、操作人到达操作地点后，操作前先核对设备名称、编号及其运行状态（位置）。

（10）监护人逐项唱票，操作人复诵；监护人确认无误后，发出允许操作的命令"对，执行"；操作人正式操作，监护人在操作票上逐项打勾。

（11）操作完毕后，全面检查核对，并向值班调控人员汇报操作任务完成并做好记录，操作票盖"已执行"章。

（12）复查、评价、总结经验。

在此过程中，应注意：

（1）监护人、运维负责人审票中若发现错误，应重新填写操作票。

（2）模拟操作和正式操作应进行全过程录音。

（3）开始正式操作后，因故中断操作须重新核对、唱票、复诵。

（4）若操作中出现异常，应立即停止操作，汇报运维负责人，查明原因并采取措施，运维负责人再行许可后方可继续操作；若出现影响操作的设备缺陷，应立即汇报调控值班人员，并初步检查缺陷情况，由调控中心决定是否停止操作。

（5）操作中如发现闭锁装置失灵时，不得擅自解锁，应按现场有关规定履行解锁操作程序进行解锁操作。

（6）操作中发现操作票有错误，应立即停止操作，将操作票改正、重新审查合格后才能继续操作。

（7）操作中发生误操作事故时，应立即停止操作并汇报调控中心，采取有效措施，将事故控制在最小范围内。

（二）变电站倒闸操作的安全措施和要求

为了防止误操作和保证操作人员的人身安全，Q/GDW 1799.1—2013《国家电网公司电力安全工作规程　变电部分》对变电站倒闸操作提出了一系列措施和要求。

1. 倒闸操作的基本条件要求

Q/GDW 1799.1—2013《国家电网公司电力安全工作规程　变电部分》规定，倒闸操作必须具有以下基本条件：

（1）有与现场一次设备和实际运行方式相符的一次系统模拟图（包括各种电子接线图）。

（2）操作设备应具有明显的标志，包括命名、编号、分合指示、旋转方向、切换位置的指示及设备相色等。

（3）高压电气设备都应安装完善的防误操作闭锁装置。防误闭锁装置不得随意退出运行，停用防误闭锁装置应经设备运维管理单位批准；短时间退出防误闭锁装置时，应经变电运维班（站）长或发电厂当班值长批准，并应按程序尽快投入。

（4）有值班调控人员、运维负责人正式发布的指令，并使用经事先审核合格的操作票。

（5）下列三种情况加挂机械锁（机械锁要一把钥匙开一把锁，钥匙要编号并妥善保管）：

1）未装防误操作闭锁装置或闭锁装置失灵的隔离开关手柄、阀厅大门和网门。

2）当电气设备处于冷备用时，网门闭锁失去作用时的有电间隔网门。

3）设备检修时，回路中的各来电侧隔离开关操作手柄和电动操作隔离开关机构箱的箱门。

2. 对倒闸操作发令和受令的要求

发令和受令明确无误是倒闸操作不发生误操作的前提条件。为了保证做到这一点，Q/GDW 1799.1—2013《国家电网公司电力安全工作规程　变电部分》规定，在倒闸操作发令和受令的过程中必须达到以下基本要求：倒闸操作应根据值班调控人员或运维负责人的指令受令人复诵无误后执行。发布指令应准确、清晰，使用规范的调度术语和设备双重名称（即设备名称和编号）。发令人和受令人应先互报单位和姓名，发布指令的全过程（包括对方复诵指令）和听取指令的报告时双方都要录音并做好记录。操作人员（包括监护人）应了解操作目的和操作顺序，对指令有疑问时应向发令人询问清楚无误后执行。发令人、受令人、操作人员（包括监护人）均应具备相应资质。

3. 对倒闸操作过程的基本要求

为了防止误操作，Q/GDW 1799.1—2013《国家电网公司电力安全工作规程　变电部分》规定，在倒闸操作过程中必须达到以下基本要求：

（1）停电拉闸操作应按照断路器—负荷侧隔离开关—电源侧隔离开关的顺序依次进行，送电合闸操作应按与上述相反的顺序进行。禁止带负荷拉合隔离开关。

（2）开始操作前，应先在模拟图（或微机防误装置、微机监控装置）上进行核对性模拟预演，无误后，再进行操作。

（3）操作前应先核对系统方式、设备名称、编号和位置，操作中应认真执行监护复诵制度（单人操作时也应高声唱票），宜全过程录音。操作过程中应按操作票填写的顺序逐项操作。每操作完一步，应检查无误后做一个"√"记号，全部操作完毕后进行复查。

（4）监护操作时，操作人在操作过程中不准有任何未经监护人同意的操作行为。

（5）远方操作一次设备前，宜对现场发出提示信号，提醒现场人员远离操作设备。

（6）操作中发生疑问时，应立即停止操作并向发令人报告。待发令人再行许可后，方可进行操作。

（7）不准擅自更改操作票。

（8）不准随意解除闭锁装置。

1）解锁工具（钥匙）应封存保管，所有操作人员和检修人员禁止擅自使用解锁工具（钥匙）。

2）若遇特殊情况需解锁操作，应经运维管理单位防误操作装置专责人或运维管理单位指定并经书面公布的人员到现场核实无误并签字后，由运维人员告知当值调控人员，方能使用解锁工具（钥匙）。

3）单人操作、检修人员在倒闸操作过程中禁止解锁。如需解锁，应待增派运维人员到现场，履行上述手续后处理。解锁工具（钥匙）使用后应及时封存并做好记录。

（9）电气设备操作后的位置检查应以设备实际位置为准，无法看到实际位置时，应通过间接方法，如设备机械位置指示、电气指示、带电显示装置、仪表及各种遥测、遥信等信号的变化来判断。

判断时，至少应有两个非同样原理或非同源的指示发生对应变化，且所有这些确定的指示均已同时发生对应变化，才能确认该设备已操作到位（以上检查项目应填写在操作票中作为检查项）。检查中若发现其他任何信号有异常，均应停止操作，查明原因。若进行遥控操作，可采用上述的间接方法或其他可靠的方法判断设备位置。

（10）继电保护远方操作时，至少应有两个指示发生对应变化，且所有这些确定的指示均已同时发生对应变化，才能确认该设备已操作到位。

（11）换流站直流系统应采用程序操作，程序操作不成功，在查明原因并经值班调控人员许可后可进行遥控步进操作。

4. 倒闸操作时安全工器具的使用要求

（1）用绝缘棒拉合隔离开关、高压熔断器或经传动机构拉合断路器和隔离开关，均应戴绝缘手套。

（2）雨天操作室外高压设备时，绝缘棒应有防雨罩，还应穿绝缘靴。接地网电阻不符合要求的，晴天也应穿绝缘靴。

（3）装卸高压熔断器，应戴护目眼镜和绝缘手套，必要时使用绝缘夹钳，并站在绝缘垫或绝缘台上。

5. 倒闸操作保证人身安全的其他措施和要求

（1）雷电时，一般不进行倒闸操作，禁止在就地进行倒闸操作。

（2）断路器遮断容量应满足电网要求。如遮断容量不够，应将操动机构用墙或金属板与该断路器隔开，应进行远方操作，重合闸装置应停用。

（3）电气设备停电后（包括事故停电），在未拉开有关隔离开关和做好安全措施前不得触及设备或进入遮栏，以防突然来电。

（4）单人操作时不得进行登高或登杆操作。

（5）在发生人身触电事故时，可以不经许可，即行断开有关设备的电源，但事后应立即报告调控中心（或设备运维管理单位单位）和上级部门。

二、电力线路倒闸操作的安全措施和要求

1. 倒闸操作的基本要求

（1）倒闸操作应使用倒闸操作票。倒闸操作人员应根据值班调控人员（运维人员）的操作指令（口头、电话或传真、电子邮件）填写或打印倒闸操作票。

（2）操作指令应清楚明确，受令人应将指令内容向发令人复诵，核对无误。发令和受令的全过程（包括复诵指令）要录音并做好记录。

（3）倒闸操作前，应按操作票顺序在模拟图或接线图上预演核对无误后执行。

（4）操作前、后，都应检查核对现场设备名称、编号和断路器、隔离开关的分、合位置。

电气设备操作后的位置检查应以设备实际位置为准，无法看到实际位置时，可通过设备机械指示位置、电气指示、带电显示装置、仪表及各种遥测、遥信等信号的变化来判断。判断时，至少应有两个非同样原理或非同源的指示发生对应变化，且所有这些确定的指示均已同时发生对应变化，才能确认该设备已操作到位，以上检查项目应填写在操作票中作为检查项。检查中若发现其他任何信号有异常，均应停止操作，查明原因。若进行遥控操作，可采用上述的间接方法或其他可靠的方法判断设备位置。

（5）倒闸操作应由两人进行，一人操作，一人监护，并认真执行唱票、复诵制。发布指令和复诵指令都应严肃认真，使用规范的操作术语，准确清晰，按操作票顺序逐项操作，每操作完一项，应检查无误后，做一个"√"记号。操作中发生疑问时，不准擅自更改操作票，应向操作发令人询问清楚无误后再进行操作。操作完毕，受令人应立即汇报发令人。

2. 倒闸操作时安全工器具的使用要求

（1）操作机械传动的断路器或隔离开关时，应戴绝缘手套。没有机械传动的断路器、隔离开关和跌落式熔断器，应使用合格的绝缘棒进行操作。雨天操作应使用有防雨罩的绝缘棒，并穿绝缘靴、戴绝缘手套。

（2）摘挂跌落式熔断器的熔断管时，应使用绝缘棒，并派专人监护。

3. 倒闸操作保证人身安全的其他措施和要求

（1）雷电时，禁止进行倒闸操作和更换熔丝工作。

（2）在操作柱上断路器时，应有防止断路器爆炸时伤人的措施。

（3）更换配电变压器跌落式熔断器熔丝的工作，应先将低压刀闸和高压隔离开关或跌落式熔断器拉开。

（4）在发生人身触电事故时，可以不经过许可，即行断开有关设备的电源，但事后应立即报告调控中心（或设备运维管理单位）和上级部门。

三、配电设备和配电线路倒闸操作的安全措施和要求

（1）高压配电设备倒闸操作的安全措施和要求与变电部分基本相同，高压配电线路倒闸操作的安全措施和要求与电力线路部分基本相同，此处不再赘述。

（2）低压电气倒闸操作的安全措施和要求。

1）操作人员接触低压金属配电箱（表箱）前应先验电。

2）有总断路器和分断路器的回路停电，应先断开分断路器，后断开总断路器。送电操作顺序与此相反。

3）有断路器和插拔式熔断器的回路停电，应先断开断路器，并在负荷侧逐相验明确无电压后，方可取下熔断器。

四、操作票的管理要求

电气倒闸操作是直接改变电气设备的运行方式和运行状态的操作，是一件既重要又复杂的工作，若发生误操作事故，就有可能造成设备损坏和人员伤亡事故。

操作票是安全、正确进行倒闸操作的根据，使用操作票可以规范操作，是防止误操作的有效措施。《国家电网公司电力安全工作规程》规定倒闸操作必须使用操作票，并对操作票的使用提出了具体的管理要求。

1. 操作票的填写或打印要求

（1）倒闸操作人员应根据值班调控人员（运维人员）的操作指令填写或打印倒闸操作票。变电站（发电厂）、电力线路操作票格式分别见附录 Q、附录 R，配电操作票格式与电力线路操作票相同（只是标题为配电倒闸操作票）。

（2）操作票应用黑色或蓝色的钢（水）笔或圆珠笔逐项填写。用计算机开出的操作票应与手写票面统一，操作票应填写设备、线路的双重名称。操作票票面应清楚整洁，不得任意涂改（时间、地点、设备和线路名称、杆号、操作动词等关键词不得涂改）。操作人和监护人应根据模拟图或接线图核对所填写的操作项目，并分别手工或电子签名。

（3）倒闸操作人员填写操作票后，Q/GDW 1799.1—2013《国家电网公司电力安全工作规程 变电部分》要求经运维负责人（检修人员操作时由工作负责人）审核签名。

（4）每张操作票只能填写一个操作任务。

2. 操作票的使用范围

（1）使用操作票的情况。一般的倒闸操作应使用倒闸操作票。Q/GDW 1799.1—2013《国家电网公司电力安全工作规程 变电部分》5.3.4.3 条和《国家电网公司电力安全工作规程（配电部分）（试行）》5.2.5.6 条作出了具体规定。

（2）可不使用操作票的情况。事故紧急处理、拉合断路器的单一操作和变电部分的程序操作可不使用操作票，但这些操作完成后要作好记录。

3. 操作票的使用与保存

操作票应事先连续编号，计算机生成的操作票应在正式出票前连续编号，操作票按编号顺序使用。作废的操作票，应注明"作废"字样，未执行的应注明"未执行"字样，已操作的应注明"已执行"字样。操作票应保存一年。

【案例 5-5】 走错间隔，110kV 出线带电挂接地线

事故经过：

1992 年 11 月 28 日 7 时 30 分，某电厂电运丁班监护人王某，操作人杜某，执行 110kV 辛解线停电做措施，误入 110kV 辛丙 1 线间隔，在将接地线接地端接牢后，往耦合电容器引线上挂地线，

引起弧光短路，辛丙 1 线保护动作，断路器跳闸重合成功。幸未造成人身伤害。

事故原因：

引起这次事故的直接原因是运行人员未能严格执行操作票制度，不按操作票程序操作，在接地线时不核对设备名称，不验电，不唱票，不复诵，工作不负责任，盲目操作，以至酿成事故。

事故教训：

不认真执行操作票，出事故是必然的，这是多年来的历史教训。不要只看操作票上都打了"√"，要检查操作过程中是否严格按操作票操作。

第十一节　防止电气误操作管理措施

一、国家电网公司防止电气误操作安全管理规定

多年来，针对倒闸操作防止电气误操作，国家电网公司颁发的《国家电网公司防止电气误操作安全管理规定》提出了严格管理要求。

（一）基本管理要求

《国家电网公司防止电气误操作安全管理规定》对 3kV 及以上电压等级电气设备的倒闸操作提出以下管理要求：

（1）操作人员应考试合格且名单经运行管理单位批准公布。

（2）现场设备应有明显标志，包括命名、编号、分合指示、旋转方向、切换位置的指示和区别电气相别的色标。

（3）一次系统模拟图或电子接线图应与现场实际相符合。

（4）应具备齐全和完善的运行规程、典型操作票和统一规范的调度操作术语。

（5）应有确切的操作指令和合格的操作票。

（6）应有合格的操作工具、安全用具和设施（包括对号放置接地线的专用装置）。

（7）电气设备应有完善的防止电气误操作闭锁装置。

（二）对二次设备防止电气误操作的管理要求

（1）对连接片操作、电流端子操作、切换开关操作、插拔操作、二次开关操作、按钮操作、定值更改等继电保护操作，应制订正确操作要求和防止电气误操作措施。

（2）保护出口的二次连接片投入前，应检查无出口跳闸电压、装置无异常、无掉牌信号。二次连接片应有醒目和位置正确的标志牌（标签）。

（3）涉及二次运行方式的切换开关，如母差固定连接方式切换开关、备用电源自投切换开关、电压互感器二次联络切换开关等在操作后，应检查相应的指示灯或光字牌，以确认方式正确。

（4）二次设备的重要按钮在正常运行中，应做好防误碰的安全措施，并在按钮旁贴有醒目标签加以说明。

（5）应对不同类型保护制订二次设备定值更改的安全操作规定，如微机保护改变定值区后应打印或确认定值表，调整时间继电器定值时应停用相关的出口连接片，时间定值调整后应检查装置无异常后再投入出口连接片等。

（6）严格执行《国家电网公司电力安全工作规程　变电部分》关于"二次系统上的工作"的管理规定，填用二次工作安全措施票（格式见附录 S）。

二、关于完善防误操作技术措施的管理要求

《国家电网公司十八项电网重大反事故措施（修订版）》规定：

（1）新、扩建变电工程及主设备经技术改造后，防误闭锁装置应与主设备同时投运。

（2）断路器或隔离开关闭锁回路不能用重动继电器，应直接用断路器或隔离开关的辅助触点；操作断路器或隔离开关时，应以现场状态为准。

（3）防误装置电源应与继电保护及控制回路电源独立。

（4）采用计算机监控系统时，远方、就地操作均应具备防止误操作闭锁功能。利用计算机实现防误闭锁功能时，其防误操作规则必须经本单位电气运行、安监、生技部门共同审核，经主管领导批准并备案后方可投入运行。

（5）成套 SF_6 组合电器（GIS/PASS/HGIS）、成套高压开关柜五防功能应齐全、性能良好，出线侧应装设具有自检功能的带电显示装置，并与线路侧接地开关实行联锁；配电装置有倒送电源时，间隔网门应装有带电显示装置的强制闭锁。

（6）同一变压器三侧的成套 SF_6 组合电器（GIS/PASS/HGIS）隔离开关和接地开关之间应有电气联锁。

三、防误装置的管理

为了更好地使用防误装置防止出现误操作事故，国家电网公司 2006 年颁发的《国家电网公司防止电气误操作安全管理规定》、2012 年颁发的《国家电网公司十八项电网重大反事故措施（修订版）》、2013 年发布的 Q/GDW 1799.1—2013《国家电网公司电力安全工作规程　变电部分》等，在对倒闸操作防止误操作提出严格管理要求的同时，也对防误装置都提出了严格管理要求。

（一）防误装置技术管理

1. 防误装置的选用原则

（1）防误装置应简单、可靠，操作和维护方便。

（2）防误装置应实现下述"五防"功能：防止误分、误合断路器，防止带负荷拉、合隔离开关或手车触头，防止带电挂（合）接地线（接地开关），防止带接地线（接地开关）合断路器（隔离开关），防止误入带电间隔。

（3）"五防"功能除"防止误分、误合断路器"现阶段因技术原因可采取提示性措施外，其余四防功能必须采取强制性防止电气误操作措施。

强制性防止电气误操作措施是指：在设备的电动操作控制回路中串联以闭锁回路控制的接点或锁具，在设备的手动操控部件上加装受闭锁回路控制的锁具，同时尽可能按技术条件的要求防止走空程操作。

（4）防误装置应选用符合产品标准，并经国家电网公司、区域电网公司、省（自治区、直辖市）电力公司和国家电网公司直属公司鉴定的产品。通过鉴定的防误装置，必须经试运行考核后方可推广使用。新型防误装置的试运行应经国家电网公司、区域电网公司、省（自治区、直辖市）电力公司和国家电网公司直属公司同意。

（5）变、配电装置改造加装防误装置时，应优先采用微机防误装置或电气闭锁方式。

（6）新建变电站、发电厂（110kV 及以上电气设备）防误装置优先采用单元电气闭锁回路加微机"五防"的方案；无人值班变电站采用在集控站配置中央监控防误闭锁系统时，应实现对受控站远方操作的强制性闭锁。

（7）高压电气设备应安装完善的防止电气误操作闭锁装置，装置的性能、质量、检修周期和维护等应符合防误装置技术标准规定。

（8）成套高压开关设备应具有机械联锁或电气闭锁，电气设备的电动或手动操作闸刀必须具有强制防止电气误操作闭锁功能。

2. 防误装置的技术原则

（1）高压电气设备的防误装置应有专用的解锁工具（钥匙）。

（2）防误装置的结构应满足防尘、防蚀、不卡涩、防干扰、防异物开启和户外防水、耐低温要求。

（3）防误装置不得影响所配设备的操作要求，并与所配设备的操作位置相对应。防误装置应不影响断路器、隔离开关等设备的主要技术性能（如合闸时间、分闸时间、分合闸速度特性、操作传动方向角度等）；尽可能不增加正常操作和事故处理的复杂性；微机防误装置应不影响或干扰继电保护、自动装置和通信设备的正常工作。

（4）防误装置使用的直流电源应与继电保护、控制回路的电源分开，交流电源应是不间断供电电源。

（5）电磁锁应采用间隙式原理，锁栓能自动复位。

（6）微机防误装置的机械挂锁应采用防锈和防腐材料制作。远方操作中使用的微机防误装置电编码锁必须具有远方遥控开锁和就地电脑钥匙开锁的双重属性。

（7）微机防误装置的操作钥匙应具有经授权密码可跳过当前操作步骤的功能。电脑操作钥匙还应具有对同一地址码的电编码锁和机械编码锁进行开锁的双重属性。

（8）通过对受控站电气设备位置信号采集，实现防误装置主机与现场设备状态的一致性，主站远方遥控操作、就地操作实现"五防"强制闭锁功能。

（9）满足多个设备同时操作的要求，可实现多任务并行操作的方式。

（10）对使用常规闭锁技术无法满足防止电气误操作要求的设备（如联络线、封闭式电气设备等），宜采取加装带电显示装置等技术措施达到防止电气误操作要求。对采用间接验电的带电显示装置，在技术条件具备时应与防误装置连接，以实现接地操作时的强制性闭锁功能。

（11）断路器和隔离开关电气闭锁回路应直接使用断路器和隔离开关的辅助接点，严禁使用重动继电器。

（二）防误装置的运行管理

（1）防误装置正常情况下严禁解锁或退出运行。防误装置的解锁工具（钥匙）或备用解锁工具（钥匙）必须有专门的保管和使用制度。

（2）电气操作时防误装置发生异常，应立即停止操作，及时报告运行值班负责人，在确认操作无误，经变电站负责人或发电厂当班值长同意后，方可进行解锁操作，并做好记录。

（3）当防误装置确因故障处理和检修工作需要，必须使用解锁工具（钥匙）时，需经变电站负责人或发电厂当班值长同意，做好相应的安全措施，在专人监护下使用，并做好记录。

（4）在危及人身、电网、设备安全且确需解锁的紧急情况下，经变电站负责人或发电厂当班值长同意后，可以对断路器进行解锁操作。

（5）防误装置整体停用应经本单位总工程师批准，才能退出，并报有关主管部门备案。同时，要采取相应的防止电气误操作的有效措施，并加强操作监护。

（6）运行值班人员（或操作人员）及检修维护人员应熟悉防误装置的管理规定和实施细则，做到"三懂二会"（懂防误装置的原理、性能、结构，会操作、维护）。新上岗的运行人员应进行使用防误装置的培训。

（7）防误装置的管理应纳入厂站的现场规程，明确技术要求、运行巡视内容等，并定期维护。

（8）防误装置的检修工作应与主设备的检修项目协调配合，定期检查防误装置的运行情况，并做好检查记录。

（9）防误装置的缺陷定性应与主设备的缺陷管理相同。

（三）防误装置的解锁管理

（1）以任何形式部分或全部解除防误装置功能的电气操作，均视作解锁。

（2）防误装置的解锁工具（钥匙）或备用解锁工具（钥匙）必须有专门的保管和使用制度，内容包括：倒闸操作、检修工作、事故处理、特殊操作和装置异常等情况下的解锁申请、批准、解锁监护、解锁使用记录等解锁规定，微机防误装置授权密码和解锁钥匙应同时封存。

（3）正常情况下，防误装置严禁解锁或退出运行。

（4）特殊情况下，防误装置解锁执行下列规定：

1）防误装置及电气设备出现异常要求解锁操作，应由设备所属单位的运行管理部门防误装置专责人到现场核实无误，确认需要解锁操作，经专责人同意并签字后，由变电站或发电厂值班员报告当值调度员，方可解锁操作。

2）若遇危及人身、电网和设备安全等紧急情况需要解锁操作，可由变电站当值负责人或发电厂当值值长下令紧急使用解锁工具（钥匙），并由变电站或发电厂值班员报告当值调度员，记录使用原因、日期、时间、使用者、批准人姓名。

3）电气设备检修时需要对检修设备解锁操作，应经变电站站长或发电厂当值值长批准，并在变电站或发电厂值班员监护下进行。

（四）防误装置的日常管理

（1）防误装置日常运行时应保持良好的状态，运行巡视及缺陷管理应同主设备一样对待，检修维护工作应有明确分工和专门单位负责，检修项目与主设备检修项目协调配合。

（2）防误装置整体停用应经供电公司、超高压公司或发电厂主管生产的行政副职或总工程师批准后方可进行，同时报有关主管部门备案。

涉及防止电气误操作逻辑闭锁软件的更新升级（修改）时，应首先经运行管理部门审核，结合该间隔断路器停运或做好遥控出口隔离措施，报相关供电公司或超高压公司批准后方可进行。升级后应验证闭锁逻辑的正确恢复，并做好详细记录及备份。

（3）运行人员（或操作人员）及检修维护人员应熟悉防误装置的管理规定和实施细则，做到"三懂二会"（懂防误装置的原理、性能、结构，会操作、维护）。新上岗的运行人员应进行使用防误装置的培训。

（4）防误装置管理应纳入厂站现场规程。防误装置投运前，应制定现场运行规程及检修维护制度，明确技术要求、定期检查、维护和巡视内容等。运行和检修单位（部门）应做好防误装置的基础管理工作，建立健全防误装置的基础资料、台账和图纸。

（5）防误装置应与主设备同时设计、同时安装、同时验收投运，对于未安装防误装置或防误装置验收不合格的设备，运行单位或有关部门有权拒绝该设备投入运行。

【案例 5-6】 某变电站误操作事故

2001 年 5 月 10 日，某 110kV 变电站当值正班长（监护人）接受地调操作命令，"将 10kV 沱六 613 路由运行转停用"，并在 6133 隔离开关把手上挂"禁止合闸，线路有人工作"标志牌的停电操作任务。

受令后，正班长同副班长（操作人）一起持操作票，在图纸上进行模拟演习后，一同到 10kV 开关室进行实际操作，并拉开了沱六 613 断路器，取下程序锁，与持钥匙的副班长（应正班长持钥匙）一道去室外操作沱六 6133 隔离开关。

这时恰遇该站扩建现场施工人员正在改接站外施工电源，由于该处与运行中的沱岔线路距离较近，监护人便走过去打招呼："沱岔线带电，应注意与周围电气设备的安全距离，旁边设备带电。"说着就走过了应操作设备的位置。此时，正、副班长把操作票放在旁边石台上，既未核对设备名称、隔离开关位置，又未进行唱票及复诵，就将 6133 隔离开关钥匙插入运行中的沱毛 6333 隔离开关锁位上，但打不开。操作人说："锁打不开，可能是锁坏了，可用螺丝刀开锁。"（操作人曾看见过检修人员修锁时开过）。当值正班长未置可否，操作人找来螺丝刀开了锁，便拉开了运行中的 6333 隔离开关，随即一声炸响，弧光短路、633 路过流保护动作、断路器跳闸，重合不成功，该事故造成 6333 隔离开关损坏。

事故原因及暴露问题：

（1）值班长执行《国家电网公司电力安全工作规程 变电部分》的意识极差。在整个倒闸操作中，严重违反了关于倒闸操作的规定，操作中未执行唱票、复诵、监护、核对和检查。

（2）在操作中，值班人员不问缘由，擅自解除"五防功能"，违章用螺丝刀开锁，这是发生事故的又一原因。

（3）该变电站正处在增容扩建施工中，现场紊乱，施工场地复杂，加上该站人员连续几天上班，得不到休息、思想极度紧张、情绪不稳，不能集中精力投入工作，以致出错。

（4）二位当事负责人工作年限较长，凭老经验办事，安全意识差，麻痹大意。且缺乏良好的工作作风和责任感，思想松懈、图省事、怕麻烦，认为偶然一次违章不会出事、存侥幸心理，在这种心理和思想支配下，终酿事故。

（5）片面要求缩短停电操作时间，致使值班人员思想极度紧张，担心操作时间过长，遭到责难。为了图快，就不按《国家电网公司电力安全工作规程 变电部分》和相关运行规程规定的倒闸操作步骤进行，以致忙中、快中出错。

第十二节 现场标准化作业

2004 年，国家电网公司提出了开展现场标准化作业的要求，并相继下发了《国家电网公司现场标准化作业指导书编制导则（试行）》《国家电网公司关于开展现场标准化作业工作的指导意见》等文件。目前，国家电网公司系统的标准化作业工作正在如火如荼地开展。

一、概述

1. 现场标准化作业的概念

（1）标准化作业的基本概念：按照标准的作业方法和流程实施的作业称为标准化作业。

（2）国家电网公司的现场标准化作业概念：《国家电网公司关于开展现场标准化作业工作的指

导意见》指出：现场标准化作业是以企业现场安全生产、技术和质量活动的全过程及其要素为主要内容，按照企业安全生产的客观规律与要求，制定作业程序标准和贯彻标准的一种有组织的活动。

2. 标准化作业思想的来源——泰勒的标准化原理

弗雷德里克·泰勒是美国古典管理学家、科学管理的主要倡导人，被尊称为"科学管理学之父"，主要著作是《科学管理原理》。其科学管理理论的核心是管理要科学化、标准化。

泰勒指出，在科学管理的情况下，要达到提高劳动生产率的目的，一个很重要的措施就是实行工具标准化、操作标准化、劳动动作标准化、劳动环境标准化等标准化管理。

需要指出的是，国家电网公司系统推行的标准化作业，是一种结合了电力系统现场作业特点的标准化管理思想，其最重要目的不是提高劳动生产率，而是提高现场作业的安全生产水平和作业质量水平。

3. 开展现场标准化作业的意义

（1）可以纠正传统现场作业管理存在的不规范、不安全的问题。传统现场作业管理存在的主要问题是作业没有统一的标准，随意性较大，按经验办事较多，主要表现在作业工艺缺乏标准要求（缺乏制订标准的依据），作业程序（流程）不规范（主要凭经验进行作业），作业过程缺乏指导方案（主要凭经验进行作业），作业行为缺乏控制手段与依据（主要靠工作人员的自觉性）等几个方面。

在现场作业中经常出现的具体问题有：

1）工作前准备：工作器具、备品备件准备不足，资料、图纸不全，工作手续未办理齐全，仪器仪表不合格，技术规程、工艺标准不明确，对新技术、新标准掌握程度不够，人员安排不合理或工作量估计不足等。

2）现场作业中：现场安全措施不全面；工作流程不明确，作业中跳项、漏项；作业行为随意性大；处理现场异常情况无措施、无预案；工作进度安排不合理，浪费人物效率低等。

3）作业结束时：资料、数据的收集不规范；收尾工作不严密；作业结果的确认依据不统一，对完成情况没有评价。

通过开展现场标准化作业可以有效地解决这些问题。

（2）是搞好现场作业安全生产管理和质量管理的重要措施。《国家电网公司关于开展现场标准化作业工作的指导意见》对开展现场标准化作业的意义有明确论述。

第三条指出：开展现场标准化作业是确保现场作业任务清楚、危险点清楚、作业程序清楚、安全措施清楚、安全责任清楚、人员到位、思想到位、措施到位、执行到位、监督到位的有效措施，是生产管理长效机制的重要组成部分。

第八条指出：现场标准化作业工作应与各单位现行的各种现场规程规定、安全管理规定、措施等相互配合，形成一个有机的整体，共同保证现场作业的安全和质量。当前现场普遍采用的操作票、工作票、安全措施、技术措施、组织措施、实施方案等都应作为现场标准化作业工作的有机组成部分。

总之，现场标准化作业是一种科学而实用的现代化安全生产管理方法，它可以弥补安全操作规程的不足，有效地防止人的失误和各种违章行为的出现和安全或质量事故的发生，是搞好现场作业安全管理和质量管理的重要措施。

4. 现场标准化作业的全过程控制理念

现场标准化作业的全过程控制理念是指：针对现场作业过程中每一项具体的操作，按照电力安全生产有关法律法规、技术标准、规程规定的要求，对电力现场作业活动的全过程进行细化、量化、标准化，保证作业过程处于"可控、在控"状态，不出现偏差和错误，以获得最佳秩序与效果。

二、现场标准化作业的主要内容

1. 作业程序（流程）标准化

根据各岗位、工种的作业要求，从生产准备、正常作业到作业结束的全过程，确定正确的操作顺序，使作业人员明确先做什么后做什么。通过对生产程序的管理，落实各级人员的安全职责，明确工作内容和要求，从而避免了由于组织措施不到位而导致的事故风险。

2. 现场操作（工艺和行为）标准化

根据各岗位、工种的作业步骤，从具体操作动作上规定作业人员应该怎样做，达到相关标准，使作业人员行为规范化。

3. 作业安全标准化

主要是安全措施标准化、安全监督标准化、危险点控制标准化。

另外，必须理解严格执行现场标准化作业指导书能够起到反违章的效果，操作标准化、设备管理标准化、生产环境标准化、人的行为标准化、物的管理标准化以及相适应的生产环境条件等也都关乎作业安全。

4. 工器具及设备管理标准化

电力生产中使用的工器具和设备均应达到良好的标准状态。随着时间的推移和生产的进行，工器具及设备出现磨损、老化等问题，需要定期试验检测，不断维护检修和保养，及时更换易损的零部件，以消除物的不安全因素。

5. 作业质量控制标准化

试验、检修、倒闸操作等现场作业应达到质量标准，并符合相关规程规定。

6. 文明生产标准化

根据文明生产要求，对作业场所必须具备的照明、卫生条件、原材料及成品、半成品的运送和码放、工具和消防设施管理等涉及的一切与文明生产有关的内容，均应有具体的规定并满足要求。

7. 作业场所管理标准化

根据生产场地条件情况，对作业场所的通道、作业区域、护栏防护区域、物料堆放高度和宽度、工器具放置等，均纳入标准化管理。

三、现场标准化作业主要环节与流程

如图 5-3 所示，现场标准化作业主要环节与流程主要介绍如下。

1. 工作前的准备

（1）工作计划：根据年度计划确定月度计划，凡列入计划的工作均必须实施标准化作业。

（2）现场查勘：根据工作计划的内容，由主要作业负责人到现场进行作业内容的查勘，了解危险点与安全注意事项。一般要求提前一周到现场落实情况，并要求各专业参与。

（3）安全质量策划：根据现场查勘情况，确定工作方案，并进行安全质量策划。注意结合安全危险点控制、关键质量控制要求。

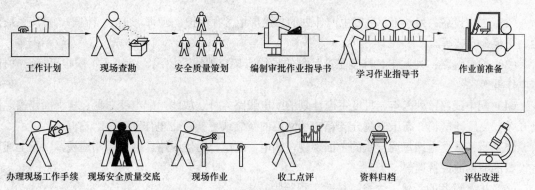

图 5-3　标准化作业主要环节及流程

（4）编制审批作业指导书：根据策划结果，按照"谁干谁编"的原则，编制标准化作业指导书，并分级进行审批。

（5）学习作业指导书：工作出发前（作业前 1h 培训），组织班前会，相关工作人员学习作业指导书，并进行工作任务分配。

（6）作业前准备：根据作业指导收的内容，准备图纸资料、备品备件、工作仪器或机具等。

2. 工作的实施

（1）办理现场工作手续：按照《国家电网公司电力安全工作规程》要求，办理工作许可等手续。

（2）现场安全质量交底：组织所有工作人员列队，交代工作任务（工作内容、人员分工、作业程序），交代现场安全措施及带电部位、交代危险点及控制措施，交代作业质量注意事项，并要求每位员工确认签名。

其中，交代作业任务（工作内容、人员分工）、交代现场安全措施及带电部位、交代危险点及控制措施等，总称为"三交"。

"三交"的目的是使全体参与现场作业人员都能够做到"五清楚"，即作业任务清楚、危险点清楚、作业程序清楚、安全措施清楚、安全责任清楚。

（3）现场作业：严格按照作业指导书的内容开展现场作业。

3. 验收与总结

（1）竣工验收：按照工作票的要求进行竣工验收。

（2）场地清理：收拾、整理工具，清理工作现场。

（3）收工点评：每日工作结束后，清点现场，再一次列队，由工作负责人点评一天的工作情况，提出改进意见。

（4）资料归档：工作完工后，将标准化作业指导书，工作原始记录进行归档，并纳入到统计分析系统中。

（5）评估改进：由各级安全生产的管理者按月对作业执行情况进行评估，并提出考核和改进意见，重大问题提交到上级部门。

四、现场标准化作业的适用范围

（1）一次设备：列入年、月度生产计划的变压器、断路器、隔离开关、电压互感器、电流互感器、避雷器、全封闭组合电器、高压柜、电抗器、电容器组大修、改造、安装、试验等，母线及其绝缘子更换，高压计量箱的安装和更换，穿墙套管更换等。

（2）二次设备：列入年、月度生产计划的二次屏柜（含保护、远动、通信、计量）、直流系统定检、更换、安装等。

（3）输电线路：列入年、月度生产计划的导线、架空地线、拉线、绝缘子、横担更换，立杆，带电作业等。

（4）配电线路：列入年、月度生产计划的配电线路立杆、放线，配电变压器、柱上断路器、隔离开关、高压计量箱、高压电缆分支箱、环网柜的新装或更换，带电作业等。

（5）巡视：变电站每周一次的全面巡视，输电、配电、通信线路、机房周期巡视，以及上述所有设备的非事故性特巡。

（6）电气设备的新建、大修、技改工程验收。

（7）事故抢修、紧急缺陷处理、特巡等突发临时性工作应尽量使用现场标准化作业书。在条件不允许情况下，可不使用现场标准化作业书，但应按照现场标准化作业要求，在工作开始前进行危险点分析并采取相应的安全措施。

五、实施标准化作业必须具备的要素

（1）人员要素：确保作业人员数量、组成的合理性。

（2）物的要素：保证按标准、规范对现场安全设施、工器具、机具及专用仪器进行准备和布置。

（3）技术要素：技术措施要符合实际，且有针对性；采用文字、图表或流程框图等方法，对作业中的危险点及危险工序，进行定性和定量的分析，制订有效的控制措施，从技术的角度来保证作业的安全和质量。

（4）文本要素：指导书（卡）的编写格式规范统一，语言表达通畅；编写、审批、执行、修正、监督体系管理职能明确；标准化作业卡正确组合使用。

（5）信息管理要素：要提高标准化作业的效率，保证签字的及时性和正确性，必须保证标准化作业信息管理系统运行正常。

六、现场标准化作业指导书

1. 性质

现场标准化作业指导书是体现现场标准化作业的具体形式，目前也是主要形式，简化的现场作业指导书包括现场标准化作业指导卡、标准化施工作业票等形式。作为企业标准化工作的一部分，各省电力公司都制定了现场具体到标准化作业指导书。

2. 国家电网公司的释义

《国家电网公司现场标准化作业指导书编制导则（试行）》的释义是：现场标准化作业书是指对每一项作业按照全过程控制的要求，对作业计划、准备、实施、总结等各个环节，明确具体操作的方法、步骤、措施、标准和人员责任，依据工作流程组合成的执行文件。

3. 编制原则

（1）体现对现场作业的全过程控制，体现对设备及人员行为的全过程管理，包括设备验收、运行检修、缺陷管理、技术监督、反事故措施和人员行为要求等内容。

（2）现场作业指导书的编制应依据生产计划。生产计划的制订应根据现场运行设备的状态，如缺陷异常、反事故措施要求、技术监督等内容，应实行刚性管理，变更应严格履行审批手续。

（3）应在作业前编制，注重策划和设计，量化、细化、标准化每项作业内容。做到作业有程序、安全有措施、质量有标准、考核有依据。

（4）针对现场实际，进行危险点分析，制定相应的防范措施。

（5）应体现分工明确，责任到人，编写、审核、批准和执行应签字齐全。

（6）围绕安全、质量两条主线，实现安全与质量的综合控制。优化作业方案，提高效率、降低成本。

（7）一项作业任务编制一份作业指导书。

（8）应规定保证本项作业安全和质量的技术措施、组织措施、工序及验收内容。

（9）以人为本，贯彻安全生产健康环境质量管理体系（SHEQ）的要求。

（10）概念清楚、表达准确、文字简练、格式统一。

（11）应结合现场实际由专业技术人员编写，由相应的主管部门审批。

4．结构内容及格式

（1）结构。作业指导书的结构由封面、范围、引用文件、修前准备、流程图、作业程序和工艺标准、验收记录、指导书执行情况评估和附录九项内容组成。

（2）格式。变电检修作业指导书内容及格式见附录 T。其他工种参考《国家电网公司现场标准化作业指导书编制导则（试行）》。

第十三节　电力高处作业安全措施

一、电力高处作业

GB/T 3608—2008《高处作业分级》规定：凡在坠落高度基准面 2m 以上（含 2m）有可能坠落的高处进行的作业，都称为高处作业。

高处作业除了在高处进行的操作，当然也包括向高处的攀登和从高处下来的攀爬过程，以及在作业场地的地面进行的辅助工作（例如观察监护、记录、传递工具和材料等）。

1．电力系统高处作业的基本类型

电力系统高处作业主要包括电力建设高处作业、电力设备和线路运行与检修的高处作业两大部分。在此仅讨论后者。

根据作业人员在作业中所处的位置，电力设备和线路运行与检修的高处作业主要包括临边作业、攀登作业、悬空作业、高处作业平台作业等四种基本类型。

（1）临边作业：是指作业现场中，工作面边沿无围护设施或围护设施高度低于 80cm 时的高处作业。下列作业属于临边作业：

1）在坝顶、陡坡、屋顶、悬崖、杆塔、吊桥等处进行的作业。

2）在无防护的电力设施台架（如变压器台）、构架上或电气设备（例如大型变压器）顶部进行的作业。

3）在其他危险边沿，如无防护的平台、楼层的边沿、坑口以及楼梯口、梯段口等处进行的作业。

（2）攀登作业：是指借助电力设施构架、脚手架上的登高设施或采用梯子及其他登高设施进行攀登的过程，或者时而攀登时而操作的高处作业。

例如，在电力线路检修中，借助线路杆塔的构架进行的攀登过程或作业。

进行攀登作业时作业人员由于没有作业平台，只能立足在可借助物的架子上，或借助脚扣和安全带来保持平衡，作业难度大，危险性大，稍有不慎就可能发生人员或操作工具坠落。

（3）悬空作业：是指在周边临空状态下进行高处作业。其特点是在操作者无立足点或无牢靠立足点条件下进行高处作业。

例如，在输力线路带电作业中，检修人员直接站立在导线上或使用安全带悬挂在导线上进行的作业，或者使用软梯、挂梯作业或用梯头进行的作业。

（4）高处作业平台作业：主要是指利用高处作业车、带电作业车、叉车等可移动的高处作业平台进行的高处作业。其特点是在操作者有足够立足点，但需要车辆及平台保持稳定才能保证身体平衡。

2. 高处作业人员的基本条件

根据 2002 年 10 月原国家安全生产监督管理局颁布的《特种作业人员安全技术培训大纲及考核标准：通用部分》，综合电力系统对特种作业人员的基本要求，高处（或称登高）作业人员应具备以下基本条件：

（1）年满 18 周岁。

（2）具有初中以上文化程度。

（3）必须经具有合法资质的医疗机构体检合格，双眼裸视力在 4.8 以上，且矫正视力在 5.0 以上，无高血压、心脏病、眩晕病、恐高症、癫痫病等妨碍本作业的疾病及生理缺陷。

（4）高处作业人员要经过专门培训，熟练掌握各种安全工器具的性能和使用方法。

（5）必须学会现场急救的技能。

3. 高处作业的主要危险

造成高处作业人身伤害的主要危险包括两个方面：一是作业人员高处坠落造成人身伤害，二是高处坠物伤人。

二、电力高处作业的不安全行为

电力高处作业的不安全行为主要有以下几个方面：

（1）安全工器具准备不齐全，检查不认真。例如，作业前没有认真检查个人坠落保护系统（用于阻止人员从工作高度坠落的一种系统，包括有挂点、连接器、安全带、防坠装置或它们的组合）存在的缺陷。

（2）作业中不正确使用安全工器具。例如：挂点选择不合适、安全带低挂高用、护栏设置高度不够等。

（3）高处作业人员与带电的电力线路或电气设备距离小于安全距离。

（4）使用不规范的高处作业平台或高处作业平台不稳定。

（5）使用不可靠立足点。

（6）作业过程转移作业位置时失去保护。

（7）作业中冒险操作。

（8）身体或心理状况不健康。

三、高处作业安全三步法

第一步，在工作方案制定过程中消除坠落隐患。

（1）必须查找作业危险点，评估工作场所和作业过程的危险性。

（2）针对每一个可能导致坠落的环节制定消除隐患的措施（包括对作业人员身体条件的要求）。

第二步，坠落预防。

如果在第一步中不能完全消除坠落隐患，需要通过改进作业场所的条件来防止坠落，即在作业开始之前，尽可能安装或设置脚手架、高处作业平台、护栏等限制保护系统，建立能够保证安全的工作环境和系统。

第三步，使用合适的防坠落装置。

在确认不能完全消除坠落风险时，除了使用安全带、后备保护绳外，还要使用防坠落装置。

防坠落装置包括导轨式防坠器、绳索式防坠器（俗称抓绳器）、速差式防坠器（俗称速差自控器）、固定安全带的绳索、专为挂安全带用的钢丝绳和安全网等。

注意：应通过评估工作场所和作业过程，选择安装并正确使用最合适的装备。

四、电力高处作业的一般安全措施

（一）保证作业人员身体合格的措施

《国家电网公司电力安全工作规程》规定，凡参加高处作业的人员，应每年进行一次体检。体检合格方可参加高处作业。

（二）防止高处坠落的一般安全措施

1. 防护设施的设置

（1）高处作业均应先搭设脚手架、使用高处作业车、升降平台或采取其他防止坠落措施，方可进行。

（2）在坝顶、陡坡、屋顶、悬崖、杆塔、吊桥以及其他危险的边沿进行工作，临空一面应装设安全网或防护栏杆，否则，工作人员应使用安全带。

（3）峭壁、陡坡的场地或人行道上的冰雪、碎石、泥土应经常清理，靠外面一侧应设 1050～1200mm 高的栏杆。在栏杆内侧设 180mm 高的侧板，以防坠物伤人。

（4）当临时高处行走区域不能装设防护栏杆时，应设置 1050mm 高的安全水平扶绳，且每隔 2m 应设一个固定支撑点。

（5）在没有脚手架或者在没有栏杆的脚手架上工作，高度超过 1.5m 时，应使用安全带，或采取其他可靠的安全措施。

（6）钢管杆塔、30m 以上杆塔和 220kV 及以上线路杆塔宜设置（新建线路杆塔必须设置）防止作业人员上下杆塔和杆塔上水平移动的防坠安全保护装置。

（7）高处作业使用的脚手架应经验收合格后方可使用。

（8）脚手架的安装、拆除和使用，应执行《国家电网公司电力安全工作规程〔火（水）电厂动力部分〕》中的有关规定及国家相关规程规定。

2. 高处作业前的检查、清理

（1）安全带和专作固定安全带的绳索在使用前应进行外观检查和合格证检查，外观有问题的和不合格（或没有抽验）的不准使用。

（2）作业前应检查、清理脚手架上、梯子上可能妨碍工作的杂物，清理鞋底上可能粘有的油脂、泥巴或冰雪；雪天或有油处作业要采取防滑措施。

3. 工作中人员行为注意事项

（1）悬挂式安全带的挂钩或绳子应挂在结实牢固的构件或专为挂安全带用的钢丝绳上，并应采用高挂低用的方式。禁止系挂在移动或不牢固的物件上（如隔离开关支持绝缘子、瓷横担、未经固定的转动横担、线路支柱绝缘子、避雷器支柱绝缘子等）。

（2）高处作业人员在作业过程中，应随时检查安全带是否拴牢。高处作业人员在转移作业位置时不准失去保护。

（3）上下脚手架应走坡道或梯子，作业人员不准沿脚手杆或栏杆等攀爬。高处行走、攀爬时严禁手持物件。

（4）使用软梯、挂梯或梯头进行移动作业时，软梯、挂梯或梯头只准一人工作。作业人员到达梯头上进行工作和梯头开始移动前，应将梯头的封口可靠封闭，否则应使用保护绳防止梯头脱钩。

（5）利用高处作业车、带电作业车、叉车等高处作业平台进行高处作业时，高处作业平台应处于稳定状态，需要移动车辆时，作业平台上不得载人。

（三）防止高处坠物伤人的一般安全措施

（1）高处作业应一律使用工具袋。

（2）在脚手架上、杆塔上等高处工作场所，较大的工具应用绳拴在牢固的构件上；工件、边角余料等零散物品应放置在牢靠的地方并采取用铁丝扣牢等防止坠落的措施，无用的应及时清理，不准随便乱放，以防止从高处坠落发生伤人事故。

（3）如在格栅式的平台上工作，为了防止工具和器材掉落，应采取有效隔离措施，如铺设木板等。

（4）禁止将工具及材料上下投掷，应用绳索拴牢传递，以免打伤下方工作人员或击毁脚手架。

（5）在进行高处作业时，应尽量避免交叉作业，除有关人员外，不准他人在工作地点的下面通行或逗留，工作地点下面应有围栏（设置警戒区）或装设其他保护装置，防止落物伤人。

（四）高处作业区周围的防护措施

（1）高处作业区周围的孔洞、沟道等应设盖板、安全网或围栏并有固定其位置的措施。

（2）同时应设置安全标志，夜间还应设红灯示警。

（五）恶劣天气或环境下高处作业的一般安全措施

（1）低温或高温环境下作业，应采取保暖和防暑降温措施，作业时间不宜过长。

（2）在5级及以上的大风以及暴雨、雷电、冰雹、大雾、沙尘暴等恶劣天气下，应停止露天高处作业。

（3）特殊情况下，确需在恶劣天气进行抢修时，应组织人员充分讨论必要的安全措施，经本单位分管生产的领导（总工程师）批准后方可进行。

（六）对梯子的要求和使用安全措施

（1）梯子应坚固完整，有防滑措施。梯子的支柱应能承受作业人员及所携带的工具、材料攀登时的总重量。

（2）硬质梯子的横档应嵌在支柱上，梯阶的距离不应大于40cm，并在距梯顶1m处设限高标志。

（3）使用单梯工作时，梯与地面的斜角度为60°左右。梯子不宜绑接使用。人字梯应有限制开度的措施。

（4）人在梯子上时，禁止移动梯子。

（5）使用软梯、挂梯作业或用梯头进行移动作业时，软梯、挂梯或梯头上只准一人工作。作业人员到达梯头上进行工作和梯头开始移动前，应将梯头的封口可靠封闭，否则应使用保护绳防止梯头脱钩。

五、杆塔上作业的安全措施

1. 防止杆塔倾倒的安全措施

（1）攀登杆塔作业前，应先检查根部、基础和拉线是否牢固。

（2）新立杆塔在杆基未完全牢固或做好临时拉线前，禁止攀登。

（3）遇有冲刷、起土、上拔或导地线、拉线松动的杆塔，应先培土加固，打好临时拉线或支好架杆后，再行登杆。

2. 攀登杆塔防止坠落的安全措施

（1）登杆塔前，应先检查登高工具、设施，如脚扣、升降板、安全带、梯子和脚钉、爬梯、防坠装置等是否完整牢靠。

（2）禁止携带器材登杆或在杆塔上移位，禁止利用绳索、拉线上下杆塔或顺杆下滑。

（3）攀登有覆冰、积雪的杆塔时，应采取防滑措施。

（4）上横担进行工作前，应检查横担连接是否牢固和腐蚀情况，检查时安全带（绳）应系在主杆或牢固的构件上。

（5）作业人员攀登杆塔、杆塔上转位及杆塔上作业时，手扶的构件应牢固，不准失去安全保护，并防止安全带从杆顶脱出或被锋利物损坏。

3. 在杆塔上作业防止坠落的安全措施

（1）在杆塔上作业时，应使用有后备绳或速差自控器的双控背带式安全带，当后保护绳超过 3m 时，应使用缓冲器。

（2）在杆塔上作业时，安全带和后备保护绳应分挂在杆塔不同部位的牢固构件上。

（3）后备保护绳不准对接使用。

4. 在杆塔上作业防止坠物伤人的安全措施

（1）杆塔作业应使用工具袋，较大的工具应固定在牢固的构件上，不准随便乱放。

（2）上下传递物件应用绳索拴牢传递，禁止上下抛掷。

（3）在杆塔上作业，工作点下方应按坠落半径设围栏或其他保护措施。

（4）杆塔上下无法避免垂直交叉作业时，应做好防落物伤人的措施，作业时要相互照应，密切配合。

5. 在杆塔上作业使用梯子的安全措施

（1）在杆塔上水平使用梯子时，应使用特制的专用梯子。

（2）工作前应将梯子两端与固定物可靠连接，一般应由一人在梯子上工作。

6. 在相分裂导线上工作的安全措施

在相分裂导线上工作时，安全带（绳）应挂在同一根子导线上，后备保护绳应挂在整组相导线上。

【案例 5-7】 自我防护意识差，高处坠落身亡

事故经过：

某供电公司曾发生一次配电工人在为市电话局的公用电话亭接 220V 电源时坠落死亡案例。工作中，龙某一人登上市内某电杆准备接电源，梯子高 6m，因位置不便，龙某解开安全带换位时，不慎从 6m 高处摔下，经抢救无效死亡。

事故原因：

此项作业违反了《国家电网公司电力安全工作规程　线路部分》中"低压带电作业应设专人监护"的规定。一人登杆作业而无人监护是事故发生的主要原因。

龙某登杆后发现位置不当，转位时违反《国家电网公司电力安全工作规程　线路部分》"高处作业人员在转移作业位置时不准失去保护"的规定。龙某转位时解开了安全带，失去了安全带的保护，从6m高处摔下，是发生事故的直接原因。

龙某在登杆作业时没戴安全帽，摔下来时加重了伤害程度，是龙致死的重要因素。违反《国家电网公司电力安全工作规程　线路部分》中"任何人进入工作现场应正确佩戴安全帽"的规定。

防范措施：

（1）低压带电作业或在低压杆上工作，都必须至少两人执行，一人监护，一人操作，越是简单工作，越要重视人身安全，绝不可疏忽大意。

（2）作业人员头脑中必须时刻清醒，时刻注意"高处作业人员在转移作业位置时不准失去保护"，只有这样才能保证自己生命的安全。

第六章

安全工器具与安全设施

第一节　安全工器具分类与管理

2002 年原国家电力公司发布的《电力安全工器具预防性试验规程（试行）》和 2005 年国家电网公司发布的《国家电网公司电力安全工器具管理规定（试行）》，都将电力安全工器具定义为：用于防止触电、灼伤、坠落、摔跌等事故，保障工作人员人身安全的各种专用工具和器具。通常这两个文件所规定的电力安全工器具不包括带电作业等特种作业专门器具和设施。

2010 年南方电网公司发布的《电力安全工器具管理规定》将电力安全工器具定义为：在操作、维护、检修、试验、施工等电力生产现场作业中，用于防止触电、灼伤、坠落、摔跌等事故或职业健康危害，保障作业人员人身安全的各种专用工具和器具，不包括带电作业等特种作业专门器具和设施。

一、电力安全工器具分类

原国家电力公司《电力安全工器具预防性试验规程（试行）》将电力安全工器具分为绝缘安全工器具和一般防护安全工器具两大类。

《国家电网公司电力安全工器具管理规定（试行）》将电力安全工器具分为绝缘安全工器具、一般防护安全工器具、安全围栏（网）和标志牌三大类。

南方电网公司《电力安全工器具管理规定》将电力安全工器具分为绝缘安全工器具、登高安全工器具、个人安全防护用具、安全围栏（安全网）四大类。

类似地，目前有专家将电力安全工器具分为绝缘安全工器具、登高工器具、个体防护装备、安全围栏（安全网）四大类。

（一）绝缘安全工器具

绝缘安全工器具是具有电气绝缘性能，用来防止操作人员发生直接触电事故的电气专用工器具。分为基本和辅助两种绝缘安全工器具。

1. 高压绝缘安全工器具

（1）基本绝缘安全工器具，是指绝缘强度能够承受设备或线路的工作电压，能直接操作带电设备、接触或可能接触带电体的工器具。高压基本绝缘安全工器具有电容型验电器、绝缘杆、绝缘隔板、绝缘罩、携带型短路接地线、个人保安接地线、核相器等。

这类工器具和带电作业工器具的区别在于工作过程中为短时间接触带电体或非接触带电体。

《电力安全工器具预防性试验规程（试行）》和《国家电网公司电力安全工器具管理规定（试行）》都将携带型短路接地线也归入这个范畴。

（2）辅助绝缘安全工器具（用具），是指绝缘强度不足以承受设备或线路的工作电压，只能用于加强基本绝缘安全工器具的保安作用，防止接触电压、跨步电压、泄漏电流电弧对操作人员造成伤害的电气专用工器具，如绝缘手套、绝缘靴（鞋）、绝缘胶垫等。

不能用辅助绝缘安全工器具直接接触高压设备带电部分。

2. 低压绝缘安全工器具

低压基本绝缘安全工器具有低压验电器（试电笔）、带绝缘柄的工具和低压绝缘手套；低压辅助绝缘安全用具有绝缘台、绝缘垫、绝缘靴及绝缘鞋等。

（二）一般防护安全工器具（一般防护用具）

一般防护安全工器具（一般防护用具）是指不具有绝缘性能，在工作中能够用来防止工作人员发生非触电事故的工器具。一般包括以下几个方面。

1. 一般人体防护用具

在一般工作场合保护操作者人体安全的防护用具。当工作人员穿戴必要的防护用具时，可以防止遭到外来物的伤害。主要有安全帽、护目镜、工作服、手套等。

2. 有害环境防护用具

工作人员在具有某些有害因素（静电、有毒气体、电弧、低氧、粉尘、酸性气体等）的环境工作时，直接或间接防护有害因素伤害的工器具（用具）。主要有防静电服（静电感应防护服）、防电弧服、导电鞋（防静电鞋）、SF_6气体检漏仪、氧量测试仪、过滤式防毒面具、正压式消防空气呼吸器、耐酸手套、耐酸服及耐酸靴等。

3. 高处作业防护用具（登高安全工器具）

是指具有足够机械强度，保证高处作业安全，提供登高必需的工作条件，防止意外坠落，减轻坠落伤害的工器具。主要有安全带、安全绳、梯子、脚扣、安全网、安全自锁器、速差自控器、升降平台等。

（三）安全围栏（网）和标志牌

安全围栏（网）是指用于设置明显的安全作业区域，隔离危险区域，防止作业人员超越安全作业区、误入危险区域的工器具。包括各种固定的围栏、围网和临时遮栏等。

安全标志牌是指在电力安全生产活动中起到禁止、警告、指令、提示和其他作用的标志牌。包括各种安全警告牌、设备标志牌等。

生产实践中的习惯分类方法

"工器具""器具""工具"和"用具"这几个词的含义在汉语词典中并没有严格的区别，但在日常生活和工作中，人们使用时还是有细微差别的。对于在电力生产中使用的"安全工器具"，过去人们一般习惯称为安全用具。虽然《国家电网公司电力安全工器具管理规定（试行）》统一称为"安全工器具"，但习惯上人们还是把可以用来单独完成操作任务的"安全工器具"称为"工具"（如绝缘操作杆），而把不能用来单独完成操作任务、只能起辅助作用或防护作用的"安全工器具"称为"用具"（如绝缘手套、绝缘靴）。

GB/T 18037—2008《带电作业工具基本技术要求与设计导则》就是按这种习惯命名"安全工器具"的，并且在规定工具中包含用具。

基于这样的习惯，可以认为安全工器具包括绝缘工具和安全用具。由于辅助绝缘安全工器具不能用来完成单独的操作，只能起辅助作用，所以称为辅助绝缘安全用具；而一般防护安全工器具也不能用来完成单独的操作，只能起防护作用，称为防护用具；两者合称为安全用具。本章第三节"常用安全用具"的标题即由此而来。

二、管理职责

（1）国家电网公司统一负责公司系统安全工器具的监督管理工作。

（2）电力工业电力安全工器具质量监督检验测试中心负责电力安全工器具的质量检测工作，负责发布电力安全工器具相关信息。

（3）各单位应制定安全工器具的管理细则，明确分工，落实责任，对安全工器具实施全过程管理。

（4）各单位应遵照《国家电网公司安全工作规定》的要求，结合本单位的实际，每年列专项资金，专款专用，用于购置和配足安全工器具。

（5）各级安监部门是安全工器具的归口管理部门，负责制定管理制度，并监督、检查所属单位贯彻执行有关安全工器具的管理规定。

（6）各单位安监部门应设安全工器具管理专责人（或兼职），负责安全工器具的监督管理工作，监督安全工器具购置计划的实施。

（7）输变电、供电、发电、集中检修和施工企业管理职责：

1）负责制定本企业的安全工器具管理制度。

2）负责编制安全工器具购置计划，并付诸实施。

3）单位安监部门负责本单位安全工器具的选型、选厂（在上级公布的名单内选择）。

4）负责监督检查安全工器具的购置、验收、试验、使用、保管和报废工作。

5）每半年对各车间安全工器具进行抽查，所有检查均要做好记录。

（8）车间（工区）管理职责：

1）车间（工区）应制定安全工器具管理职责、分工和工作标准。

2）车间（工区）安全员是管理安全工器具的负责人，负责制定、申报安全工器具的订购、配置、报废计划；组织、监督检查安全工器具的定期试验、保管、使用等工作；督促指导班组开展安全工器具的培训工作。

3）车间（工区）应建立安全工器具台账，并抄报安监部门。

4）车间（工区）每季对所辖班组安全工器具检查一次，所有检查均要做好记录。

（9）班组、站、所管理职责：

1）各班组、站、所应建立安全工器具管理台账，做到账、卡、物相符，试验报告、检查记录齐全。

2）公用安全工器具设专人保管，保管人应定期进行日常检查、维护、保养。发现不合格或超试验周期的应另外存放，做出不准使用的标志，停止使用。个人安全工器具自行保管。安全工器具严禁移作他用。

3）对工作人员进行安全培训，严格执行操作规定，正确使用安全工器具。不熟悉使用操作方法的人员不得使用安全工器具。

4）班组每月对安全工器具全面检查一次，并对班组、车间、厂（局）等检查做好记录。

三、验收及入库

1. 验收

安全工器具必须严格履行验收手续，对所购安全工器具的型号、技术参数、合格证、质量、数量等进行验收，确保购置的安全工器具设备铭牌和"三证一书"（产品许可证、出厂试验合格证、产品鉴定合格证和使用说明书）等资料齐全完备。

2. 入库

工器具入库验收应做好验收记录。验收合格的安全工器具经安监部门和物资部门共同签字确认后方可在物流中心入库或交使用单位。验收不合格的安全工器具应做好标示，单独存放，并联系厂家更换。

四、检查及使用的总体要求

（1）班组每月对安全工器具全面检查一次，并做好记录。

（2）使用安全工器具之前，应认真核查合格证上的试验日期是否在有效期内，严禁使用不合格和超过试验周期的安全工器具。在使用前进行常规检查：① 是否清洁、完好；② 连接部分应牢固、可靠，无锈蚀、断裂；③ 无机械损伤、裂纹、变形、老化、炭化等现象；④ 是否符合设备的电压等级。

（3）定期统一组织电力安全工器具的使用方法培训，凡是在工作中需要使用电力安全工器具的工作人员，都必须定期接受培训。安全工器具的使用者应熟悉安全工器具的正确使用和操作方法。

（4）对安全工器具的机械、绝缘性能发生疑问时，应进行试验，合格后方可使用。在使用中如果发现安全工器具损坏，应停止使用，将损坏的安全工器具送安监部门指定的仓库单独存放，集中进行处理。

（5）绝缘安全工器具使用前应擦拭干净。

（6）新领用和经修理的安全工器具未经检查试验不准使用。

（7）安全工器具不符合外界环境条件使用要求时，不准使用。

（8）有声、光等双功能的安全工器具，当有一功能失常时，严禁使用。

（9）安全工器具不能移作他用，不能替代普通工具使用，并不得随意外借。

五、试验及检验管理规定

（1）各类电力安全工器具必须通过国家和行业规定的型式试验，进行出厂试验和使用中的周期性试验。

（2）各类电力安全工器具必须由具有资质的电力安全工器具检验机构进行检验。

（3）应进行试验的安全工器具包括：① 规程要求进行试验的安全工器具；② 新购置和自制的安全工器具；③ 检修后或关键零部件经过更换的安全工器具；④ 对其机械、绝缘性能发生疑问或发现缺陷的安全工器具；⑤ 出了质量问题的同批安全工器具。

（4）周期性试验及检验周期、标准及要求应符合国家或电力行业的有关规程和标准。

（5）电力安全工器具经试验或检验合格后，必须在合格的安全工器具上（不妨碍绝缘性能且醒目的部位）贴上"试验合格证"标签，注明试验人、试验日期及下次试验日期。

六、保管及存放总体要求

（1）安全工器具的保管及存放，必须满足国家和行业标准及产品说明书要求。

（2）安全监察部门与基层各单位应建立安全工器具管理台账，并每季度进行更新，做到账、卡、物相符，试验报告、检查记录齐全。

（3）绝缘安全工器具应存放在温度为 −15～35℃、相对湿度为 5%～80%的干燥通风的工具室（柜）内。

（4）安全工器具应按照《国家电网公司电力安全工器具管理规定（试行）》的要求，统一分类编号，定置存放。

（5）工器具保管人应定期进行日常检查、维护、保养。

七、领取

（1）工器具使用单位根据配置计划及实际的更新需要，填写"安全工器具领用单"，报送安全监察部审批后领取。

（2）工器具使用单位应建立工器具出入库记录，做好安全工器具领用、发放记录、签字工作。

八、报废

（1）符合下列条件之一者，即予以报废：① 安全工器具经试验或检验不符合国家或行业标准；② 超过有效使用期限，不能达到有效防护功能指标。

（2）报废的安全工器具应及时清理，不得与合格的安全工器具存放在一起，更不得使用报废的安全工器具。

（3）报废的安全工器具应及时统计上报到安监部门备案。

第二节　基本绝缘安全工器具

一、高压验电器

（一）概述

1. 作用

高压验电器是变电站最常用的一种安全工器具，作用是检测高压架空线路、电缆线路、高压用电设备是否带电。

2. 分类

（1）按验电器的显示方式，可分为声类、光类、数字类、语音类、回转类、组合式类等。由于验电器的重要性及使用环境的复杂性，一般均采用声光组合的型式。

（2）按照验电方式和主要元件构成及其工作原理，又可分为电容型、电阻型和感应型。由于电容型验电器原理结构简单，操作安全可靠，因而在电力行业中得到了广泛应用。

（3）按使用时是否接触带电体，可分为接触式和非接触式。目前使用接触式较多。

（4）按连接方式，可分为整体式（指示器与绝缘杆固定连接）和组合式（指示器与绝缘杆可拆卸组装）。

（5）按适用的气候条件，可分为雨雪型和非雨雪型。

（6）按适用的环境温度，可分为低温型、常温型和高温型。

目前常用的高压验电器是接触式电容型声光式验电器。

（二）工作原理与结构

1. 工作原理

电容型验电器通过检测流过验电器对地杂散电容中的电流，来检验高压电气设备、线路是否带有运行电压，并通过验电器指示部分的声、光或其他信号显示，给予操作人员清晰可辨的听觉、视觉信号。

2. 验电器结构

图 6-1 所示是一种比较简单的电容型验电器，由接触电极（工作触头）、验电指示器（氖灯）、连接件、绝缘杆（支持器）和护手环等组成。

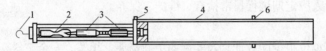

图 6-1　电容型高压验电器结构

1—工作触头；2—指示器；3—电容器；4—支持器；5—接地螺丝；6—隔离护环

其中验电指示器是一个用绝缘材料制成的空心管，管的一端装有金属制成的工作触头，管内装有一个氖灯和一组电容器，在管的另一端装有一金属接头，用来将管接在支持器上。支持器是用胶木或硬橡胶制成的，分为绝缘部分和握手部分（握柄），两者之间装有一个比握柄直径稍大的隔离护环。

具有这种结构的验电器，当被测设备或线路带电时，氖灯会发出辉光。但由于氖灯在室外阳光下难于分辨发光与否，且在室外验电器绝缘部分长度增加，更难于观察，因此其应用受到局限，只能用于室内配电线路。目前常用的高压验电器的指示器功能比较完善，已经不存在该问题。

3. 电容型高压声光式验电器结构

如图 6-2 所示，电容型高压声光式验电器一般由工作触头（接触电极）、指示器（包括声光报警装置、测试电路、电池）、自检按钮（试验开关）、绝缘杆（图中为伸缩式）、连接件（将各部件连接起来的部件，图中未画出）及护套等部分组成。

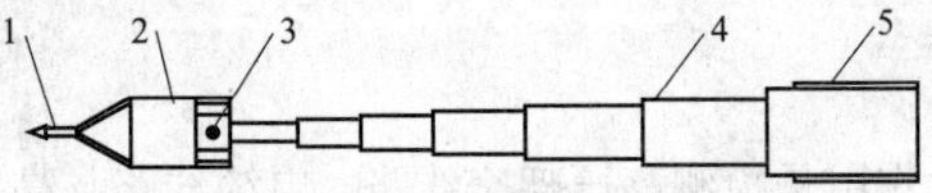

另外，电容型验电器上还标有电压等级、制造厂和出厂编号。对 110kV 及以上的验电器还标有配用的绝缘杆节数。

图 6-2　高压声光式验电器的一般结构

1—工作触头；2—指示器；3—自检按钮；4—绝缘杆；5—护套

4. 工作过程

当声光式验电器工作触头靠近或接触被试部位后，若其带电，则电信号传送到测试电路，经测试电路判断，验电器指示器发出音响和灯光闪烁信号报警；无电，则没有任何信号指示。

值得注意的是，交流电容型高压验电器在直流电压下应无指示信号或只有瞬间的信号。

（三）主要技术参数和功能参数

1. 额定电压

电器能正确指示和安全使用的近似电压值。DL/T 740—2014《电容型验电器》规定，验电器的额定电压应与电力系统的额定电压相符合。

2. 启动电压

在规定的试验条件下，明确给出"电压存在"显示所需的带电体与地之间的最小电压值。单一额定电压或有数档可切换额定电压的验电器的启动电压为额定电压的 15%～40%。注意验电器的启动电压设定后，用户不能随便调整。

3. 频率响应

在额定频率变化±3%的范围内，验电器应能给出正确指示。

4. 响应时间

响应时间应小于 1s。

5. 额定工作时间

验电器应能在额定电压下，连续无故障地工作 5min 以上。

6. 泄漏电流

通过绝缘件的泄漏电流不应大于 0.5mA。

（四）试验与检查

（1）在使用过程中，按照《国家电网公司电力安全工作规程》的规定，高压验电器应进行启动电压试验和工频耐压试验，试验的项目、周期及要求见表 6-1。

表 6-1　　　　　　　　　电容型验电器试验的项目、周期及要求

器具	项目	周期	要 求				说明
电容型验电器	启动电压试验	1 年	启动电压值不高于额定电压的 40%，不低于额定电压的 15%				试验时接触电极应与试验电极相接触
	工频耐压试验	1 年	额定电压（kV）	试验长度（m）	工频耐压（kV）		
					1min	5min	
			10	0.7	45	—	
			35	0.9	95	—	
			66	1.0	175	—	
			110	1.3	220	—	
			220	2.1	440	—	
			330	3.2	—	380	
			500	4.1	—	580	

（2）验电器使用前必须进行如下检查：

1）检查验电器额定电压和被测试设备或线路电压的等级是否相一致。

2）分别检查验电器（工作触头和绝缘棒）的标签、合格证是否完善，是否在试验合格的有效期内（工作触头和绝缘棒的试验周期为 12 个月）。

3）自检，方法是用手指按动自检按钮，指示灯有间断闪光，同时发出间断报警声，说明指示器工作正常。

4）检查绝缘杆外观无明显缺陷（伸缩式绝缘杆要全部拉伸开检查），绝缘部分与握手部分之间有护环隔开。

（五）保管与保存

（1）使用或搬运中避免跌落、挤压、磕碰、强烈冲击或振动。

（2）每次使用完毕，应及时收缩验电器杆身，取下显示器，并将表面尘埃擦净后放入包装袋（盒）

内，但不要用腐蚀性化学溶剂和洗涤等溶液擦洗。

（3）放置不得直接接触地面、墙面，不要放在露天烈日下曝晒。

（4）声光式验电器当按动自检开关时，若指示器强度变弱（包括异常），应及时更换指示器使用的电池。

（5）验电器应成套（工作触头和绝缘棒），定置摆放。所谓定置摆放，就是根据安全、文明、高效生产及物品自身的特殊要求，科学地规定物品的特殊摆放位置。

（6）高压验电器应存放在防潮盒或绝缘安全工器具存放柜内，置于通风干燥处，防止受潮或积灰。

二、绝缘操作杆

1. 作用

绝缘操作杆，简称绝缘杆，又称高压操作杆、拉闸杆、令克棒、绝缘棒等。是用于短时间对带电设备进行操作或测量的绝缘工具，如接通或断开高压隔离开关、跌落熔断器等。

2. 一般结构

绝缘杆由合成材料制成，如图 6-3 所示，结构分为工作部分、绝缘部分和手握部分。作业时作业者手持其末端手握部分，用前端工作部分接触带电体进行操作。

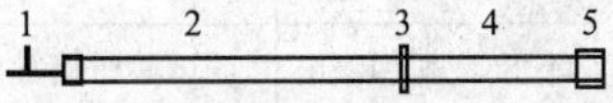

图 6-3　绝缘操作杆的结构

1—工作部分；2—绝缘部分；3—护环或标志线；
4—手握部分；5—堵头

绝缘部分起绝缘隔离作用，一般由电木、胶木、塑料带、环氧玻璃布管等绝缘材料制成。为保证操作时有足够的绝缘安全距离，绝缘杆的绝缘部分长度不得小于国家标准的规定。

手握部分（也有叫握手部分）为操作人员操作时用手握住的部分，用与绝缘部分相同的材料制成，长度不得小于 0.6m。

工作部分即端部接头，用以完成操作（并兼做上端堵头），一般由金属材料制成，在满足工作需要的情况下，不宜超过 50～80mm，以免操作时造成相间短路或接地短路。其形状可根据工作长度需要制成 T 形、L 形，也可以制成螺纹形或插头状。

用空心管制造的绝缘杆两端要加装堵头，堵头一般也使用金属材料制作，上端部堵头为工作部分的一部分。

较长的绝缘杆往往没有护环，但在绝缘部分与手握部分交接处制作有明显的标志线，操作时手不超过标志线即可。

3. 一般结构要求

（1）绝缘杆的接头宜采用固定式绝缘接头，接头连接应紧密牢固。

（2）用空心管制造的绝缘杆内、外表面及端部必须进行防潮处理，并用堵头在空心管的两端进行封堵，以防止内表面受潮和脏污。

（3）固定在绝缘杆上的接头宜采用强度高的材料制作，对金属接头，其长度不应超过 100mm，端部和边缘应加工成圆弧形。

（4）绝缘杆的总长度由有效绝缘长度（绝缘部分长度）、端部金属接头长度和手持部分长度的总和决定。作为短时间对带电设备进行操作的绝缘工具，《国家电网公司电力安全工作规程》并没有直接规定绝缘杆最小有效绝缘长度，但是在"安全工器具试验项目、周期和要求"中给出了试验长度，其数值与 GB/T 18037—2008《带电作业工具基本技术要求与设计导则》规定的带电作业用的绝缘杆的最小有效绝缘长度基本一致（见表 6-2）。可见，"安全工器具试验项目、周期和要求"中给出的试验长度也就是保证安全的最小有效绝缘长度。这样，厂家生产的绝缘杆的有效绝缘长度必须大于试验长度。

表 6-2　　　　　　　　　　　　绝缘杆的最小有效绝缘长度

额定电压（kV）	10	35	63（66）	110	220	330	500	±500（直流）	750
最小有效绝缘长度（mm）	70	90	100	130	210	310	400	370	500

4. 结构型式

为便于使用、携带和保管，常用的绝缘操作杆主要有接口式和伸缩式两种。

作为短时间对带电设备进行操作的绝缘工具，接口式绝缘操作杆是比较常用的一种。接口式绝缘操作杆分为若干节，分节处采用金属螺旋接口，最长可做到 10m，可分节装袋携带。例如，某厂生产的 35kV 接口式绝缘杆有效绝缘长度 2990mm，金属端部接头长度 70mm，握手部分长度 700mm，金属中间接头总长度 280mm，节数 3，外径尺寸 36mm，总长 4040mm。

伸缩式绝缘操作杆一般采用 3 节伸缩设计，最长可做到 6m，可根据使用空间伸缩定位到任意长度，可有效地克服接口式绝缘操作杆因长度固定而使用不便的缺点。

5. 使用注意事项

（1）使用前必须对绝缘操作杆进行检查，外观表面光滑，不能有裂纹、划痕；空心管断口处有堵封头，各节杆之间连接牢固。

（2）对绝缘操作杆工频耐压试验日期进行检查，超过试验周期不得使用。

（3）使用的绝缘操作杆的电压等级与被操作设备的电压等级必须一致。

（4）工作人员应手拿绝缘操作杆的手握部分（手不可超出护环）。

（5）在连接绝缘操作杆节与节的丝扣时要离开地面，不可将杆体置于地面上进行，以防杂草、土进入丝扣中或黏附在杆体的外表上；丝扣要轻轻拧紧，不可将丝扣未拧紧就使用。

（6）使用绝缘操作杆应注意要尽量减少对杆体的弯曲力，以防损坏杆体；防止碰撞，以免损坏绝缘层。

6. 使用安全措施

（1）使用绝缘操作杆要戴安全帽、绝缘手套，穿绝缘靴（鞋）。

（2）使用绝缘操作杆时，人体应与带电设备保持足够的安全距离，并注意防止绝缘杆被人体或设备短接，以保持有效的绝缘长度。

（3）雨雪天绝缘操作杆必须在绝缘部分加装防雨罩，罩的上口应与绝缘部分紧密结合，无渗漏现象。

7. 保管与保存

（1）使用后要及时将杆体表面的污迹擦拭干净，接口式的把各节分解后装入一个专用的工具袋内。

（2）存放在屋内通风良好、清洁干燥的支架上或悬挂起来，且不得贴墙放置，以防受潮破坏其绝缘。

（3）不得直接与墙或地面接触。

（4）要有专人保管。

8. 试验

绝缘杆工频耐压试验的项目、周期及要求见表6-3。

表6-3　　　　　　　　　　　绝缘杆工频耐压试验的项目、周期及要求

器具	项目	周期	要　　求			
			额定电压（kV）	试验长度（m）	工频耐压（kV）	
					1min	5min
绝缘杆	工频耐压试验	1年	10	0.7	45	—
			35	0.9	95	—
			66	1.0	175	—
			110	1.3	220	—
			220	2.1	440	—
			330	3.2	—	380
			500	4.1	—	580

三、绝缘夹钳

1. 用途

绝缘夹钳是用来安装和拆卸高压熔断器或执行其他类似工作的工具，主要用于35kV及以下电压等级的系统。

2. 主要结构

如图6-4所示，绝缘夹钳由工作部分、绝缘部分和手握部分组成。绝缘部分和手握部分用浸过绝缘漆的木材、硬塑料、胶木或玻璃钢制成，其间有护环分开。手握部分往往加装护套。

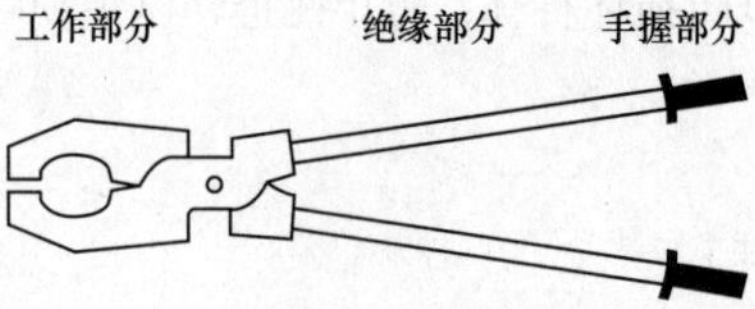

它的绝缘部分长度即有效绝缘长度，最小值不应小于表6-4所示的试验长度数据。

图6-4　绝缘夹钳的结构

3. 使用注意事项和安全措施

（1）工作人员应手拿手握部分，并且不能超出护环。

（2）操作中应戴护目眼镜、绝缘手套并穿绝缘靴（鞋）或站在绝缘垫（台）上。

（3）装拆熔断器时工作人员的头部不能超过手握部分，以防被电击伤。

（4）下雨天工作只能使用专用的防雨绝缘夹钳。

（5）禁止在绝缘夹钳上装设接地线，以免操作时造成接地短路事故。

4. 保管与保存

绝缘夹钳保存在专用的箱子或匣子里，防止受潮或磨损。

5. 试验

绝缘夹钳工频耐压试验标准见表 6-4。

表 6-4　　　　　　　　　　　　　**绝缘夹钳工频耐压试验标准**

项目	周期	额定电压（kV）	试验长度（m）	工频耐压（kV）	时间（min）
工频耐压试验	1 年	10	0.7	45	1
		35	0.9	95	1

四、核相器（核相仪）

（一）概述

1. 电力系统核相试验

电力系统中，新建、改建、扩建后的发电厂、变电站和输电线，要做核相试验；电力网的建设或检修也要做核相试验。如 2008 年初我国南方发生罕见冰灾后，各地电网的灾后重建工作中，核相工作是一项重要工作。

核相是一项保证电力系统安全运行的重要工作。例如，在电力生产实践中，发电机并网前必须做核相试验，相序不对，发电机将无法并网，强行并网会造成设备损坏；在电力系统环网和双电源电力网建设或检修中，对于闭环点断路器两侧电源核相检查是非常重要的试验项目，否则可能发生相间短路，后果不堪设想。

核相包括核对相序和相位，即核对两电源或合环点两侧相位、相序是否相同。

核相的方法较多，在实际生产中可以采用 TV（电压互感器）、相序表、相位仪和电压表等进行核相，而采用高压核相器进行核相相对简单方便、安全可靠。

2. 高压核相器用途

高压核相器属于带电测试工具，用于探测和指示在相同的额定电压和频率下，两个已带电部位之间相位关系是否正确，应用于在运行电压下电力线路的相位校验和相序校验，可以确定两个电网或发电机组与电网的相位是否相同，以便并网。

3. 高压核相器分类

按核相器核相仪表（显示器）的显示方式，可分为指针式、数字式；按工作时是否有连接两个电网或发电机组与电网两端的引线，可分为有线式和无线式。

（二）指针式（有线）高压核相器

1. 组成

如图 6-5 所示，指针式高压核相器由以下部分组成。

（1）两根结构相同的测量棒。测量棒从中间分为两节。上节安装的金属钩和电阻管组成工作部分；测量棒中部是制成一体的连接件和接线螺丝，连接件连接并固定上下两节，接线螺丝供连接高压绝缘连线；测量棒下节是绝缘杆，包括绝缘部分和手握部分。

（2）核相仪表。是一只带切换开关的检流计，内设

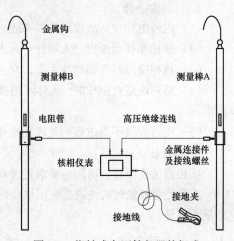

图 6-5　指针式高压核相器的组成

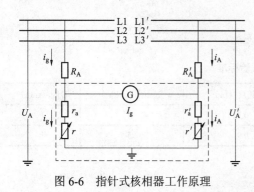

图 6-6 指针式核相器工作原理

电源。核相仪表根据重量不同，较轻的可固定在绝缘杆上，较重的一般采用三脚架单独支撑。

（3）高压绝缘连线、接地线和接地夹等。

2. 工作原理

如图 6-6 所示，$R_A=R'_A$ 为测量棒电阻管的固定电阻。固定电阻 $r_a=r'_a$、可调电阻 r 与 r' 和检流计（微安表）组装成一只核相仪表，实际上是一个交流电桥。

因为检流计有指针，所以称为指针式核相器。

根据电桥工作原理，当 $U_A=U'_A$ 时，调节 r 和 r' 可使电桥平衡，即 $I_g=0$，此时，被测两端电压幅度值和相位相同。如果两端电压相位相同，而幅值不完全相等，调节 r 和 r' 仍能使电桥平衡。只有当两端相位不相同时，调节 r 和 r' 不能使电桥平衡（即 $I_g \neq 0$）。此时，被测两端电压不是相同位。

3. 使用方法

（1）根据被测线路及电力设备的额定电压选用合适电压等级的高压核相器。

（2）使用时，按图 6-5 中所示将连接引线按相同色别接于测量棒与仪表中，并接好接地线，接地夹要可靠接地。

（3）调节使表针指示接近或等于零。

（4）使用金属钩分别将两杆挂到对应的两侧线路，当高压核相器的仪表指示接近或为零时，则两侧线路为同相；当高压核相器的仪表指示较大时，则要多反复试几次，确保准确无误。

4. 使用注意事项

（1）使用前要查看铭牌和说明书，选用合适电压等级的高压核相器。

（2）使用时过长的高压绝缘连线应用扎带扎在第一根测量棒上，同时离人体要有足够的安全距离，高压绝缘连线也不得与大地接触。

（3）变换表计挡位时，金属钩要脱离带电体。

5. 使用安全措施

（1）因带电作业，故接地线要牢固、可靠。

（2）核相操作至少要三人进行，两人操作，一人监护。

（3）核相操作时要戴绝缘手套，穿绝缘靴或站立在绝缘垫上。

（4）特别注意在操作时，人体不得接触核相仪表、高压绝缘连线，人体与核相仪表要保持安全距离。

（5）雨雪天气不得进行户外核相操作。

6. 预防性试验

核相器试验项目、周期与要求见表 6-5。

注意绝缘杆做预防性高频耐压试验时，要取下上杆，只做下杆，以免上杆内电子元件损坏造成测量不准确。

7. 保管与保存

核相器应存放在干燥通风的专用支架上或者专用包装盒内，以免受潮和化学腐蚀。

表 6-5 核相器试验项目、周期与要求

器具	项目	周期	要求				说明
核相器	连接导线绝缘强度试验	必要时	额定电压（kV）	工频耐压（kV）	持续时间（min）		浸在电阻率小于100Ω·m 水中
			10	8	5		
			35	28	5		
	绝缘部分工频耐压试验	1 年	额定电压（kV）	试验长度（m）	工频耐压（kV）	持续时间（min）	
			10	0.7	45	1	
			35	0.9	95	1	
	电阻管泄漏电流试验	0.5 年	额定电压（kV）	工频耐压（kV）	持续时间（min）	泄漏电流（mA）	
			10	10	1	≤2	
			35	35	1	≤2	
	动作电压试验	1 年	最低动作电压应达 0.25 倍额定电压				

（三）无线核相器

1. 组成

如图 6-7 所示，无线核相器由三部分组成：两个采集器（电压检测和发射的联合装置），下部连接绝缘杆；一个接收器（无线核相仪）。

2. 工作原理

如图 6-8 所示，无线式高压核相器的原理是将被测高电压相位信号由采集器取出，经过处理后直接发射出去，由接收器（核相仪）接收并进行相位比较，对核相后的结果定性。

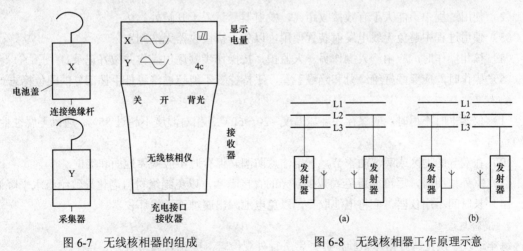

图 6-7 无线核相器的组成

图 6-8 无线核相器工作原理示意
（a）相位相同；（b）相位不同

3. 特点

（1）核相可操作距离远，提高了安全性，操作方便。去掉了连接两个电网（电源）两端的高压

绝缘连线，使核相可操作距离大大增加（某无线核相器无线传输距离不低于 200m 视距），可穿过围墙和隔墙（板），不受任何地形和设施构架的方式限制，提高了安全性，操作极为方便，只需一人操作、一人监护即可。

（2）适用范围广。不仅适用于 6、10、35kV 电压等级，也可以进行 66、110kV 等电压等级的核相。

（3）可以实现不接触核相。现已研制出用于 330kV 及以上电压等级的非接触式无线高压核相器。

4. 使用方法

（1）充电。仪器长时间不用可能会使电池电量降低而影响仪器的正常发挥，因此有必要在使用前先对仪器充电。

（2）核相前的准备。

1）检查绝缘杆耐压试验报告，如果没有绝缘杆耐压试验合格报告则不允许进行试验。

2）核相前应在同一电网上检测核相仪是否正常，一人操作、一人监护。操作时先将两个发射器挂在电网同一导电体上，正常工作时两发射器绿灯亮，如绿灯不亮要及时充电。正常工作状态下接收器会显示两线路电压的相位角及频率，并显示线路电压波形，此时测量到的相位差应该为 0° 左右，同时语言提示"相位相同"（规程规定相位差小于 30° 为同相，相位差大于 30° 为不同相）。然后将其中一个发射装置与同一侧电网不同相导电体接触，此时相位角应在 120° 左右，此时语言应提示"请注意，相位不同"。

（3）正式核相工作。先将两个发射器分别连接绝缘杆，然后使用绝缘杆将它们挂在被测电网导电体上，此时仪器报出测试结果"相位相同"或"请注意，相位不同"。同时显示屏显示出两线路的相位差及线路频率，根据上述操作逐相确定两个电网的相位。

5. 使用注意事项

（1）使用前必须对仪器进行自检，发射器、接收器电池电量必须充足，否则影响发射及接收灵敏度。

（2）使用过程中不能大于有效接收距离，发射器尽量置于开阔处。

（3）使用过程中避免无线电发射装置使用，以免干扰接收器无法判别。

（4）核相操作时，应由一人操作另一人监护，按操作步骤逐项操作并做好记录。

（5）操作时，应穿戴好绝缘靴和绝缘手套，手持位置不能超过绝缘杆手握部分的限位标志。

6. 保管与保存

（1）仪器平时不用时，应保存在环境温度 –20～60℃、相对湿度不超过 85%、通风无腐蚀性气体的室内。

（2）在潮湿的地区或潮湿的季节，一定注意防潮。保存时不应紧靠地面和墙壁。

（3）室外使用时，尽可能避免或减少阳光的直接曝晒，以免绝缘材料老化导致绝缘水平降低。

（4）长时间不用仪器，应将电池取下，以免电池漏出腐蚀液而损坏仪器。

7. 试验与检查

每年进行一次绝缘杆耐压试验，并经常进行外观检查，应无划痕、断裂等异样。

五、低压验电器（试电笔）

1. 作用

主要用于检查低压电气设备和低压线路是否带电。此外，还有以下功能和用途。

（1）区分相线和中性线。在交流电路中测试时，试电笔的氖管发亮的是相线，不亮的则是中性线。

（2）区分交流电或直流电。交流电通过试电笔氖管时，两个极同时发亮；而直流电通过试电笔氖管时，仅一个电极发亮。

（3）判断电压的高低。测试时可根据氖管发亮的强弱来估计电压的高低。如果氖管发光暗红，轻微亮，则电压较低。一般低于 36V，氖管就不发光。如果氖管发光黄红色，很亮，则电压较高。

2. 结构

低压验电器的结构如图 6-9 所示。制作时为了使用和携带方便，常做成钢笔式或螺丝刀式。但不管哪种型式，其结构都类似，都是由一个高值电阻、氖管、弹簧、金属触头和笔身组成。

3. 使用方法

如图 6-10 所示，使用时，用手掌触及金属笔卡、手指捏住笔身 [见图 6-10（a）]，或一个手指抵住金属笔卡，其余手指捏住笔身 [见图 6-10（b）]，金属笔尖顶端接触被检查的带电部分，看氖管灯泡是否发亮。如果发亮，则说明被检查的部分是带电的，并且灯泡越亮，说明电压越高。

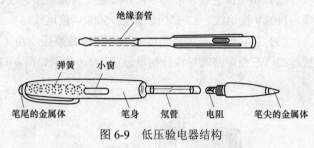

图 6-9 低压验电器结构

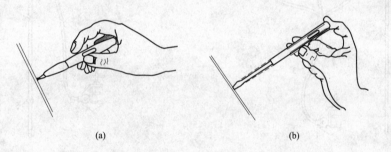

图 6-10 低压验电器使用方法

4. 使用注意事项

（1）低压验电笔在使用前后，要在确知有电的设备或线路开关、插座上试验一下，以证明其是否良好。

（2）湿手不要去验电，不要用手接触笔尖金属探头。

（3）低压验电笔并无高压验电器的绝缘部分（其使用范围为 100~500V），故绝不允许在高压电气设备或线路上进行试验或验电，以免发生触电事故。

六、携带型短路接地线

1. 作用

携带型短路接地线是从事电气工作必不可少的一种安全工具，装设携带型短路接地线是一项重要的电气安全技术措施，是保护检修人员的最后一道安全屏障。其作用是在检修时将已停电设备或线路临时短路接地，泄放剩余电荷，防止设备或线路突然来电时产生危险电压和电弧，或邻近带电设备和线路的影响产生感应电压，防止工作人员触电死亡或严重灼伤。

2. 保护原理

如图 5-1（a）所示，装设接地线将被检修设备或线路的三相导体短接后再接地，则被检修设备或线路的三相导体处于对称的三相金属性短路状态，若突然来电，三相短路电流相等且相量和等于零，被检修设备或线路导电部分对地电压可认为等于 0，能保证检修人员安全。

3. 类型

（1）按使用环境可分为户内母排型接地线（平口螺旋式接地线、手握式接地线）和户外线路型接地线（双簧卡扣式接地线、圆口螺旋式接地线）。

（2）按电压等级可分为 380V 接地线、6kV 接地线、10kV 接地线、35kV 接地线、66 kV 接地线、110kV 接地线、220kV 接地线、500kV 接地线。

（3）按接地线是否合相可分为合相携带型接地线（三相短路软导线合并为一根后接地）、分相接地线（三相短路软导线分别单独接地），分别如图 6-11 和图 6-12 所示。

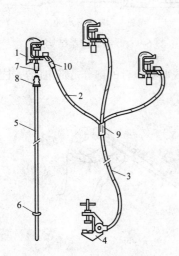

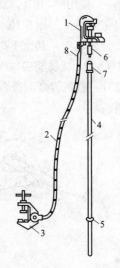

图 6-11　合相式携带型短路接地线　　　　图 6-12　分相式携带型短路接地线

1—导线端线夹；2—短路线；3—接地引线；4—接地端线夹；　　1—导线端线夹；2—短路线；3—接地端线夹；4—接地操作杆；

5—接地操作杆；6—接地操作杆护环；7—导线端线夹紧固件；　　5—接地操作杆护环；6—导线端线夹紧固件；7—接地

8—接地操作杆上紧固头；9—汇流夹；10—多股软导线上的线鼻　　操作杆上紧固头；8—多股软导线上的线鼻

4. 组成

图 6-11 所示为合相式携带型短路接地线，由三根接地操作杆（绝缘杆）、三根短路软导线、接地软导线（或称接地引线）、线路端线夹、汇流夹（或称连接束）和接地端线夹组成。

接地操作杆分为绝缘部分和手握部分，中间有护环或手握限位标志。接地操作杆采用环氧树脂材料制作，有些手握部分加装硅橡胶护套。

线路端线夹用来将接地线与线路连接，为便于安全操作，线路端线夹固定在接地操作杆（绝缘杆）上。汇流夹（或称连接束）把三根短路软导线和一根接地软导线连接起来。接地端线夹用来将接地线与接地系统连接。

对于野外线路检修作业，往往配合临时接地极（接地棒）使用。

Q/GDW 1799.1—2013《国家电网公司电力安全工作规程　变电部分》规定成套接地线用有透明护套的多股软铜线组成，好处在于：① 裸——便于检查是否断股；② 铜——电阻率小，韧性好，机械强度高；③ 软——多股铜丝绞合，柔软性好，便于安装和搬运；④ 透明护套——保护软铜线，不伤手，且便于检查软铜线。

5. 使用方法

先将接地端线夹与接地系统（临时接地极）连接，再用接地操作杆将相同的三个线路端线夹依次连接（夹紧）在检修线路或设备的三相带电体上。

使用携带型短路接地线的基本要求、安全措施与注意事项在前面"保证安全的技术措施"中已有叙述。

6. 携带型短路接地线（电缆）软导线的截面积

（1）Q/GDW 1799.1—2013《国家电网公司电力安全工作规程　变电部分》规定：高压电力系统中使用的成套接地线应用有透明护套的多股软铜线组成，其（短路软导线和接地软导线）截面应满足装设地点短路电流的要求，但不得小于 $25mm^2$。

（2）根据 DL/T 879—2004《带电作业用便携式接地和接地短路装置》的规定，用于直接接地系统时，接地电缆的横截面应与的短路电缆取同一横截面值；用于非直接接地系统的接地电缆的横截面可小于相应的短路电缆横截面，但不能小于表 6-6 的规定。

表 6-6　　　　　　　　　　　与短路电缆相关的接地电缆最小横截面

短路电缆的等效的铜质横截面积（mm^2）	接地电缆的最小铜质横截面积（mm^2）	短路电缆的等效的铜质横截面积（mm^2）	接地电缆的最小铜质横截面积（mm^2）
16	16	70	35
25	16	95	35
35	16	≥120	50
50	25		

7. 接地线（电缆）导线的要求

使用裸铜线制作的接地线易损坏，一般采用外包透明材料的多股软铜线，既起到保护导电部分的作用，又便于观察检查。

禁止使用其他导线作接地线或短路线。其他金属线不具备通过事故大电流的能力，接触也不牢固，故障电流会迅速熔化金属线，断开接地回路，危及工作人员生命安全。

8. 接地操作杆（棒）的要求

对接地操作杆的一般要求是：用绝缘材料制成；最小尺寸应按待接地设备或导线的额定电压下安全作业的要求选择；握手部分和工作部分交接处应有护环或明显标志。

显然，接地操作杆的长度通常不由其绝缘性质决定，而是由在接地和短路操作中，所需要的操作人员与装置的非接地部分的安全距离所决定的。

由于接地操作杆是带电作业用操作杆的一种，其各部分长度要求参考 DL/T 976—2005《带电作业工具、装置和设备预防性试验规程》的规定，见表 6-7。

表 6-7 操作杆各部分长度要求

额定电压（kV）	最短有效绝缘长度（m）	端部金属接头长度（m）	手持部分长度（m）
10	0.70	≤0.10	≥0.60
35	0.90	≤0.10	≥0.60
66	1.00	≤0.10	≥0.60
110	1.30	≤0.10	≥0.70
220	2.10	≤0.10	≥0.90
330	3.10	≤0.10	≥1.00
500	4.00	≤0.10	≥1.00
750	5.00	≤0.10	≥1.00
±500	3.50	≤0.10	≥1.00

9. 保管与保存

（1）短路接地线在包装条件下，存放在周围环境温度 −25～40℃、相对湿度不超过 85% 的干燥、无腐蚀场所。

（2）短路接地线的存放，要专门定人定点保管、维护，并编号造册存放。存放位置亦应编号，接地线号码与存放号码应一致。

（3）短路接地线定期检查记录。应注意检查接地线的质量，观察外表有无腐蚀及磨损、套管是否有破损或软铜线过度氧化及老化等现象，以免影响接地线的使用效果。

（4）携带型短路接地线在通过短路电流后，一般应予报废（见 DL/T 879—2004《带电作业用便携式接地和接地短路装置》）。除非通过彻底调查、计算和观察证明装置所通过的短路电流较小且很平缓，以致机械或热的影响均不大。经试验不合格的应予报废。

10. 试验

携带型短路接地线试验项目、周期和要求见表 6-8。

表 6-8 携带型短路接地线试验项目、周期和要求

器具	项目	周期	要求				说明
携带型短路接地线	成组直流电阻试验	不超过5年	在各接线鼻之间测量直流电阻，对于 23、35、50、70、95、120mm² 的各种截面，平均每米的电阻值应分别小于 0.79、0.56、0.4、0.28、0.21、0.16mΩ				同一批次抽测，不少于 2 条，接线鼻与软导线压接的应做该试验
	操作棒的工频耐压试验	5年	额定电压（kV）	试验长度（m）	工频耐压（kV）		试验电压加在护环与紧固头之间
					1min	5min	
			10	—	45	—	
			35	—	95	—	

续表

器具	项目	周期	要求				说明
			额定电压（kV）	试验长度（m）	工频耐压（kV）		
					1min	5min	
携带型短路接地线	操作棒的工频耐压试验	5年	66	—	175	—	试验电压加在护环与紧固头之间
			110	—	220	—	
			220	—	440	—	
			330	—	—	380	
			500	—	—	580	

七、个人保安线

个人保安线，又称"个人保护接地线"，俗称"小地线"，是一种用于防止感应电压危害的个人用接地装置。

个人保安线分低压保安线和高压保安线两种。低压个人保安线多为四相式，高压个人保安线为三相式。在此，仅介绍高压个人保安线。

1. 组成

如图 6-13 所示，高压个人保安线主要由导线端保安钳（接电钳）、短路软导线、连接束、接地软导线、接地端保安钳（或线夹、接线鼻）等组成。

Q/GDW 1799.2—2013《国家电网公司电力安全工作规程　线路部分》规定，高压个人保安线应使用有透明护套的多股软铜线，截面积不小于 16mm²，且带有绝缘手柄或绝缘部件。

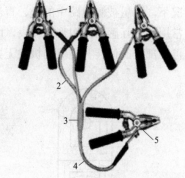

图 6-13　个人保护接地线的组成
1—导线端保安钳；2—短路软导线；3—连接束；
4—接地软导线；5—接地端保安钳或线夹

2. 使用注意事项

（1）使用个人保安线前，应先验电、放电，确认电气设备或线路停电并悬挂接地线后，方可进行操作。

（2）个人保安线在使用前，应做好例行检查，发现有线夹开裂、缺损、连接部件接触不良、松动、绝缘护层破损等缺陷时，禁止使用。

（3）个人保安线仅作为预防感应电使用，不得以此代替 Q/GDW 1799.2—2013《国家电网公司电力安全工作规程线路部分》规定的工作接地线（检修接地线）。只有在工作接地线挂好后，方可在工作相上挂个人保安接地线。

（4）个人保安线由工作人员自行携带，凡在 110kV 及以上同杆塔并架或相邻的平行有感应电的线路上停电工作，应在工作相上使用，并不准采用搭连虚接的方法接地。工作结束时，工作人员应拆除所挂的个人保安线。

3. 保管与保存

个人保安线应在空气流通、环境干燥的专用地点存放。

4. 试验

个人保安线试验项目、周期和要求见表6-9。经试验不合格的一般应予报废。

表6-9 个人保安线试验项目、周期和要求

器具	项目	周期	要 求	说明
个人保安线	成组直流电阻试验	不超过5年	在各接线鼻之间测量直流电阻,对于10、16、25mm²各种截面,平均每米的电阻值应小于1.98、1.24、0.79mΩ	同一批次抽测,不少于2条

八、钳形电流表

(一)概述

1. 作用

钳形电流表简称钳形表,是一种不需断开电路就可直接测电路交流电流的携带式仪表,是电气运行和维修工作中最常用的测量仪表之一。

钳形表最初是用来测量交流电流的,但现在万用表有的功能它也都有,可以测量交直流电压、电流,电容容量,二极管,三极管,电阻,温度,频率等。

2. 类型

(1)根据其结构及用途分为互感器式和电磁系两种。

1)互感器式钳形电流表:由整流系仪表和钳形电流互感器所组成的仪表,能在被测电路不断开的情况下,测量被测电路中的交流电流(不能测量直流电流)。

2)电磁系钳形电流表:由电磁系仪表与钳形电流互感器所组成的仪表,能在被测电路不断开的情况下,测量被测电路中的交、直流电流。

常用的是互感器式钳形电流表,由电流互感器和整流系仪表组成,只能测量交流电流。电磁系仪表可动部分的偏转与电流的极性无关,因此可交、直流两用,但准确度通常都比较低。

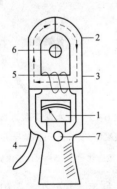

图6-14 交流钳形电流表结构示意

1—电流表;2—电流互感器;3—铁芯;4—手柄;

5—二次绕组;6—被测导线;7—量程开关

(2)根据显示方式分为模拟指针式和数字式两种。

(3)根据额定电压可分为高压和低压两种。低压钳形表只能用于低压交流或直流电压的电流测量,而高压钳形表一般可用于35kV以下高压交流电压的电流测量,有的还可以高低压兼用。

3. 规格

(1)标准型的检测范围:交流、直流均在20~200A或20~400A左右,也有可以检测到2000A大电流的产品。

(2)准确度:钳形表一般准确度不高,通常为2.5~5级。

(二)指针式交流钳形电流表结构和工作原理

1. 结构

指针式交流钳形电流表结构如图6-14所示,其工作部分主要由一只电磁式电流表和穿心式电流互感器组成。穿心式电流互感器铁芯制成活动开口,且成钳形,故名钳形电流表。

手柄的作用是开合穿心式互感器铁芯的可动部分,以便使其钳入被测导线。

为了使用方便，钳形表内还有不同量程的转换开关，可以通过转换开关的拨挡，改换不同的量程，供测量不同等级的电流和电压。

2. 工作原理

钳形表的工作原理与变压器的一样。一次线圈就是穿过钳形铁芯的导线，相当于一匝的变压器的一次线圈，二次线圈和测量用的电流表构成二次回路。

当导线有交流电流通过时，一次线圈产生了交变磁场，在二次回路中产生了感应电流，感应电流的大小与一次电流大小的比，等于一次线圈和二次线圈的匝数之比，这样就可以直接通过电流表测出被测电路电流的大小。

3. 工作过程

测量电流时，按动扳手，打开钳口，将被测载流导线置于穿心式电流互感器的中间，当被测导线中有交变电流通过时，交流电流的磁通在互感器二次线圈中感应出电流，该电流通过电磁式电流表的线圈，使指针发生偏转，在表盘标度尺上指出被测电流值。

（三）指针式交流钳形电流表的使用

1. 使用方法

（1）外观检查。各部位应完好无损；钳把操作应灵活；钳口铁芯无污物和锈斑，闭合严密；指针能自由摆动。如钳口面有污物，可用溶剂洗净并擦干；如有锈斑，应轻轻擦去锈斑。

（2）测量前进行机械调零。将表平放，指针应指在零位。如发现没有指向零位，可用小螺丝刀轻轻旋动机械调零旋钮，使指针回到零位上。

（3）选择合适的量程。选挡原则为：

1）已知被测电流范围时，选用大于被测值但又与之最接近的那一挡。

2）不知被测电流范围时，可先置于电流最高挡试测，或根据导线截面，并看铭牌值估算其安全载流量，适当选挡；根据试测情况决定是否需要降挡测量。总之，应使表针的偏转角度尽可能地大。

3）当使用最小量程测量时，其读数还不明显，即表针的偏转角度仍很小（意味着其测量的相对误差大）时，为使读数更准确，可将被测导线绕几匝（匝数要以钳口中央的匝数为准）再放入钳口，此时要注意读数=（指示值×量程/满刻度值）/所绕匝数。

（4）读数。根据所使用的挡位（挡位值即是满刻度值），在相应的刻度线上读取读数。

2. 使用注意事项及安全措施

（1）使用前首先必须熟悉钳形电流表面板上各种符号、数字所代表的意义。

（2）低压钳形表不可测量裸导体的电流和高压线电流。

（3）被测线路的电压要低于钳形表的额定电压。注意切不可测量高于该钳形表额定电压的线路，否则会损坏仪表，甚至造成人身触电事故。如一位刚上岗不久的电工，使用 0.4kV 的钳形电流表在配变台上测量低压侧电流时，误测量成高压侧（10kV）的电流，结果仪表绝缘击穿损坏，造成人身触电事故。

（4）测量高压线路电流时，要戴绝缘手套，穿绝缘鞋或站在绝缘垫上，必要时应设监护人。

（5）测量时，应使被测导线处在钳口的中央，并使钳口闭合紧密，以减少误差。

（6）测量中不得换挡（即不能带电换量程）。需换挡测量时，应先将导线自钳口内退出，换挡后再钳入导线测量。

（7）测量时，注意与附近带电体保持安全距离，并应注意不要造成相间短路和相对地短路。

（8）使用后，应将挡位置于电流最高挡，以防下次使用时疏忽，未选准量程进行测量而损坏仪表。

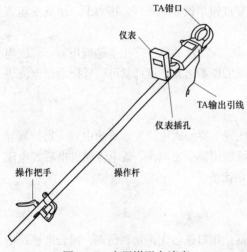

图 6-15　高压钳形电流表

3. 保管与保存

使用完毕，有表套时将其放入表套，存放在干燥、无尘、无腐蚀性气体且不受振动的场所。

（四）带有绝缘操作杆的高压钳形电流表

图 6-15 为一种高压钳形电流表结构示意图，为了操作安全需要带有绝缘操作杆。

使用方法：

（1）将显示仪表固定在指定位置。

（2）将 TA 输出引线插入显示仪表插孔。

（3）使用操作把手打开 TA 钳口，卡入被测导线，仪表即可显示电流值。

（4）打开 TA 钳口，退出被测导线。

（5）拔出仪表引线，测量完毕。

第三节　常用安全用具

一、绝缘手套

绝缘手套是用绝缘橡胶或复合材料制成的，起到电气绝缘作用的一种手套，是电气作业中常用的辅助安全用具，要求具有良好的电气绝缘性能、较高的机械性能，并具有柔软良好的使用性能。

根据使用场合不同，绝缘手套分为普通绝缘手套和带电作业用绝缘手套两种，两者制作工艺不同、试验标准不同，技术要求有较大区别。普通绝缘手套一般用于 35kV 以下电压等级的操作，不允许带电作业。

在国内关于绝缘手套的标准主要有：已经作废的标准有原化工部颁布的 HG 4—403—1966《橡胶绝缘手套（试行）》、原劳动部颁布的 LD 34.1—1992《带电作业用绝缘手套》，以及由原电力部武汉高压研究所起草的 GB 17622—1998《带电作业用绝缘手套通用技术条件》；目前推荐使用的是 GB/T 1762—2008《带电作业用绝缘手套》。

但令人遗憾的是，目前没有一个统一的关于普通绝缘手套的国家标准或行业标准，造成了各厂家生产普通绝缘手套的依据标准比较混乱的状况。例如，有的厂家使用美国标准 ASTM D120—2009《橡胶绝缘手套的标准规范》，有的还在使用 LD 34.1—1992《带电作业用绝缘手套》。

此处仅介绍普通绝缘手套。

1. 分类

普通绝缘手套按工频耐压试验电压的数值，分为低压和高压两种。

2. 应用

（1）使用原则。

从绝缘的重要性来看，在高压系统中，无论是否直接接触带电体，绝缘手套只能作为辅助绝缘安全（防护）用具来使用。

在低压系统中，以往有"低压绝缘手套作为低压基本绝缘安全用具，可直接接触低压带电体"的说法，但这种说法没有实际意义。原因有：① 由于绝缘手套用橡胶制成，用来直接操作很容易因磨损、刮破而损坏，所以不宜直接用绝缘手套来进行检修操作；② 检修用带绝缘柄的工具进行操作更方便，所以没有必要直接用绝缘手套来进行检修操作。因此，实际上低压绝缘手套也是作为辅助绝缘安全（防护）用具来使用。

总之，无论高压系统还是低压系统，绝缘手套只作为辅助绝缘安全用具来使用。

（2）使用方式。

绝缘手套作为辅助绝缘安全用具，主要的使用方式有两种：一是配合使用基本绝缘安全工器具（例如绝缘操作杆）进行操作，进一步减小泄漏电流，加强绝缘防护作用；二是在电气倒闸操作中，戴在双手上单独使用，直接操作断路器或隔离开关的机械传动机构，防止接触电压触电。

3. 绝缘手套的使用场合

绝缘手套的使用场合非常多，日常工作中操作较多的 11 项如下：

（1）电气倒闸操作；

（2）装、拆接地线；

（3）高压设备验电；

（4）解开或恢复电杆、配电变压器和避雷器的接地引线；

（5）操作机械传动的断路器或隔离开关，以及用绝缘棒拉合隔离开关或经传动机构拉合隔离开关和断路器；

（6）装拆高压熔断器；

（7）在带电的电压互感器二次回路上工作；

（8）电容器停电检修前对电容器放电；

（9）使用钳形电流表进行工作；

（10）锯电缆以前，用接地的带木柄的铁钎钉入电缆芯时，扶木柄的工作；

（11）高压电气设备发生接地，需接触设备的外壳和构架时。

4. 使用注意事项

（1）每次使用前，应检查绝缘手套在有效预防性试验周期内。

（2）绝缘手套每次使用前应进行外部检查（要求表面无磨损、裂纹、划痕、漏气等损伤，以及无气泡、发黏、发脆等现象），如发现任何一只有缺陷，应禁止使用这双手套。

检查是否漏气的方法如图 6-16 所示，手套内部进入空气后，将手套的伸长部分朝手指方向卷曲，并保持密闭；当卷到一定程度时，内部空气因体积压缩压力增大，手套的手指部分膨胀，此时可细心观察有无漏气。

（3）绝缘手套不允许超电压等级使用。

（4）使用时应将衣服袖口放入手套的伸长部分里面。

（5）使用时里面最好戴上一双棉纱手套，夏天可以吸汗，冬天可以保暖。

（6）使用时注意防止尖锐物体刺破手套。

（7）绝缘手套的使用温度范围为 −25～+55℃，不能超范围

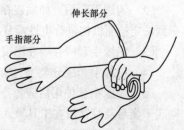

图 6-16　绝缘手套检查漏气的方法

使用，以防橡胶出现低温脆化和高温软化。

5. 技术参数

表 6-10 为国家电网公司系统某电力公司采购招标要求的技术参数，供参考。

表 6-10　　　　　　　　　绝缘手套技术参数

序号	项　　　目
一	绝缘手套机械性能参数
1	平均拉伸强度应不低于 14MPa，平均拉断伸长率不低于 600%
2	拉伸永久变形不应超过 15%
3	抗刺穿力：绝缘手套的抗机械穿力应不小于 18N/mm
4	长度应不低于（350±10）mm，最大厚度不低于 1.5mm
二	耐老化性能
1	经过热老化试验的手套，拉伸强度和拉断伸长率所测值应为未经过热老化试验手套所测值的 80%以上，拉伸永久变形不应超过 15%
三	耐燃性能
1	经过燃烧试验后的试品，在火焰退出后，观察试品上燃烧火焰的蔓延情况。经过 55s 后，如果燃烧火焰未燃烧至试品末端 55mm 基准线处，则试验合格
四	耐低温性能
1	经过耐低温试验后，在受力情况下目测试品应无破损、断裂和裂缝出现，并应在不经过吸潮处理的情况下，通过绝缘试验；对于特别寒冷地区的特殊情况，应满足项目单位的具体要求
五	尺寸
1	高压用手套总长度不小于（460±10）mm，低压不小于（270±10）mm
六	电气试验
1	低压手套为 2.5kV，1min；高压手套为 8kV，1min；带电作业手套为 20kV，3min
2	泄漏电流：高压时，≤9mA；低压时，≤2.5mA

6. 保管与保存

（1）绝缘手套的保管及存放，应满足国家标准和行业标准及产品说明书的有关要求。

（2）购进手套后，如发现在运输、储存过程中遭雨淋、受潮湿发生霉变，或有其他异常变化，应到法定检测机构进行电性能复核试验。

（3）绝缘手套应存放在温度 −15～35℃、相对湿度 5%～65%、通风的工具室内。

（4）绝缘手套应分类统一编号，定置存放。

（5）绝缘手套使用后应擦净、晾干，并应检查外表良好；手套被弄脏时，应用肥皂和水清洗，彻底干燥后及时存放在工具室。

（6）绝缘手套不得与油、石油类的油脂、酸、碱或其他有害化学品接触。

（7）绝缘手套应倒置在特制的木架上或存放在专柜中，远离热源（离开热源 1m 以上），离地面和墙壁 20cm 以上。水平存放时应涂抹一些滑石粉，其上不得堆放任何物件，以防受压黏结损坏。

（8）绝缘手套应每月进行一次外观检查，并做好检查和使用记录。

（9）绝缘手套应每半年试验一次，试验标准按《国家电网公司电力安全工作规程》规定执行并登记记录，超试验周期的手套不准使用。

7. 预防性试验

根据《国家电网公司电力安全工作规程》规定，试验项目、周期和要求见表 6-11。

表 6-11　　　　　　　　　绝缘手套的试验项目、周期和要求

器具	项目	周期	要　求				说明
绝缘手套	工频耐压试验	半年	电压等级	工频耐压（kV）	持续时间（min）	泄漏电流（mA）	
			高压	8	1	≤9	
			低压	2.5	1	≤2.5	

8. 报废

符合下列条件之一者，即予以报废：

（1）外观检查不合格（有破损、霉变、针孔、裂纹、砂眼、割伤）的；

（2）定期（预试）试验不合格的；

（3）超过产品标注的有效使用期限的。

9. 使用绝缘手套常见的错误行为

（1）使用前不做漏气检查，不做外部检查。

（2）一只手戴绝缘手套，或时戴时不戴。

（3）将绝缘手套缠绕在操作把手或绝缘杆上，手抓绝缘手套操作。

（4）绝缘手套表面严重脏污却不清擦。

（5）用后不按要求存放。

（6）试验标签脱落或超过试验周期仍使用。

二、绝缘鞋（靴）

绝缘鞋（靴），是用绝缘橡胶或复合材料制成的，起到电气绝缘作用的一种鞋（靴）。目前关于普通绝缘鞋（靴）的标准有 GB 12011—2009《足部防护 电绝缘鞋》。

1. 定义

绝缘鞋是由绝缘材料制成，用来防止工作人员脚底触电的鞋；绝缘靴是由绝缘材料制成，带有防滑鞋底，用来防止工作人员脚部触电的靴。

2. 分类

（1）按帮面材料分类。GB 12011—2009《足部防护 电绝缘鞋》分为电绝缘皮鞋类、电绝缘布面胶鞋类、电绝缘全橡胶鞋类、电绝缘全聚合材料鞋类四类。

（2）按式样分类。GB 12011—2009《足部防护 电绝缘鞋》规定绝缘鞋（靴）的式样如图 6-17 所示。

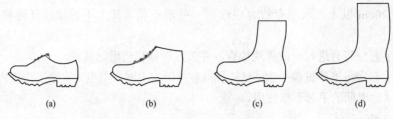

图 6-17　绝缘鞋（靴）的式样

（a）低帮电绝缘鞋；（b）高腰电绝缘鞋；（c）半筒电绝缘靴；（d）高筒电绝缘靴

3. 作用

绝缘鞋（靴）在任何电压等级的电气设备或线路的运行和检修工作中，均只能作为辅助绝缘安全用具使用。

4. 使用注意事项

（1）每次使用前应对绝缘鞋（靴）内外进行外观检查，不应存在针孔、裂纹、砂眼、气泡、切痕、嵌入导电杂质、明显的压膜痕迹及合模凹陷等有害的、有形的表面缺陷。如发现有以上缺陷，即使某一双绝缘鞋（靴）中的一只不合格，也应立即停止使用。

（2）使用绝缘靴时，应将裤管套入靴筒内。

（3）使用过程中要避免接触尖锐的物体、高温或腐蚀性物质，防止受到损伤。

（4）严禁将绝缘鞋（靴）挪作他用，其他鞋（靴）也不能当做绝缘鞋（靴）使用。

（5）绝缘手套的使用温度范围为 –25～+55℃，不能超范围使用，以防橡胶出现低温脆化和高温软化。

（6）试验不合格的绝缘鞋（靴）不得使用。

5. 技术参数与性能要求

国家电网公司系统某电力公司采购 3～10kV 绝缘鞋（靴）招标的技术参数与性能要求见表 6-12 和表 6-13，供参考。

表 6-12　　　　　　　　　　3～10kV 绝缘鞋（靴）的基本技术参数

序号	项　目	标准参数值	序号	项　目	标准参数值
1	2min 工频电压（kV）	20	6	靴底扯断强度（MPa）	≥11.76
2	泄漏电流（mA）	≤7.50	7	靴底扯断伸长率（%）	≥360
3	靴面扯断强度（MPa）	≥13.72	8	靴底硬度（邵氏 A）	55～70
4	靴面扯断伸长率（%）	≥450	9	靴底磨耗［cm³/（1.61km）］	≤1.9
5	靴面硬度（邵氏 A）	55～65	10	围条与靴面（N/cm）	≥6.35

表 6-13　　　　　　　　　　3～10kV 绝缘鞋（靴）的基本性能要求

序号	项目	性　能　要　求
1	鞋底	（1）鞋底应有防滑功能，外底有防滑花纹，鞋底和跟部不应有金属钩心等部件，外底所用的材料应选用复合底的绝缘材料，外层用强度较好的材料，内层用弹性较好的软底，这样可以缓冲人在行走时和地面的冲击振动，防止或减轻振动对人体的影响

续表

序号	项目	性 能 要 求
1	鞋底	（2）外底厚度：① 直接注压、硫化和胶黏外底厚度不应小于 4mm，花纹高度不应小于 2mm；② 当防滑花纹高度无法测量时，对腰窝外任何一处的外底厚度不应小于 6mm
2	鞋跟	为了便利行走，鞋跟宜采用低跟鞋，鞋跟的最佳高度为 2～3cm，鞋跟形要宽大，以便在行走中保持稳定
3	帮面	（1）材质。帮面材料的组织结构应紧密，要有一定的厚度，并有较好的弹性和柔软性；反复屈挠不致大的变形；穿用时与脚型能较好地配合，穿用后不会造成脚的任何部位有压痛感。 （2）厚度。不同材料的鞋帮，其厚度标准不同，要求鞋帮任何一处的厚度应符合：皮革，≥1.2mm；橡胶，≥1.5mm；聚合材料，≥1.0mm
4	帮底	鞋帮和鞋底的连接采用模压注塑工艺较牢固，黏接缝线较次之。如帮底连接需缝线时，不应采用上下穿透缝线，但可以采用侧缝
5	整体黏合	鞋的各部件黏合应平整，无开裂、裂边现象
6	鞋型鞋号	鞋型与脚型要相适应，鞋型鞋号的选用要与脚型大小一致，应稍微偏大偏肥一些，脚穿进鞋内后，在鞋头部分约有 1cm 的间隙。鞋号应符合 GB/T 3293.1—1998《鞋号》规定
7	绝缘靴渗水性能	封闭靴口向内注入空气有一定压力下，浸入水中，无气泡现象

6. 保管与保存

（1）为了使用方便，现场要按规定配备大、中号绝缘靴若干双。

（2）不应将绝缘鞋（靴）长期暴露于热、阳光之中，也不应与油、油脂、松脂或酸碱接触。

（3）当绝缘鞋（靴）污脏时，应用肥皂和水清洗，彻底干燥后涂上滑石粉。如果有焦油和油漆这样的混合物黏附在绝缘鞋（靴）上，应采用合适的溶剂擦去。

（4）使用中绝缘鞋（靴）变湿或清洗之后要进行干燥，干燥温度不应超过 65℃。

（5）绝缘鞋（靴）应存放在干燥、通风、避光的环境下，温度为 10～28℃，离地面和墙壁 20cm 以上，离开热源 1m 以上，严禁与油、酸碱或其他腐蚀性物品放在一起。

（6）绝缘鞋（靴）应存放在专柜中或特制的木架上，并按号位存放；存放时绝缘鞋（靴）应倒置，其上不得堆放任何物件，以防受压受损；合格的与不合格的绝缘鞋（靴）不能混放在一起，以免使用时拿错。

7. 预防性试验

按照《电力安全工器具预防性试验规程（试行）》的规定，绝缘鞋（靴）每半年进行一次工频耐压试验，试验电压 15kV，持续时间 1min，泄漏电流不大于 7.5mA。

三、绝缘垫

1. 作用与应用

绝缘垫有普通绝缘垫和带电作业用绝缘垫两种。本书仅介绍普通绝缘垫。

图 6-18　绝缘垫

普通绝缘垫（见图 6-18）是由特种橡胶制成的，具有加强工作人员对地绝缘的作用。作为辅助绝缘安全用具，一般铺在配电室等地面上，以及控制屏、保护屏和发电机、调相机的励磁机等端处，以便带电操作开关时，增强操作人员的对地绝缘，避免或减轻发生单相短路或电气设备绝缘损坏时，接触电压与跨步电压对人体的伤害；在低压配电室地面上铺绝缘垫，可代替绝缘鞋，起到绝缘作用。

普通绝缘垫目前尚没有统一的国家标准或行业标准，但生产厂家往往有自己的技术标准。例如，某生产厂家的绝缘垫技术标准是：配电室电压 10kV 选 8mm 厚，工频耐压试验 10kV 时 1min 不击穿，18kV 时 20s 击穿；配电室电压 35kV 选 12mm 厚，工频耐压试验 15kV 时 1min 不击穿，26kV 时 20s 击穿；配电室电压 500V 选 5mm 厚，工频耐压试验 3500V 时 1min 不击穿，10kV 时 20s 击穿。

2．使用注意事项

（1）在使用过程中，应保持绝缘垫干燥、清洁，注意防止与酸、碱及各种油类物质接触，以免受腐蚀后老化、龟裂或变黏，降低其绝缘性能。

（2）在使用过程中绝缘垫应避免阳光直射或锐利金属划刺。

（3）使用过程中要经常检查绝缘垫有无裂纹、划痕、厚度减薄等，发现有问题时要立即禁用并及时更换。

3．保存注意事项

（1）绝缘垫应储存在专用箱内，避免阳光直射、雨雪浸淋，防止挤压和尖锐物体碰撞。

（2）禁止绝缘垫与油、酸、碱或其他有害物质接触，距离热源 1m 以上。

（3）储存环境温度宜为 10～21℃。

4．预防性试验

《电力安全工器具预防性试验规程（试行）》亦即《国家电网公司电力安全工作规程》规定的试验项目、周期和要求见表 6-14。

表 6-14　　　　绝缘垫试验项目、周期和要求

器具	项目	周期	要求			说明
			电压等级	工频耐压（kV）	持续时间（min）	
绝缘胶垫	工频耐压试验	1年	高压	15	1	使用于带电设备区域
			低压	3.5	1	

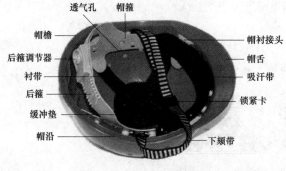

图 6-19　典型安全帽结构

四、安全帽

GB 2811—2007《安全帽》对安全帽的定义是对人体头部受坠落物及其他特定因素引起的伤害起防护作用的帽子。

1．结构

典型安全帽主要由帽壳、帽衬、下颌带、附件等组成，如图 6-19 所示。

（1）帽壳。安全帽外表面的组成部分，由帽舌、帽檐和顶筋组成。

帽壳呈半球形，坚固、光滑，并有一定的弹性，打击物的冲击和穿刺动能主要由帽壳承受。

帽舌是帽壳前部的伸出部分；帽檐是指在帽壳上，除帽舌以外帽壳周围其他伸出的部分。帽舌和帽檐有分散和滑走落物的功能，可以防止碎石、碎屑进入颈部；帽舌还可防止阳光直射眼睛。

顶筋用来增强帽壳顶部强度的结构，有圆弧形、台阶形、十字形等多种。

（2）帽衬。帽衬是帽壳内部部件的总称，由帽箍、吸汗带、缓冲垫、衬带等组成。

1）帽箍固定在帽壳内缘，为绕头围起固定作用的带圈，包括调节带圈大小的结构；后箍为箍紧于后枕骨部分的衬带，一般有调节器，用于调节松紧，以便适合佩戴者头围大小。

2）吸汗带是附着在帽箍上的吸汗材料。

3）缓冲垫是设置在帽箍和帽壳之间吸收冲击能力的部件。

4）衬带是与头顶直接接触的带子。

（3）下颏带。系在下巴上，起辅助固定作用的带子，作用是给帽子一个向下的紧力。由系带、锁紧卡组成。锁紧卡是调节与固定系带有效长短的零部件，可以调节系带系紧的程度。

（4）透气孔。有的安全帽在两侧开有使帽内空气流通的小孔。

（5）附件。附加于安全帽的装置。包括眼面部防护装置、耳部防护装置、主动降温装置、电感应装置、颈部防护装置、照明装置、警示标志等。当安全帽配有附件时，应保证安全帽正常佩戴时的稳定性，应不影响安全帽的正常防护功能。

2. 防护原理

帽壳与帽衬之间形成 20～50mm 的缓冲空间，按照 GB/T 2812—2006《安全帽测试方法》中 4.2 规定的方法测量，顶部垂直间距应不大于 50mm，一般为 40～50mm；GB 2811—2007《安全帽》规定水平间距为 5～20mm，如图 6-20 所示。

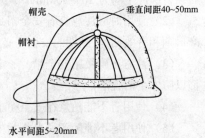

图 6-20　帽衬与帽壳之间的间距

当作业人员头部受到坠落物的冲击时，利用安全帽帽壳、帽衬和帽箍的结构在瞬间先将冲击力分解到头盖骨的整个面积上，然后利用安全帽所设置的缓冲结构（插口、拴绳、缝线、缓冲垫、内部空间等）、材料的弹性变形、塑性变形和允许的结构破坏将大部分冲击力吸收，使最后作用到人员头部的冲击力降低到 4.9kN 以下，从而起到保护作业人员的头部不受到伤害或降低伤害的作用。

3. 永久性标识

GB 2811—2007《安全帽》规定，安全帽永久性标识必须包括：适用的国家标准编号；制造厂名；生产日期（年、月）；产品名称（由生产厂命名）；产品的特殊技术性能（如果有）。

4. 技术性能

（1）冲击吸收性能。用 5kg 的钢锥自 1m 高度落下，打击木质头模（代替人头）上的安全帽，进行冲击吸收试验，头模所受冲击力的最大值不应超过 4.9kN。冲击吸收试验的目的是观察帽壳和帽衬受冲击力后的变形情况。

（2）耐穿透性能。用 3kg 的钢锥自 1m 高处落下，进行耐穿透试验，钢锥不与头模接触为合格。穿透试验是用来测定帽壳强度，了解各类尖物扎入帽内时是否对人体头部有伤害。

（3）电绝缘性能。用交流电压 1.2kV 试验 1min，泄漏电流不应超过 1.2mA。

此外，还有耐低温、耐燃烧、侧向刚性等性能要求。安全帽的使用期限视使用状况而定。若使用、保管良好，可使用 5 年以上。

5. 正确佩戴方法

（1）调节好后箍，使帽箍适合头围大小，并保持帽壳与帽衬之间的缓冲空间。

（2）要把安全帽戴正，不许歪戴、斜戴，也不要把帽沿戴在脑后方，否则会降低安全帽对于冲击的防护作用。

（3）安全帽的下颏带必须扣在颏下并系牢，防止工作中前倾后仰或其他原因造成滑落（如被大风吹落、被其他障碍物碰落）失去防护作用。

6. 使用注意事项

不正确的佩戴会导致安全帽在受到冲击时起不到防护作用。据有关部门统计，坠落物伤人事故中 15% 是由于安全帽使用不当造成的。所以，不能认为戴上安全帽就可使头部不受伤害。在使用过程中应注意以下几种问题：

（1）使用前应进行外观检查，安全帽上如存在影响其性能的明显缺陷就应及时报废，以免影响防护作用。检查内容包括：① 安全帽的帽壳、帽箍、顶衬、下颏带、后扣（或帽箍扣）等组件应完好无损；② 外观是否有裂纹、碰伤痕迹、凹凸不平、磨损；③ 帽衬的结构是否处于正常状态（帽壳与顶衬缓冲空间为 20～50mm）。

（2）使用时应注意查看安全帽是否在使用有效期内（可以查看帽壳内贴的合格证，上面显示生产日期和有效期），到期的安全帽必须抽检合格后方可使用。

（3）注意正确佩戴安全帽。一定要将安全帽戴正、戴牢，不能晃动，要系紧下颏带，调节好后箍以防安全帽脱落。

（4）使用者不能随意在安全帽上拆卸或添加附件，以免影响其原有的防护性能。

（5）使用者不能随意调节帽衬的尺寸。这会直接影响安全帽的防护性能，一旦发生落物冲击，安全帽会因佩戴不牢而脱出或因冲击后触顶直接伤害佩戴者。

（6）不能私自在安全帽上打孔，不要随意碰撞安全帽，不要将安全帽当板凳坐，以免影响其强度。

（7）经受过一次冲击或做过试验的安全帽应报废，不能再继续使用。

7. 保存注意事项

安全帽不能在有酸、碱或化学试剂污染的环境中存放，不能放置在高温、日晒或潮湿的场所中，以免其老化变质。

8. 使用期与抽检

根据《电力安全工器具预防性试验规程（试行）》的规定，安全帽的使用期，从产品制造完成之日计算，根据表 6-15 的规定，使用期满后，要进行抽查测试合格后方可继续使用，抽检时，每批从最严酷使用场合中抽取，对于每项试验，试样不少于两顶，以后每年抽检一次，有一顶不合格则该批安全帽报废。

表 6-15   安全帽试验项目、周期和要求

名称	项目	周期	要 求	说 明
安全帽	冲击性能试验	按规定期限	受冲击力小于 4.9kN	使用寿命：从制造之日起，塑料帽，≤2.5 年；玻璃钢帽，≤3.5 年
	耐穿刺性能试验	按规定期限	钢锥不接触头模表面	

五、安全带

安全带是防止高处作业人员发生坠落或发生坠落后将作业人员安全悬挂的个体防护用具。

1. 性能要求

（1）发生高处坠落时，安全带应有足够机械强度来承受人体坠落时产生的冲击力，确保其不会从带中滑脱。

（2）当高处坠落距离超出一定范围时，即使安全带能拉住人体，也会由于冲击力过大，使人体内脏损伤甚至造成死亡。因此，发生高处坠落时，安全带应能将人体坠落的距离限制在一定的范围内，并提供最佳的冲击力分布。

（3）发生高处坠落后，使空中悬挂的作业人员处于可以自救的状态。

（4）使用过程中，使作业人员感觉安全，并具有一定的舒适度。

关于安全带的技术要求，参看 GB 6095—2009《安全带》第五部分"技术要求"。因内容较多，此处不再赘述。

2. 分类

（1）按照适用条件，安全带可分为：

1）围杆作业安全带（简称围杆带）。通过围绕在固定构造物上的绳或带将人体绑定在固定构造物附近，使作业人员的双手可以进行其他操作的安全带，如图 6-21 所示。

图 6-21　围杆作业安全带使用示意图

2）区域限制安全带。用于限制作业人员的活动范围，避免其到达可能发生坠落区域的安全带，如图 6-22 所示。

3）坠落悬挂安全带（简称悬挂带）。高处作业或登高人员发生坠落时，将作业人员悬挂在安全带上，如图 6-23 所示。

（2）根据系带对身体约束部位的不同，安全带可分为：

1）单腰式安全带。系带只有一根约束在人体腰部的带子（如图 6-24 所示），是一种简单的

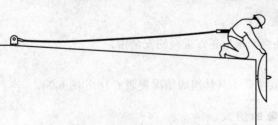

图 6-22　区域限制安全带使用示意图

安全带，一般用于 110kV 及以下变电站构架作业、35kV 及以下配电线路高处作业。

单腰式安全带的缺点是当发生高处坠落时，人体较为脆弱的腰部将承受较大冲击力，同时作业人员也较难进行自救，作业人员可能会从安全带中滑脱。

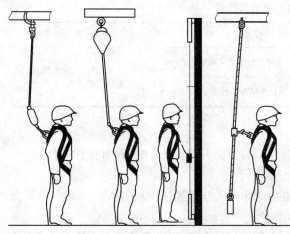

图 6-23　坠落悬挂安全带使用示意图

2）半身式安全带。即安全带仅包裹半身（一般是下半身，但有如胸式安全带，用于上半身的保护），一般用于 220kV 变电站构架作业和 110kV 线路高处作业及其他必须使用区域限制安全带的工作。

3）全身式安全带。即安全带包裹全身，配备了腰、胸、背多个悬挂点。一般可以拆卸为一个半身安全带及一个胸式安全带，一般用于 220kV 及以上输电线路或工作高度在 30m 以上的高处作业、500kV 及以上的变电站构架作业，以及其他必须使用坠落悬挂安全带的工作。

全身式安全带的特点：一是冲击力分散到整个躯干的各个部分（大腿部、腰部、胸部和背部），尽量减少对腰部分冲击；二是发生高处坠落后，使作业人员处于能够自救的体位；三是作业人员不会从安全带中滑脱。

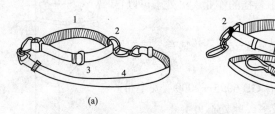

图 6-24　围杆带和悬挂带的组成

（a）围杆带；（b）悬挂带

1—系带；2—连接器；3—调节扣；4—围杆带；5—安全绳

DL 5009.2—2013《电力建设安全工作规程　第 2 部分：电力线路》规定：高处作业人员必须正确使用安全带，且宜使用全方位防冲击安全带（即全身式安全带）。

（3）根据安全绳的数目，安全带可分为：

1）单控安全带。只有一根安全绳的安全带。

2）双控安全带。除了有一根主安全绳外，还有一根后备保护绳的安全带。

3. 组成

安全带由带子、绳子和金属配件组成。各种安全带的具体组成情况见表 6-16 和图 6-24。

表 6-16　　　　　　　　　　　　各 类 安 全 带 的 组 成

分类	部 件 组 成	挂点装置
围杆作业安全带	系带、连接器、调节器（调节扣）、围杆绳（围杆带）	杆（柱）
区域限制安全带	系带、连接器（可选）、安全绳、调节器、连接器	挂点
	系带、连接器（可选）、安全绳、调节器、连接器、滑车	导轨

分类	部 件 组 成	挂点装置
坠落悬挂安全带	系带、连接器（可选）、缓冲器（可选）、安全绳、连接器	挂点
	系带、连接器（可选）、缓冲器（可选）、安全绳、连接器、自锁器	导轨
	系带、连接器（可选）、缓冲器（可选）、速差自控器、连接器	挂点

（1）系带：坠落时支撑和控制人体，分散冲击力，避免人体受到伤害的部件。由织带、带扣及其他金属部件组成，一般有全身系带、单腰系带、半身系带几种形式。

（2）安全绳：在安全带中连接系带和挂点的绳（带、钢丝绳）。一般起扩大或限制活动范围、吸收冲击能量的作用。

（3）缓冲器：串联在系带与挂点之间，发生坠落时吸收部分冲击能量、降低冲击力的部件。

（4）主带：系带中承受冲击力的带。

（5）辅带：系带中不直接承受冲击力的带。

（6）调节扣：调节主带或辅带长度的零件。

（7）扎紧扣（带卡）：用于将主带系紧或脱开的零件。

（8）护腰带：同单腰带一起使用，起到分散压力、提高舒适度作用的宽带。

（9）连接器：用于将系带与绳或绳与挂点连接在一起，具有常闭活门的金属连接部件。

（10）调节器：用于调节安全绳长短的部件。

（11）自锁器：又称导向式防坠器，是附着在导轨上、由坠落动作引发制动作用的部件。

（12）速差自控器：又称收放式防坠器，是安装在挂点上，装有可伸缩长度的绳（带、钢丝绳），串联在系带与挂点之间，在坠落时因速度变化引发制动作用的部件。

（13）挂点（不是安全带的组成部分，但与安全带的使用密切相关）：连接安全带和固定构造物的固定点。

（14）导轨（不是安全带的组成部分，但与安全带的使用密切相关）：附着自锁器的柔性绳索或刚性滑道，自锁器可在其上滑动，发生坠落时锁定在其上。

4. 使用注意事项

（1）安全带使用前，必须作一次外观检查，如发现有损坏者应禁止使用。《国家电网公司电力安全工器具管理规定（试行）》规定的安全带的外观检查内容，以及对外观的要求为：① 组件完整，无短缺，无伤残破损；②绳索、编带无脆裂、断股或扭结；③金属配件无裂纹，焊接无缺陷，无严重锈蚀；④ 挂钩的钩舌咬口平整不错位，保险装置完整可靠；⑤ 铆钉无明显偏位，表面平整。

（2）安全带应高挂低用或水平拴挂。

1）悬挂作业安全带：使用时要高挂低用，就是将安全带的绳挂在高处（挂点一般应高于作业人员肩部，人在下面工作，切忌低挂高用（低挂高用就是安全带拴挂在低处，而人在上面作业。当坠落发生时，低挂高用会造成冲击距离加大，人和绳都要受到较大的冲击负荷，是一种很不安全的系挂方法）。

2）围杆作业安全带：使用时要水平拴挂，就是将安全带系在腰部，围杆带和系带处于同一水平或稍高于系带的位置，一般不能悬挂使用。

（3）安全带应系在腰下面、臀部上面的胯部位。要束紧系带，调节扣组件必须系紧、系正。

（4）安全带应系挂在牢固的物体上，禁止系挂在移动或不牢固的物件上，不得系在棱角锋利处。如安全带无固定挂点，应采用适当强度的钢丝绳作为挂点。

（5）利用安全带进行悬挂作业时，要防止摆动或碰撞。

（6）安全绳严禁擅自接长使用，严禁后备绳和主绳打结绞接使用。使用 3m 以上长度的安全绳应加缓冲器，或者采用速差自控器（可以使坠落冲击距离限制在 1.5m 以内），并限制安全绳的长度。

通常人体坠落时冲击力的大小，主要由坠落者的体重和坠落距离（即冲击距离）决定，坠落距离与安全绳的长度有密切关系。安全越长，冲击距离越大，冲击力也越大。理论证明，人体受 900kg 冲击力就要受伤。因此，安全绳长度，在保证操作活动的前提下，要限制在最短的范围内。

（7）使用中的安全带及后备绳的挂钩锁扣必须在锁好位置。

（8）高处作业移动位置时，不得失去保护。在杆塔上工作时，应将安全带后备保护绳系在安全牢固的构件上（带电作业视其具体任务决定是否系后备安全绳），不得失去后备保护。

（9）不准将安全绳打结使用。金属钩应挂在连接环上使用，不准许直接挂在安全绳上使用。

（10）使用同类型安全带，各部件不能擅自更换或替换使用。

（11）受到严重冲击的安全带，即使外形未变也不可再使用。

（12）严禁使用安全带（安全绳）来传递重物。

（13）安全带上的各种部件不得任意拆掉。

（14）安全绳保护套要保持完好，以防绳被磨损；若发现保护套损坏或脱落，必须加上新套后再使用。

（15）安全带使用时应避免接触高温、明火、酸类物质和其他化学药品，避免有锐角的坚硬物体。

5. 日常管理

（1）安全带在每次使用前都应进行外观检查。

（2）对使用中的安全带每周进行一次外观检查。平时不用时也应一个月做一次外观检查，要经常检查安全带缝制部分和挂钩部分，必须详细检查捻线有无发生裂断和残损等。发现异常应提前报废。

（3）安全带每年要进行一次静负荷重试验。

（4）安全带每次受力后，必须做详细的外观检查和静负荷重试验，不合格的不得继续使用。

（5）安全带上的各种部件不得任意拆掉，更换新绳时要注意加绳套。

（6）安全带污脏时可放入低温水中，用肥皂轻轻擦洗，再用清水漂干净，然后晾干；不允许浸入热水中，不允许在日光下曝晒或用火烤。

（7）使用频繁的绳，要经常作外观检查，发现异常时，应立即更换新绳。带子使用期定为 3～5 年，发现异常，应提前报废。

（8）安全带不使用时要妥善保管，不可接触高温、明火、强酸、强碱或尖锐物体，不要存放在潮湿的仓库中。

（9）安全带使用 2 年后，按批量购入情况，抽验一次。围杆带作静负荷试验，以 2205N 拉力拉 5min，无破断可继续使用。悬挂安全带冲击试验时，以 80kg 自由坠落试验，若不破裂，该批安全带可以继续使用。对抽试过的样带，必须更换安全绳后，才能继续使用。

6. 相关违章行为

以下不正确使用安全带的行为都应视为违章行为：

（1）双控安全带系在腰部（一旦发生高处坠落，坠落者腰部易受损伤）。

（2）在高处作业时，只使用安全带，不使用安全绳。

（3）在作业中转移位置时，为图方便，安全带及安全绳都不使用。

（4）安全带低挂高用。

（5）作业人员在附件安装分项工程中，下绝缘子卡导线时，安全绳扣在横担上，而安全带扣在导线上（若导线脱落，作业人员要受到严重伤害）。

（6）为图转移方便，安全绳过长（发生作业人员坠落，腰部易受到伤害）。

7. 保管与保存

安全带应存放在干燥、通风的库房内，避免接触高温、明火、酸类物质和其他化学药品，避免有锐角的坚硬物体。

8. 预防性试验

安全带的试验项目、周期和要求见表 6-17。注意定期或抽样试验用过的安全带，不准再继续使用。

表 6-17　　　　　　　　　　　安全带的试验项目、周期和要求

名称	项目	周期	要求			说明
			种类	试验静拉力（N）	载荷时间（min）	
安全带	静负荷试验	1年	围杆带	2205	5	牛皮带试验周期为半年
			围杆绳	2205	5	
			护腰带	1470	5	
			安全绳	2205	5	

第四节　电力安全设施

国家电网公司于 2010 年发布的 Q/GDW 434.1—2010《国家电网公司安全设施标准　第 1 部分：变电》和 Q/GDW 434.2—2010《国家电网公司安全设施标准　第 2 部分：电力线路》，其中规定，变电站内、电力线路生产活动所涉及的场所、设备（设施）、检修施工等特定区域以及其他有必要提醒人们注意安全的场所，应配置使用标准化的安全设施。

一、概述

1. 安全设施定义

生产经营活动中将危险因素、有害因素控制在安全范围内，以及预防、减少、消除危害所设置的安全标志、设备标志、安全警示线、安全防护设施等的统称。

2. 安全色

传递安全信息含义的颜色，包括红、蓝、黄、绿四种颜色。

（1）各种安全色的规定作用。

1）红色：传递禁止、停止、危险或提示消防设备、设施的信息。

2）蓝色：传递必须遵守规定的指令性信息。

3）黄色：传递注意、警告的信息。

4）绿色：传递表安全的提示性信息。

（2）对比色：使安全色更加醒目的反衬色，包括黑、白两种颜色。

1）黑色用于安全标志的文字、图形符号和警告标志的几何边框。

2）白色作为安全标志红、蓝、绿的背景色，也可用于安全标志的文字和图形符号。

（3）搭配使用的规定。

1）方式：安全色与对比色同时使用时，应按红—白、蓝—白、黄—黑、绿—白方式搭配；安全色与对比色的相间条纹为等宽条纹，倾斜约 45°。

2）作用：红色与白色相间条纹表示禁止或提示消防设备、设施的安全标记；黄色与黑色相间条纹表示危险位置的安全标记；蓝色与白色相间条纹表示指令的安全标记，传递必须遵守规定的信息；绿色与白色相间条纹表示安全环境的安全标记。

3. 安全设施设置总体要求

（1）安全设施应清晰醒目、规范统一、安装可靠、便于维护，适应使用环境要求。

（2）安全设施所用的颜色应符合 GB 2893—2008《安全色》的规定。

（3）变电设备（设施）本体或附近醒目位置应装设设备标志牌，涂刷相色标志或装设相位标志牌；电力线路杆塔应标明线路名称、杆（塔）号、色标，并在线路保护区内设置必要的安全警示标志，电力线路一般应采用单色色标，线路密集地区可采用不同颜色的色标加以区分。

（4）变电站设备区与其他功能区、运行设备区与改（扩）建施工区之间应装设区域隔离遮栏。不同电压等级设备区宜装设区域隔离遮栏。

（5）生产场所安装的固定遮栏应牢固，工作人员出入的门等活动部分应加锁。

（6）变电站入口应设置减速线，变电站内适当位置应设置限高、限速标志。设置标志应易于观察。

（7）变电站内地面应标注设备巡视路线和通道边缘警戒线。

（8）安全设施设置后，不应构成对人身伤害、设备安全的潜在风险或妨碍正常工作。

4. 安全设施安装制作要求

（1）安全标志、变电设备标志和电力线路设备标志应采用标志牌安装，电力线路设备标志也可采用涂刷方式。

（2）标志牌标高可视现场情况自行确定，但对于同一变电站、同类设备（设施）的标志牌标高应统一。

（3）标志牌规格、尺寸、安装位置可视现场情况进行调整，但对于同一变电站、同类设备（设施）的标志牌规格、尺寸及安装位置应统一。

（4）标志牌应采用坚固耐用的材料制作，并满足安全要求。对于照明条件差的场所，标志牌宜用荧光材料制作。

（5）低压配电屏（箱）、二次设备屏等有触电危险或易造成短路的作业场所悬挂的标志牌应使用绝缘材料制作。

（6）除特殊要求外，安全标志牌、设备标志牌宜采用工业级反光材料制作。

（7）涂刷类标志材料应选用耐用、不褪色的涂料或油漆。各类标线应采用道路线漆涂刷。

（8）变电站使用的红布幔应采用纯棉布制作。

（9）所有矩形标志牌应保证边缘光滑，无毛刺，无尖角。

二、安全标志

1. 安全标志定义

用以表达特定安全信息的标志，由图形符号、安全色、几何形状（边框）和文字构成。

2. 安全标志类型

变电站、电力线路设置的安全标志包括禁止标志、警告标志、指令标志、提示标志四种基本类型和消防安全标志、道路交通标志等特定类型。

各种类型的安全标志（不按各种标准划分）如下：

（1）禁止标志：禁止或制止人们不安全行为的图形标志。

（2）警告标志：提醒人们对周围环境引起注意，以避免可能发生危险的图形标志。

（3）指令标志：强制人们必须做出某种动作或采用防范措施的图形标志。

（4）提示标志：向人们提供某种信息（如标明安全设施或场所等）的图形标志。

（5）说明标志：向人们提供特定提示信息（标明安全分类或防护措施等）的标记，由几何图形边框和文字构成。

（6）环境信息标志：所提供的信息涉及较大区域的图形标志。

（7）局部信息标志：提供的信息只涉及某地点甚至某个设备或部件的图形标志。

（8）道路交通标志：用图形符号、颜色和文字向交通参与者传递特定信息，用于管理交通的设施。

（9）消防安全标志：用以表达与消防有关的安全信息，由安全色、边框、以图像为主要特征的图形符号或文字构成的标志。

（10）辅助标志：附设在主标志下，起辅助说明作用的标志。

（11）组合标志：在一个矩形载体上同时含有安全标志和辅助标志的标志。

（12）多重标志：在一个矩形载体上含有两个及以上安全标志和（或）伴有辅助标志的标志。标志应按照安全信息重要性的顺序排列。

3. 安全标志及标志牌的制作要求

（1）安全标志一般使用相应的通用图形标志和文字辅助标志的组合标志。

（2）安全标志一般采用标志牌的形式，宜使用衬边，以使安全标志与周围环境之间形成较为强烈的对比。

（3）安全标志所用的颜色、图形符号、几何形状、文字，标志牌的材质、表面质量、衬边及型号选用、设置高度、使用要求应符合 GB 2894—2008《安全标志及其使用导则》的规定。

4. 安全标志牌设置要求

（1）安全标志牌应设在与安全有关场所的醒目位置，便于进入变电站、走近电力线路或进入电缆隧道的人们看见，并有足够的时间来注意它所表达的内容。环境信息标志宜设在有关场所的入口处和醒目处，局部环境信息应设在所涉及的相应危险地点或设备（部件）的醒目处。

（2）安全标志牌不宜设在可移动的物体上，以免标志牌随母体物体相应移动，影响认读。标志牌前不得放置妨碍认读的障碍物。

（3）多个标志在一起设置时，应按照警告、禁止、指令、提示类型的顺序，先左后右、先上后下地排列，且应避免出现相互矛盾、相互重复的现象。也可以根据实际，使用多重标志。

（4）安全标志牌应设置在明亮的环境中。

（5）安全标志牌设置的高度尽量与人眼的视线高度相一致，悬挂式和柱式的环境信息标志牌的下缘距地面的高度不宜小于 2m，局部信息标志的设置高度应视具体情况确定。

（6）安全标志牌的平面与视线夹角应接近 90°，观察者位于最大观察距离时，最小夹角不低于 75°。

5. 安全标志牌的固定

（1）安全标志牌的固定方式分为附着式、悬挂式和柱式。附着式和悬挂式的固定应稳固不倾斜，柱式的标志牌和支架应连接牢固。

（2）临时标志牌应采取防止脱落、移位措施。

6. 安全标志牌的维护

安全标志牌应定期检查，如发现破损、变形、褪色等不符合要求时，应及时修整或更换。修整或更换时，应有临时的标志牌替换，以避免发生意外伤害。

7. 变电站安全标志牌的设置

（1）变电站入口，应根据站内通道、设备、电压等级等具体情况，在醒目位置按配置规范设置相应的安全标志牌。如"当心触电""未经许可不得入内""禁止吸烟""必须戴安全帽"等，并应设立限速的标志（装置）。

（2）变电站设备区入口，应根据通道、设备、电压等级等具体情况，在醒目位置按配置规范设置相应的安全标志牌。如"当心触电""未经许可不得入内""禁止吸烟""必须戴安全帽"及安全距离等，并应设立限速、限高的标志（装置）。

（3）变电站各设备间入口，应根据内部设备、电压等级等具体情况，在醒目位置按配置规范设置相应的安全标志牌。如主控制室、继电器室、通信室、自动装置室应配置"未经许可 不得入内""禁止烟火"；继电器室、自动装置室应配置"禁止使用无线通信"；高压配电装置室应配置"未经许可不得入内""禁止烟火"；GIS 组合电器室、SF$_6$ 设备室、电缆夹层应配置"禁止烟火""注意通风""必须戴安全帽"等。

8. 电力线路安全标志牌的设置

（1）电缆隧道入口，应根据电压等级等具体情况，在醒目位置按配置规范设置相应的安全标志牌。如"当心触电""当心中毒""未经许可不得入内""禁止烟火""注意通风""必须戴安全帽"等。

（2）电力线路杆塔，应根据电压等级、线路途经区域等具体情况，在醒目位置按配置规范设置相应的安全标志牌。如"禁止攀登 高压危险"等。

（3）在人口密集或交通繁忙区域施工，应根据环境设置必要的交通安全标志牌。

9. 变电站和电力线路各种安全标志及设置规范

变电站和电力线路各种安全标志及设置规范见附录 U。

三、设备标志

设备标志是用以标明设备名称、编号等特定信息的标志，由文字和（或）图形构成。

（一）设备标志通用要求

1. 总体要求

变电站、电力线路设备（含设施，下同）应配置醒目的标志。配置标志后，不应构成对人身伤害的潜在风险。

2. 内容要求

（1）设备标志由设备编号和设备名称组成。

（2）设备标志应定义清晰，具有唯一性。同一单位每台设备标志的内容应是唯一的，禁止出现两个或多个内容完全相同的设备标志。同一调度机构直接调度的每台设备标志的内容应是唯一的。

（3）功能、用途完全相同的设备，其设备名称应统一。

（4）电气设备标志文字内容应与调度机构下达的编号相符，其他电气设备的标志内容可参照调度编号及设计名称。一次设备为分相设备时，应逐相标注。

3. 制作要求

（1）设备标志牌基本形式为矩形，衬底色为白色，边框、编号文字为红色（接地设备标志牌的边框文字为黑色），采用反光黑体字。

（2）字号根据标志牌尺寸、字数适当调整。

（3）标志牌尺寸可根据现场实际适当调整。

4. 变电站和电灯线路各种设备标志及设置规范见附录V

（二）变电站设备标志装设要求

（1）设备标志牌应配置在设备本体或附件醒目位置。

（2）两台及以上集中排列安装的电气盘应在每台盘上分别配置各自的设备标志牌。两台及以上集中排列安装的前后开门电气盘前后均应配置设备标志牌，且同一盘柜前后设备标志牌一致。

（3）GIS设备的隔离开关和接地开关标志牌根据现场实际情况装设，母线的标志牌按照实际相序位置排列，安装于母线筒端部；隔室标志安装于靠近本隔室取气阀门旁醒目位置，各隔室之间通气隔板周围涂红色，非通气隔板周围涂绿色，宽度根据现场实际确定。

（4）电缆两端应悬挂标明电缆编号、型号、始点、终点的标志牌，电力电缆还应标注电压等级、长度。

（5）各设备间及其他功能室入口处醒目位置均应配置房间标志牌，标明其功能及编号，室内醒目位置应设置逃生路线图、定置图（表）。

（三）架空线路标志装设要求

（1）线路每基杆塔均应配置标志牌或涂刷标志，标明线路的名称、电压等级和杆塔号。新建线路杆塔号应与杆塔数量一致。若线路改建，改建线路段的杆塔号可采用"n+1"或"n−1"（n为改建前的杆塔编号）形式。

（2）耐张型杆塔、分支杆塔和换位杆塔前后各一基杆塔上，应有明显的相位标志。相位标志牌基本形式为圆形，标准颜色为黄色、绿色、红色。

（3）在杆塔适当位置宜喷涂线路名称和杆塔号，在标志牌丢失情况下仍能正确辨识杆塔。

（4）杆塔标志牌的基本形式一般为矩形，白底，红色黑体字，安装在杆塔的小号侧；特殊地形的杆塔，标志牌可悬挂在其他醒目方位上。

（5）同杆塔架设的双（多）回线路应在横担上设置鲜明的异色标志加以区分。各回路标志牌底色应与本回路色标一致，白色黑体字（黄底时为黑色黑体字）。色标颜色按照红黄绿蓝白紫排列使用。

（6）同杆架设的双（多）回路标志牌应在每回路对应的小号侧安装，特殊情况可在回路对应的杆塔两侧面安装。

（7）110kV 及以上电压等级线路悬挂高度距地面 5～12m，涂刷高度距地面 3m；110kV 及以下电压等级线路悬挂高度距地面 3～5m，涂刷高度距地面 3m。

（四）电缆标志装设要求

（1）电缆线路均应配置标志牌，标明线路的名称、电压等级和起止变电站名称。

（2）电缆标志牌的基本形式是方形，白底，红色黑体字。

（3）电缆两端及隧道内应悬挂标志牌。隧道内标志牌间距约为 100m，电缆转角处也应悬挂。与架空线路相连的电缆的标志牌固定于连接处附近的本电缆上。

（4）电缆接头盒应悬挂标明电缆编号、始点、终点及接头盒编号的标志牌。

（5）电缆为单相时，应注明相位标志。

（6）电缆应设置路径、宽度标志牌（桩）。城区直埋电缆可采用地砖等形式，以满足城市道路交通安全要求。

四、安全警示线

（1）安全警示线用于界定和分割危险区域，向人们传递某种注意或警告的信息，以避免人身伤害。

（2）安全警示线一般采用黄色或与对比色（黑色）同时使用。

（3）安全警示线包括禁止阻塞线、减速提示线、安全警戒线、防止踏空线、防止碰头线、防止绊跤线和生产通道边缘警戒线等。

1）禁止阻塞线：作用是禁止在相应的设备前（上）停放物体，避免意外的发生；禁止阻塞线由黄色 45°等间隔斜线和黄色边缘直线组成一个正方形或长方形图形，间隔斜线和边缘直线的宽度宜为 50～100mm，图形总长度不小于禁止阻塞物 1.1 倍，总宽度不小于禁止阻塞物 1.5 倍。

2）减速提示线：作用是提醒在变电站内的驾驶人员减速行驶，以保证变电站设备和人员的安全；一般采用黄色 45°等间隔斜线排列进行标注，宽度宜为 100～200mm。可采取减速带代替减速提示线。

3）安全警戒线：作用是为了提醒在变电站内的人员，避免误碰、误触运行中的控制屏（台）、保护屏、配电屏和高压开关柜等。安全警戒线采用黄色，宽度宜为 50～100mm。

4）防止碰头线：作用是提醒人们注意在人行通道上方的障碍物，防止意外发生；采用 45°黄色与黑色相间的等宽条纹，宽度宜为 50～150mm。

5）防止绊跤线：作用是提醒工作人员注意地面上的障碍物，防止意外发生；采用 45°黄色与黑色相间的等宽条纹，宽度宜为 50～150mm。

6）防止踏空线：作用是提醒工作人员注意通道上的高度落差，避免发生意外；采用黄色线，宽度宜为 100～150mm。

7）生产通道边缘警戒线：在变电站生产道路运用的安全警戒线，作用是提醒变电站工作人员和机动车驾驶人员避免误入设备区；生产通道边缘警戒线采用黄色线，宽度宜为 100～150mm。

8）设备区巡视路线：作用是提醒变电站工作人员按标准路线进行巡视检查；设备区巡视路线采用白色实线标注，其线宽宜为 100～150mm，在弯道或交叉路口处采取白色箭头标注。也可采取巡视路线指示牌方法进行标注。

9）防撞警示线：配置在道路中央和马路沿外 1m 内的杆塔下部应涂刷防撞警示线。采用标线涂料涂刷，带荧光，其高度不小于 1200mm，黄黑相间，间距为 200mm。

五、安全防护设施

安全防护设施用于防止外因引发的人身伤害。

变电站安全防护设施包括安全帽、安全工器具柜、安全工器具试验合格证标志、固定防护遮栏、区域隔离遮栏、临时遮栏（围栏）、孔洞盖板、爬梯遮栏门、防小动物挡板、防误闭锁解锁钥匙箱等设施和用具；电力线路包括安全帽、安全带、临时遮栏（围栏）、孔洞盖板、爬梯遮栏门、安全工器具试验合格证标志牌、接地线标志牌及接地线存放地点标志牌、杆塔拉线、接地引下线、电缆防护套管及警示线、杆塔防撞警示线等装置和用具。

1. 安全帽（见图 6-25）

（1）安全帽用于作业人员头部防护。任何人进入生产现场，应正确佩戴安全帽。

（2）安全帽应符合 GB 2811—2007《安全帽》的规定。

（3）安全帽前面有国家电网公司标志，后面为单位名称及编号，并按编号定置存放。

（4）安全帽实行分色管理。红色安全帽为管理人员使用，黄色安全帽为运行人员使用，蓝色安全帽为检修（施工、试验等）人员使用，白色安全帽为外来参观人员使用。

图 6-25　安全帽

2. 安全工器具柜（室）（见图 6-26）

（1）变电站应配备足量的专用安全工器具柜。

（2）安全工器具柜（室）应满足国家标准、行业标准及产品说明书关于保管和存放的要求。

（3）安全工器具柜（室）宜具有温度、湿度监控功能，满足温度为 –15～35℃、相对湿度为 80% 以下、干燥通风的基本要求。

3. 安全工器具试验合格证标志牌（见图 6-27）

图 6-26　安全工器具柜（室）

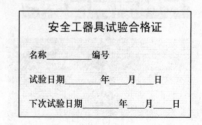

安全工器具试验合格证
名称_____　编号_____
试验日期_____年____月___日
下次试验日期_____年____月___日

图 6-27　安全工器具试验合格证标志牌

（1）安全工器具试验合格证标志牌贴在经试验合格的安全工器具的醒目位置。

（2）安全工器具试验合格证标志牌可采用粘贴力强的不干胶制作。

4. 接地线标志牌及接地线存放地点标志牌（见图 6-28）

（1）接地线标志牌固定在接地线接地端线夹上。

（2）接地线标志牌应采用不锈钢板或其他金属材料制成，厚度为 1.0mm。

（3）接地线标志牌尺寸为 D=30～50mm，D_1=2.0～3.0mm。

（4）接地线存放地点标志牌应固定在接地线存放醒目位置。

5. 固定防护遮栏（见图6-29）

（1）固定防护遮栏适用于落地安装的高压设备周围及生产现场平台、人行通道、升降口、大小坑洞、楼梯等有坠落危险的场所。

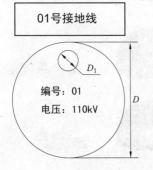

图6-28　接地线标志牌及接地线　　　　　　　　　图6-29　固定防护遮栏
　　　　　存放地点标志牌

（2）用于设备周围的遮栏高度不低于1700mm，设置供工作人员出入的门并上锁；防坠落遮栏高度不低于1050mm，并装设不低于100mm高的护板。

（3）固定遮栏上应悬挂安全标志，位置根据实际情况而定。

（4）固定遮栏及防护栏杆、斜梯应符合GB 4053.2—2009《固定式钢梯及平台安全要求　第2部分：钢斜梯》、GB 4053.3—2009《固定式钢梯及平台安全要求　第3部分：工业防护栏杆及钢平台》的规定，其强度和间隙满足防护要求。

（5）检修期间需将栏杆拆除时，应装设临时遮栏，并在检修工作结束后将栏杆立即恢复。

6. 区域隔离遮栏（见图6-30）

（1）区域隔离遮栏适用于设备区与生活区的隔离、设备区间的隔离、改（扩）建施工现场与运行区域的隔离，也可装设在人员活动密集场所周围。

（2）区域隔离遮拦应采用不锈钢或塑钢材料制作，高度不低于1050mm，其强度和间隙满足防护要求。

7. 临时遮栏（围栏）（见图6-31）

（1）临时遮栏（围栏）适用的场所包括：① 有可能高处坠落的场所；② 检修、试验工作现场与运行设备的隔离；③ 检修、试验工作现场规范工作人员活动范围；④ 检修现场安全通道；⑤ 检修现场临时起吊场地；⑥ 防止人员靠近的高压试验场所；⑦ 安全通道或沿平台等边缘部位，因检修卸下常设栏杆的场所；⑧ 事故现场保护；⑨ 需临时打开的平台、地沟、孔洞盖板周围等；⑩ 直流换流站单极停电工作，应在双极公共区域设备与停电区域之间设置围栏。

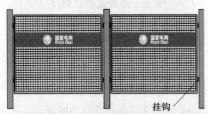
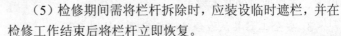

图6-30　区域隔离遮栏

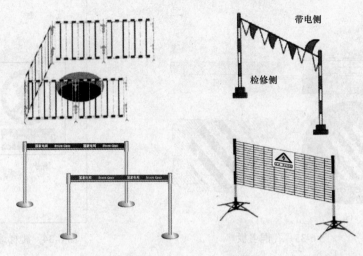

图 6-31　临时遮栏（围栏）

（2）临时遮栏（围栏）应采用满足安全、防护要求的材料制作。有绝缘要求的临时遮栏，应采用干燥木材、橡胶或其他坚韧绝缘材料制成。

（3）临时遮栏（围栏）高度为 1050～1200mm，防坠落遮栏应在下部装设不低于 180mm 高的挡脚板。

（4）临时遮栏（围栏）强度和间隙应满足防护要求，装设应牢固可靠。

（5）临时遮栏（围栏）应悬挂安全标志，位置根据实际情况而定。

8. 红布幔（见图 6-32）

（1）红布幔适用于变电站二次系统上进行工作时，将检修设备与运行设备前后以明显的标志隔开。

（2）红布幔尺寸一般为 2400mm×800mm、1200mm×800mm、650mm×120mm，也可根据现场实际情况制作。

图 6-32　红布幔

（3）红布幔上印有运行设备字样，白色黑体字，布幔上下或左右两端设有绝缘隔离的磁铁或挂钩。

9. 孔洞盖板（见图 6-33）

（1）适用于生产现场需打开的起吊口、需打开的电缆沟出入口、需打开的管沟出入口，以及其他平台、地面需打开的出入口，阀门井或地沟，电缆沟防火墙两侧。

（2）盖板可制成与现场孔洞互相配合的矩形、正方形、圆形等形状，选用镶嵌式、覆盖式。

（3）盖板拉手可做成活动式，或在盖板两侧设直径约 8mm 的小孔，便于钩起。

10. 爬梯遮拦门（见图 6-34）

（1）应在禁止攀登的设备、构架爬梯上安装爬梯遮拦门，并予编号。

（2）爬梯遮拦门为整体不锈钢或铝合金板门。其高度应大于工作人员的跨步长度，宜设置为 800mm 左右，宽度应与爬梯保持一致。

（3）在爬梯遮拦门正面应装设"禁止攀登，高压危险！"的标志牌。

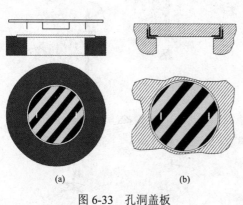

图 6-33　孔洞盖板

（a）覆盖式；（b）镶嵌式

图 6-34　爬梯遮拦门

11. 防小动物挡板（见图 6-35）

（1）在各配电装置室、电缆室、通信室、蓄电池室、主控制室和继电器室等出入口处，应装设防小动物挡板，以防止小动物短路故障引发的电气事故。

（2）防小动物挡板宜采用不锈钢、铝合金等不易生锈、变形的材料制造，高度应不低于400mm，其上部应设有 45° 黑黄相间色斜条防止绊跤线标志，标志线宽宜为 50～100mm。

12. 防误闭锁解锁钥匙箱（见图 6-36）

（1）防误闭锁解锁钥匙箱是将解锁钥匙存放其中并加封，根据规定执行手续后使用。

图 6-35　防小动物挡板

图 6-36　防误闭锁解锁钥匙箱

（2）防误闭锁解锁钥匙箱为木质或其他材料制作，前面部为玻璃面，在紧急情况下可将玻璃破碎，取出解锁钥匙使用。

（3）防误闭锁解锁钥匙箱存放在变电站主控制室。

13. 防毒面具和正压式消防空气呼吸器（见图 6-37）

变电站应按规定配备防毒面具和正压式消防空气呼吸器。

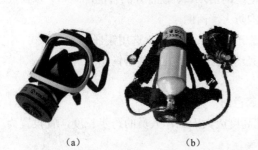

图 6-37　防毒面具和正压式消防空气呼吸器

（a）过滤式防毒面具；（b）正压式消防空气呼吸器

（1）过滤式防毒面具。

1）过滤式防毒面具是在有氧环境中使用的呼吸器。

2）过滤式防毒面具应符合 GB 2890—2009《呼吸防护　自吸过滤式防毒面具》的规定。使用时，空气中氧气浓度不低于 18%，温度为 –30～45℃，且不能用于槽、罐等密闭容器环境。

3）过滤式防毒面具的过滤剂有一定的使用时间，一般为 30～100min。过滤剂失去过滤作用（面具内有特殊气味）时，应及时更换。

4）过滤式防毒面具应存放在干燥、通风，无酸、碱、溶剂等物质的库房内，严禁重压。防毒面具的滤毒罐（盒）的储存期为 5 年（3 年），过期产品应经检验合格后方可使用。

（2）正压式消防空气呼吸器。

1）正压式消防空气呼吸器是用于无氧环境中的呼吸器。

2）正压式消防空气呼吸器应符合 GA 124—2013《正压式消防空气呼吸器》的规定。

3）正压式消防空气呼吸器储存时应装入包装箱内，避免长时间曝晒，不能与油、酸、碱或其他有害物质共同储存，严禁重压。

14. 安全带（见图 6-38）

（1）安全带用于防止高处作业人员发生坠落或发生坠落后将作业人员安全悬挂。

（2）在没有脚手架或者在没有栏杆的脚手架上工作、高度超过 1.5m 时，应使用安全带。

（3）安全带应符合 GB 6095—2009《安全带》的规定。

（4）安全带应标注使用班站名称、编号，并按编号定置存放。

（5）安全带存放时，应避免接触高温、明火、酸类及有锐角的紧硬物体和化学药物。

15. 杆塔拉线、接地引下线、电缆防护套管及警示标志（见图 6-39）

（1）在线路杆塔拉线、接地引下线、电缆的下部，应装设防护套管，也可采用反光材料制作的防撞警示标识。

（2）防护套管及警示标识，长度不小于 1.8m，黄黑相间，间距宜为 200mm。

16. 杆塔防撞警示线（见图 6-40）

（1）在道路中央和马路沿外 1m 内的杆塔下部，应涂刷防撞警示线。

（2）防撞警示线采用道路标线涂料涂刷，带荧光，其高度不小于 1200mm，黄黑相间，间距 200mm。

图 6-38　安全带

图 6-39　杆塔拉线、接地引下线、
电缆防护套管及警示标志

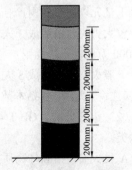
图 6-40　杆塔防撞警示线

第七章

电力消防工作

第一节 消防基本理论

一、消防与火灾

1. 消防

消防包括防火与灭火，是专门与火灾作斗争的工作。1984 年经全国人大常委会通过，由国务院颁布的《中华人民共和国消防条例》，第一次明确提出了"预防为主、防消结合"的消防工作方针。《消防法》第二条规定，消防工作贯彻预防为主、防消结合的方针。

2. 火灾

在时间和空间上失去控制并造成一定危害的燃烧现象，称火灾。在各种灾害中，火灾是最经常、最普遍地威胁公众安全和社会发展的主要灾害之一。

（1）火灾等级。依据国务院《生产安全事故报告和调查处理条例》，2007 年 6 月 26 日公安部下发《关于调整火灾等级标准的通知》，规定火灾等级标准为特别重大火灾、重大火灾、较大火灾和一般火灾四个等级。

特别重大火灾，指造成 30 人以上死亡，或者 100 人以上重伤，或者 1 亿元以上直接财产损失的火灾。

重大火灾，指造成 10 人以上 30 人以下死亡，或者 50 人以上 100 人以下重伤，或者 5000 万元以上 1 亿元以下直接财产损失的火灾。

较大火灾，指造成 3 人以上 10 人以下死亡，或者 10 人以上 50 人以下重伤，或者 1000 万元以上 5000 万元以下直接财产损失的火灾。

一般火灾，指造成 3 人以下死亡，或者 10 人以下重伤，或者 1000 万元以下直接财产损失的火灾。（注："以上"包括本数，"以下"不包括本数。）

（2）火灾分类。GB/T 4968—2008《火灾分类》规定，火灾根据可燃物的类型和燃烧特性，分为六类。

A 类火灾，指固体物质火灾。这种物质通常具有有机物质性质，一般在燃烧时能产生灼热的余烬。如木材、煤、棉、毛、麻、纸张等火灾。

B 类火灾，指液体或可熔化的固体物质火灾。如汽油、煤油、柴油、原油、甲醇、乙醇、沥青、石蜡等火灾。

C 类火灾，指气体火灾。如煤气、天然气、甲烷、乙烷、丙烷、氢气等火灾。

D 类火灾，指金属火灾。如钾、钠、镁、铝镁合金等火灾。

E 类火灾，带电火灾。物体带电燃烧的火灾。

F 类火灾，烹饪器具内的烹饪物（如动植物油脂）火灾。

二、燃烧基本知识

（一）燃烧

1. 燃烧的定义

使氧化物质失去电子、伴随着有热和光同时发生的剧烈的氧化反应称为燃烧。GB/T 5907.1—2014《消防词汇　第 1 部分：通用术语》定义：燃烧是可燃物与氧化剂作用发生的放热反应，通常伴有火焰、发光和（或）发烟的现象。

2. 燃烧的特征

燃烧是一种复杂的物理化学过程，是同时伴有发光、发热的激烈的氧化反应。其特征是发光、发热，生成新物质。

例如，铜与稀硝酸反应，虽然属于氧化反应，有新物质生成，但没有产生光和热，不能称为燃烧；灯泡中灯丝通电后虽发光、发热，但不是氧化反应，也不能称为燃烧；金属钠、赤热的铁在氯气中反应等，才能称为燃烧。

3. 燃烧的本质

现代燃烧理论（连锁反应理论）认为，燃烧的本质是一种游离基的连锁反应（也称为链式反应），即由游离基在瞬间进行的循环连续反应。

游离基又称自由基或自由原子，是化合物或单质分子中的共价键在外界因素（如光、热）的影响下，分裂而成含有不成对电子的原子或原子基团，它们的化学活性非常强，在一般条件下是不稳定的，容易自行结合成稳定分子或与其他物质的分子反应生成新的游离基。

在燃烧反应中，气体分子间相互作用，往往不是两个分子直接反应生成最后产物，而是活性分子游离基与分子间的作用。当反应物产生少量的活化中心——游离基（自由基或自由原子）时，活性分子游离基与另一个分子作用产生新的游离基，新游离基又迅速参加反应，如此延续下去形成一系列连锁反应。

连锁反应只要一经开始，就可经过许多连锁步骤自行加速发展下去（瞬间自发进行若干次），直至反应物燃尽为止。

4. 燃烧的条件

（1）燃烧三要素。可燃物、助燃物和点火源是导致燃烧的必要条件，缺一不可，称为燃烧三要素。图 7-1 表示了燃烧三要素与燃烧的关系，称为着火三角形；若再加上游离基，称为着火四面体。

凡能与空气、氧气或其他氧化剂发生剧烈氧化反应的物质，都可称为可燃物质。可燃物质是防火、防爆的主要研究对象。闪点在 28℃以下的可燃物质称为易燃物。

凡是具有较强的氧化能力，能与可燃物质发生化学反应并引起燃烧的物质均称为助燃物。常见的

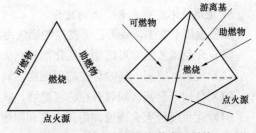

图 7-1　着火三角形和着火四面体

助燃物有空气、氧气、氯气、氟、溴，以及高锰酸钾、氯酸钾等氧化物和过氧化物等物质。空气中氧含量约为21%，而空气是到处都有的，因而它是最常见的助燃物。发生火灾时，除非是密闭室内的初起小火可用隔绝空气的"闷火"手段扑灭，否则这个要素较难控制。

凡能引起可燃物与助燃物发生氧化反应而引起燃烧的能源（常见的是热能源）称作点火源（又称着火源）。根据引发燃烧的能量种类，点火源可分为：① 机械点火源，包括摩擦、撞击火花等；② 热点火源，包括明火、气焊割火花、高温物体；③ 电点火源，包括电流、电火花、静电火花和雷电等；④ 化学点火源，主要是化学反应热；⑤ 其他点火源，如生物能、光能和核能。

电力系统常见的点火源包括过热的电气设备或线路、电火花和电弧、静电、照明设备或电热设备、雷电、人工火源、机械热能。

（2）燃烧必须具备的条件。可燃物、助燃物和点火源是导致燃烧的三要素，缺一不可，三要素在同一空间同时存在并相互作用是燃烧的必要条件。

即使满足了燃烧的必要条件，即三要素在同一空间同时存在并能够相互作用，燃烧能否实现，还要看三要素是否满足燃烧需要的数量或数值上的要求。在燃烧过程中，当三要素的数量或数值发生改变时，也会使燃烧速度改变甚至使燃烧停止。因此，燃烧能够进行必须满足下列三个条件：

1）有足够的可燃物。作为氧化剂，例如空气，往往是天然充足存在的。如果空气中的可燃物数量不足，不能使可燃物与氧达到一定的比例燃烧就不会发生。

例如，在室温（20℃）的同样条件下用火柴去点汽油和柴油时，汽油会立刻燃烧，柴油则不燃，这是因为柴油在室温下蒸汽浓度（数量）不足，还没有达到燃烧的浓度。

2）有足够的助燃物。没有足够的助燃物，燃烧不会发生，或者会逐渐减弱，直至熄灭。

例如，蜡烛在氮气中不能点燃；点燃的蜡烛用玻璃罩罩起来，不使空气进入，短时间内，蜡烛就会熄灭。

试验证明，一般可燃物质在空气中的氧含量低于16%时，就不能发生燃烧。

3）点火源有足够的能量。点火源有足够的能量一般表现为有一定的温度和足够的热量。点火源的温度或热量不够，燃烧就不能发生。

例如，从烟囱冒出来的碳火星，温度约有600℃，已超过了一般可燃物的燃点，如果这些火星落在易燃的柴草或刨花上，就能引起燃烧，这说明这种火星所具有的温度和热量能引起这些物质的燃烧；如果这些火星落在大块木料上，就会很快熄灭，不能引起燃烧，这就说明这种火星虽有相当高的温度，但缺乏足够的热量，因此不能引起大块木料的燃烧。

可燃物质燃烧所需的着火能量是不同的，一般可燃气体比可燃固体和可燃液体所需的着火能量要低。着火源的温度越高，能量越多，越容易引起可燃物燃烧。

5. 使燃烧不发生或者终止的途径

要使燃烧不发生，或者已经发生的燃烧终止，有以下四种途径：

（1）避免或者消除可燃物、氧化剂和点火源在同一空间同时存在；

（2）使同一空间、同时存在的可燃物、氧化剂和点火源不能相互作用；

（3）使同一空间、同时存在的可燃物、氧化剂和点火源的数量或数值不够；

（4）运用现代灭火理论，用灭火剂和阻燃剂加入正在进行的燃烧的链式反应中，消灭游离基，中断燃烧的链式反应。

6. 防（灭）火基本原理

采取措施避免或者消除可燃物、氧化剂和点火源的同时存在或相互作用，或者减少它们的数量或数值，或者中断燃烧的链式反应，就会使燃烧不发生或者使燃烧终止，这就是防（灭）火的基本原理。

（二）燃烧的类型

根据燃烧的起因不同，燃烧可分为闪燃、着火和自燃三类。

1. 闪燃与闪点

（1）闪燃：可燃液体的蒸气（包括可升华固体的蒸气）与空气混合后，遇到明火而引起瞬间燃烧，称为闪燃。

可燃液体之所以会发生一闪即灭的闪燃现象，是因为它在闪点的温度下蒸发速度较慢，所蒸发出来的蒸气仅能维持短时间的燃烧，来不及提供足够的蒸气补充维护稳定的燃烧。

除了可燃液体外，某些能蒸发出蒸气的固体，如石蜡、樟脑、萘等，其表面上所产生的蒸气可以达到一定的浓度，与空气混合而成为可燃气体混合物，若与明火接触，也能出现闪燃现象。

（2）闪点：在规定的试验条件下，液体发生闪燃的最低温度，称为该液体的闪点。

闪点是评定液体火灾危险性的主要根据。可燃液体的闪点越低，越易着火，火灾危险性越大。一般称闪点不大于45℃的液体为易燃液体，闪点大于45℃的液体为可燃液体。

2. 着火与燃点（着火点）

（1）着火：可燃物质在氧化剂（空气）充足的条件下，达到一定温度，与点火源直接接触即行燃烧，移去点火源后燃烧仍能持续的现象称为着火（又称强制点燃）。

（2）燃点：可燃物能被点燃的最低温度称为燃点（又称着火点）。

（3）可燃液体的闪点与燃点的区别：

1）在闪点时燃烧的仅仅是蒸气，在燃点时燃烧的不仅是蒸气，而是液体（即液体已达到燃烧的温度，可提供保持稳定燃烧的蒸气）与蒸气一起燃烧（因此到达燃点需要更多能量，可燃液体的燃点都高于闪点）；

2）在闪点时移去点火源后闪燃即熄灭，而在燃点时移去点火源后燃烧能继续。

（4）燃点对预防火灾的意义：

1）对固体和高闪点液体，燃点是用于评价其火灾危险性的主要依据。如果有两种燃点不同的物质处在相同的条件下，受到点火源作用时，燃点低的物质会首先着火，就容易发生火灾。

2）控制可燃物质的温度在燃点以下是防火和灭火的措施之一。在防火和灭火工作中，只要能把温度控制在可燃物燃点以下，燃烧就不能进行；用冷却法灭火，其原理就是将燃烧物质的温度降到燃点以下，使燃烧停止。

3. 自燃与自燃点

（1）自燃：可燃物质不需明火作用就能自行燃烧的现象称为自燃。自燃现象可分为受热自燃和本身自燃两种。

1）受热自燃。可燃物质虽然未与明火接触，但在外部热源的作用下使温度达到其自燃点而发生着火燃烧的现象称为受热自燃。

2）本身自燃。某些物质在没有外来热源的作用下，由于物质内部所发生的化学或生化的过程而产生热量，这些热量在适当的条件下会逐渐积聚，使物质温度上升，达到自燃点而燃烧，这种现象称为本身自燃或自热燃烧。能引起本身自燃的物质有植物油、油脂类、煤、硫化铁等物质。

（2）自燃点：在规定的试验条件下，可燃物发生自燃的最低温度称为自燃点。由于自燃没有外界明火的帮助，因而可燃物的自燃点高于燃点。

自燃点是判断、评价可燃物质火灾危险性的重要指标之一。自燃点越低，物质发生火灾的危险性就越大。

（三）着火蔓延的原因

大多数火灾的发生，都是从可燃物的某一部分开始，然后蔓延扩大的。这是因为物质在燃烧时造就了一个危险的热传播过程，即燃烧—热效应—燃烧。燃烧产生的热效应使燃烧点周围的可燃物受热发生分解、着火和自燃，如此往复，火便迅速地向周围蔓延开去。

热传播除了火焰直接接触外，还有热传导、热辐射和热对流三个途径。

1. 热传导

热传导是指热量从物体的一部分传到另一部分的现象。所有的固体、气体、液体物质都有导热性能，但通常以固体为最强，而固体之间的差别又很大。一般来说，金属的导热性强于非金属，大量金属无机物的导热性能又强于有机物质。

导热性能好的物质不利于控制火情，因为热量可通过导热物体向其他部分传导，导致与其接触的可燃物质起火燃烧。因此，为了制止由于热传导而引起的火势蔓延，火场上应不断冷却被加热的金属构件，迅速疏散、清除或隔热材料隔离与被加热的金属构件相联（或附近）的可燃物。

2. 热辐射

热辐射是指热量以辐射线（或电磁波）的形式向外传播的现象。当可燃物燃烧形成火焰时，便大量地向周围传播热能，火势越猛，辐射热能越强。热辐射在火灾处于发展阶段时，成为热传播的主要形式。

为了减弱受到的热辐射，可增加受辐射物体与辐射源的距离和夹角，或设置隔热屏障。例如，在建筑物间留出必要的防火间距、砌筑防火墙、设置固定水幕、种植阔叶树等。

在火场上，应用水、泡沫等冷却受到辐射热作用的物体表面，设法疏散、隔离和消除受辐射热威胁的可燃物。

3. 热对流

热对流是指通过流动介质将热量从空间的一处传到另一处的现象。热对流在火灾处于初起阶段时，是热传播的主要因素，也是影响早期火灾发展的最主要因素。

根据流动介质的不同可分为液体对流和气体对流。液体对流可造成容器内整个液体温度升高，蒸发加快，压力增大，致使容器爆裂，或蒸气逸出遇着火源而燃烧，使火势蔓延。气体对流则能够加热可燃物达到燃烧状态，使火势扩大。而被加热的气体在上升和扩散的同时，一方面引导周围空气流入燃烧区，使燃烧更为猛烈，另一方面还会引导燃烧蔓延，燃烧方向发生变化，增大扑救难度。因此，在扑救火灾时，为了消除和降低气体对流，应设法堵塞能够引起气体对流的孔洞，将烟雾导向没有可燃物或危险性较小的地方，用喷雾水冷却和降低气流的温度。

三、爆炸的基础知识

1. 爆炸现象

爆炸是物质在瞬间以机械功的形式释放出大量气体和能量的现象。爆炸常伴随发热、发光、高压、巨响、真空、电离等现象。

（1）爆炸的物理过程。在爆炸过程中，爆炸物质所含能量的快速释放，变为对爆炸物质本身、爆炸产物及周围介质的压缩能或运动能。物质爆炸时，大量能量在极短的时间、有限的体积内突然释放并聚积，造成高温高压，对邻近介质形成急剧的压力突变并引起随后的复杂运动。爆炸介质在压力作用下，表现出不寻常的运动或机械破坏效应，以及爆炸介质受振动而产生的音响效应。

（2）爆炸现象一般具有的特征。① 爆炸过程进行得很快；② 爆炸点附近瞬间压力急剧上升；③ 发出巨大声响；④ 周围介质发生振动或邻近物质遭到破坏。

2. 物理爆炸和化学爆炸

常见的爆炸，按能量来源的不同可分为物理爆炸和化学爆炸。我们通常所说的爆炸，一般是指化学爆炸。

（1）物理爆炸。是一种纯物理过程，是指由物理因素变化（如温度升高、体积增大、压力剧增）而引起的爆炸现象。例如蒸汽锅炉、压缩气体、液化气体过压等引起的爆炸，都属于物理爆炸。物质的化学成分和化学性质在物理爆炸后均不发生变化。物理爆炸的特点是爆炸时没有燃烧，没有烟火，但有可能引发火灾。

（2）化学爆炸。是指使物质在短时间内完成化学反应，同时产生大量气体和能量而引起的爆炸现象。化学爆炸是在具备了可燃物、助燃剂、引燃引爆能量三个条件下发生的。物质的化学成分和化学性质在化学爆炸后均发生了质的变化。化学爆炸的能量远远大于物理爆炸所释放的能量。根据可燃气体的成分和含量不同，爆炸能量可达物理爆炸时的4～90倍；爆炸时发出火光，引起可燃物燃烧，火灾危险性要大得多。

3. 工业上常见的爆炸类型

从引起爆炸物质的形态看，工业上常见的爆炸类型有气体爆炸、粉尘爆炸两种。

4. 爆炸极限及其影响因素

可燃性气体、蒸气或粉尘与空气组成的混合物必须在一定的浓度比例范围内才能发生燃烧和爆炸。

可燃气体、粉尘或可燃液体的蒸气与空气形成的混合物遇点火源发生爆炸的极限浓度称为爆炸极限。通常用可燃气体在空气中的体积百分比（%）来表示；可燃粉尘则以毫克/升表示。

可燃气体或蒸气在空气中刚刚足以使火焰蔓延的最低浓度，称为该气体或蒸气的爆炸下限；同样，足以使火焰蔓延的最高浓度称爆炸上限。在上限和下限之间的浓度范围称爆炸范围。

如果可燃气体在空气中的浓度低于下限，因含有过量空气，即使遇到着火源也不会爆炸燃烧；同样，可燃气体在空气中的浓度高于上限，因空气非常不足，所以也不会爆炸，但重新接触空气还能燃烧爆炸，这是因为重新接触空气后，将可燃气体的浓度稀释进入了燃烧爆炸范围。

可燃性混合物的爆炸下限越低，爆炸极限范围越宽，其爆炸的危险性越大。

5. 爆炸的破坏作用

爆炸的破坏作用主要表现为以下几种形式。

（1）震荡作用。在波及破坏作用的区域内，有一个使物体受震荡而被松散的力量。

（2）冲击波。随着爆炸的出现，冲击波最初出现正压力，而后又出现负压力。爆炸物的数量与冲击波的强度成正比，而冲击波压力与距离成反比关系。

（3）碎片冲击。机械、设备、建筑物爆炸后，碎片飞出，会在相当范围内造成伤害，其一会造成人员伤害，其二还可能砸坏邻近周围的设备等。

（4）造成火灾和火灾蔓延。一般爆炸温度在200~300℃时，对一般物质来说，因自燃点较高，不足以造成火灾。但当设备破坏之后，从其内部喷射出来的可燃气体或液体蒸气，由于摩擦、打击或遇到其他的火源、热源可能被点燃着火。

若在火灾中出现爆炸，由于爆炸会使可燃物抛撒到更大的范围，破坏建筑物和设备，势必造成火灾蔓延。

6. 燃烧与爆炸的关系

燃烧的主要特征是发光和发热，爆炸的主要特征是压力的急剧上升和爆炸波的产生；燃烧和化学爆炸本质上都是氧化还原反应，但两者反应速度、放热速率和火焰传播速度都不同，前者比后者慢得多。

燃烧与爆炸关系十分密切，有时难以将它们完全分开。在一定条件下，燃烧可以引起爆炸，爆炸也可以引起燃烧。事实上，在很多火灾爆炸事故案例中，火灾和爆炸是同时存在的。

四、火灾发展的过程

火灾发展的过程一般分为初起阶段、发展阶段、猛烈阶段、减弱和熄灭阶段，如图 7-2 所示。

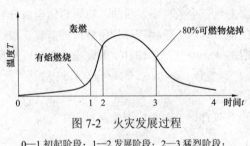

图 7-2　火灾发展过程

0—1 初起阶段；1—2 发展阶段；2—3 猛烈阶段；

3—4 减弱和熄灭阶段

1. 初起阶段

起火后，燃烧根据物质形态不同而各具特点，固态物质着火点开始逐步扩大范围；液态物质火焰占据自由表面后而形成稳定燃烧；气态物质泄漏之后遇火源着火，火焰迅即顺着气流烧到泄漏点呈"火炬"状燃烧。

这一阶段的特点是，在刚起火后的最初几分钟或十几分钟内，火灾燃烧面积不大，烟气流动速度较缓慢，火焰辐射出的能量还不多，但也能使周围物品开始受热，温度逐渐上升。

如果在这个阶段能及时发现，并正确扑救，就能用较少的人力和简单的灭火器材将火控制住或扑灭。因此，重视初起火灾，是消防工作的一个重点。

2. 发展阶段

这一阶段的特点是，由于燃烧强度增大，载热500℃以上的烟气流加上火焰的辐射热作用使辐射热急剧增加，辐射面积不断增大；可燃物的温度进一步上升，开始分解出大量可燃气体；气体对流加强，燃烧面积扩大，燃烧速度加快。

这一阶段火势由小到大发展非常快，一般认为该阶段非稳态火灾热释放速率与时间的平方成正比（如图 7-2 所示）。在这一阶段，当温度达到一定值时，会发生火在建筑内部突发性地引起全面燃烧（绝大部分可燃物起火燃烧）的现象，即轰燃。

火灾的发展阶段，也称为自由燃烧阶段。在这个阶段，由于燃烧强度燃烧和面积增大，需要投入较强的力量和使用较多的灭火器材才能将火扑灭。

3. 猛烈阶段

这一阶段的特点是，由于燃烧面积扩大，大量的热释放出来，空气温度急剧上升，发生轰燃后使周围的可燃物、建筑结构几乎全面卷入燃烧；此时，燃烧强度最大，热辐射最强，温度和烟气对流达到最大限度，可燃材料将被燃尽，如果是在建筑物内，不燃材料和结构的机械强度受到破坏，以致发生变形或倒塌，火势突破建筑物再向外围扩大蔓延。

在这个阶段，扑救最为困难，需要有足够的力量和灭火器材用于及时控制火势，阻止其向周围蔓延。

4. 减弱和熄灭阶段

这一阶段的特点是，火势被控制以后，由于可燃材料已大部分被燃尽或由于灭火剂的作用控制其不可再燃，火势逐渐减弱直至熄灭。

五、影响火灾发展变化的因素

1. 可燃物数量及空气流量

可燃物越多，燃烧荷载密度越高，则火势发展越猛烈。如果可燃物较少，火势发展较弱，并且可燃物之间相隔较远，则一处可燃物燃尽后，会自行熄灭。另外，燃烧所需的空气量足够时，只要有充足的可燃物，燃烧就会不断发展。如果空气供应量不足，火势也会进入熄灭阶段。

2. 可燃物的蒸发潜热

可燃固体和可燃液体，是靠它们受热后蒸发出来的气体来进行燃烧的。所以，它们就需要吸收一定的热量才能达到蒸发的目的。需要吸收的热量便是蒸发潜热。

不同的可燃固体和可燃液体，其蒸发潜热是不一样的。一般是固体大于液体。蒸发潜热越大的物质，蒸发时所需要的热量越多，燃烧发展的速度越慢。一般液体的燃烧比固体快，气体因不需要蒸发就直接燃烧，所以燃烧速度最快。

3. 爆炸的冲击作用

化学爆炸时的火焰是一层层同心圆的形式向周围蔓延的，其产生的冲击波能将燃烧着的可燃物抛到空中，如果落到其他可燃物上，会成为新的着火源，使燃烧范围扩大。同时，爆炸能使建筑结构遭受破坏，增加孔洞和敞露部分，让大量的新鲜空气流入燃烧区，加速气体对流，促使火势发展。所以，在灭火过程中防止爆炸是一项极其重要的工作。

4. 气象

气温越高，可燃物的温度也随之升高，与着火源的温差减小，物质更易着火；气温越低，着火源与环境温度的温差增大，能使空气对流速度加快，使火势扩大。

相对湿度越低，环境越加干燥，物质的含水量越低，越容易着火。反之，则不易发生燃烧。

风对燃烧的发展也有决定性的影响，风大可以加快空气对流，改变火势蔓延方向和迅速扩大燃烧范围。

总之，秋冬季节，特别是刮北风的干燥气候最容易着火并扩大火灾，所以每年"冬防"都是防火的重点。

5. 扩散

在很多燃烧现象中，燃烧的速度是由气态物质的扩散速度决定的。在单位时间扩散出来的可燃物越多，燃烧范围越大。扩散速度受物态影响，如气体和液体的蒸气的扩散速度很快，燃烧一般呈扩散燃烧形式；另外扩散速度还受气象条件的影响。

六、防火防爆的基本方法

（1）消除或控制点火源。即消除导致火灾的能量条件，主要是防止高温物体、电气设备或线路、雷电火花和明火引发火灾。

（2）控制可燃物。具体方法有：①尽量不使用或少使用可燃物；②存在可燃气、蒸气、粉尘的生产现场采取通风除尘措施将可燃物浓度控制在爆炸下限以下；③ 在可能发生火灾危险的场所设置可燃气（蒸气、粉尘）浓度检测报警仪器；④ 对燃爆危险品的使用、储存、运输等，根据其特性采取有针对性的防范措施。

（3）隔绝空气。如生产设备及系统尽量密闭化。

（4）阻止火势及爆炸波蔓延。如在设备上或在生产系统中安装阻火、泄压装置，在建筑物中设置防火墙等。这些限制性措施都能有效地减少事故损失。

七、灭火基本方法

1. 冷却灭火法

（1）原理：将灭火剂直接喷射到燃烧的物体上，以降低燃烧的温度于燃点之下，使燃烧停止；或将灭火剂喷洒在火源附近的物质上，使其不因火焰热辐射作用而形成新的火点。

（2）特点：冷却灭火法是灭火的一种主要方法，常用水和二氧化碳作灭火剂冷却降温灭火，而灭火剂在灭火过程中不参与燃烧过程中的化学反应。

2. 隔离灭火法

（1）原理：将正在燃烧的物质与周围未燃烧的可燃物质隔离或移开，中断可燃物质的供给，使燃烧因缺少可燃物而停止。

（2）具体方法有：① 把火源附近的可燃、易燃、易爆和助燃物品搬走；② 关闭可燃气体、液体管道的阀门，以减少和阻止可燃物质进入燃烧区；③ 设法阻拦流散的易燃、可燃液体；④ 拆除与火源相毗连的易燃建筑物，形成防止火势蔓延的空间地带。

3. 窒息灭火法

（1）原理：阻止空气流入燃烧区或用不燃烧区或用不燃物质冲淡空气，使燃烧物得不到足够的氧气而熄灭。

（2）具体方法：① 用沙土、水泥、湿麻袋、湿棉被等不燃或难燃物质覆盖燃烧物；② 喷洒雾状水、干粉、泡沫等灭火剂覆盖燃烧物；③ 用水蒸气或氮气、二氧化碳等惰性气体灌注发生火灾的容器、设备；④ 密闭起火建筑、设备和孔洞；⑤ 把不燃的气体或不燃液体（如二氧化碳、氮气、四氯化碳等）喷洒到燃烧物区域内或燃烧物上。

4. 化学抑制灭火法

（1）原理：使燃烧反应中产生的游离基（自由基）与灭火剂中的卤素离子相结合，形成稳定分子或低活性的游离基，从而切断了氢游离基与氧游离基的连锁反应链，使燃烧停止。

（2）方法：使用各种灭火器材使灭火剂参与到燃烧反应中去，起到抑制反应的作用。

第二节　灭火剂和灭火器

一、灭火剂

能够有效地在燃烧区破坏燃烧条件，达到抑制燃烧或中止燃烧的物质，称为灭火剂。

对灭火剂的基本要求是：灭火效能高，取用方便，对人体、物体和环境基本无害，成本低廉。

灭火剂的种类较多。根据 2005 年版的相关国家标准，按灭火器充装灭火剂的方法不同，可分为水基灭火剂、二氧化碳灭火剂、干粉灭火剂、洁净气体灭火剂四大类。其中水基灭火剂是水灭火剂（包括清洁水和带添加剂如湿润剂、增稠剂、阻燃剂和发泡剂的水）和泡沫灭火剂的统称；洁净气体灭火剂包括卤代烷烃类气体灭火剂、惰性气体灭火剂和混合气体灭火剂等。

（一）干粉灭火剂

目前，干粉灭火剂按灭火剂粒子粒径大小，可以分为普通干粉灭火剂和超细干粉灭火剂两种。

1. 普通干粉灭火剂

（1）组成。普通干粉灭火剂主要由活性灭火组分、疏水成分、惰性填料组成。疏水成分主要有硅油和疏水白炭黑，惰性填料主要起防结块、改善干粉运动性能、催化干粉硅油聚合、改善与泡沫灭火剂的共容等作用。

（2）分类。普通干粉灭火剂应用很普遍，目前国内已经生产的产品有磷酸铵盐、碳酸氢钠、氯化钠、氯化钾等干粉灭火剂，按其功能分为 BC、ABC、BCD、ABCD 类干粉（其中，BC、ABC、BCD 等干粉称为多功能干粉，ABCD 干粉称为全功能干粉）。

常用的干粉灭火剂是碳酸氢钠干粉（即 BC 干粉）灭火剂和磷酸铵盐干粉（即 ABC 干粉）灭火剂。

1）碳酸氢钠干粉由碳酸氢钠（92%）、活性白土（4%）、云母粉和防结块添加剂（4%）组成。由于碳酸氢钠干粉主要适用于灭 B、C 类火灾，因此又称为 BC 干粉灭火剂。

2）磷酸铵盐干粉，由磷酸二氢钠（75%）和硫酸铵（20%）及催化剂、防结块剂（3%）、活性白土（1.85%）、氧化铁黄（0.15%）组成，能适用于 A、B、C 类火灾，因此又称为 ABC 干粉灭火剂。

（3）灭火原理。窒息、冷却及对有焰燃烧的化学抑制作用是干粉灭火效能的集中体现，其中化学抑制作用是灭火的主要作用。

1）化学抑制作用。干粉灭火剂中灭火组分是燃烧反应的非活性物质，当其进入燃烧区域火焰中时，分解所产生的自由基捕捉并终止燃烧反应中产生的 H^+ 和 OH^- 等自由基，降低了燃烧反应的速率。当火焰中干粉浓度足够高，与火焰接触面积足够大，H^+ 和 OH^- 等自由基被终止的速率大于燃烧反应生成的速率时，链式燃烧反应被终止，从而火焰熄灭。

2）冷却作用。干粉灭火剂在燃烧火焰中吸热分解，因每一步分解反应均为吸热反应，故有较好的冷却作用。

例如，干粉中的碳酸氢钠受高温作用发生分解，其化学反应方程式为

$$2NaHCO_3 \longrightarrow Na_2CO_3 + H_2O + CO_2$$

该反应是吸热反应，有较好的冷却作用；反应放出大量的二氧化碳和水，水受热变成水蒸气并吸收大量的热能，也起到一定的冷却作用。

另外，分解反应产生的二氧化碳、水蒸气等，对燃烧区的氧浓度也具有部分稀释作用，可使火的燃烧反应减弱。

3）窒息作用。高温下磷酸二氢铵分解，在固体物质表面生成一层玻璃状薄膜残留覆盖物覆盖于表面，起到窒息作用，阻止燃烧进行，并能防止复燃。

（4）适用范围。普通干粉灭火剂主要用于扑救各种可燃液体火灾、可燃气体火灾和一般带电设备的火灾。在扑救非水溶性可燃液体火灾时，与氟蛋白泡沫联用可以取得更好的灭火效果，并有效地防止复燃。

2. 超细干粉灭火剂

（1）组成。GA 578—2005《超细干粉灭火剂》规定，90%粒径不大于 20μm 的固体粉末灭火剂

称为超细干粉灭火剂。

超细干粉灭火剂主要由活性灭火组分、粉碎助剂、疏水成分、惰性填料组成。粉碎助剂可以控制粉碎极限，提高粉碎细度。其他成分作用与普通干粉灭火剂相同。

（2）灭火特点：

1）超细干粉灭火剂具备气体灭火剂的动力性质，有利于其扩散、分布，可以达到全淹没灭火的目的。

2）超细干粉灭火剂灭火组分与普通干粉灭火剂的灭火组分相同。但由于比表面积大，活性高，分散度增高，能在空气中悬浮数分钟，形成相对稳定的气溶胶，极易与周围介质相互作用，灭火效能大幅度提高，可有效防止复燃；

3）干粉本身及其灭火后的残留物性质稳定，不会污染设备，且易于清理。

超细干粉灭火剂是目前国内外已发明的灭火剂中灭火浓度最低、灭火效能最高、灭火速度最快的一种灭火剂，单位容积灭火效率是卤代烷灭火剂的 2～3 倍，是普通干粉灭火剂的 6～10 倍，是七氟丙烷灭火剂的 10 倍以上，是二氧化碳灭火剂的 20 倍，是细水雾灭火剂的 40 倍。

（3）灭火原理。超细干粉灭火作用原理主要体现在以下几个方面：

1）有效抑制有焰燃烧。在有焰燃烧过程中，燃料分子在燃烧产生的高温作用下被活化，在有氧条件下产生大量自由基，在此类具有高能量的自由基传播反应基础上，燃烧过程持续进行。超细干粉灭火剂释放后，在常压氮气驱动下，灭火剂与火焰充分混合，灭火组分迅速捕获燃烧产生的自由基，使得自由基的消耗速度大于产生速度，燃烧链式反应过程即告终止，火焰迅速熄灭。

2）对表面燃烧的强窒息作用。超细干粉与高温燃烧物表面接触时，发生一系列化学反应，在固体表面的高温作用下被熔化并形成一个玻璃状覆盖层将固体表面与周围空气隔开，使燃烧窒息。

因此，超细干粉对扑灭有焰燃烧有很好的速率和效率，而且对一般固体物质的表面燃烧（阴燃）也有很好的熄灭作用。

3）遮隔热辐射、冷却、稀释氧气作用。超细干粉灭火剂释放时产生的高浓度粉末与火焰相混合，能够遮隔火焰热辐射；同时分解吸热反应能有效吸收火焰的部分热量，起到冷却作用；而分解反应产生的二氧化碳、水蒸气等，对燃烧区的氧浓度也具有部分稀释作用，使火的燃烧反应减弱。

（4）适用范围。超细粉体灭火剂有良好的流动性、弥散性和电绝缘性；对人畜无毒，对保护物无腐蚀；对环境影响小，使用后灭火现场残留物少，且容易清理。可充装普通使用的灭火器、固定无管网灭火装置及管网自动灭火系统，用于在开放的场所灭火及封闭在空间的全淹没灭火。适用于仓库、油库、档案室、图书资料室、船舱、机舱、电缆隧道等多种场合扑救 A、B、C 类及带电设备 E 类火灾。

（二）泡沫灭火剂

凡能与水混合，用机械或化学反应的方法产生灭火泡沫的灭火剂，称为泡沫灭火剂。

（1）泡沫灭火原理。泡沫是一种表面被液体包围的小泡泡群，由于它的密度远远小于一般的可燃液体，因此可以飘浮在液体的表面，形成凝聚的泡沫漂浮层。泡沫灭火剂的作用包括：① 泡沫层以一定厚度覆盖在可燃液体的表面，使空气与液面隔绝，起到窒息作用；② 泡沫析出的液体对燃烧表面有冷却作用；③ 泡沫层防止火焰区的辐射热量进入可燃液体表面，阻止燃烧物的蒸发和热解挥发，阻挡产生的可燃气体进入燃烧区；④ 泡沫受热产生的水蒸气有稀释燃烧区氧气的作用。

灭火主要是利用其中的窒息和冷却作用。

（2）泡沫灭火剂适用范围。主要用于扑灭一般可燃液体（B类）火灾；同时泡沫还有一定的黏性，能黏附在固体上，所以对扑灭固体（A类）火灾也有一定效果。

（3）泡沫灭火剂的种类。按照泡沫产生的原理分类，可分为化学泡沫灭火剂和空气泡沫灭火剂两类。

1. 化学泡沫灭火剂

（1）组成。化学泡沫灭火剂由发泡剂、泡沫稳定剂及其他添加剂（如助溶剂、降黏剂、抗冻剂、防腐剂等）组成。

我国现用化学泡沫灭火剂主要有 YP 型化学泡沫灭火剂和 YPB 型化学泡沫灭火剂两类。

（2）灭火原理。化学泡沫灭火剂的组成物质相互作用的反应式为

$$6NaHCO_3 + Al_2(SO_4)_3 \longrightarrow 2Al(OH)_3 + 3Na_2SO_4 + 6CO_2$$

化学泡沫灭火剂在发生作用后生成大量的二氧化碳气体和胶状氢氧化铝，并与发泡剂作用便生成许多气泡。胶状氢氧化铝分布在泡沫上，使泡沫具有一定的黏性，易于黏附在物体上，使着火物与空气隔绝；同时，二氧化碳又是惰性气体，不助燃，密度比空气大，也能使着火物与空气隔绝。主要依靠窒息作用使燃烧停止。

使用时设法使碳酸氢钠和硫酸铝溶液混合，发生化学反应。反应中生成的二氧化碳，一方面在溶液中形成大量细小的泡沫；另一方面使灭火器中的压力上升，将生成的泡沫从喷嘴喷出。

（3）主要禁用场合。

1）带电设备。因泡沫含有电解质水溶液，具有导电性，所以不能用于电气设备的火灾。

2）贵重物品、精密仪表。因泡沫会留污迹，故不宜使用。

2. 空气泡沫灭火剂

由于化学泡沫灭火剂灭火设备较为复杂，投资大，维护费用高，近年来我国逐渐减少化学泡沫灭火剂的使用，而多采用灭火设备简单、操作方便的空气泡沫灭火剂。

（1）泡沫形成原理。空气泡沫灭火剂能与水混合，通过机械方法产生泡沫（故也称机械泡沫灭火剂）。一定比例的泡沫液、水和空气经过机械作用相互混合后生成膜状泡沫群。

（2）分类。根据发泡剂的类型和用途，空气泡沫灭火剂中的低倍数泡沫灭火剂又可分为蛋白泡沫、氟蛋白泡沫、水成膜泡沫、抗溶性泡沫和合成泡沫灭火剂五种类型。

（3）适用范围。基本与化学泡沫灭火器相同。但抗溶性泡沫灭火器还能扑救水溶性易燃、可燃液体（如醇、醚、酮等溶剂）的初起火灾。

（4）禁用场合。

1）在高温下，空气泡沫灭火剂产生的气泡由于受热膨胀会迅速遭到破坏，所以不宜在高温下使用。

2）构成泡沫的水溶液能溶解于酒精、丙酮和其他有机溶剂中，使泡沫遭到破坏，故空气泡沫不适用于扑救醇、酮、醚类等有机溶剂的火灾。

3）对于忌水的化学物质火灾也不适用。

（三）卤代烷灭火剂

卤代烷是由以卤素原子取代烷烃分子中的部分氢原子或全部氢原子后得到的一类有机化合物的总称，具有灭火作用的卤代烷统称为卤代烷灭火剂。

我国只生产二氟一氯一溴甲烷（分子式为 CF_2ClBr，简称"1211"，俗称哈龙）和三氟一溴甲烷

（分子式为 CF_3Br，简称"1301"）两种，以二氟一氯一溴甲烷灭火剂应用较广。

1. 灭火原理

卤代烷灭火剂受热分解生成的 Cl^-、Br^-，捕捉燃烧链式反应生成的 OH^-、H^+、O^{-2} 等活性游离基，中断链式反应，从而抑制燃烧的化学反应，最终使燃烧停止。

捕捉燃烧链式反应中生成的游离基的过程称为断链过程或抑制过程。由于完成这一化学过程所需时间往往较短，所以灭火也就比较迅速。

2. 特点

（1）卤代烷灭火剂的气体稳定，对各种材料、金属、电气设备不腐蚀，不污染，灭火后不留痕迹；

（2）电绝缘性能好，用于电气设备灭火效果好；

（3）不论物体之间的间隙如何小，形状如何复杂，均能由外部向内部渗入，在灭火过程中不会发生"回燃"；

（4）灭火效率高（汽化和挥发速度快，释放后的极短时间内迅速达到设计灭火浓度），用量少，故储存量不大，灭火设备占地面积也小；

（5）热稳定性和化学稳定性高，长期储存不会变质；

（6）低温和高温地区均能使用；

（7）因为储存在压力容器内，故操作和使用都不受电源限制；

（8）卤代烷灭火剂对人身体的影响不大，故操作安全；

（9）卤代烷的蒸汽有一定的毒性，在使用时避免吸入蒸汽或与皮肤接触，使用后应通风换气 10min 后再进入使用区域。

3. 适用范围

（1）卤代烷灭火剂适用于扑灭各种易燃液体（B 类）火灾和电气设备（E 类）火灾；

（2）因为具有灭火后不留痕迹、毒性低等优点，也适应扑灭精密仪器、贵重生产设备、图书档案等火灾；

（3）不适用于扑灭活泼金属、金属氢氧化物和能在惰性介质中自身供氧燃烧的物质火灾。

4. 替代、转换和改造工作

20 世纪 80 年代初有关专家研究表明，包括 1211 灭火剂在内的氯氟烃类物质在大气中的排放，将导致对大气臭氧层的破坏，危害人类的生存环境。1990 年 6 月在英国伦敦 57 个国家共同签订了《蒙特利尔议定书（修正案）》，决定逐步停止生产和逐步限制使用氟利昂、1211 灭火剂。我国于 1991 年 6 月加入了《蒙特利尔议定书（修正案）》缔约国行列，承诺 2005 年停止生产哈龙 1211 灭火剂，2010 年停止生产哈龙及 1301 灭火剂，并于 1996 年颁布实施《中国消防行业哈龙整体淘汰计划》。

根据我国公安部和国家环保局公通字〔1994〕第 94 号文《关于在非必要场所停止再配置卤代烷灭火器的通知》，1997 年修订的 GBJ 140—1990《建筑灭火器配置设计规范》规定"在非必要配置卤代烷灭火器的场所不得选用卤代烷灭火器，宜选用磷酸铵盐干粉灭火器或轻水泡沫灭火器等其他类型灭火器"。

1996 年以后，1211 灭火剂替代品及其替代技术研究迅速发展，短短几年，七氟丙烷、惰性混合气体（以下简称 IG541）、三氟甲烷等灭火系统相继出现，2003 年我国公安部发布了 GA 400—2002《气体灭火系统及零部件性能要求和试验方法》，对七氟丙烷、三氟甲烷、IG541、IG55、IG01、IG100

等灭火系统的生产、检验做出明确的规定。至此，我国消防行业基本完成了卤代烷灭火剂的替代、转换和改造工作。

目前联合国环境署和我国政府尚未对必要应用卤代烷灭火剂的场所做出确切定论和具体规定。为保护大气臭氧层，目前国际上比较统一的做法是在非必要场所限制使用卤代烷灭火剂。

（四）二氧化碳灭火剂

二氧化碳是一种不燃烧、不助燃的惰性气体，不导电，不含水分，灭火后很快散逸，不留痕迹；而且价格低廉，易于液化，便于灌装和储存，是一种常用的灭火剂。

1. 灭火原理

二氧化碳灭火剂的灭火原理主要是通过窒息作用，其次是冷却作用。

（1）窒息作用。二氧化碳灭火剂平时以液态的形式储存在灭火器或压力容器中，灭火时从灭火器或设备中喷出，一般情况下 1kg 液态的二氧化碳汽化产生 $0.5m^3$ 的二氧化碳气体，相对密度较大的二氧化碳能够隔绝燃烧物周围的空气，降低空气中氧的含量。当燃烧区含氧量低于 12%，或者二氧化碳浓度达到 30%～35% 时，绝大多数燃烧都会熄灭。

（2）冷却作用。当二氧化碳喷出时，迅速蒸发成气体，汽化吸收本身热量，当温度降至 −78.5℃ 时，一部分二氧化碳就变成雪片状固体（即干冰），干冰汽化需要吸收燃烧物的热量，对燃烧物有一定的冷却作用。

注意，二氧化碳灭火主要是依靠窒息作用，对阴燃的火则难以扑灭，应在火焰熄灭后，继续喷射二氧化碳灭火剂，直至熄灭。

2. 适用范围

由于二氧化碳不导电，不含水分，灭火后很快散逸，不留痕迹，不污损仪器设备，所以它适用于扑灭各种易燃液体火灾，特别适用于扑灭 600V 以下的电气设备、精密仪器、贵重生产设备、图书档案等火灾。

二氧化碳不能扑灭锂、钠、钾、镁等金属及其氧化物的火灾，也不能用于扑灭如硝化棉、赛璐珞、火药等本身含氧的化学物质的火灾。

（五）水型灭火剂

1. 灭火原理

水主要依靠冷却作用和窒息作用进行灭火。

（1）冷却作用。因为 1kg 水自常温加热至沸点并完全蒸发汽化，可以吸收 2593.4kJ 的热量。因此，它利用自身吸收显热和潜热的能力，可以吸收大量热量，具有很好的冷却灭火作用，这是其他灭火剂所无法比拟的。

（2）窒息作用。水杯喷射到燃烧物上面后，受热汽化，形成的水蒸气为惰性气体，且体积将膨胀 1700 倍左右，将占据燃烧区域的空间，稀释燃烧物周围的氧含量，阻碍新鲜空气进入燃烧区，使燃烧区内的氧浓度大大降低，从而达到窒息灭火的目的。

（3）其他作用。

1）水喷淋成雾状时，形成的水滴和雾滴的比表面积将大大增加，增强了水与火之间的热交换作用，从而强化了其冷却作用和窒息作用。

2）对一些易溶于水的可燃、易燃液体还可起稀释作用。

3）采用强射流产生的水雾可使可燃、易燃液体产生乳化作用，使液体表面迅速冷却、可燃蒸汽产生速度下降从而达到灭火的目的。

2. 灭火时水的形式及其应用范围

水作为消防灭火剂，使用形式有四种：

（1）直流水：经水泵加压由直流水枪喷出的柱状水流。

（2）开花水：由开花水枪喷出的滴状水流。

直流水、开花水用于扑救一般固体，如煤炭、木制品、粮食、棉麻、橡胶、纸张等的火灾，也可用于扑救闪点高于 120℃ 常温下呈半凝固态的重油火灾。

（3）雾状水：由喷雾水枪喷出的水滴直径小于 $100\mu m$ 的水流。

雾状水大大提高了水与燃烧物的接触面积，降温快，效率高，常用于扑灭可燃粉尘、纤维状物质、谷物堆囤等固体物质的火灾，也可用于扑灭电气设备的火灾。

与直流水相比，开花水和雾状水射程较近，不适合远距离使用。

（4）细水雾：采用特定的压力装置将水箱中的水分解成滴径数微米的细水雾，再驱动细水雾直接到达燃烧的火焰表面，通过卷吸等作用，形成一个稳固的隔氧冷却层，使火灾得到有效抑制，直至熄灭。

3. 适用范围

水适用于扑救一般固体物质火灾，但不能扑救下列火灾：

（1）密度小于水和不溶于水的易燃液体（如汽油、煤油、柴油等）火灾。如用水扑救，则会形成可燃液体的飞溅和溢流，使火势扩大。

（2）遇水能发生燃烧和爆炸的化学危险品（如金属钠、钾、铝粉、电石等）火灾。应用砂土灭火。

（3）硫酸、盐酸和硝酸引发的火灾。因为强大的水流能使酸飞溅，流出后遇可燃物质，有引起爆炸的危险；酸溅在人身上，会灼伤人。

（4）熔化的铁水、钢水、灼热的金属和矿渣等火灾。高温固体遇冷水后骤冷，会引起爆裂；高温液体遇冷水后骤冷，会引起飞溅。

（5）电气火灾。未切断电源前不能用直流水扑救电气火灾，因为直流水是良导体，容易造成触电。但雾状水可用于扑灭电气设备的火灾。

（6）高温状态下化工设备的火灾。高温设备遇冷水后骤冷，会引起形变或爆裂。

（7）精密仪器设备和贵重文件档案火灾。用水扑救会造成损坏。

（六）七氟丙烷灭火剂

"七氟丙烷"是一种无色无味气体状态的卤素碳，化学式是 C_3HF_7，微溶于水。对大气臭氧层无破坏作用，在大气层停留时间为 31～42 年，符合环保要求。目前七氟丙烷气体灭火系统在我国及世界其他国家已广泛应用。

1. 灭火原理

七氟丙烷灭火剂的灭火通过以下三部分作用完成：

（1）抑制。七氟丙烷灭火剂在火灾中通过受热分解生成 F^-，捕捉燃烧链式反应生成的 OH^-、H^+、O^{2-} 等活性游离基，中断链式反应，从而抑制燃烧的化学反应，最终使燃烧停止。这是其主要的灭火作用。

（2）冷却。七氟丙烷灭火剂是以液态的形式喷射到保护区内的，在喷出喷头时，液态灭火剂迅速转变成气态，需要吸收大量的热量；同时七氟丙烷灭火剂是由大分子组成的，灭火时分子中的一部分键断裂需要吸收热量。这样，就降低了保护区及其周围的温度。

（3）窒息。保护区内喷射的灭火剂降低了氧气的浓度，从而降低了燃烧的速度。

2. 特点

（1）灭火机理主要是中断燃烧链，灭火速度极快，有利于抢救性保护精密电子设备及贵重物品。

（2）无色，无味，低毒，不导电，不会对财物和精密设施造成损坏。

（3）临界温度高，临界压力低，在常温下可液化储存，且储存空间小。

（4）有良好的清洁性，释放后不含粒子或油状残余物，不污染被保护对象。

（5）可在低浓度下灭火，设计浓度一般小于10%，对人体安全。

3. 应用适用场合

主要作为气体灭火系统的灭火剂，用于扑灭B类可燃液体、C类可燃气体火灾及E类带电设备火灾。

4. 七氟丙烷灭火装置

七氟丙烷灭火剂具有的安全性、清洁性和良好的气相电绝缘性，决定了它适用于气体灭火系统。

七氟丙烷灭火系统分为有管网和无管网（柜式）两种。其中，有管网系统又分为内贮压系统和外贮压系统，其主要区别为灭火药剂的传送距离不同。内贮压系统的传送距离一般不超过60m，外贮压系统的传送距离可达220m。

有管网七氟丙烷灭火系统的灭火剂储存瓶平时放置在专用钢瓶间内，通过管网连接，在火灾发生时，将灭火剂由钢瓶间输送到需要灭火的防护区内，通过喷头进行喷放灭火。

（七）IG541

IG541是一种由52%氮、40%氩、8%二氧化碳三种气体组成的混合气体，是一种无色、无味、无毒、不导电的惰性气体灭火剂，臭氧耗损潜能值和温室效应潜能值均为0，其在大气中存留的时间很短，是一种绿色环保型灭火剂，除了适用于灭火器，也适用于气体灭火系统。

IG541混合气体灭火系统可用于扑救下列类型火灾：

（1）A类火灾：可燃固体表面火灾，如木材和纤维类材料的表面火灾；

（2）B类火灾：可燃液体火灾，如庚烷、汽油燃烧引起的火灾；

（3）C类火灾：灭火前可切断气源的气体火灾；

（4）E类火灾：电气设备火灾。

IG541混合气体灭火系统不适用于扑救下列类型火灾：D类火灾（即活泼金属火灾）；含有氧化物的化合物火灾。

二、常用灭火器

1. 灭火器的种类

灭火器的种类很多。按应用形式，常用灭火器可分为手提式（包括普通手提式和车用手提式）和推车式两类。（还有一种背负式灭火器是森林消防专用，不在此列）

根据GB 4351.1—2005《手提式灭火器　第1部分：性能和结构要求》的规定，手提式灭火器按驱动灭火剂的压力形式可分为贮气瓶式、贮压式、化学反应式；按灭火器充装的灭火剂，可分为水基型、干粉型、二氧化碳和洁净气体（包括卤代烷烃类气体灭火剂、惰性气体灭火剂和混合气体灭火剂等）灭火器四种，使用的灭火剂有水（包括清洁水和带添加剂如湿润剂、增稠剂、阻燃剂和发泡剂的水）、泡沫、干粉、二氧化碳、洁净气体（包括卤代烷烃类气体灭火剂、惰性气体灭火剂和混合气体灭火剂等）。

　　根据 GB 8109—2005《推车式灭火器》的规定，推车式灭火器按驱动灭火剂的压力形式可分为贮气瓶式和贮压式两种；按灭火器充装的灭火剂，可分为水基型、干粉、二氧化碳和洁净气体灭火器四种，使用的灭火剂有水基型泡沫原液、干粉、二氧化碳、洁净气体。

　　注意：灭火器用的泡沫灭火剂分为化学泡沫和机械泡沫两种，其中使用化学泡沫灭火剂的灭火器现已淘汰。

　　贮气瓶式灭火器：灭火剂由灭火器的贮气瓶释放的压缩气体或液化气体的压力驱动的灭火器。

　　贮压式灭火器：灭火剂由贮于同一容器内的压缩气体或灭火剂蒸气的压力驱动的灭火器。

　　洁净气体：非导电的气体或汽化液体的灭火剂，这种灭火剂能蒸发，不留残物。

　　2. 灭火器的型号组成和编制方法

　　目前，我国灭火器的型号是根据 GB 4351.1—2005《手提式灭火器　第 1 部分：性能和结构要求》和 GB 8109—2005《推车式灭火器》的规定编制的，型号组成和编制方法如图 7-3 和 7-4 所示。

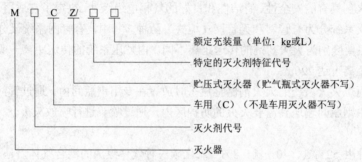

图 7-3　手提式灭火器型号组成

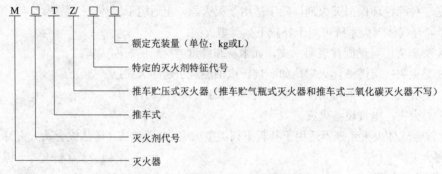

图 7-4　推车式灭火器型号组成

　　型号包括六个部分，其中前五个部分用汉语拼音大写字母表示，第六部分用数字表示。

　　（1）第一个字母 M 代表灭火器。

　　（2）第二个字母是灭火剂类型代号，表示方法见表 7-1。

表 7-1　　　　　　　　　　　　　灭火器灭火剂代号和灭火剂特征代号

分类	灭火剂代号	灭火剂代号含义	灭火剂特征代号	灭火剂特征代号含义
水基型灭火器	S	清水或带添加剂的水，但不具有发泡倍数和 25%析液时间要求	AR（不具此性能不写）	抗溶性灭火剂，即具有扑灭水溶性液体燃料火灾的能力

续表

分类	灭火剂代号	灭火剂代号含义	灭火剂特征代号	灭火剂特征代号含义
水基型灭火器	P	泡沫灭火剂，具有发泡倍数和25%析液时间要求。包括P、FP、S、AR、AFFF和FFFP等灭火剂	AR（不具此性能不写）	抗溶性灭火剂，即具有扑灭水溶性液体燃料火灾的能力
干粉灭火器	F	干粉灭火剂，包括BC型和ABC型干粉灭火剂	ABC（BC干粉灭火剂不写）	磷酸铵盐干粉灭火剂，具有扑灭A类火灾的能力
二氧化碳灭火器	T	二氧化碳灭火剂		
洁净气体灭火器	J	洁净气体灭火剂，包括卤代烷烃类气体灭火剂、惰性气体灭火剂和混合气体灭火剂等		

（3）第三个字母是灭火器应用形式代号，应用形式有手提式（包括普通手提式和车用手提式）和推车式，其中普通手提式不写出，推车式用 T 表示，车用手提式用 C 表示。

（4）第四个字母是驱动灭火剂的压力形式代号，压力形式有贮气瓶式、贮压式两种，贮压式用字母 Z 表示，贮气瓶式不写出。

（5）第五个字母是灭火剂特征代号，表示方法见表 7-1，抗溶性灭火剂用 AR 表示，磷酸铵盐干粉灭火剂用 ABC 表示。

（6）第六部分是阿拉伯数字，代表灭火剂充装量，一般单位为 kg 或 L。

举例说明如下：

MPZ/AR6——6L 手提贮压式抗溶性泡沫灭器；

MF/ABC5——5kg 手提储气瓶式通用（磷酸铵盐）干粉灭火器；

MPTZ/AR45——45L 推车贮压式抗溶性泡沫灭火器；

MFT/ABC20——20kg 推车储气瓶式通用（磷酸铵盐）干粉灭火器。

3. 灭火器的适用性

灭火器的适用范围见表 7-2。

表 7-2　　　　　　　　　　　灭 火 器 的 适 用 范 围

火灾场所	水型灭火器	干粉灭火器		泡沫灭火器[2]		洁净气体灭火器	二氧化碳灭火器
		磷酸铵盐干粉灭火器	碳酸氢钠干粉灭火器	机械泡沫灭火器	抗溶性泡沫灭火器[3]		
A 类	适用	适用	不适用	适用		适用	不适用
B 类	不适用[1]	适用		适用于扑救非极性溶剂和可燃液体火灾	适用于扑救极性溶剂火灾	适用	适用
C 类	不适用	适用		不适用		适用	适用
E 类	不适用	适用	适用于带电的 B 类火灾	不适用		适用	适用于带电的 B 类火灾

① 新型的添加了能灭 B 类火灾的添加剂的水型灭火器具有 B 类灭火级别，可灭 B 类火灾。

② 化学泡沫灭火器已淘汰。

③ 目前，抗溶泡沫灭火器常用机械泡沫类型灭火器。

4. 手提式灭火器的使用方法

（1）手提式灭火器的开启。GB 4351.1—2005《手提式灭火器　第 1 部分：性能和结构要求》规定，手提式灭火器的开启应由穿刺、打开密封的方式来操作，不应颠倒开启；开启机构应设有保险装置，而且保险装置的解脱动作应区别于开启动作且能显示灭火器是否使用过。手提式灭火器开启机构最常用的是保险销式，其次是穿刺式。

（2）手提式灭火器使用方法。使用这类灭火器灭火时，可手提灭火器的提把，迅速奔至距燃烧处约 3～5m（清水灭火器在距离燃烧物约 10m 处），放下灭火器，拔出保险销（或者摘下保险帽，用手掌拍击开启杆顶端的凸头，使贮气瓶的密封膜片被刺破），然后一手握住灭火器的开启压把，另一只手握住喷射软管前端的喷嘴处（二氧化碳灭火器应握住手柄，防止冻伤），对准火焰根部，用力压下开启压把并紧压不松开，这时灭火剂即喷出，操作者由近而远左右扫射，直至将火焰全部扑灭。

5. 使用手提式灭火器的注意事项

（1）使用灭火器前要注意查看灭火器适用范围和灭火剂压力。

（2）有些灭火器在灭火操作时，要保持竖直不能横置，否则驱动气体短路泄漏，不能将灭火剂喷出。这类灭火器有 1211 灭火器、干粉灭火器、二氧化碳灭火器、空气泡沫灭火器、清水灭火器等。

（3）扑救容器内的可燃液体火灾时，要注意不能直接对着液面喷射，以防止可燃液体飞溅，造成火势扩大，增加扑救难度。

（4）干粉灭火器使用时，先将灭火器上下摇晃松动筒内干粉灭火剂，以利喷出。

（5）扑救室外火灾时，应站在上风方向。

（6）使用清水灭火器和泡沫灭火器时，不能直接灭带电设备火灾，应先断电再灭火，以防止触电。

（7）灭 A 类火时，随着火势减小，操作者可走到近处灭火，此时可不采用密集射流而改用喷洒，将手指放在喷嘴的端部就可实现。若为深位火灾，应将阴燃或炽热燃烧部分彻底浇湿，必要时，将燃烧物踢散或拨开，使水流入其内部。

（8）使用二氧化碳灭火器和 1301 灭火器时，要注意防止对操作者产生冻伤危害，应握着隔热的橡胶喷筒，不得直接用手握灭火器的金属部位。

6. 推车式灭火器的使用方法

推车式灭火器一般需要有两个人配合操作，发生火灾时，快速将灭火器推至距燃烧处 10m 左右，一人迅速展开软管并握紧喷枪对准燃烧物做好喷射准备；另一人开启灭火器，并将手轮开至最大部位，使灭火剂以最大流量喷出。灭火方式也是首先对准燃烧最猛烈处，由近而远，左右扫射，并根据火情调整位置，确保将火焰彻底扑灭，使其不能复燃。

第三节　变电站消防设计与消防设施

一、变电站的消防设计

变电站消防措施包括设计措施和运行管理措施。而消防设计是变电站消防工作的基础，包括防火设计和消防设施设计两个方面。

（一）变电站的防火设计

1. 变电站建（构）筑物的防火设计

变电站建（构）筑物的防火设计包括：① 建（构）筑物的火灾危险性分类及其耐火等级的设计；

② 建（构）筑物和设备防火间距的设计；③ 建（构）筑物内部防火构造和安全疏散通道的设计。

这几个方面的内容详见 GB 50229—2006《火力发电厂与变电站设计防火规范》，在此不叙述。

2. 站内变压器及其他带油电气设备的防火设计

（1）油量为 2500kg 及以上的屋外油浸变压器之间的最小间距应符合表 7-3 的规定。

表 7-3　　　　　　　油量为 2500kg 及以上的屋外油浸变压器之间的最小间距　　　　　　　　　　m

电压等级	最小间距	电压等级	最小间距
35kV 及以下	5	110kV	8
66kV	6	220kV 及以上	10

（2）当不能满足表 7-3 的要求时，应设置防火墙，且防火墙高度要高于变压器油枕，长度不小于变压器的贮油池两侧各 1m。

（3）油量为 2500kg 及以上的屋外油浸变压器或电抗器与本回路油量为 600～2500kg 的带油电气设备的防火间距不小于 5m；

（4）35kV 及以下屋内配电装置未采用金属封闭开关设备时，其油断路器、油浸电流互感器和电压互感器，应设置在两侧有不燃烧实体墙的间隔内；35kV 以上屋内配电装置应安装在有不燃烧实体墙的间隔内，不燃烧实体墙的高度不应低于配电装置中带油设备的高度。

（5）总油量超过 100kg 的屋内油浸变压器，应设置单独的变压器室。

（6）屋内单台总油量在 100kg 以上的电气设备，应设置贮油或挡油设施。挡油设施的容积宜按油量的 20%设计，并应设置能将事故油排至安全处的设施。当不能满足上述要求时，应设置能容纳全部油量的贮油设施。

（7）屋外单台总油量在 100kg 以上的电气设备，应设置贮油或挡油设施。挡油设施的容积宜按油量的 20%设计，并应设置能将事故油排至安全处的设施。当不能满足上述要求且未设置水喷雾灭火系统时，应设置能容纳全部油量的贮油设施。

当设置有油水分离措施的总事故贮油池时，其容量宜按最大一个油箱容量的 60%确定。

贮油或挡油设施长度应大于变压器外廓每边各 1m。

（8）贮油设施内应铺设卵石层，其厚度不应小于 250mm，卵石直径宜为 50～80mm。

（9）地下变电站的变压器应设置能贮存最大一台变压器油量的事故贮油池。

3. 站区道路的防火设计

GB 50229—2006《火力发电厂与变电站设计防火规范》规定：

（1）当变电站内建筑火灾危险性为丙类且建筑的占地面积超过 3000m² 时，变电站内的消防车道宜设计成环形；

（2）当为尽端式车道时，应设回车场地或回车道。

4. 电缆的防火设计

（1）电缆从室外进入室内的入口处、电缆竖井的出入口处、电缆接头处、主控室与电缆夹层之间及长度每 100m 的电缆沟或电缆隧道，均应采取防止电缆火灾蔓延的阻燃或分隔措施，并应根据变电站的规模及重要性采取下列一种或数种措施：① 采用防火隔墙或防火隔板，并用防火堵料封堵电缆通过的孔洞；② 电缆局部涂防火涂料或局部采用防火带、防火槽盒。

（2）220kV 及以上变电站，当电力电缆与控制电缆或通信电缆敷设在同一电缆沟或电缆隧道内时，宜采取防火槽盒或防火隔板进行分隔。

（3）地下变电站电缆夹层应采用 C 类或 C 类以上的阻燃电缆。

5. 火灾应急照明和疏散指示的设计

（1）户内变电站、户外变电站主控通信室、配电装置室、消防水泵房和建筑疏散通道应设置应急照明。

（2）地下变电站的主控通信室、配电装置室、变压器室、继电器室、消防水泵房、建筑疏散通道和楼梯间应设置应急照明。

（3）地下变电站的疏散通道和安全出口应设发光疏散指示标志。

（4）人员疏散用的应急照明的照度（指被照体单位面积所受的光通量）不应低于 0.5Lux（照度单位勒克斯），继续工作应急照明不应低于正常照明照度值的 10%。

（5）应急照明灯宜设置在墙面或顶棚上。

（二）变电站消防设施的设计

变电站消防设施包括变电站消防系统和消防器材。消防设施的设计主要包括：① 消防水系统设计；② 火灾自动报警系统设计；③ 气体灭火系统设计；④ 变压器及其他带油电气设备的消防设施设计；⑤ 灭火器及其他消防器材设计。

二、变电站常用消防系统及其配置

（一）火灾自动报警系统

1. 系统介绍

火灾自动报警系统用于探测初期火灾并发出警报（能在火灾初期将燃烧产生的烟雾、热量、火焰等物理量，通过火灾探测器变成电信号，传输到火灾报警控制器，并同时显示出火灾发生的部位、时间等），以便采取相应措施（如疏散人员、呼叫消防队、启动灭火系统、操作防火门、防火卷帘、防烟、排烟风机等），扑灭初期火灾，最大限度地减少因火灾造成的生命和财产损失。

常用的一般分为区域报警系统、集中报警系统、控制中心报警系统。

区域报警系统比较简单，但使用面很广。它由通用报警控制器或区域报警控制器和火灾探测器、手动报警按钮、警报装置等组成，其原理框图如图 7-5 所示。

火灾自动报警系统根据火灾探测器（探头）的不同，分为烟感、温感、光感、复合等多种形式，以适应不同场所的防火需要。

2. 变电站火灾自动报警系统的设置

GB 50229—2006《火力发电厂与变电站设计防火规范》规定下列场所和设备应采用火灾自动报警系统：① 主控通信室、配电装置室、可燃介质电容器室、继电器室；② 地下变电站、无人值

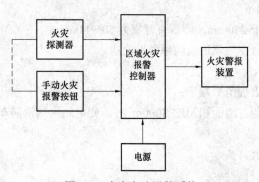

图 7-5　火灾自动报警系统

班的变电站，其主控室、配电装置室、可燃介质电容器室、继电器室应设置火灾自动报警系统，无人值班的变电站应将火警信号传至上级有关单位；③ 采用固定灭火系统的浸油变压器；④ 地下变电站的浸油变压器；⑤ 220kV 及以上变电站的电缆夹层及电缆竖井；⑥ 地下变电站、户内无人值

班的变电站的电缆夹层及电缆竖井。

3. 变电站主要设备用房和设备火灾自动报警系统类型（见表7-4）

表7-4 主要建（构）筑物和设备火灾探测报警系统

建（构）筑物和设备	火灾探测器类型	备 注
主控通信室	感烟或吸气式感烟	
电缆层和电缆竖井	线形感温、感烟或吸气式感烟	
继电器室	感烟或吸气式感烟	
电抗器室	感烟或吸气式感烟	如选用含油设备时，采用感温
可燃介质电容器室	感烟或吸气式感烟	
配电装置室	感烟、线形感烟或吸气式感烟	
主变压器	线形感温或吸气式感烟（室内变压器）	

（二）消防水系统

1. 消防给水系统

主要包括消防水泵（为消防水系统提供动力）、消防水池、消防给水管网及其控制装置。作用是提供足够流量和压力的消防水。其水源来自天然水源或市政给水管网。

消防水池是人工建造的储存消防用水的构筑物，是天然水源或市政给水管网的一种重要补充手段。

2. 室内消火栓系统

室内消火栓系统包括消火栓箱，消火栓箱内的水枪、水带、接口、消防卷盘（水喉）、阀门等器材及水泵启动按钮，作用是当室内发生火灾时，工作人员可以启动消防水泵，利用水枪灭火。

3. 室外消火栓系统

它是扑救火灾的重要消防设施之一，其组成与室内消火栓系统类似，主要供消防车从市政给水管网或室外消防给水管网取水实施灭火，也可以直接连接水带、水枪出水灭火。

（三）固定灭火系统

变电站内常用的固定灭火系统有水喷雾灭火系统、合成型泡沫喷雾系统、气体灭火系统、干粉灭火系统（装置）、变压器排油—注氮灭火装置等多种形式。

1. 水喷雾灭火系统

水喷雾灭火系统是我国变电站最常用的自动灭火设施，是利用水雾喷头在一定压力下将水流分解成细小（0.2～2mm）水雾滴进行灭火或防护冷却的一种固定式灭火系统，具有操作方便、灭火效率高的特点。其组成主要包括水源、供水设备、供水管道、雨淋阀组、过滤器、水喷雾喷头、感温探测系统及控制设备。

2. 合成泡沫喷淋（喷雾）灭火系统

合成泡沫喷淋灭火系统采用高效能合成泡沫液作为灭火剂，在一定压力下通过专用的雾化喷头，喷射到灭火对象上迅速灭火，是一种特别适用于电力变压器的灭火系统。

3. 气体灭火系统

气体灭火系统是指平时灭火剂以液体、液化气体或气体状态存储于压力容器内，灭火时以气体

（包括蒸汽、气雾）状态喷射作为灭火介质的灭火系统，能在防护区空间内形成各方向均一的气体浓度，达到规范规定的浸渍时间，扑灭该防护区的立体空间火灾。

常用的气体灭火系统有二氧化碳灭火系统、惰性气体 IG541（俗称烟烙尽，由 52%氮气、40%氩气、8%二氧化碳组成）灭火系统、七氟丙烷灭火系统、EBM 气溶胶灭火系统等。

气体灭火系统主要用在不适于设置水灭火系统的环境中，比如计算机机房、重要的图书馆档案馆、移动通信基站（房）、发电机房、变电站等。户内变电站的变压器、可充油高压电容容器室应设七氟丙烷等气体灭火系统。

4. 干粉灭火系统（装置）

干粉灭火系统分为全淹没灭火系统和局部应用灭火系统。全淹没灭火系统适用于扑救封闭空间内的火灾，局部应用灭火系统适用于扑救非封闭空间内的火灾。应根据被保护对象的特点、重要性、环境、防护区布置等因素，经经济技术比较后选择。

目前市场上比较多的是超细干粉灭火系统，分为有管网式和无管网式两种。

（1）自动管网超细干粉灭火系统。利用氮气瓶组内的高压气体，经减压进入灭火剂储罐，推动灭火剂经输粉管到设置在保护区的喷嘴高速喷出，迅速灭火。适用于较大保护空间全淹没灭火及局部保护应用扑救较大面积的火灾。

（2）超细干粉（无管网式）自动灭火装置。由超细干粉灭火器、启动组件或超导感应线（热敏线）、消防电源及显示盘等组成，应用范围广泛，布置灵活。

主要特点是：①该自动灭火装置安装使用方便，安装时不受建筑物或保护物结构的影响，无需大量管道及附属设施，只需将超细干粉灭火器悬挂固定于保护区或保护物上方即可，并且可以随变电站内部设备的变动而随意自由搬迁，极大地提高了设备的重复使用性。②悬挂喷射式、垂直喷射式和水平喷射式超细干粉灭火装置的组合应用，可以确保对保护空间的顶部和上、中、下层形成立体防护，消除防护死角，杜绝消防隐患。

5. 变压器排油—注氮灭火装置

（1）装置特点：

1）集火灾探测、报警、灭火系统于一身，有利于缩小火灾的损失范围。火灾时排去变压器顶部部分热油，防止二次燃爆；同时切断油枕油路，防止"火上浇油"。

2）能利用通信功能实现状态信号的远距离传输，达到远程监控的目的。在变压器运行期间也可做功能模拟校验，不会对变压器造成任何影响。

（2）主要部件的安装位置及作用（见图 7-6）：

1）关闭阀。安装在气体继电器与储油柜（油枕）之间的水平管道上，可在变压器油箱破裂溢油或发生火灾排油时自

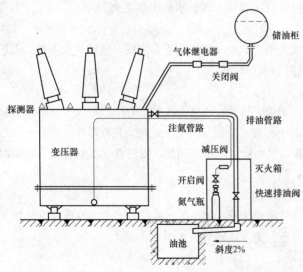

图 7-6 变压器排油—注氮灭火装置

298

动切断补油通道。

2）温感火灾探测器：安装在变压器油箱顶部易着火部位，距离变压器顶盖面约 170mm 处，着火时发出火灾报警信号。

3）灭火箱（柜）：采用高纯氮气作为灭火剂，对变压器及环境无污染，安装在变压器附近地面，是排油充氮的执行部件。

4）电气控制箱（柜）：安装控制室内，提供工作状态信号指示、报警信号输出及启动控制，进行监测且能声光报警。

（3）装置工作过程：

1）启动。当变压器发生火灾时，故障变压器上火探测器达到动作温度，使探测器动作发出信号，装置如处于自动运行状态（即控制单元触摸屏面板上的运行状态处于自动状态），则在接收到重瓦斯动作信号及温感火灾探测器动作信号后装置立即启动；装置如处于手动运行状态（即控制单元上触摸屏面板的运行状态处于手动状态），则在观察到火灾时，按控制单元触摸屏面板上的手动启动按钮后装置立即启动。

2）灭火过程。

排油：装置启动后，首先快速排油阀打开使变压器油箱顶部部分热油通过排油管排出，释放压力，防止二次燃爆；同时关闭阀关闭，切断储油柜至油箱的补油回路，防止"火上浇油"。

注氮：排油数秒后，开启阀（注氮阀）打开，使氮气经管路注入油箱，强制热冷油的混合，进行热交换，使油温降至闪点以下，同时充分稀释空气中的含氧量，达到迅速灭火的目的。之后连续充氮 10min 以上，使变压器充分冷却，防止复燃。

6. 各种灭火系统的比较

变电站固定灭火系统除了可采用水喷雾灭火系统、合成泡沫喷雾灭火系统外，细水雾灭火系统（压力高、水雾颗粒超细）、排油注氮灭火装置、气体灭火系统、干粉灭火系统等在变电站中的应用也逐渐增加。各种灭火系统各有不同特点，根据实践经验总结如下。

水喷雾灭火系统技术应用成熟，但耗水量大；细水雾灭火系统具有灭火降温效果好、能防止火灾复燃、投资小、运行成本低的优点，但在室外受风速影响大；合成泡沫喷雾灭火系统相对水喷雾灭火系统耗水量少、灭火效率高、覆盖性和抗烧性好、占地面积小，但运行成本高；气体灭火系统技术成熟、灭火效率高，但对建筑围护结构、运行场所要求高，无法应对复燃火灾；干粉灭火系统灭火效率高、不受水源限制、投资少，但灭火效果易受风速和流淌火的影响，系统粉尘也会污染环境；排油注氮灭火装置不受水源限制，能扑灭变压器油箱内部火灾，设计、安装简单，运行成本低，但无法扑灭变压器爆裂引发的外部火灾。实际工程中，应以安全可靠为原则，经过经济技术比较后确定。

（四）建筑物结构防火系统

1. 防火封堵系统

（1）作用：封堵的目的是防止火灾顺电缆或建筑物通道燃烧，阻止火势蔓延。

（2）设置范围：变压器室、电缆夹层、所有设备的进出线端口和电缆穿越的建筑物洞口。

（3）系统组成：封堵系统由防火门、防火阀、防火包、防火板、有机和无机防火堵料、防火涂料组成。

防火门用于变压器室、电容器室、电缆夹层等防火分区的人员进出口。

防火阀用于变压器室的通风窗口，一旦确认火灾，它在灭火系统释放前关闭。

防火板用于电缆夹层中的电缆桥架，将上、下层电缆进行防火分隔。

防火包、有机和无机防火堵料和防火涂料用于电缆防分隔、设备的进出线端口、电缆穿越建筑物的洞口。

2. 防火分区系统

在变电站的设计和建设中，采取分隔措施对建筑物的空间进行防火分区，以保证火灾发生时，火灾蔓延得到有效控制。

3. 防烟分区系统和通风排烟系统

防烟分区系统的作用是将变电站的建筑物内部空间划分为若干区域，便于设置通风排烟设备。

变电站通风排烟系统的通风可分为正常工作下的排热通风和事故状态通风两种。其中，事故通风又分为六氟化硫气体绝缘电气设备间的事故通风和火灾后的排烟两种。

火灾后的排烟，就是一旦建筑物发生火灾后，能及时将高温、有毒的烟气限制在一定的范围内并迅速排出室外，限制火灾蔓延，并为火场逃生通道提供新鲜空气，防止高温、有毒烟气入侵，保证火场逃生人员的安全。

（五）各类变电站主要消防系统的设置

（1）第一类变电站：110kV 变电站，常规电气设备，电气设备敞开布置。这类变电站应设置的消防系统包括：① 场地上及综合楼建筑物楼梯间设置消火栓系统；② 在继电器室及有火灾危险的设备房间设置火灾自动报警系统。

（2）第二类变电站：110kV 变电站，六氟化硫组合电气设备，电气设备户内、半户内布置。这类变电站应设置的消防系统包括：① 场地上及综合楼建筑物楼梯间设置消火栓系统；② 在继电器室及有火灾危险的设备房间设置火灾自动报警系统；③ 户内式主变压器房内设置水喷雾灭火系统；④ 带油电气设备房内设置气体灭火系统。

（3）第三类变电站：220kV 变电站，常规电气设备，电气设备敞开布置。这类变电站应设置的消防系统包括：① 场地上及综合楼建筑物楼梯间设置消火栓系统。② 在继电器室及有火灾危险的设备房间设置火灾自动报警系统。③ 单台变压器容量在 125MVA 及以上的可燃油油浸电力变压器设置水喷雾灭火系统。

（4）第四类变电站：220kV 变电站，六氟化硫组合电气设备，电气设备户内、半户内布置。这类变电站应设置的消防系统包括：① 场地上及综合楼建筑物楼梯间设置消火栓系统；② 在继电器室及有火灾危险的设备房间设置火灾自动报警系统；③ 单台变压器容量在 125MVA 及以上的可燃油油浸电力变压器及户内油浸变压器设置水喷雾灭火系统；④ 带油电气设备房内设置气体灭火系统。

（5）500kV 变电站。这类变电站应设置的消防系统包括：① 场地上及综合楼建筑物楼梯间设置消火栓系统；② 在继电器室及有火灾危险的设备房间设置火灾自动报警系统；③ 变压器设置水喷雾灭火系统。

（六）变压器灭火系统的选择

变压器是变电站内主要的电气设备，油浸变压器的油具有良好的绝缘性和导热性，变压器油的闪点一般为 130℃，是可燃液体。当变压器内部故障发生电弧闪络时，会由于油受热分解产生蒸汽而形成火灾。

1. 火灾探测报警系统和固定灭火系统的选用

GB 50229—2006《火力发电厂与变电所设计防火规范》第 11.5.4 条规定：单台容量为 125MVA 及以上的主变压器应设置水喷雾灭火系统、合成型泡沫喷雾系统或其他固定式灭火装置。其他带油电气设备，宜采用干粉灭火器。地下变电站的油浸变压器，宜采用固定式灭火系统。

2. 问题讨论

（1）对变电站主变压器设置水喷雾灭火系统的规定的异议。

异议的主要论点是：

1）大型变压器火灾概率很小。

2）变压器火灾是在变压器损坏后发生的，设置水喷雾灭火系统挽回的损失的价值可能还不如一套水喷雾灭火系统投资大。

3）对大型变压器的严重火灾，投入水喷雾灭火系统也没有把握灭火，主要还是依靠消防队灭火，水喷雾灭火系统对减少事故损失的作用极为有限。

4）变电站主变压器防火的重点是防止火势蔓延，主要防火措施是设置储油坑。

5）参考国外变电站的防火规定，只有变压器火灾特别危险（变压器靠近电站建筑物、其他主要设备或居住区）时，才考虑设置水喷雾灭火系统。

（2）地下变电站采用固定式全淹没气体灭火系统最为经济合理。

原因有以下三个方面：

1）地下变电站由于发生火灾危险性较大，依靠外力灭火困难，消防应尽可能立足于自救，应设置火灾探测报警系统和固定灭火系统。

2）地下变电站不适合采用水喷雾灭火系统。地下变电站的土建造价为地上站的 3～5 倍，为尽可能节约造价，必须缩小面积，减少埋深。如果参照一般地上站，采用水喷雾灭火系统，消防水泵、水池等设备占地面积大，且由于水喷雾排水问题，既增加了变电站面积，又加大了埋深，对控制投资极为不利。

3）由于地下变电站各设备房间均可做到灭火时全封闭，因此便于采用固定式全淹没气体灭火系统。

三、变电站消防器材及其配置

（一）变电站主要消防器材

1. 灭火器

灭火器包括手提式灭火器和推车式灭火器，用于扑救建筑内的初期火灾，使用方便，是变电站配置的最常见消防器材。

2. 消防砂箱

布置在含油的电气设备（变压器）附近，内部储存一定量的砂子，当发生油类火灾时，用铁铲把沙子覆盖在油上，防止地面流淌火使火灾区域扩大。

3. 消防铲

消防铲属于消防器材中的一种，手柄刷红色消防漆，主要用于铲洒消防砂、清除障碍物、清理现场及易燃物等。不用时挂在配备的专用支架上。

4. 消防斧

清理着火或易燃材料，切断火势蔓延的途径，还可以劈开被烧变形的门窗，解救被困的人员。

301

5. 消防桶

又称太平桶，是扑救火灾时，用以盛装黄沙，扑灭油脂、镁粉等燃烧物；也可用以盛水，扑灭一般物质的初起火灾。

（二）变电站灭火器的选择和配置

1. 变电站灭火器最低配置基准的选择

（1）根据 GB 50229—2006《火力发电厂与变电站设计防火规范》的规定，变电站建筑物火灾危险类别及等级如表 7-5 所示。

表 7-5　　　　　　　　　变电站建筑物火灾危险类别及危险等级

建筑物名称	火灾危险类别	危险等级	建筑物名称	火灾危险类别	危险等级
主控通信楼（室）	E（A）	严重	电容器（室）	混合	中
屋内配电装置楼（室）	E（A）	中	蓄电池室	C	中
继电器室	E（A）	中	电缆夹层	E	中
油浸变压器（室）	混合	中	生活消防水泵房	A	轻
电抗器（室）	混合	中			

（2）根据 GB 50140—2005《建筑灭火器配置设计规范》的规定，灭火器的最大保护距离如表 7-6 所示，常用灭火器的灭火级别如表 7-7 所示。

变电站应根据表 7-5～表 7-7 选择灭火器参数，灭火器的最低配置基准如表 7-8 所示。对于 220kV 变电站，选择结果参考见表 7-9。

表 7-6　　　　　　　　　灭火器最大保护距离　　　　　　　　　m

危险等级	A 类火灾场所		B、C 类火灾场所	
	手提式	推车式	手提式	推车式
严重危险级	15	30	9	18
中危险级	20	40	12	24
轻危险级	25	50	15	30

注　E 类火灾场所的灭火器，其最大保护距离不应小于该场所内 A 类或 B 类火灾的规定。

表 7-7　　　　　　　　　常用灭火器的灭火级别

灭火器类型	灭火剂充装量（kg）	灭火器型号	灭火级别	
			A 类	B 类
手提式干粉（磷酸铵盐）	2	MFZ/ABC2	1A	21B
	3	MFZ/ABC3	2A	34B
	4	MFZ/ABC4	2A	55B
	5	MFZ/ABC5	3A	89B
手提式二氧化碳	5	MT/5	—	34B
推车式干粉（磷酸铵盐）	35	MFTZ/ABC35	6A	233B
推车式二氧化碳	24	MTT/24	—	89B

根据 GB 50140—2005《建筑灭火器配置设计规范》3.2.1 条的规定，工业建筑灭火器配置场所的危险等级，应根据其生产、使用、储存物品的火灾危险性，以及可燃物数量、火灾蔓延速度、扑救难易程度等因素，划分为以下三级：

（1）严重危险级，火灾危险性大，可燃物多，起火后蔓延迅速，扑救困难，容易造成重大财产损失的场所；

（2）中危险级，火灾危险性较大，可燃物较多，起火后蔓延较迅速，扑救较难的场所；

（3）轻危险级，火灾危险性较小，可燃物较少，起火后蔓延较缓慢，扑救较易的场所。

根据 GB 50140—2005《建筑灭火器配置设计规范》2.1.4 条的规定，灭火器的灭火级别（等级）用于定量和定性地表征灭火器的灭火能力及其适用扑救火灾的种类。

灭火级别由数字和字母组成，数字表示灭火级别的大小，字母表示灭火级别的单位值及灭火器适用扑救火灾的种类。

举例说明：5kg 的手提式磷酸铵盐干粉灭火器的灭火级别为 3A、89B；其中 A 表示该灭火器扑灭 A 类火灾的灭火级别的一个单位值，也即灭火器扑灭 A 类火灾效能的基本单位，3A 组合表示该灭火器能扑灭 3A 等级（定量）的 A 类火试模型火（定性）；B 表示该灭火器扑灭 B 类火灾的灭火级别的一个单位值，也即灭火器扑灭 B 类火灾效能的基本单位，89B 组合表示该灭火器能扑灭 89B 等级（定量）的 B 类火试模型火（定性）。

表 7-8　　　　　　　　　　　　　灭火器最低配置基准

危险等级	A 类火灾场所			B、C 类火灾场所		
	严重危险级	中危险级	轻危险级	严重危险级	中危险级	轻危险级
单具灭火器最小配置灭火级别	3A	2A	1A	89B	55B	21B
单位灭火级别最大保护面积（m²）	50	75	100	0.5	1.0	1.5

注　E 类火灾场所的灭火器最低配置不应小于该场所内 A 类或 B 类火灾的规定。

表 7-9　　　　　　　　　　220kV 变电站灭火器最低配置基准

建筑物名称	火灾危险类别	危险等级	单具灭火器最小配置灭火级别	单位灭火级别最大保护面积（m²）		灭火器最大保护距离（m）	
				A 类	B、C 类	A 类	B、C 类
主控通信楼（室）	E（A）	严重	3A	50	—	15	—
屋内配电装置楼（室）	E（A）	中	2A	75	—	40	—
继电器室	E（A）	中	2A	75	—	20	—
油浸变压器（室）	混合	中	55B	—	1.0	—	24
电抗器（室）	混合	中	55B	—	1.0	—	24
电容器（室）	混合	中	55B	—	1.0	—	24
蓄电池室	C	中	55B	—	1.0	—	24
电缆夹层	E	中	2A	75	—	40	—
生活消防水泵房	A	轻	1A	100	—	25	—

注　E 类火灾场所的灭火器最低配置不应小于该场所内 A 类或 B 类火灾的规定。

2. 变电站灭火器类型选择

（1）GB 50140—2005《建筑灭火器配置设计规范》的相关规定如下：

A 类火灾场所应选择水型灭火器、磷酸铵盐干粉灭火器、泡沫灭火器或卤代烷灭火器。

B 类火灾场所应选择泡沫灭火器、碳酸氢钠干粉灭火器、磷酸铵盐干粉灭火器、二氧化碳灭火器、灭 B 类火灾的水型灭火器或卤代烷灭火器。极性溶剂的 B 类火灾场所应选择灭 B 类火灾的抗溶性灭火器。

C 类火灾场所应选择磷酸铵盐干粉灭火器、碳酸氢钠干粉灭火器、二氧化碳灭火器或卤代烷灭火器。

D 类火灾场所应选择扑灭金属火灾的专用灭火器。

E 类火灾场所应选择磷酸铵盐干粉灭火器、碳酸氢钠干粉灭火器、卤代烷灭火器或二氧化碳灭火器，但不得选用装有金属喇叭喷筒的二氧化碳灭火器。非必要场所不应配置卤代烷灭火器。必要场所可配置卤代烷灭火器。

E 类火灾场所不得选用装有金属喇叭喷筒的二氧化碳灭火器的原因是二氧化碳灭火器产生的泡沫，绝缘性能不好，在 E 类火灾场所使用装有金属喇叭喷筒的二氧化碳灭火器容易引起触电事故。

（2）根据变电站火灾类型选择灭火器类型：由于变电站火灾多为带电物体火灾或混合类物质火灾，变电站属于 E 类火灾场所，且变电站属于非必要配置卤代烷灭火器的场所，根据上述规定，变电站应选择磷酸铵盐干粉灭火器、碳酸氢钠干粉灭火器或二氧化碳灭火器，但不得选用装有金属喇叭喷筒的二氧化碳灭火器和卤代烷灭火器。

3. 变电站灭火器的配置

（1）灭火器配置应考虑的因素。

1）灭火器配置场所的火灾种类；

2）灭火器配置场所的危险等级；

3）灭火器的灭火效能和通用性；

4）灭火剂对保护物品的污损程度；

5）灭火器设置点的环境温度；

6）使用灭火器人员的体能；

7）消防队到达的预期。

（2）灭火器配置的一般原则。

1）灭火器配置的设计与计算应按计算单元进行。距消防队远且缺水的边远地区，变电站灭火器可酌情增加配置数量。

2）每个灭火器设置点实配灭火器的灭火级别和数量不得小于最小需配灭火级别和数量的计算值。

3）灭火器设置点的位置和数量应根据灭火器的最大保护距离确定，一个计算单元（灭火器配置的计算区域）内配置的灭火器数量不得少于 2 具，每个设置点的灭火器数量不宜多于 5 具；并应保证最不利点至少在 1 具灭火器的保护范围内。

4）在同一灭火器配置场所，宜选用相同类型和相同操作方法的灭火器。当同一灭火器配置场所存在不同火灾种类时，应选用通用型灭火器。

5）在同一灭火器配置场所，当选用 2 种或 2 种以上类型灭火器时，应采用灭火剂相容的灭火器。

（3）灭火器的设置地点、方式和要求。

1）灭火器应设置在位置明显和便于取用的地点，且不得影响安全疏散。

2）对有视线障碍的灭火器设置点，应设置指示其位置的发光标志。

3）灭火器的摆放应稳固，其铭牌应朝外。手提式灭火器宜设置在灭火器箱内或挂钩、托架上，其顶部离地面高度不应大于 1.50m；底部离地面高度不宜小于 0.08m。灭火器箱不得上锁。

4）灭火器不宜设置在潮湿或强腐蚀性的地点。当必须设置时，应有相应的保护措施。

5）灭火器设置在室外时，不得露天放置。推车式灭火器应放置在遮阳防晒、挡雨防潮的消防小间内。

6）灭火器不得设置在超出其使用温度范围的地点。

（4）变电站灭火器及其他消防器材配置数量。

2009 年版的《国家电网公司电力生产安全工作规程》规定：消防器材的配备、使用、维护，消防通道的配置等应遵守 DL 5027—1993《电力设备典型消防规程》的规定。

但相对于电力设施和消防设施的快速发展，DL 5027—1993《电力设备典型消防规程》已显过时，所以目前在实际变电站的新建、改建和扩建工作中，变电站配备的消防设施和器材并没有统一的标准。目前，各变电站设计时都是参照 GB 50140—2005《建筑灭火器配置设计规范》和 GB 50229—2006《火力发电厂与变电站设计防火规范》确定灭火器及其他消防器材配置数量。

表 7-10 和表 7-11 为两个变电站实际应用的例子，供参考。

表 7-10　　　　　　　　　　　　某 110kV 变电站消防器材配置标准

楼层 (m)	配置部位	手提式干粉灭火器（4kg）	手提式二氧化碳灭火器（4kg）	推车式干粉灭火器（4kg）	砂箱（1m³）	消防铲	消防斧	消防桶	保护面积（m²）
		2A/55B	34B	6A/233B					
−1.00	电缆层	12	—	—	—	—	—	—	600
1.50	1 号电容器室	2	—	—	—	—	—	—	55
1.50	2 号电容器室	2	—	—	—	—	—	—	55
1.50	3 号电容器室	2	—	—	—	—	—	—	55
1.50	水泵房	2	—	—	—	—	—	—	12
1.50	值班室	2	—	—	—	—	—	—	23
1.50	高压室	8	—	—	—	—	—	—	360
4.50	1 号接地变室	2	—	—	—	—	—	—	16
4.50	2 号接地变室	2	—	—	—	—	—	—	16
4.50	3 号接地变室	2	—	—	—	—	—	—	16
7.80	继电器室	—	4	—	—	—	—	—	135
7.80	蓄电池室	—	2	—	—	—	—	—	28
7.80	气瓶间	—	2	—	—	—	—	—	10
户外	主变	—	—	6	3	6			

表 7-11　　　　　　　　　　某 220kV 变电站消防器材配置标准

楼层	配置部位	手提式干粉灭火器（4kg）2A/55B	手提式二氧化碳灭火器（4kg）34B	推车式干粉灭火器（4kg）6A/233B	砂箱（1m³）	消防铲	消防斧	消防桶	保护面积（m²）
首层	10kV 1 号配电室	16	—	—	—	—	—	—	580
首层	1 号电抗器室	2	—	—	—	—	—	—	70
首层	2 号电抗器室	2	—	—	—	—	—	—	70
首层	3 号电抗器室	2	—	—	—	—	—	—	70
首层	4 号电抗器室	2	—	—	—	—	—	—	70
首层	9 号电容器室	2	—	—	—	—	—	—	70
首层	10 号电容器室	2	—	—	—	—	—	—	70
首层	11 号电容器室	2	—	—	—	—	—	—	70
首层	12 号电容器室	2	—	—	—	—	—	—	70
首层	1 号电容器室	4	—	—	—	—	—	—	70
二层	2 号电容器室	4	—	—	—	—	—	—	70
二层	3 号电容器室	4	—	—	—	—	—	—	70
二层	4 号电容器室	4	—	—	—	—	—	—	70
二层	5 号电容器室	4	—	—	—	—	—	—	70
二层	6 号电容器室	4	—	—	—	—	—	—	70
二层	7 号电容器室	4	—	—	—	—	—	—	70
二层	8 号电容器室	4	—	—	—	—	—	—	70
首层	电缆层	6	—	—	—	—	—	—	200
首层	蓄电池层	—	2	—	—	—	—	—	25
二层	通信室	2	—	—	—	—	—	—	40
二层	主控室	—	8	—	—	—	—	—	260
首层	水泵房	2	—	—	—	—	—	—	
户外	主变	—	—	6	3	6	—	—	

第四节　电气火灾的原因与预防

一、概述

（一）电气火灾的基本知识

1. 电气火灾的概念

狭义的电气火灾一般是指由于电气设备（供配电设备和用电设备、电器等）或电力线路出现故障性释放的热能（如高温、电弧、电火花）及非故障性释放的能量（如电热器具的炽热表面），在具备燃烧条件的情况下引燃本体或其他可燃物而造成的火灾。

广义的电气火灾也包括由雷电和静电引起的火灾。

2. 电网系统生产领域内的电气火灾

在电网系统生产领域内，电气火灾一般分为电气设备火灾和电力线路火灾。

在此仅讨论这两种火灾，同时讨论可能产生的爆炸（火灾和爆炸往往是紧密联系的），不讨论火灾引燃其他可燃物而造成的火灾。

（二）发生电气火灾和爆炸的原因

在正常的生产环境中，空气是自然存在的，所以发生电气火灾和爆炸要具备两个条件：一是存在易燃易爆的物质和环境，二是存在点火源。

在电网系统生产领域，电气设备和电力线路的本体都是用金属材料制成的，不易燃烧。然而，电气设备和电力线路使用的绝缘材料（如变压器线圈绝缘层、绝缘油，导线绝缘皮等）往往都是易燃物质，在电弧、电火花的直接点燃下和高温作用下，会燃烧从而引起电气设备火灾和爆炸。

归根结底，火灾是点火源点燃的，所以点火源的存在是引起电气设备火灾和爆炸的直接原因；而电网系统生产过程中出现的点火源主要是电弧（电火花）和过热（危险高温），所以电网系统生产过程中引起电气火灾和爆炸的直接原因是电弧（电火花）和过热（危险高温）。

1. 电弧（电火花）

电火花是电极间击穿放电时的强烈流注，大量电火花汇集成电弧。电弧或电火花的温度高达数千摄氏度，瞬时集中了大量的热能，不仅能直接引起可燃物燃烧，而且还能使金属熔化、飞溅，构成火灾、爆炸的点火源。

造成电弧（电火花）产生的原因有很多。例如，变电站常用的刀开关、断路器、接触器、继电器等正常工作或正常操作过程中会产生电火花；电气设备或电力线路的绝缘发生过电压击穿、短路、故障接地及导线断开或接头松动时，都可能产生电火花或电弧；熔断器的熔体熔断时，也会产生危险的电火花或电弧；雷电放电、静电放电、电磁感应放电也都会产生电火花。

（1）短路。

电弧（电火花）产生的最主要、最常见的原因是短路。而不同类型的短路引发火灾的危险性也不同。

1）相间短路一般能产生较大的短路电流，可使过流保护装置及时动作切断电源，较少发生电弧性短路，火灾危险性较小。

2）单相接地短路可分为金属性短路和电弧性短路。金属性短路主要是因为短路电流大，过流保护装置在短时间内切断电源，起火的危险并不大；而电弧性短路导致的火灾危险性最大。

3）电弧性短路，是指不同电位两点间空气间隙击穿形成电弧或电火花而引起的短路。两导体间击穿空气间隙建立电弧的电压至少为 30kV/cm，而两短路导体分离如果拉出电弧，则维持电压只需要 20kV/cm，仅 2～10A 的电弧电流就可以产生 2000～4000℃的局部高温，0.5A 的电弧电流就足以引起火灾。

发生电弧性短路时，因为电弧本身具有较大阻抗，限制了短路电流，使过流保护电器不能动作或难以及时动作，为电弧引燃附近的可燃物质提供了充分的时间，使其难以预防，这就是它的危险性所在。

（2）闪络放电。

在此有必要说明一下闪络放电也产生电火花或电弧。

在高电压作用下，气体或液体介质沿绝缘体表面发生的破坏性放电称为闪络放电。

闪络放电的主要原因有两个方面：一是电气设备绝缘体表面污脏、潮湿（使绝缘体的绝缘水平大大降低）；二是绝缘体表面损坏，有划痕或裂纹（使其表面电场极不均匀）。

闪络放电虽然瞬时能量没有短路电弧（电火花）那么大，但是闪络通道中的电火花或电弧会使绝缘表面局部过热而造成损坏。长时间闪络，就会造成绝缘体（如变压器瓷套管）严重损坏，从而引发火灾。

2. 电气设备过热（危险高温）

造成电气设备过热（危险高温）的原因有以下几个方面：

（1）电气设备过负荷造成电气设备过热。主要包括：① 设计、安装时选型不正确，使电气设备的额定容量小于实际负载容量；② 设备紧急情况下不得已超负荷运行；③ 过电压、过电流，如电力电容器在过电压、过电流时都会过负荷；④ 检修、维护不及时，使设备长期处于带病运行状态。

（2）变压器、电动机等设备线圈匝间短路、层间短路、相间短路等产生危险高温。

（3）导线与电气设备之间的接头接触不良，造成局部接触电阻过大，在局部产生大量的热，造成电气设备过热。

（4）铁芯截面积不够、硅钢片绝缘破坏、长时间过电压、由于安装不牢而产生振动，都会引起磁性材料的磁滞损耗、涡流损耗、机械振动损耗增大，铁芯发热，造成电气设备温度升高。

（5）电气设备使用环境温度过高、通风不良，散热装置安装不当或损坏，冷却介质不足或使用不当，冷却系统故障等，都会造成电气设备温度升高。

二、变压器火灾的原因及预防措施

变压器是变电站最重要的电气设备之一，其火灾事故特点有三个：第一，由于变压器内部充满绝缘油和其他易燃材料，容易发生火灾（变压器许多故障都会导致火灾）；第二，变压器火灾不易扑灭；第三，变压器发生火灾的后果十分严重，轻则喷油冒火，重则由于油的分解汽化使变压器内部压力急剧升高，造成外壳爆裂，引起大量漏油燃烧。

（一）引起变压器火灾的主要原因

1. 绝缘损坏产生短路

（1）线圈绝缘损坏。绕组匝间、层间或相间绝缘损坏发生短路（较严重的匝间短路发热过大，使油温急剧上升，因此很容易被发现），造成绕组发热、燃烧，使绝缘油体积膨胀并分解，产生的可燃性气体与空气混合达到一定比例时，遇火花会发生燃烧和爆炸。

（2）铁芯绝缘损坏。铁芯与夹紧螺栓间绝缘损坏，夹紧螺栓及夹板可能碰接铁芯，发生短路，造成局部过热，引起绝缘严重损坏而起火；铁芯间绝缘损坏，引起涡流损耗增加，温度上升，可使绝缘油分解燃烧。

（3）检修不慎，破坏绝缘。在吊芯检修时，常常由于不慎将线圈的绝缘和瓷套损坏。瓷套管损坏后，如继续运行，轻则闪络，重则短路起火。

2. 导线接触不良

（1）变压器导线接触不良主要有以下几种情况：

1）变压器线圈内部的接头、线圈之间的连接点接触不良，会产生局部过热，破坏线圈绝缘，发生短路；

2）引至高、低压瓷套管的触点接触不良（引线夹件松动、接头焊接不良或连接处采用几种不同的金属），会产生局部过热；

3）分接开关上各触点接触不良（引线夹件松动、接头焊接不良），产生涡流引起铜过热，铁芯漏磁，造成局部短路、层间绝缘破坏、铁芯多点接地等。

以上几种接触不良，都会引发变压器爆炸、火灾。

（2）变压器导线接触不良的原因主要有以下几种：

1）螺栓松动。变压器在冲击载荷的运行产生的振动，常常造成触点螺栓松动，甚至使螺帽旋出掉下。

2）焊接质量不好。变压器线圈接头常出现虚焊及焊点两端松动。

3）套管引线连接处采用不同金属连接（焊接）。例如，有的变电站主变压器套管引线与引线头采用锡焊，导压管和防雨帽为铝质，导线头为铜质，这种铜铝连接造成接触电阻大，会产生局部过热。

4）分接开关触点磨损、螺栓松动，触点不到位。

3. 油质劣化，油量过少

变压器绝缘油在储存、运输或运行维护中不慎使水分、杂质或其他油等混入油中，会使绝缘油绝缘强度大幅度降低；另外，油量过少会使绝缘油与空气接触面增大，加速空气中的水分进入油体，也会降低其绝缘强度。当其绝缘强度降低到一定值时，就会发生闪络甚至短路。

4. 变压器渗漏

渗漏引起油位下降，散热作用减小，造成绝缘材料过热和燃烧。

5. 变压器外部线路短路

负载发生短路时，变压器将承受相当大的短路电流，如保护系统失灵或整定值过大、保护拒动，会引起内部起火、爆炸；异物（小动物）跨接在变压器的低压套管上，引起短路起火。

6. 雷击过电压

（1）变压器一般与架空线相连接，架空线在雷雨天气时，有可能遭到自然雷击产生的外部过电压的冲击，击穿变压器的绝缘，甚至烧毁变压器引起火灾。例如 10kV 配电系统，其过电压幅值可达 300～400kV，这种冲击电压足以使变压器直接烧毁。

（2）变压器与高压配电柜相连时，当在合闸、分闸和弧光接地时，可能使电力系统的某些参数发生变化。在参数发生变化的过渡过程中，产生工频谐振引起电磁振荡，会产生内部过电压对变压器造成冲击，可能导致变压器内部绝缘击穿，引起变压器严重损坏，甚至烧毁变压器引起火灾。

7. 铁芯接地故障

（1）接地不良或断开。运行中变压器的铁芯及其他附件都处于绕组周围的电场内，如不接地，铁芯及其他附件必然对外壳感应一定的电压，当感应电压超过对地放电电压时，就会产生放电现象（往往伴有断续的"吱——吱"放电声），放电的电弧可能会烧坏变压器的绝缘，引起火灾。

（2）变压器的铁芯多点接地。变压器的铁芯多点接地时，接地点之间形成电流回路，会造成铁芯局部过热、气体继电器频繁动作。严重时会造成铁芯局部烧损，烧坏变压器的绝缘引起火灾。

8. 套管存在的缺陷和故障

（1）套管缺陷。

1）套管抽真空不彻底。套管中的电容芯子是油浸纸绝缘结构，如果套管在出厂或大修时抽真空不彻底，套管屏间残存空气，使油浸纸中存在气隙、油中存在气泡，就会造成绝缘结构电场不均匀而产生局部放电。当局部放电使绝缘劣化以致损坏时，结构的绝缘强度严重下降，在工作电压下导致整体绝缘被击穿，相当于对末屏放电，造成导电杆（用于变压器线圈引出线与外线连接）对地短路，产生巨大热量，使油迅速分解、汽化，最终导致套管内压力急剧升高而爆炸，引起变压器火灾。

2）导电杆与末屏接触不良。套管末屏接地装置在结构、装配及制造工艺方面存在缺陷，导致导电杆与末屏接触不良，造成低能量局部放电，进而引发套管爆炸，引起变压器火灾。2008年9月中旬，某单位发生了1台330kV变压器损坏事故，就是这个原因造成的。

3）套管导线连接部位接触不良。如前述，这种缺陷使接触电阻过大，造成局部过热，容易引起变压器火灾。

（2）套管故障。以下这些套管故障都可能引起套管闪络放电，甚至造成套管爆炸，引起变压器火灾。

1）套管表面脏污。套管表面脏污又遇上潮湿或雨雪天气吸收水分后，会使绝缘电阻降低，导电性提高，其后果是容易发生闪络，造成跳闸；同时，还可能因泄漏电流增加，使绝缘套管发热并造成瓷质损坏，甚至击穿。

2）套管胶垫密封失效。油纸电容式套管顶部密封不良，可能导致进水，使绝缘击穿；下部密封不良使套管渗油，导致油面下降，绝缘强度降低。

3）套管出现裂纹，造成渗漏油、破裂进水，使绝缘结构破坏。

（二）变压器火灾的预防措施

从设计、安装、检修、运行、维护、试验等各方面来分析，变压器火灾的预防措施非常多。

为了预防变压器事故，国家电网公司早在2005年3月就发布了《预防110（66）kV～500kV油浸式变压器（电抗器）事故措施》《10（66）kV～500kV油浸式变压器（电抗器）运行规范》《110（66）kV～500kV油浸式变压器（电抗器）检修规范》等一系列文件。由于变压器许多事故或故障（例如短路，变压器组、部件故障，继电保护装置误动或拒动，绝缘油劣化等）都会导致火灾，所以推荐读者参考国家电网公司的这些文件，以及各区域电网公司和省电网公司编制的《预防变压器（电抗器）事故措施》等文件，可以从中看到比较详细的预防变压器火灾的技术措施。

三、油断路器火灾的原因和预防措施

油断路器是用来切断和接通电源，并在短路时能迅速可靠地切断电流的一种高压开关设备。其火灾危险性不仅在于发生故障时要切断故障电流，而且还要进行反相切断、开断异相接地、切电容器组、切空载线路、切电感，甚至还要连续切断故障电流、切断过电压设备或线路，工作条件十分恶劣。再加上油断路器具有大量可燃液体（断路器油），在切除故障时，如电弧不能熄灭，高温电弧使油加热分解，形成可燃气体，与空气温合形成爆炸性气体，在高温电弧作用下，油断路器即发生爆炸。另外，爆炸后油断路器内的高温油或电弧随爆炸性气体高速（1km/s左右）向外喷溅，可能会引起周围的设备和电缆大面积火灾，同时引起相间或对地短路，造成设备损毁，破坏电力系统的正常运行，使事故扩大，甚至造成人身伤亡等重大事故，后果是相当严重的。

1. 引起油断路器爆炸和火灾的原因

（1）断流容量（遮断容量）小于系统的短路容量。油开关的断流容量对输配电系统来说是个很重要的参数。由于设计不周，断路器的断流容量太小，而随着电网的发展，系统短路容量的增大，原有断路器的断流容量不能满足要求；断路器制造质量低劣，不能满足产品铭牌参数要求等，都可能造成断流容量小于系统的短路容量，使得断路器无能力切断系统强大的短路电流，断路器不能及时熄弧。由于电弧的高温使油加热分解成易燃物及气体，致使断路器燃烧爆炸。

（2）运行油位过低。油断路器运行油位过低，油断路器触点至油面的油层过薄，会造成以下几个方面：

1）当切断电弧时，冷却电弧的油道路径变短，对电弧的冷却效果差，致使断弧时间延长或电弧难于熄灭，其结果可能使弧光冲出油面进入缓冲空间，油被电弧分解出的可燃气体也进入缓冲空间与空气混合，混合气体在电弧作用下可能引起燃烧爆炸。

2）切断电弧时，对油分解的可燃气体冷却不良，这部分可燃气体进入顶盖下面的空间而与空气混合，形成爆炸性气体，在自身的高温下就有可能爆炸燃烧。

（3）运行油位过高。油断路器运行油位过高，使断路器油面以上的缓冲空间减少，当开断短路电流时，切断电弧产生的高压油气混合体排入缓冲空间后，使缓冲空间的压力增高，当其压力超过缓冲空间容器的极限强度时，就会冲出缓冲空间，形成断路器喷油，甚至引起爆炸、火灾。

（4）油质劣化或不合格。油大量游离碳化、老化，油内杂质或水分过多，会使绝缘强度降低，引起油断路器内部闪络并导致爆炸。

例如，某大型变电站曾发生过 66kV 落地式少油断路器更换新油后，没有进行油质检验和耐压检测，由于油质不良，投入运行不到半小时，断路器内部击穿爆炸喷油起火，造成火灾事故。

（5）操作机构调整不当、部件失灵，液压机构漏油或油压降低，会使断路器的开断能力降低，操作时动作缓慢或合闸后接触不良。

因断路器开断能力降低，进而引发火灾和爆炸的主要因素是分、合闸速度和燃弧距离。

1）断路器的刚分速度。刚分速度是指动触头与静触头刚刚脱离接触瞬间的速度，这个速度对断路器的开断能力影响最大。刚分速度过低，可能会使触头熔焊，电弧不能及时被切断和熄灭时，在油箱内产生过多的可燃气体，积聚压力过大而引起爆炸和燃烧。提高分闸速度时，必须考虑机构是否能承受所增加的应力，否则将会造成机构变形或损坏，其结果将影响机构的正常动作性能，也会导致开关爆炸。

2）断路器的刚合速度。刚合速度是指断路器在合闸过程中，动静触头刚接触瞬间的速度。刚合速度低，在合闸过程中会延长预击穿的时间而使触头熔焊，在关合短路电流时就可能关不到底，使分闸弹簧没有得到应有的压缩，致使重合闸不成功。触头再分闸时，因弹簧力度不够而达不到规定的刚分速度，从而使断路器的开断能力降低，严重时将引起开关爆炸。

3）断路器的燃弧距离。燃弧距离是灭弧室与静触头之间的距离，对断路器的开断能力也有重大影响。如果燃弧距离太小，当动触头拉出吹弧道前，燃弧时间较短，灭弧室内气体压力过小，则当动触头拉出吹弧道时吹弧作用就较弱，不利于电弧的熄灭，使整个开断过程中电弧燃烧时间延长，甚至出现不能开断现象。如果燃弧距离太大，则会使箱体内产生极大的压力，也同样可能产生严重的喷油或爆炸。

所以，检修中随意改变分、合闸速度和燃弧距离，都可能造成断路器遮断容量减小。

（6）绝缘套管和油箱脏污、故障。主要包括：

1）油断路的进、出线都通过绝缘套管，套管积垢受潮，会造成相间击穿闪络引起燃烧、爆炸。

2）绝缘套管与油箱盖、油箱盖与油箱体密封不严，油箱进水受潮，顶部油污过多，或绝缘套管有机械损伤、密封不良、脏污，都可能造成对地短路引起爆炸或火灾事故。

（7）断路器多次切断大的故障电流。当断路器多次切断大的故障电流后，触头可能造成严重的灼伤，油质因产生大量的游离碳而劣化。如不及时安排检修，断路器的开断能力将大大降低，严重时引起断路器爆炸。

（8）操作不当或误操作导致断路器爆炸。主要包括：

1）运行人员违反操作规程，不认真执行操作制度，造成带地线合断路器、非同期并列等恶性误操作，事故处理时误将断路器多次合向故障点，强大的故障电流将引起油断路器爆炸起火。

2）操作中思想不集中，操作不果断，断路器合闸过程中，发现有不正常现象，仍进行合闸或多次强合，影响断路器的关合性能，均会引起断路器爆炸着火。

3）断路器自动跳闸后，运行人员不当地多次强送电，使断路器多次受短路电流冲击。

（9）无快速脱扣装置或快速脱扣装置失灵。断路器手动机构的快速脱扣装置失灵，可能在关合较小短路电流的情况下，就发生爆炸。无快速脱扣装置或快速脱扣装置失灵的断路器，在手动或就地电动合闸送电预击穿以后，出现突然停顿或抖动现象，则可能延长预击穿时间，甚至出现长时间燃弧，从而引起断路器爆炸。

2. 油断路器火灾的预防措施

（1）正确选用断路器，其遮断容量应大于系统的短路容量。

（2）新装及检修断路器必须严格安装、检修工艺，提高安装、检修质量，严格按照规程、规定及厂家说明书等进行试验、检查、交接和验收。对重要的技术指标，如绝缘电阻、介质损耗因数 $\tan\delta$、泄漏电流、交流耐压试验、导电回路电阻、分合闸时间、分合闸速度、触头分合闸的同期性、分合闸电磁铁的最低动作电压、套管和本体油的试验等，要进行验证和复查。

（3）正确选择安装位置，油断路器应设在耐火建筑物内。

（4）加强巡视检修，发现油位置偏低，及时加油；如发现漏油、渗油、不正常声音等时，应采取措施，必要时立即降低负载或停电检修。

（5）当故障跳闸重复合闸不良，而且电流变化很大，断路器喷油有瓦斯气味时，必须停止运行，严禁强行送电，以免发生爆炸。

（6）运行中做好详细的故障跳闸记录，并根据制造厂家的规定和具体情况，制定出检修制度，及时进行检修。特别是在切断严重故障电流后，应及时检查触头和油质的情况。

（7）做好断路器防潮、防漏、防污染工作。注意加强断路器的密封，加装防雨帽，防止潮气和水分进入；加强密封圈的检查，注意密封垫圈的老化、变形，使用合格密封圈，防止断路器漏油；绝缘套管经常保持清洁，清除灰尘和油垢，防止套管因污染放电爆炸。

（8）定期做绝缘试验。对断路器的绝缘油定期取样化验和做绝缘试验，油质老化时及时更换；定期对断路器本体做耐压、泄漏试验及操作试验，特别是雷雨季节前的预防性试验。

四、电缆终端盒火灾原因和预防措施

1. 引起电缆终端盒火灾的原因

（1）端盒绝缘受潮、腐蚀、绝缘被击穿。

（2）充油电缆由于安装高度差不符合要求，压力过大使终端盒密封破坏，引起漏油起火。

（3）电缆通过短路电流，使终端盒绝缘炸裂。

2. 电缆终端盒火灾的预防措施

（1）正确施工，保证密封良好，防止受潮，充油电缆的高度差要符合要求。

（2）加强检查，发现漏油及时采取修复措施。

五、低压断路器、熔断器、低压配电屏（盘）发生火灾的原因和预防措施

1. 低压断路器火灾原因和预防措施

低压断路器在切断或接通电流时产生的火花，导线与断路器连接电阻的发热，断路器绝缘的损坏，都可能引起火灾。

低压断路器火灾预防措施有：

（1）正确选用和安装。断路器的极限通断能力应大于短路容量，防止因不能可靠灭弧而引起相间短路。易爆场所应采用防爆型断路器。断路器应安装在不可燃材料上，安装场所不得堆放易燃物。断路器与导线的连接点应紧密，接触电阻要小。

（2）做好运行及维护工作。三相断路器最好在相间用绝缘板隔离，防止相间弧光短路。应及时清除灰尘异物，防止受潮引起闪络。

2. 熔断器火灾原因和预防措施

熔断器引起火灾的主要原因是在熔丝熔断时，金属颗粒飞溅落在易燃物上引起燃烧；熔丝选择过大，不能切断短路及过负荷电流，引起线路火灾。

可采取的预防措施有：

（1）合理选择熔丝；

（2）安装在不可燃材料基座上，周围不应有易燃物。

3. 低压配电屏（盘）火灾原因和预防措施

低压配电屏（盘）发生火灾的主要原因有：安装不符合要求，绝缘损坏，对地短路；绝缘受潮，发生短路；接触电阻过大或长期不清扫，积灰受潮短路。

可采取的预防措施有：

（1）正确安装接线，防止绝缘破损，避免接触电阻过大。

（2）安装在清洁干燥场所，定期检查。

（3）连接导体在灭弧装置上方时，应保持一定的飞弧距离，防止短路。

六、电力线路发生火灾的主要原因

（一）高压电力线路发生火灾的主要原因

1. 线路短路

（1）线路金属性短路故障。原因有：

1）外力破坏造成故障，架空线或杆上设备（变压器、开关）被外抛物短路或外力刮碰短路；汽车撞杆造成倒杆、断线；台风、洪水引起倒杆、断线。

2）线路缺陷造成故障，弧垂过大遇台风时引起碰线或短路时产生的电动力引起碰线。

（2）线路引跳线断线弧光短路故障。原因有：

1）线路老化强度不足引起断线。

2）线路过载接头接触不良引起跳线线夹烧毁断线。

（3）跌落式熔断器、隔离开关弧光短路故障。原因有：

1）跌落式熔断器熔断件熔断，引起熔管爆炸或拉弧引起相间弧光短路。

2）线路老化或过载引起隔离开关线夹损坏烧断拉弧造成相间短路。

（4）小动物短路故障。原因有：

1）台墩式配电变压器上，跌落式熔断器至变压器的高压引下线采用裸导线，变压器高压接线柱及高压避雷器未加装绝缘防护罩。

2）高压配电柜母线上，母线未作绝缘化处理，高压配电室防鼠不严。

3）高压电缆分支箱内，母线未作绝缘化处理，电缆分支箱有漏洞。

（5）雷击过电压引起短路。

（6）线路瞬时性接地故障。原因有：

1）人为外抛物或树木碰触导线、线路与建筑物接触引起单相接地。

2）线路绝缘子脏污，在阴雨天或有雾湿度高的天气，出现对地闪络，一般在天气转好或大雨过后即消失。

（7）线路永久性接地故障。原因有：

1）外力破坏。

2）线路隔离开关、跌落式熔断器因绝缘老化击穿引起。

3）线路避雷器爆炸引起，多发生在雷雨季节。

4）直击雷导致线路绝缘子炸裂，多发生在雷雨季节。

5）由于线路绝缘子老化或存在缺陷击穿引起，多发生在污秽较严重的沿海地区。

（8）绝缘导线、电缆没有按具体环境设计，使绝缘受高温、潮湿或腐蚀等作用而失去绝缘能力。

（9）由于线路使用过久，绝缘导线绝缘层老化、破裂，失去绝缘作用，导致两线相碰。

2. 线路过电压

（1）对于绝缘导线，过电压造成绝缘损坏，线路发热，引起火灾。

（2）接地装置不良或电气设备与接地装置间距过小，过电压时击穿空气间隙引起电弧，引起火灾。

3. 导线（电缆）接触不良

导线（电缆）与导线（电缆）之间，或是导线（电缆）与开关、保护装置或电气设备之间的接头接触不良，就会造成线路（电缆）接触电阻过大，而且产生大量的热，引起火灾。

4. 线路超负荷

线路超负荷时，通过导线的电流超过它的安全载流量，导线就会发热，引起火灾。

5. 电缆起火

（1）敷设电缆时其保护皮受损伤，或是在运行中电缆的绝缘体受到机械破坏，引起电缆芯与电缆芯之间或电缆芯与铅皮之间的绝缘体被击穿而产生电弧，致使电缆的绝缘材料发生燃烧。

（2）电缆长时间超负荷使电缆绝缘性能降低甚至丧失绝缘性能，发生绝缘击穿而使电缆燃烧。

（3）三相电力系统中将三芯电缆当成单芯电缆使用，以致产生涡流，使铅皮、铝皮发热，甚至熔化，引起电缆燃烧。

6. 其他原因导致产生电弧

（1）倒闸操作切断或接通大电流电路时，或大截面熔断器熔断时，产生电弧，引起火灾。

（2）架空裸线遇风吹摆动，或弧垂过大，造成导线对树枝放电，产生电弧，引起火灾。

（二）低压电力线路发生火灾的主要原因

1. 电力线路短路

主要原因有：

（1）绝缘电线、电缆选型不当，使绝缘受高温、潮湿或腐蚀等作用而失去绝缘能力。

（2）线路年久失修，绝缘层陈旧老化或受损，使线芯裸露。

（3）电源过电压，使导线绝缘被击穿。

（4）安装、修理人员接错线路，或带电作业时造成人为碰线短路。

（5）裸电线安装太低，搬运金属物体时不慎碰在电线上，线路上有金属物体或小动物跌落，发生电线之间跨接。

（6）架空线路电线间距太小，挡距过大，电线松弛，有可能发生两线相碰；与建筑物、树木距离太小，使电线与建筑物或树木接触。

（7）导线机械强度不够，电线断落接触大地或断落在另一根电线上。

（8）不按规程要求私接乱拉，使电线的绝缘机械损伤而造成短路。

（9）运行线路存在缺陷未能及时发现。

（10）错误接线，或把电源投向故障线路，通电时发生短路。

（11）恶劣天气，如大风暴雨造成线路金属性连接。

（12）雷击造成电气线路短路。

（13）电气线路中的谐波电流加速绝缘老化而引起短路。

由于电气技术的发展，非线性负荷的电气设备日益增多，例如电视机、计算机、微波炉等，这类设备的负荷电流含有多次谐波电流，能使电气线路特别是中性线过载发热，加速绝缘老化而引起短路起火。

2. 线路过负荷

主要原因有：

（1）设计时，导线截面选择过小。

（2）线路上电气设备负荷增加，未能及时更换导线。

（3）乱拉导线，擅自增加负荷。

（4）由于电气线路绝缘损坏，造成严重的漏电，导致漏电处局部发热，局部温度过高可能直接导致起火，也可能使绝缘进一步损坏形成短路，引起火灾。

3. 线路接触电阻过大

两个或几个导体通过机械方式接触而使电流通过的状态称为电接触。接触电阻广泛存在于电接触区域，当电气线路相线连接或相线对地搭接时，在其接点处松弛接触，接点间的电压足以击穿间隙空气。如果接点间空隙稍大，又恰逢电压波动峰值，会在空气间拉起电弧。如果接头间隙小，端点在电压作用下，即使平时也会击穿空气。产生的火花或电弧，都足以点燃附近的可燃物形成火灾。接触电阻过大引起的火灾具有隐蔽性强、蔓延速度快的特点，在电气线路火灾中占有相当大的比重，其危害性更为严重。

主要原因有：

（1）安装质量差，导线与导线之间或导线与设备之间的连接不牢靠。

（2）由于连接点的热作用或长期振动，接头松动。

（3）连接处有杂质，如氧化层、泥土等。

（4）铜铝接头的接触面处理不当。

【案例 7-1】 3 条 10kV 线路三相短路起火引发变电站火灾事故

事故经过：

2001 年 10 月 24 日上午 10 时，某供电局××变电站值班员听到变电站外一声巨响，朝窗外望去，发现围墙外多条 10kV 出线电杆处燃起大火。这时，主控室事故音响，警铃响，"掉牌未复归"光字牌亮。值班员随即从二楼控制室跑到一楼 10kV 开关室外，听见 10kV 开关室有巨大爆炸声并夹杂浓烟涌出，人员无法进入开关室。值班员又迅速返回控制室手动分 10kV 电源侧开关，此时，控制室已无任何灯光和音响信号，值班员迅速打电话给调度，电话未通。这时，值班员又发现室外场地紧靠 2 号主变压器备用油桶旁绿化地起火，值班员紧急救火，同时拨打 119 电话。此时，陪班的值班员从宿舍赶到，发现 1 号主变压器 10kV 套管侧喷油着火，迅速将 110kV 和 35kV 进线电源开关拉开。最后在消防队员赶到后，将大火扑灭。

事故后清点及核对有关资料，损失情况如下：有 27 组开关柜被烧毁，6 只穿墙套管、母线排等均已烧焦过火，1 台主变压器烧焦、喷油，部分电力电缆、二次电缆等损毁。供电局向保险公司索赔 260 万元，其中直接财产损失 217 万元，施救费 43.4 万元。

原因分析：

事故的直接原因为某运输汽车队的大货车在行驶过程中车厢撞断了××变电站 10kV 县府线的终端杆，线路相互拉扯，引发另外 3 条 10kV 线路同时近距离三相短路起火，4 条线路保护同时动作跳开开关，又同时重合，原来存在严重缺陷的蓄电池被大电流冲击，致使电池开路；又由于 4 条出线近区短路，造成 10kV 母线电压急剧下降，直流系统瓦解，全所直流源消失。直流电源的消失，保护无法动作，使得事故扩大，大火一直燃烧直至高压侧电源断开后，消防人员予以灭火。

第五节　变电站电气火灾的扑救

变电站电气火灾具有下面两个特点：一是着火后电气装置或设备可能仍然带电，灭火时可能引起触电事故；二是有些电气设备内部充有大量油（如电力变压器、电压互感器等），可能会发生喷油，甚至爆炸。

对于变电站电气火灾的扑救，作为电力系统的一名员工，应学会消防设施与器材的使用，根据火灾的规模、范围，掌握灭火的基本方法。

一、变电站电气火灾扑救常识

（一）一般灭火常识

（1）对带电设备，要先断电后灭火。

（2）对规模和范围较小的电气设备初起火灾，应迅速使用灭火器材人工灭火或启动固定灭火系统（装置）灭火。

（3）变电站室外变、配电装置和室内电气设备不能用水灭火（主变压器除外）。

DL/T 5143—2002《变电所给水排水设计规程》第 5.3.6 条规定：配电装置区内不设置室外消火栓及消防管网。第 5.4.5 条又规定：室内消火栓宜设置在楼梯间和通道内，有电气设备的房间不宜采用消火栓灭火方式。很明显，这就是说室外变、配电装置和室内电气设备不能用水灭火。

（4）灭火扑救应按照"先控后灭"的程序，先采取措施控制火势蔓延，然后扑灭，消除火源，防止事故扩大。

（5）有条件时扑救人员应戴防毒面具，并站在上风位置进行灭火，避免有毒气体吸入人体而造成中毒。

（6）如果 5～10min 内火灾还没扑灭，有转化成大火的可能和造成人员伤亡的危险，在确定依靠现场灭火条件不能扑灭的情况下，指挥员应指挥大家按疏散路线离开火灾现场，并及时拨打"119"，等待消防队的救援。

（7）在消防队赶到现场之前，要运用现有的消防设施最大限度地灭火、控制火势，并要做好相应的准备工作。

（8）若消防队到达前，火灾已被扑灭，指挥员应派人员保护现场，以利于查明起火原因。

（9）消防队到达后，组织全站人员积极协助灭火，并向消防队员交代注意事项，防止触电事故的发生。

（二）电气设备断电灭火

变电站发生电气火灾时，当运维负责人应立即命令运维人员将有关设备切断电源，而后再灭火，以防人身触电。切断电源时应注意：

（1）切断电源应按规定的程序，用断路器切断电源；断开有电磁开关启动的电气设备时，应先按跳电磁开关，再断隔离开关；严防带负荷拉隔离开关（刀闸）产生弧光短路，引起人身伤亡及火灾事故扩大。

（2）切断电源时应使用绝缘工具，戴绝缘手套，穿绝缘鞋。

（3）扑救人员若需剪断低压电线时，应穿绝缘靴并戴绝缘手套，用绝缘胶柄钳等绝缘工具将电线剪断。注意不同相电线应在不同部位剪断，以免造成线路短路；剪断空中电线时，剪断的位置应选择在电源方向的支持物上，防止电线剪断后落地造成短路或触电伤人事故。

（4）夜间发生电气火灾、切断电源时，应考虑临时照明。

（三）电气设备或线路带电灭火

发生电气火灾，如果由于情况危急，为争取灭火时机，或因其他原因不允许或无法及时切断电源时，就要带电灭火。进行带电灭火一般限在 10kV 及以下电气设备或线路上进行。灭火时应注意：

（1）扑救人员应穿绝缘靴，戴绝缘手套，有条件的要戴防毒面具，防止发生中毒事故。

（2）扑救人员与带电体之间、灭火器材与带电体之间均应保持足够的安全距离。

（3）高压电气设备或线路发生接地，在室内扑救人员不得进入故障点 4m 以内的范围；在室外扑救人员不得进入故障点 8m 以内的范围；进入上述范围的扑救人员必须穿绝缘靴。

（4）应使用具有不导电灭火剂（例如二氧化碳或干粉灭火剂）的灭火器。因泡沫灭火剂导电，在带电灭火时严禁使用。

（5）扑救架空线路火灾时，人体与架空线路仰角不大于 45°，并应站在线路外侧，以防导线断落危及灭火人员的安全。一旦导线发生断落，要立即划出警戒区（半径 18～20m），禁止人员入内，以防因跨步电压而造成事故；已处于该区域内的灭火人员要冷静处理，可以扔掉灭火工具，用单腿或双脚并拢慢慢跳出，直至距导线断落处 10m 以外。

（6）在带电灭火过程中，灭火人员应避免与水流接触，没有穿戴防护用具的人员，不应接近燃烧区，以防地面积水导电伤人。

二、扑救变压器火灾

（1）运维人员发现变压器起火后，当运维负责人应立即召集全体运维人员安排扑救工作，同时向变电经理及地调（或中调）报告，并拨打"119"消防报警电话报警。

（2）运维人员应迅速检查起火变压器所连接的开关是否已断开。若未断开，当运维负责人立即下令停止变压器冷却器的运行并切断电源，应将起火变压器所有高低压侧断路器和隔离开关全部断开。

（3）室内变压器应停止通风系统运行，切断通风电源，减少空气流通。

（4）火灾中若发现套管闪络或破裂，变压器的油溢至顶盖上着火，则应开启水喷雾系统进行灭火，并设法打开变压器下部的放油阀，将油放入储油坑内使油面低于破裂处。如无水喷雾系统也可用喷雾水枪灭火。

（5）开启放油阀时，操作人员应戴上防毒面具，穿耐火服装。同时，应用喷雾水枪对变压器外壳冷却，防止变压器爆炸，危及操作人员的人身安全。

（6）当变压器内确实有直接燃烧的危险和外壳有爆炸的可能时，必须在采取可靠安全防护措施的前提下，用水喷雾系统或喷雾水枪喷洒变压器外壳冷却变压器，喷水强度应符合规范要求。为避免变压器突然爆炸，变压器冒烟停止后，还应继续对变压器进行喷水冷却，延长时间应不小于15min。在这种情况下不应开放油阀，防止内部出现油气空间，形成爆炸性混合物爆炸。

（7）如果变压器外壳破裂，喷油燃烧，除开启水喷雾装置外，也应采用泡沫灭火器进行灭火，并应设法将油流导入储油池。池内和地上油火应用大量泡沫灭火剂扑救。

（8）变压器喷出的着火油流应采取沙土堵挡，防止进入电缆沟内。如电缆沟内已蔓延起火，应用黄土、黄沙、泡沫覆盖，将火扑灭，并堵死油流。电缆着火后，按电缆着火扑救方法进行扑救。

（9）当变压器着火并威胁到装设在其上方的电气设备，或当烟雾、灰尘、油脂污染或飞落到正在运行的设备和架空线路上（如带电出线）时，则应断开这些设备和架空线路的电源，同时采取其他的保护隔离措施。对相邻设备有威胁时，有水幕系统的应开启水幕装置或采用多支水枪在设备之间形成隔离水幕。

（10）在扑救变压器火灾时，应由变电站运维负责人统一指挥，根据电源切断与否和火势发展及蔓延情况，下达适当的灭火指令。救火时，运维负责人应冷静安排运维人员工作，避免现场混乱，造成触电伤人或变压器爆炸伤人。

三、扑救其他充油电气设备火灾

（1）如果只是设备外面局部着火，而设备没有受到损坏时，可用二氧化碳、干粉等灭火器带电灭火。注意灭火时人和灭火器与充油电气设备保持安全距离，并站在上风方向。

（2）如果设备受到损坏、喷油燃烧、火势很大时，应先切断起火设备和受威胁设备的电源。有事故储油坑的应设法将油放进储油坑，并用喷雾水灭火，不得已时也可用砂子、泥土灭火。池内或地面上的油火应用泡沫灭火剂扑灭，不得用水喷射，以防油火飘浮水面而蔓延。

（3）要防止着火油料流入电缆沟内。如果燃烧的油流入电缆沟而顺沟蔓延时，沟内的油火只能用泡沫覆盖扑灭，不得用水喷射，防止火势扩散。

（4）充油电容器着火时，则应立即切断电源，并特别注意对电容器进行放电（防止电容器内部储存电荷造成人员触电伤亡），然后采用二氧化碳、干粉等灭火器灭火。

四、扑救电缆火灾

（1）有关工作人员发现电缆着火燃烧后，应立即切断起火电缆及其他周围相邻电缆的电源。当电缆沟中的电缆起火燃烧时，如果与其同沟（井）并排敷设的电缆有明显的着火可能性，则应将这些电缆的电源一同切断。其切断的顺序是：首先切断起火电缆上面的电缆，然后切断两边电缆，最后切断下面的电缆。

切断电源应注意以下问题，以防止发生弧光伤人或引起新的火灾事故：

1）具有断路器的电缆线路，应先断开远方或就地断路器，再拉开隔离开关或将小车式开关拉出工作位置，以免产生弧光短路。双回路供电的电缆线路应先断开联动开关，再依次断开断路器和隔离开关。

2）切断用电磁开关启动的电气设备时，应先用电磁开关停电，然后再断开隔离开关，防止带负荷切断电源线路。

3）发生火灾时，用隔离开关断开空载电缆线路或断开小负荷电缆线路时，为防止因闸刀受潮或受导电气体（如氯化氢气体）的作用使其绝缘强度降低而触电，操作时应用绝缘工具。

4）如果需要切断对地电压在 250V 以下的单相或直流电缆线路时，应穿绝缘鞋并戴绝缘手套，用断电剪或钢锯将其逐根剪断。切断电源地点应尽量靠近电源。

（2）根据起火电缆所经过的路线、特征、其他信号、光字牌和设备缺陷情况，进行综合判断，认真检查，查找出起火电缆的故障区段或故障点，工作班组班长应立即报告部门经理及调控中心，并组织人员迅速进行扑救。

（3）在电缆起火时，为防止火势蔓延，应将电缆沟和竖井的隔火门关闭或将电缆沟（井）两端堵死，以阻止空气流通，采用窒息方法进行扑救。如果没有隔火门，可采用黄土、黄砂、防火胶泥、湿麻袋、湿棉等物品将各孔洞堵死。这种方法对于范围较小的电缆沟道或电缆小间更为有效。

（4）由于电缆起火燃烧会产生大量的浓烟和毒气，扑灭电缆火灾时，应做好灭火时的人身防护工作，特别是进入电缆夹层、隧道、沟道内灭火的人员应佩戴正压式空气呼吸器（或防毒面具），以防中毒和窒息。

（5）为预防高压电缆导电部分接地产生的跨步电压导致人员触电，扑救人员不得走近接地故障点，在室内应离开接地故障点 4m，在室外离开接地故障点 8m。

（6）扑灭电缆火灾应采用干粉灭火器、二氧化碳灭火器等，也可使用干砂或黄土覆盖；如果用水灭火，最好使用喷雾水枪并保持安全距离；若火势猛烈，又不可能采用其他方式扑救，待电源切断后，可向电缆沟内灌水灭火。

（7）扑救电缆火灾时，禁止用手直接触摸电缆钢铠和移动电缆。

（8）带电灭火注意事项参考前述。

五、扑灭旋转电机火灾

（1）电动机等旋转电机着火时，可使用二氧化碳灭火器灭火。

（2）为防止轴和轴承变形，灭火时可使电机慢慢转动，然后用喷雾水流灭火，使其均匀冷却。

（3）不能用干粉、砂子、泥土灭火，以免矿物性物质、砂子等落入设备内部，损伤电机绝缘，造成严重后果。

六、扑救 SF_6 设备火灾

（1）对 GIS 设备或其他使用 SF_6 气体为介质的电气设备进行火灾扑救时应戴有供氧装置的防

毒面具。

（2）对着火设备应首先切断电源，若火灾导致 SF_6 气体大量泄漏，应立即报告调度并退出相应的直流控制保险，由调度采取利用上一级开关切断电源。

（3）火灾扑救可按照一般电气设备火灾扑救方法进行。

第六节　动火工作的安全措施和要求

一、基本概念

1. 动火作业

是指能直接或间接产生明火的作业，包括熔化焊接、切割、喷枪、喷灯、钻孔、打磨、锤击、破碎、切削等。

2. 一级动火区

是指火灾危险性很大，发生火灾时后果很严重的部位、场所或设备。范围包括：油区和油库围墙内；油管道及与油系统相连的设备，油箱（除此之外的部位列为二级动火区）；危险品仓库及汽车加油站、液化气站内；变压器，压力变送器、充油电缆等注油设备、蓄电池室（铅酸）；一旦发生火灾，可能严重危及人身、设备、电网安全，以及对消防安全有重大影响的部位。

3. 二级动火区

是指一级动火区以外的所有防火重点部位、场所或设备及禁火区域。范围包括：油管道支架及支架上的其他管道；动火时有可能火花飞溅落至易燃易爆物体附近的部位；电缆沟道（竖井）内、隧道内、电缆夹层；调度室、控制室、通信机房、电子设备间、计算机房、档案室；一旦发生火灾，可能危及人身、设备、电网安全，以及对消防安全有影响的部位。

4. 防火重点部位

是指火灾危险性大、发生火灾损失大、伤亡大、影响大（简称"四大"）的部位及场所，对变电站所而言，一般指仓库、控制室、档案室、变压器、电缆间及隧道、蓄电池室、易燃易爆物品存放地及单位主管认定的其他部位和场所。重点部位的防火要求有以下几点：

（1）防火重点部位或场所应建立防火检查制度和防火岗位责任制，落实消防措施。即该防火重点部位有专人负责，有灭火方案，有计划、有组织、有记录地进行防火检查，发现火险隐患应立案限期整改。

（2）防火重点部位应有明显标志，并在指定地点悬挂特定的标志牌，内容包括防火重点部位名称、场所负责人及防火责任人。

（3）防火重点部位或场所如需动火工作时，必须执行动火工作票制度。

二、动火工作票制度

（一）动火工作票的办理和使用

1. 动火工作票的填写

（1）动火工作票的填用方式。

在防火重点部位或场所，以及禁止明火区动火作业，应填用动火工作票，其方式有下列两种（变电和电力线路动火工作票格式相同，所以这里只给出变电动火工作票格式）：① 在一级动火区动火作业，应填用一级动火工作票（格式见附录W）。② 在二级动火区动火作业，应填用二级动火工作票（格式见附录 X）。

（2）动火工作票的填写要求。

动火工作票由动火工作负责人填写。

动火工作票应使用黑色或蓝色的钢（水）笔或圆珠笔填写与签发，内容应正确，填写应清楚，不得任意涂改。如有个别错、漏字需要修改、补充时，应使用规范的符号，字迹应清楚。用计算机生成或打印的动火工作票应使用统一的票面格式，由工作票签发人审核无误，手工或电子签名后方可执行。

2. 动火工作票的签发与批准

一级动火工作票由动火工作票签发人签发，本单位（工区）安监负责人，消防管理负责人审核，本单位（工区）分管生产的领导或技术负责人（总工程师）批准，必要时还应报当地公安消防部门批准。

二级动火工作票由动火工作票签发人签发，本单位（工区）安监人员、消防人员审核，本单位（工区）分管生产的领导或技术负责人（总工程师）批准。

外单位到生产区域内动火时，动火工作票由设备运维管理单位签发和审批，也可由外单位和设备运维管理单位实行"双签发"。

动火工作票签发人不准兼任该项工作的工作负责人。动火工作票的审批人、消防监护人不准签发动火工作票。

3. 动火工作票的收执

动火工作票经批准后由工作负责人送交运行许可人。

动火工作票一般至少一式三份，一份由工作负责人收执，一份由动火执行人收执，一份保存在安监部门（或具有消防管理职责的部门）（指一级动火工作票）或动火的工区（指二级动火工作票）。若动火工作与运维有关，即需要运维人员对设备系统采取隔离、冲洗等防火安全措施的，还应多一份交运维人员收执。

4. 动火工作票的有效期

一级动火工作票的有效期为 24h，二级动火工作票的有效期为 120h。动火作业超过有效期限，应重新办理动火工作票。

5. 动火工作票的使用注意事项

（1）各单位应制定需要执行一级和二级动火工作票的工作项目一览表，并经本单位批准后执行。

（2）动火工作票不准代替设备停复役手续或检修工作票、工作任务单和事故（故障）紧急抢修单。动火工作票备注栏应注明对应的检修工作票、工作任务单和事故（故障）紧急抢修单的编号。

6. 动火工作票的保存

动火工作票至少保存 1 年。

（二）动火工作票所列人员的基本条件

一、二级动火工作票签发人应是经本单位（工区）考试合格并经本单位批准并书面公布的有关部门负责人、技术负责人或其他人员。

动火工作负责人应是具备检修工作负责人资格并经本单位（工区）考试合格的人员。

动火执行人应具备有关部门颁发的资质证书。

（三）动火工作票所列人员的安全责任

1. 动火工作票各级审批人员和签发人的安全责任

（1）审核工作的必要性。

(2) 审核工作的安全性。

(3) 审核工作票上所填安全措施是否正确完备。

2. 动火工作负责人的安全责任

(1) 正确安全地组织动火工作。

(2) 负责检修应做的安全措施并使其完善。

(3) 向有关人员布置动火工作，交代防火安全措施并进行安全教育。

(4) 始终监督现场动火工作。

(5) 负责办理动火工作票开工和终结。

(6) 动火工作间断、终结时检查现场无残留火种。

3. 运维许可人的安全责任

(1) 审核工作票所列安全措施是否正确完备，是否符合现场条件。

(2) 审核动火设备与运行设备是否确已隔绝。

(3) 向工作负责人现场交代运维所做的安全措施是否完善。

4. 消防监护人的安全责任

(1) 负责动火现场配备必要的、足够的消防设施。

(2) 负责检查现场消防安全措施的完善和正确。

(3) 测定或指定专人测定动火部位（现场）可燃性气体、可燃液体的可燃蒸汽含量是否合格。

(4) 始终监视现场动火作业的动态，发现失火及时扑救。

(5) 动火工作间断、终结时检查现场有无残留火种。

5. 动火执行人的安全责任

(1) 动火前应收到经审核批准且允许动火的动火工作票。

(2) 按本工种规定的防火安全要求做好安全措施。

(3) 全面了解动火工作任务和要求，并在规定的范围内执行动火。

(4) 动火工作间断、终结时清理现场并检查有无残留火种。

三、动火作业的现场监护

1. 一级动火的现场监护

一级动火在首次动火时，各级审批人和动火工作票签发人均应到现场检查防火安全措施是否正确完备，测定可燃气体、易燃液体的可燃蒸汽含量是否合格，并在监护下做明火试验，确无问题后方可动火。

一级动火时，本单位分管生产的领导或技术负责人（总工程师）、消防（专职）人员应始终在现场监护。

一级动火工作的过程中，应每隔 2～4h 测定一次现场可燃气体、易燃液体的可燃蒸汽含量是否合格，当发现不合格或异常升高时应立即停止动火，在未查明原因或排除险情前不准动火。

动火执行人、监护人同时离开作业现场，间断时间超过 30min，继续动火前，动火执行人、监护人应重新确认安全条件。

2. 二级动火的现场监护

二级动火时，本单位（工区）应指定人员，并和消防（专职）人员或指定的义务消防员始终在现场监护。

二级动火时，本单位（工区）分管生产的领导或技术负责人（总工程师）可不到现场。

四、动火工作间断的安全要求

一级动火作业，间断时间超过 2h，继续动火前，应重新测定可燃气体、易燃液体的可燃蒸汽含量，合格后方可重新动火。

一、二级动火工作在次日动火前应重新检查防火安全措施，并测定可燃气体、易燃液体的可燃蒸汽含量，合格方可重新动火。

五、动火工作终结手续

动火工作完毕后，动火执行人、消防监护人、动火工作负责人和运维许可人应检查现场有无残留火种，是否清洁等。确认无问题后，在动火工作票上填明动火工作结束时间，经四方签名后（若动火工作与运维无关，则三方签名即可），盖上"已终结"印章，动火工作方告终结。

动火工作终结后，工作负责人、动火执行人的动火工作票应交给动火工作票签发人，签发人将其中的一份交本单位（工区）。

六、动火作业防火安全要求

（1）有条件拆下的构件，如油管、阀门等应拆下来移至安全场所。

（2）可以采用不动火的方法代替而同样能够达到效果时，尽量采用替代的方法处理。

（3）尽可能地把动火时间和范围压缩到最低限度。

（4）凡盛有或盛过易燃易爆等化学危险物品的容器、设备、管道等生产、储存装置，在动火作业前应将其与生产系统彻底隔离，并进行清洗置换，检测可燃性气体、易燃液体的可燃蒸汽含量合格后，方可动火作业。

（5）动火作业应有专人监护，动火作业前应清除动火现场及周围的易燃物品，或采取其他有效的安全防火措施，配备足够适用的消防器材。

（6）动火作业现场的通排风要良好，以保证泄漏的气体能顺畅排走。

（7）动火作业间断或终结后，应清理现场，确认无残留火种后，方可离开。

（8）下列情况禁止动火：① 压力容器或管道未泄压前；② 存放易燃易爆物品的容器未清理干净前；③ 风力达 5 级以上的露天作业；④ 喷漆现场；⑤ 遇有火险异常情况未查明原因和消除前。

七、焊接与切割作业的安全要求

1. 一般要求

（1）禁止在带有压力（液体压力或气体压力）的设备上或带电的设备上焊接。

（2）禁止在油漆未干的结构或其他物体上焊接。

（3）在风力 5 级及以上天气，雨雪天，焊接或切割应采取防风、防雨雪的措施。

（4）电焊机的外壳应可靠接地，接地电阻不得大于 4Ω。

2. 气瓶搬运的安全要求

（1）气瓶搬运应使用专门的抬架或手推车。

（2）用汽车运输气瓶，气瓶不得顺车厢纵向放置，应横向放置并可靠固定。气瓶押运人员应坐在司机驾驶室内，禁止坐在车厢内。

（3）禁止将氧气瓶与乙炔瓶，与易燃物品，或与装有可燃气体的容器放在一起运送。

（4）使用中的氧气瓶和乙炔气瓶应垂直固定放置，氧气瓶和乙炔气瓶的距离不得小于 5m；气瓶的放置地点不得靠近热源，应距明火 10m 以外。

第八章

触 电 急 救

由于触电伤害是电网企业最常见的人身伤害形式，所以《国家电网公司电力安全工作规程》规定，作业人员要"具备必要的安全生产知识，学会紧急救护法，特别要学会触电急救"。另外，由于电能在现今社会的广泛应用，日常生活中各类人员发生触电事故的案例也屡见不鲜。因此，作为国家电网公司的一名员工，学会触电急救的技能，无论是在生产还是生活中发生触电伤害时，对挽救生命都具有重要的意义。

触电急救包括触电者脱离电源的救护和脱离电源后的对症救护两个阶段。第二阶段中最重要的救护是心肺复苏。由于心肺复苏内容较多，本章单独将其放在第二节介绍。由于 2010 年后国际上及国内心肺复苏标准发生了重大变化，本章第二节关于心肺复苏的内容与《国家电网公司电力安全工作规程》的"紧急救护法"中的相关内容相比，也相应发生了变化。

第一节　触　电　急　救

一、对死亡的认识

1. 死亡的识别

（1）传统死亡。人体的四大生命体征是呼吸、心跳（脉搏）、血压和体温。自古以来，人们对死亡的认识都保持着这样一个概念，心跳和呼吸完全停止，不能再使其恢复时，即可判断机体已死亡。

（2）脑死亡。人体一些部位的细胞在受到伤害后可以通过再生来恢复功能，脑细胞则不同，一旦坏死就无法再生。人脑细胞由于对缺氧十分敏感，常温下，一般在血液循环停止后 4～6min 大脑细胞即发生严重损害且不可逆转。采取降温措施，特别是头部降温，可明显减少脑组织耗氧量，延长大脑细胞发生严重损害发生的时间。

目前认为，脑死亡是脑细胞广泛、永久地丧失了全部功能，范围涉及大脑、小脑、桥脑和延髓。发生全脑死亡后，可采用人工呼吸机和心脏起搏器等现代科技手段继续维持被动的呼吸和心跳，但脑复苏已不可能，个体死亡已经发生且不可避免。

2. 死亡发展过程的三个阶段

医学将典型的死亡发展过程分为三个阶段，即濒死期、临床死亡期和生物学死亡期。

（1）濒死期。又称死战期或濒死挣扎期，是人在临死前挣扎的最后阶段。在这个时期，身体和重要器官功能发生严重紊乱和衰竭。

（2）临床死亡期。是生物学上死亡前的一个短暂阶段。在这个时期内，心搏停止，呼吸停止，瞳孔散大，各种反射完全消失。从外表看，机体的生命活动已经停止，但机体组织内微弱的代谢活动仍在进行。在心搏和呼吸停止后 4～5min 或稍长时间内，机体内稍存少量氧，还能保持最低的生活状态，如果使用人工呼吸机，心脏按压、心脏起搏器等急救措施，生命尚有复苏的可能。

（3）生物学死亡期。生物学上的死亡，是指整个机体的重要生理功能停止而陷于不能恢复的状态。它的外表征象是躯体逐渐变冷，发生尸僵，形成尸斑。生物学死亡期是死亡的最后阶段，发展到这个阶段的病人已不能再复活，现代医学对此已是无能为力。

3. 假死

假死又称微弱死亡，是指人的循环、呼吸和脑的功能活动高度抑制，生命机能极度微弱，用一般临床检查方法已经检查不出生命指征，外表看来好像人已死亡，而实际上还活着的一种状态，经过积极救治，能暂时或长期复苏。

假死是脑缺氧的结果，常见于各种机械性窒息，催眠药、麻醉药及其他毒药中毒，电击，营养障碍和尿毒症等情况。

假死实质上是死亡过程第一阶段濒死期的特殊表现，因此切勿将处于假死状态的病人误认为真正死亡。

假死的鉴别方法有以下几点：

（1）用手指压迫病人的眼球，瞳孔变形，松开手指后，瞳孔能恢复的，说明病人没有死亡。

（2）用纤细的鸡毛放在病人鼻孔前，如果鸡毛飘动；或者用肥皂泡沫抹在病人鼻孔处，如果气泡有变化，说明病人有呼吸。

（3）用绳扎结病人手指，如指端出现青紫肿胀，说明病人有血液循环。

4. 触电死亡的象征

触电死亡有心跳、呼吸停止，瞳孔放大，尸斑，尸僵，血管硬化等五个象征。如果生物学死亡期的象征（尸斑、尸僵）尚未出现，或经鉴别处于假死状态，就还有救活的希望。

二、触电急救的基本原则

（1）首先使触电者迅速脱离电源。脱离电源越快越好。因为电流作用的时间越长，伤害越重。

（2）一定要迅速就地抢救。

在医学界有"黄金 4 分钟"的说法：急救的一般措施是心肺复苏，如果在心跳停止 4min 内正确实施心肺复苏急救，抢救成功率可达 50%。4min 以后再进行心肺复苏，只有 17%能救活。如果心跳停止后 10min 才实施急救，抢救成功的几率不到 1%。

国外学者曾对 1200 例心跳停止后复苏成功的病例进行分析，结果是：94%是在心跳停止后 4min 救活的；6%是在心跳停止后 4min 以上救活的，但这些患者都发生了神经系统的后遗症。因此，国外资料一直认为人脑耐受缺氧的"临界时限"是 5～6min，并认为在心跳停止 3～4min 后救活者常有永久性脑损害。

当然这并不绝对，1973 年《中华医学杂志》曾报到，北京、上海、南京心脏复苏小组对循环骤停 8min 以上的 12 例病人复苏成功。由此可见，脑耐缺氧的"临界时限"不一定限于 5～6min。但是，脑耐缺氧超过 6min 确实会带来严重的后果。

由此可知，时间就是生命，动作迅速是非常重要的，而只有就地抢救才能争取时间。

（3）保证抢救方法正确，操作动作准确。

若方法不正确，操作动作不准确，往往会好心办坏事。对于没有急救经验的人在救助他人时可向 120 调度进行咨询，说明当前状况，咨询如何在急救人员到达之前采取有效的救护措施，或在 120 调度人员的电话指导下进行抢救。

（4）及早与医疗急救中心（医疗部门）联系。

拨打 120，请专业救护人员及早到场急救，有利于挽救触电者的生命。若现场附近有医疗部门或医务人员，联系紧急救护更好。

呼救电话需要简洁明了，至少要提供的信息包括：① 触电者的情况人数；② 联系人的姓名、电话号码；③ 确切地点或明显的标志物。

（5）在专业急救人员（医务人员）接替前，抢救要坚持不懈地进行。

只要有 1%的希望，就要尽 100%的努力去抢救。广东最长时间的一例触电急救，7h 才把触电者救活。如呼吸不恢复，人工呼吸至少应坚持 4h。

在我国，由于条件限制，专业急救人员（医务人员）接到报告后到达现场需要一定的时间。在此过程中，触电者身边的非专业人员坚持不懈地急救至少可以为挽救生命争取更多的时间，因而尤为重要，切不可轻率停止。因为只有专业急救人员（医务人员）才能判定触电者是否死亡，所以急救一定要坚持到专业急救人员（医务人员）来到。

三、脱离电源

（一）脱离电源的途径

脱离电源有两个途径：① 把控制触电者接触的带电体（设备或线路）的所有断路器（开关）、隔离开关（刀闸）、熔断器或其他断路设备断开，使其停电；② 设法将触电者与带电体脱离开。

注意：在脱离电源过程中，施救者也要注意保护自身的安全。如触电者处于高处，应采取相应措施，防止该伤员脱离电源后自高处坠落形成复合伤。

（二）脱离低压电源的具体方法

根据《国家电网公司电力安全工作规程》，脱离低压电源的方法包括两种情况。

1. 触电者在地面上时脱离低压电源的方法

（1）断开电源。如果触电地点附近有电源开关或电源插座（头），可立即拉开开关或拔出插头，断开电源。但应注意拉线开关或墙壁开关等只控制一根线的开关，有可能因安装问题只能切断中性线而没有断开电源的相线。

（2）切断电源线。如果触电地点附近没有电源开关或电源插座（头），可用有绝缘柄的电工钳或有干燥木柄的斧头等工具切断电源线，断开电源。

注意：为了防止出现切断中性线而没有切断相线的情况，应把所有电源线全部切断。

（3）拉开或挑开电线。当电线搭落在触电者身上或压在身下时，可用干燥的衣服、手套、绳索、皮带、木板、木棒等绝缘物作为工具，拉开或挑开电线，使触电者脱离电源。

（4）拉开触电者。如果触电者的衣服是干燥的，又没有紧缠在身上，可以用一只手抓住他的衣服，拉离电源。但因触电者的身体是带电的，其鞋的绝缘也可能遭到破坏，救护人不得接触触电者的皮肤，也不能抓他的鞋。

2. 触电者在高处时脱离低压电源的方法

若触电发生在低压带电的架空线路上、配电台架、进户线上等高处，对可立即切断电源的，则应迅速断开电源；否则，施救者应迅速登杆或登至可靠地方，在做好自身防触电、防坠落安全措施的前提下，用带有绝缘柄的工具（如钢丝钳）切断电源线，或者使用绝缘物体或干燥不导电物体将触电者脱离带电体。

（三）脱离高压电源的方法

（1）立即通知有关供电单位或用户停电。

目前手机的普遍使用和供电部门"95598"热线电话的开通，为高压设备或线路停电创造了便利条件。

（2）施救者戴上绝缘手套，穿上绝缘靴，用相应电压等级的绝缘工具按顺序拉开电源开关或熔断器。

（3）抛掷裸金属线使线路短路接地，迫使保护装置动作，断开电源。

采用这种方法应注意：

1）抛掷金属线之前，应先将金属线的一端固定可靠接地，然后另一端系上重物抛掷，注意抛掷的一端不可触及触电者和其他人。

2）抛掷者抛出线后，要迅速离开接地的金属线8m以外或双腿并拢站立，防止跨步电压伤人。

3）在抛掷短路线时，应注意防止电弧伤人或断线危及人员安全。

（4）施救者戴上绝缘手套，穿上绝缘靴，用适当的绝缘工具（如绝缘操作杆），使触电者脱离高压带电体。

如果触电者触及断落在地上的高压线时，若无法确认高压线是否带电即认为有电，施救者应戴上绝缘手套，穿上绝缘靴，用适当的绝缘工具，使触电者脱离高压线后迅速带至8～10m以外，然后进行急救；只有在确证线路已经无电，才可在触电者离开触电导线后，立即就地进行急救。

（四）脱离电源时的注意事项

（1）施救者在救护他人脱离电源的同时，也要注意保护自身的安全。

1）使用合适的工具。

施救者不可直接用手、金属物及潮湿的物体作为救护工具，而应使用适当的绝缘工具。施救者最好用一只手操作，以防自己触电。施救者登高时应随身携带必要的绝缘工具和牢固的绳索等。

2）与带电体之间保持足够的安全距离。

施救者在救护过程中特别是在杆上或高处抢救伤者时，要注意自身和被救者与附近带电体之间的安全距离，防止触及带电设备。电气设备和线路即使电源已断开，对未做安全措施挂上接地线的设备和线路也应视为有电。

（2）救护过程中要防止触电者发生其他伤害。

特别是防止触电者脱离电源后可能的摔伤。当触电者在高处的情况下，应考虑防止坠落的措施；即使触电者在平地，也要注意触电者倒下的方向，注意防摔。救护者也应注意救护中自身的防坠落、摔伤措施。

（3）救护时要头脑冷静，做到忙而不乱，分清高压、低压，针对具体情况使用合适工具，采取正确方法。

高压和低压，脱离电源使用的工具和方法不一样，杆上和地面救护的方法不一样。在救护前，救护人一定要做到心中有数。

（4）如触电事故发生在夜间，应设置临时照明灯，以便于救护，避免发生意外事故。但不能因此延误切除电源和进行急救的时间。

四、伤员脱离电源后的救护

1. 根据伤情，对症抢救

触电者脱离电源以后，现场人员应迅速对触电者的伤情进行判断，对症抢救。同时设法联系医疗急救中心（医疗部门）的医生到现场接替救治。

（1）触电者神志清醒，心脏跳动，但呼吸急促、面色苍白，或曾一度休克，但未失去知觉。

此时应将触电者抬到空气新鲜、通风良好地方躺下，安静休息1～2h，使其慢慢恢复正常。天凉时要注意保温，并随时观察呼吸、脉搏变化。条件允许时，送医院进一步检查。

（2）触电者无意识，有心跳，但呼吸停止或极微弱时，应立即用压额抬颏法，使气道开放，并进行口对口人工呼吸。

此时切记不能对触电者施行心脏按压。

（3）触电者无意识，心跳停止，呼吸停止或只有极微弱的呼吸时，应立即进行心肺复苏。

注意：触电者（包括被雷击伤者）心跳、呼吸停止，并伴有其他外伤时，一般应先迅速进行心肺复苏急救，然后再处理外伤。

2. 杆上急救

（1）发现杆塔上或高处有人触电时，要争取时间及早在杆塔上或高处开始抢救。

（2）触电者脱离电源后，应迅速将伤员扶卧在救护人的安全带上（或在适当地方躺平），然后根据伤者的意识、呼吸及颈动脉搏动情况来进行急救。

（3）在高处抢救触电者，迅速判断其意识和呼吸是否存在是十分重要的。若呼吸已停止，开放气道后立即口对口（鼻）吹气2次，再测试颈动脉，如有搏动，则每5s继续吹气1次；若颈动脉无搏动，可用空心拳头叩击心前区2次，促使心脏复跳。

（4）为使抢救更为有效，应立即设法将伤员营救至地面，并继续按心肺复苏法坚持抢救。具体操作方法见图8-1。

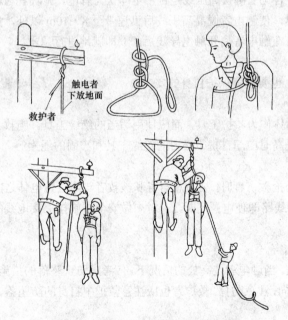

图8-1　杆塔上或高处触电者放下方法

1）单人营救法。首先在杆上安装绳索，将绳子的一端固定在杆上，固定时绳子要绕2～3圈，绳子的另一端放在伤员的腋下，绑的方法要先用柔软的物品垫在腋下，然后用绳子绕1圈，打3个靠结，绳头定塞进伤员腋旁的圈内并压紧，绳子的长度应为杆的1.2～1.5倍，最后将伤员的脚扣和安全带松开，再解开固定在电杆上的绳子，缓缓将伤员放下。

2）双人营救法。该方法基本与单人营救法相同，只是绳子的另一端由杆下人员握住缓缓下放，此时绳子要长一些，应为杆高的2.2～2.5倍，施救人员要协调一致，防止杆上人员突然松手，杆下人员没有准备而发生意外。

3. 触电者衣服被电弧光引燃时，应迅速扑灭其身上的火源

着火者切忌跑动，方法可利用衣服、被子、湿毛巾等扑火，必要时可就地躺下翻滚，使火扑灭。

第二节 心 肺 复 苏

心跳、呼吸突然停止的原因可以是人体受到损伤（如电流损伤和机械损伤），也可以是某种病症（如酒精中毒、贫血、低氧血症、尿毒症等）。所以，针对心跳、呼吸突然停止的心肺复苏急救既适用于受到某种损伤的人员（称为伤员），也适用于具有某种病症的人员（称为患者），本节中统称为伤员（患者）。

一、概述

1. 心跳、呼吸突然停止的危害

心跳、呼吸突然停止后，循环终止。脑细胞由于对缺氧十分敏感，一般在循环停止后 4～6min，大脑即发生严重损害。

在常温情况下，心跳停止 3s 时人便感到头晕，10～20s 后即可发生昏厥或抽搐；60s 后瞳孔散大，呼吸会同时停止，也会在 30～60s 后停止；4～6min 后大脑细胞有可能发生不可逆损害。

2. 心肺复苏的概念

心肺复苏（简称 CPR），指当人的呼吸终止及心跳停止时，合并使用人工呼吸及心外按压来进行急救，保持脑功能直到自然呼吸和血液循环恢复的一种技术。

3. 心肺复苏的组成

CPR 可分为基础生命支持（BLS）和高级生命支持（ACLS）两个部分。

（1）BLS 主要是指徒手实施 CPR，包括启动紧急救护系统、胸部按压（C）、开放气道（A）、人工呼吸（B）及自动体外除颤器（AED）电除颤（D）。BLS 可由任何正常人进行。

（2）ACLS 是指由专业急救（医护）人员应用急救器材和药品所实施的一系列复苏措施，主要包括人工气道的建立，机械通气，循环辅助设备、药物和液体的应用，电除颤，病情和疗效评估，复苏后脏器功能的维持等。

4. 心肺复苏的作用和意义

心肺复苏是急救时主要的和重要的技术措施。当人突然发生心跳、呼吸停止时，通过心肺复苏可以在 4～8min 内建立基础生命维持，保证人体大脑和重要脏器的基本血氧供应，直到建立高级生命维持或自身心跳、呼吸恢复为止。

当心室纤维颤动造成的急性心跳停止发生，若心肺复苏术能在第一时间施行，并一直持续到自动体外除颤器或手动除颤器的到来，则伤员（患者）的生存机会将提高 2～3 倍。

5. CPR 简化流程

（1）立即识别有无反应；

（2）立即启动急救系统；

（3）开始心脏按压；

（4）如有必要开始除颤。

参考：欧洲复苏委员会 2010 年 10 月 18 日发布最新版的欧洲心肺复苏指南，快而深的胸部按

压、使用自动体外除颤器和尽可能将体温降低到 32~34℃，是新版指南强力推荐的三大措施。

最新研究证实，在心脏骤停后，将体温降低到 32~34℃并保持 12~24h，能显著提高大脑不受损害的几率。

6. CPR 基本步骤

CPR 的基本步骤为胸外按压（C）、开放气道（A）、人工呼吸（B）。

《2010 美国心脏协会心肺复苏及心血管急救指南》重新安排了 CPR 传统的三个步骤，从原来的 A-B-C 改为 C-A-B。这一改变适用于成人、儿童和婴儿，但不包括新生儿。

7. 我国 CPR 标准的变化

多年来，我国 CPR 研究比较落后，没有自己的 CPR 指南，一直致力于全面推行 CPR 国际最新标准。《2010 美国心脏协会心肺复苏及心血管急救指南》发布以后，我国医学界实际推行的 CPR 技术标准已经按照其中的规定进行了改变。

（1）原来我国采用的 CPR 基本步骤为 A-B-C，现在为 C-A-B。原因是：

1）胸外按压能够向心脏和脑提供重要的血流量，研究表明，心脏骤停时，患者经过抢救的生存率要比那些未作 CPR 的高。

2）动物数据表明，延误胸外按压会减少生存率，所以被延误的情况应最小化。通过从 30 次按压而不是 2 次通气开始心肺复苏，可以缩短开始第一次按压的延误时间。

3）胸外按压不受体位的影响，可以即时进行，而定位头部和进行嘴对嘴呼吸都需要花费时间。

4）在双人抢救时，C-A-B 的优势更突出，在第一个施救者进行胸外按压的同时，第二个施救者施行开放气道。在开始做人工呼吸时，第一个 30 次胸外按压也就结束了。

（2）若施救者没有经过心肺复苏术培训，可以提供只有胸外按压的 CPR，即"用力按，快速按"，在胸部中心按压，直至受害者被专业抢救者接管（经过训练的救援人员，还是应该胸外按压和人工呼吸同时进行）。因为在中国很多人不习惯于和陌生人发生嘴对嘴的行为，这样的规定更有利于鼓励人们参加急救。

（3）几个数据的变化：

1）按压频率：2010 年以前规定成年人每分钟 100 次，现在规定每分钟至少 100 次。

原因是按压频率是影响正常循环和神经功能的重要因素，在大多数研究中，胸外按压次数与存活率成正比。

按压次数和中断时间，决定了胸外按压的频率。作为 CPR 组成的重要部分，胸外按压不仅要把重点放在按压频率上，也要尽量缩短中断时间。按压不足或频繁中断将会使每分钟的按压次数减少。

2）胸外按压的深度：2010 年以前我国规定成年人 4~5cm，现在规定至少 5cm。原因：胸外按压通过挤压心脏增加的血流量，可以为脑和心脏提供氧和能量。现有科学表明，按压深度至少 5cm 时比 4cm 更有效。

尽管建议按压时要"用力按，快速按"，从几年来的实际操作情况看，多数施救者按压深度还是不够。

二、心肺复苏具体操作步骤

以下内容根据新的 CPR 标准，结合实际生产、生活情况编写。

（一）单人 CPR

1. 正确放置体位

正确的抢救体位是使伤员（患者）仰卧于硬的平面上，头、颈、躯干平卧无扭曲，双手放于两侧躯干旁。

如伤员（患者）摔倒时面部向下，应立即将伤员（患者）翻转为仰卧位。注意翻转时使伤员全身各部成一个整体（如图 8-2 所示），尤其要注意保护颈部，可以一手托住颈部，另一手扶着肩部，以脊柱为轴心，使伤员（患者）头、颈、躯干平稳地直线转至仰卧，在坚实的平面上，四肢平放。

2. 评估意识和呼吸

轻轻拍打伤员（患者）肩部，高声喊叫"喂!你怎么啦?"如认识，可直呼喊其姓名。注意要轻拍重喊，至少左右耳朵各喊一次；不要摇动伤员（患者）头颈部。若有意识，立即联系车辆送医院。

如无意识，随即尽快（2～3s 内）判断是否没有呼吸或仅仅是喘息（如图 8-3 所示）。如果没有呼吸或仅有喘息（又称濒死呼吸，应判心脏停跳），则伤员（患者）需要立即进行 CPR。

图 8-2　翻转体位

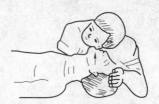

图 8-3　评估呼吸

3. 呼救并拨打 120

一旦确定伤员（患者）意识丧失，应立即招呼周围的人前来协助抢救，哪怕周围无人，也应该大叫"来人啊!快打 120! 快找医生!"。如果有人，请他快速拨打 120 或求救附近能够施救的人员（医生或其他受过救护训练的人）；如果没有看到人，自己快速拨打 120。

注意：

（1）一定要呼叫其他人来帮忙，因为一个人做心肺复苏不可能坚持较长时间，而且劳累后动作易走样。

（2）拨打 120 电话时应讲清事件、人数、地点、联系电话、伤员（患者）情况、正在进行的急救措施等内容。

（3）一定要用最短的时间求救，然后立即开始 CPR。

4. 评估脉搏

注意：评估脉搏一般应由专业急救人员（医务人员）进行，一般人员无需进行脉搏检查，对无呼吸、无反应的伤员（患者）立即实施心肺复苏。

在检查伤员的意识、呼吸后，对伤员（患者）的脉搏进行检查，可以判断伤员（患者）的心脏跳动情况。

（1）评估方法（如图 8-4 所示）：

1）一手置于伤员前额，使头部保持后仰，另一手在靠近抢救者一侧触摸颈动脉。

2）可用食指及中指指尖先触及气管正中部位，男性可先触及喉结，然

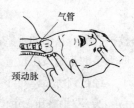

图 8-4　触摸颈动脉搏

后向两侧滑移 2～3cm，在气管旁软组织处轻轻触摸颈动脉搏动。

（2）可能的情况：

1）未触及搏动：心跳已停止，或触摸位置有错误。

2）触及搏动：有脉搏、心跳，或触摸感觉错误（可能将自己手指的搏动感觉为脉搏）。

（3）注意事项：

1）触摸颈动脉不能用力过大，以免推移颈动脉，妨碍触及。

2）不要同时触摸两侧动脉，以免造成头部供血中断。

3）不要压迫气管，以免造成呼吸道阻塞。

4）检查时间不要超过 10s。

5）如无脉搏，可以判定心跳已经停止。

5. 暴露胸腹部，松开腰带

快速解开伤员（患者）外上衣，暴露胸腹部，并松开腰带，为心脏按压和人工呼吸做准备。

6. 心脏按压

（1）确定按压部位。

对于初学者，可以按照下面的步骤（如图 8-5 所示）找到正确的按压部位：

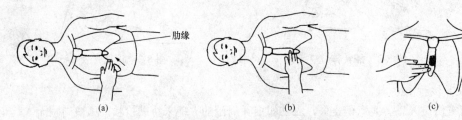

图 8-5　确定按压部位

（a）找切迹；（b）放中指食指；（c）按压部位

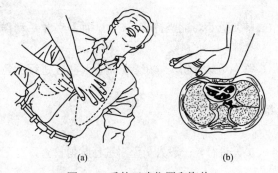

图 8-6　手的正确位置和姿势

（a）放掌跟；（b）双手叠压

1）找切迹：救护者一手的食指、中指置于近侧的病者一侧肋弓下缘，沿肋弓向上滑到双侧肋弓的汇合点，即为切迹。

2）放中指、食指：中指定位于下切迹，食指紧贴中指放下。注意要以切迹作为定位标志，不要以剑突下定位。

3）确定按压部位：食指上方即为按压部位。

（2）按压时手的正确位置和姿势（如图 8-6 所示）。

1）放掌跟：放中指、食指确定按压部位后，救护者另一只手的手掌根部贴于第一只手的食指平放，使手掌根部的横轴与胸骨的长轴重合，此处即为手的正确按压位置。

经过训练后，可不找切迹而直接将掌跟放在正确位置。

2）双手叠压：定位之手放在另一只手的手背上，两手掌根重叠，十指相扣，手心翘起，手指离开胸壁，此即为手的正确按压姿势。

（3）身体按压姿势和按压的用力方式。如图 8-7 所示，按压时抢救者应双臂绷直，双肩在伤员胸骨上方正中位置；同时上半身前倾，腕、肘、肩关节伸直，以髋关节为轴（支点），垂直向下用力，借助上半身的体重和肩臂部肌肉的力量进行按压。

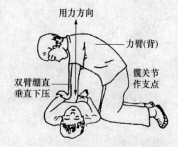

图 8-7　身体按压姿势及按压用力方式

注意：①按压应平稳，有节律地进行，不能间断；②不能采用冲击式猛压；③下压及向上放松的时间应相等，按压至最低点处，应有一明显的停顿；④垂直用力向下，不要左右摆；⑤放松时定位的手掌根部不要离开胸骨定位点，但应尽量放松，务必使胸骨不受任何压力。

（4）按压标准：

1）按压频率应保持至少 100 次/min。

2）按压深度成人为至少 5cm，5～13 岁约为 5cm，婴幼儿约为 4cm。

3）保证每次按压后胸部回弹。

4）尽可能减少按压中断。

（5）胸外心脏按压常见的错误：

1）按压除掌根部贴在胸骨外，手指也压在胸壁上，这容易引起骨折（肋骨或肋软骨）。

2）按压定位不正确，向下易使剑突受压折断而致肝破裂。向两侧易致肋骨或肋软骨骨折，导致气胸、血胸。

3）按压用力不垂直，导致按压无效或肋软骨骨折，特别是摇摆式按压更易出现严重并发症。

4）抢救者按压时肘部弯曲，因而用力不够，按压深度达不到 5cm。

5）冲击式按压，效果差，且易导致骨折。

6）放松时抬手离开胸骨定位点，造成下次按压部位错误，引起骨折。

7）放松时未能使胸部充分松弛，胸部仍承受压力，使血液难以回到心脏。

8）按压速度过快，使血液难以回到心脏。

9）双手掌不是重叠放置，而是交叉放置，影响按压效果。

7. 开放（通畅）气道，清除异物

开放气道主要采用压额抬颏法，即一手置于前额上向下压，使头部后仰，另一手的食指与中指置于下颌骨近下颏角处，抬起下颏，使舌根不堵塞气道，如图 8-8 所示。

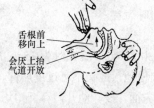

图 8-8　压额抬颏法

开放气道的同时，检查伤员口、鼻腔，如有异物立即用手指清除。口腔中的液体分泌物可用指套或指缠纱布清除。清除固体异物时，一手按压下颌，另一手食指将固体异物钩出。

注意：禁止用枕头等物垫在伤员（患者）头下；手指不要压迫伤员（患者）颈前部、颏下软组织，以防压迫气道，颈部上抬时不要过度伸展，有假牙托者应取出。

儿童颈部易弯曲，过度抬颈反而使气道闭塞，因此不要抬颈牵拉过甚。成人头部后仰程度应为 90°，儿童头部后仰程度应为 60°，婴儿头部后仰程度应为 30°。

颈椎有损伤的伤员（患者）应采用双下颌上提法（拉颌法），如图 8-9 所示，具体操作方法是：

图 8-9　拉颌法

施救者位于头顶侧，双手拇指置于嘴角处，其余四指置于伤员（患者）双侧下颌角下方托住并上抬下颌，使颈部过伸、头部后仰，使舌根上升远离会厌开口，双手拇指轻推下唇，打开口腔。

8. 人工呼吸

成人心脏按压与人工呼吸的比例是为 30:2。心脏按压 30 次后，应即进行口对口（鼻）的人工呼吸（吹气）2 次。

口对口的人工呼吸的具体方法是：

（1）在保持呼吸通畅的位置下进行。用按于前额一手的拇指与食指，捏住伤员（患者）鼻孔或鼻翼下端，以防气体从口腔内经鼻孔逸出，施救者深吸一口气屏住并用自己的嘴唇包住伤员（患者）微张的嘴。

（2）每次向伤员口中吹（呵）气持续 1～1.5s；同时仔细地观察伤员（患者）胸部有无起伏，如无起伏，说明气未吹进。

（3）一次吹气完毕后，应即与伤员（患者）口部脱离，轻轻抬起头部，面向其胸部，吸入新鲜空气，以便做下一次人工呼吸。同时使伤员（患者）的口张开，捏鼻的手也可放松，以便从鼻孔通气，观察胸部向下恢复时，则有气流从口腔排出，如图 8-10 所示。

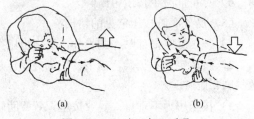

(a)　　　　　　　(b)

图 8-10　口对口人工呼吸

(a) 吹气；(b) 排气

吹气时胸廓隆起者，人工呼吸有效；吹气胸廓无起伏者，则气道通畅不够，或鼻孔处漏气，或吹气不足，或气道有梗阻，应及时纠正。

如果伤员（患者）有严重的下颌及嘴唇外伤，牙关紧闭，下颌骨骨折等情况，难以采用口对口吹气法，则应采用口对鼻人工呼吸，方法是用一只手提起病人下颏，并使其双唇紧闭，施救者深吸气后，双唇包紧病人的鼻孔吹气。其余方法与口对口人工呼吸相同。

注意：

（1）每次吹气量不要过大（避免过度通气），约 600mL（6～7mL/kg），大于 1200mL 会造成胃扩张。

（2）吹气时不要按压胸部。

（3）儿童需视年龄不同而异，其吹气量约为 500mL，以胸廓能上抬时为宜。

（4）每 5s 吹一口气，每分钟吹气 12 次。

（5）按压与人工呼吸比例。成人为 30:2，婴儿、儿童单人 CPR 时为 30:2，双人 CPR 时为 15:2。

（6）婴、幼儿急救操作时要注意，一方面，因婴、幼儿韧带、肌肉松弛，故头不可过度后仰，以免气管受压，影响气道通畅，可用一手托颈，以保持气道平直；另一方面，婴、幼儿口鼻开口均较小，位置又很靠近，抢救者可用口贴住婴、幼儿口与鼻的开口处，施行口对口鼻呼吸。

9. 早期除颤

拿到除颤器后后，由专业急救人员（医务人员）检查心律，如有必要，应尽快使用除颤仪除颤 1 次，不成功，继续接着做 CPR。

注意要尽可能缩短电击前后的按压中断。

早期电除颤的理由：

（1）引起心跳骤停最常见的原因是室颤（室颤可能在数分钟内转为心脏停止），在发生心跳骤停的患者中约 80% 为室颤，触电者也常常发生室颤。

（2）室颤最有效的治疗是电除颤。

（3）除颤成功的可能性随着时间的流逝而减少或消失，除颤每延迟 1min，成功率将下降 7%～10%。因此，尽早快速除颤是挽救生命最关键的一个环节。

10. 抢救过程中的再判定

（1）按压吹气 2min 后（相当于单人抢救时做了 5 个 30:2 压吹循环），应在 5～7s 时间内完成对伤员（患者）呼吸和心跳是否恢复的再判定。

（2）若判定颈动脉已有搏动但无呼吸，则暂停胸外按压，而再进行 2 次口对口人工呼吸，接着每 5s 吹气一次（即每分钟 12 次）。如脉搏和呼吸均未恢复，则继续坚持心肺复苏法抢救。

（3）抢救过程中，要每隔数分钟再判定一次，每次判定时间均不准超过 5～10s。在医务人员未接替抢救前，现场施救人员不得放弃现场抢救。

（二）双人 CPR

两人同时进行心肺复苏，可以提高抢救效率和质量。如图 8-11 所示，一人进行心脏按压，另一人进行人工呼吸。

双人复苏操作的要求：

（1）两人应协调配合，每 2 分钟交换一次救护职责。

（2）按压和人工呼吸的步骤、标准和比例同单人 CPR。人工呼吸应在胸外按压的松弛时间内完成。

（3）为达到配合默契，可由按压者数口诀"1、2、3、4、…、29、吹"，当吹气者听到"29"时，做好准备，听到"吹"后，即向伤员（患者）嘴里吹气，按压者继而重数口诀"1、2、3、4、…、29、吹"，如此周而复始循环进行。

图 8-11　双人 CPR

（4）进行人工呼吸的施救者除需通畅伤员（患者）呼吸道、吹气外，还应经常触摸其颈动脉和观察瞳孔等，进行复苏效果的判定。

三、心肺复苏操作注意事项

（1）人工呼吸和心脏按压不能同时进行。按压者数口诀的速度应均衡，避免快慢不一。

（2）施救者应位于伤员（患者）侧面便于操作的位置。单人施救时应位于伤员（患者）的肩部位置；双人急救时，人工呼吸者应位于伤员（患者）的头部位置，按压心脏者应位于与吹气者相对的一侧伤员（患者）胸部位置。

（3）人工呼吸者与心脏按压者可以互换位置，互换操作，但中断时间不超过 5s。

（4）第二施救者到现场后，应首先检查颈动脉搏动，然后再开始做人工呼吸。如心脏按压有效，则应触及到搏动，如不能触及，应观察心脏按压者的技术操作是否正确，必要时应增加按压深度及重新定位。

（5）可以由第三施救者及更多的施救人员轮换操作，以保持精力充沛、姿势正确。

四、CPR 的有效与终止

（1）CPR 有效的指征：

1）瞳孔由散大逐渐缩小。

2）紫绀减轻或面色由紫绀转为红润。

3）颈动脉恢复搏动。停止按压后，颈动脉仍然跳动，则说明心跳已恢复。

4）眼球活动，睫毛反射与对光反射出现，甚至手脚开始抽动，肌张力增加。

5）出现自主呼吸。如果自主呼吸微弱，仍应坚持口对口呼吸。

（2）下列情况可考虑终止 CPR：

1）伤员（患者）已恢复自主呼吸和心跳。

2）专业急救人员（医务人员）确定伤员（患者）已死亡。

3）心肺复苏进行 30min 以上，检查伤员（患者）仍无反应，无呼吸，无脉搏，瞳孔无回缩，现场又无进一步救治和送治条件。

何时终止心肺复苏是一个涉及到医疗、社会、道德等方面的问题。不论在什么情况下，是否终止心肺复苏决定于专业急救人员（医务人员）。

附　录

附录 A　变电站（发电厂）第一种工作票格式

变电站（发电厂）第一种工作票

单位＿＿＿＿＿＿＿＿　　编号＿＿＿＿＿＿＿＿

1. 工作负责人（监护人）＿＿＿＿＿＿＿＿　班组＿＿＿＿＿＿＿＿
2. 工作班人员（不包括工作负责人）

＿＿＿

＿＿＿

＿＿＿

＿＿＿＿＿＿＿＿＿＿＿＿＿＿＿＿＿＿＿＿＿＿＿＿＿＿＿＿＿共＿＿＿＿＿＿人

3. 工作的变、配电站名称及设备双重名称

＿＿＿

4. 工作任务

工作地点及设备双重名称	工作内容

5. 计划工作时间

自＿＿＿＿＿年＿＿＿月＿＿＿日＿＿＿时＿＿＿分

至＿＿＿＿＿年＿＿＿月＿＿＿日＿＿＿时＿＿＿分

6. 安全措施（必要时可附页绘图说明）

应拉断路器（开关）、隔离开关（刀闸）	已执行*

续表

应装接地线、应合接地开关（注明确实地点、名称及接地线编号*）	已执行
应设遮栏、应挂标志牌及防止二次回路误碰等措施	已执行

* 已执行栏目及接地线编号由工作许可人填写。

工作地点保留带电部分或注意事项（由工作票签发人填写）	补充工作地点保留带电部分和安全措施（由工作许可人填写）

工作票签发人签名_____ 签发日期_____年___月___日___时___分

7. 收到工作票时间

_____年___月___日___时___分

运维人员签名_____ 工作负责人签名_____

8. 确认本工作票 1～7 项

工作负责人签名_____ 工作许可人签名_____

许可开始工作时间_____年___月___日___时___分

9. 确认工作负责人布置的任务和本施工项目安全措施

工作班组人员签名：

_____

_____

_____

_____

_____

_____

_____

10. 工作负责人变动情况

原工作负责人_____离去，变更_____为工作负责人

工作票签发_____ _____年___月___日___时___分

11. 作业人员变动情况（变动人员姓名、日期及时间）

_____

_____

_____

_____

_____

_____

工作负责人签名_____

12. 工作票延期

有效期延长到_____年____月____日____时____分

工作负责人签名_____　　　　____年____月____日____时____分

工作许可人签名_____　　　　____年____月____日____时____分

13. 每日开工和收工时间（使用一天的工作票不必填写）

收工时间				工作负责人	工作许可人	开工时间				工作许可人	工作负责人
月	日	时	分			月	日	时	分		

14. 工作终结

全部工作于_____年____月____日____时____分结束，设备及安全措施已恢复至开工前状态，作业人员已全部撤离，材料工具已清理完毕，工作已终结。

工作负责人签名_____　　　　　　　　工作许可人签名_____

15. 工作票终结

临时遮栏、标志牌已拆除，常设遮栏已恢复。未拆除或未拉开的接地线编号____等共____组、接地开关（小车）共____副（台），已汇报调控值班人员。

工作许可人签名_____　　　　　　_____年____月____日____时____分

16. 备注

（1）指定专责监护人_____　　　　　　　　负责监护_____

（地点及具体工作）

_____

（2）其他事项_____

_____

_____

注：若使用总、分票，总的编号上前缀"总（n）号含分（m）"，分票的编号上前缀"总（n）号第分（n）"。

附录 B　电力电缆第一种工作票格式

电力电缆第一种工作票

单位＿＿＿＿＿＿＿＿　　　　　编号＿＿＿＿＿＿＿＿

1. 工作负责人（监护人）＿＿＿＿＿＿＿　　　班组＿＿＿＿＿＿＿＿

2. 工作班人员（不包括工作负责人）

＿＿＿＿＿＿＿＿＿＿＿＿＿＿＿＿＿＿＿＿＿＿＿＿＿＿＿＿＿＿＿＿＿＿＿＿＿

＿＿＿＿＿＿＿＿＿＿＿＿＿＿＿＿＿＿＿＿＿＿＿＿＿＿＿＿＿＿＿＿＿＿＿＿＿

＿＿＿＿＿＿＿＿＿＿＿＿＿＿＿＿＿＿＿＿＿＿＿＿＿＿＿＿＿＿＿＿＿＿＿＿＿

＿＿＿＿＿＿＿＿＿＿＿＿＿＿＿＿＿＿＿＿＿＿＿＿＿＿＿＿＿＿＿＿＿＿＿＿＿

＿＿＿＿＿＿＿＿＿＿＿＿＿＿＿＿＿＿＿＿＿＿＿＿＿共＿＿＿＿＿＿人

3. 电力电缆名称＿＿＿＿＿＿＿＿＿＿＿＿＿＿＿＿＿＿＿＿＿＿＿＿＿＿＿＿

4. 工作任务

工作地点或地段	工作内容

5. 计划工作时间

自＿＿＿＿＿年＿＿＿月＿＿＿日＿＿＿时＿＿＿＿分

至＿＿＿＿＿年＿＿＿月＿＿＿日＿＿＿时＿＿＿＿分

6. 安全措施（必要时可附页绘图说明）

（1）应拉开的设备名称、应装设绝缘隔板			
变配电站或线路名称	应拉开的断路器（开关）、隔离开关（刀闸）、熔断器（保险）以及应装设的绝缘隔板（注明设备双重名称）	执行人	已执行

（2）应合接地开关或应装接地线		
接地开关双重名称和接地线装设地点	接地线编号	执行人

（3）应设遮栏、应挂标志牌		

（4）工作地点保留带电部分或注意事项 （由工作票签发人填写）	（5）补充工作地点保留带电部分和安全措施 （由工作许可人填写）

工作票签发人签名_____　　签发日期_____年____月____日____时____分

7. 确认本工作票 1~6 项

　　工作负责人签名_____

8. 补充安全措施

_____

_____

_____

_____

_____

_____

_____

　　　　　　　　　　　　　　　　　　　　　　　　　　　工作负责人签名_____

9. 工作许可

　（1）在线路上的电缆工作：

　　工作许可人_____用_____方式许可

　　自_____年____月____日____时____分起开始工作

　　工作负责人签名_____

　（2）在变电站或发电厂内的电缆工作：

　　安全措施项所列措施中_____（变、配电站/发电厂）部分已执行完毕

　　工作许可时间_____年____月____日____时____分

　　工作许可人签名_____　　　　　　　　　　　　　工作负责人签名_____

10. 确认工作负责人布置的任务和安全措施

工作班组人员签名：

_____
_____
_____
_____
_____
_____

11. 每日开工和收工时间（使用一天的工作票不必填写）

收工时间				工作负责人	工作许可人	开工时间				工作许可人	工作负责人
月	日	时	分			月	日	时	分		

12. 工作票延期

有效期延长到_____年_____月_____日_____时_____分

工作负责人签名_____ _____年_____月_____日_____时_____分

工作许可人签名_____ _____年_____月_____日_____时_____分

13. 工作负责人变动

原工作负责人_____离去，变更_____为工作负责人

工作票签发人_____ _____年_____月_____日_____时_____分

14. 作业人员变动（变动人员姓名、日期及时间）

_____
_____
_____

工作负责人签名_____

15. 工作终结

（1）在线路上的电缆工作：

工作人员已全部撤离，材料工具已清理完毕，工作终结；所装的工作接地线共_____副已全部拆除，于

_____年_____月_____日_____时_____分工作负责人向工作许可人_____用_____方式汇报。

工作负责人签名_____

（2）在变、配电站或发电厂内的电缆工作：

在_____（变、配电站/发电厂）工作于_____年____月____日____时____分结束，设备及安全措施已恢复至开工前状态，作业人员已全部撤离，材料工具已清理完毕。

工作负责人签名_____　　　　　　　　　　工作许可人签名_____

16. 工作票终结

临时遮栏、标志牌已拆除，常设遮栏已恢复；

未拆除或拉开的接地线编号_____等共____组、接地开关共____副（台），已汇报调控值班人员。

工作许可人签名_____

17. 备注

（1）指定专责监护人_____负责监护_____

_____（地点及具体工作）

（2）其他事项_____

_____

_____

注：若使用总、分票，总票的编号上前缀"总（n）号含分（m）"，分票的编号上前缀"总（n）号第分（n）"。

附录C 变电站（发电厂）第二种工作票格式

变电站（发电厂）第二种工作票

单位＿＿＿＿＿＿＿＿　　　编号＿＿＿＿＿＿＿＿

1. 工作负责人（监护人）＿＿＿＿＿＿＿＿　　班组＿＿＿＿＿＿＿＿

2. 工作班人员（不包括工作负责人）

＿＿＿＿＿＿＿＿＿＿＿＿＿＿＿＿＿＿＿＿＿＿＿＿＿＿＿＿＿＿＿＿＿＿＿

＿＿＿＿＿＿＿＿＿＿＿＿＿＿＿＿＿＿＿＿＿＿＿＿＿＿＿＿＿＿＿＿＿＿＿

＿＿＿＿＿＿＿＿＿＿＿＿＿＿＿＿＿＿＿＿＿＿＿＿＿＿　共＿＿＿＿＿人

3. 工作的变、配电站名称及设备双重名称

＿＿＿＿＿＿＿＿＿＿＿＿＿＿＿＿＿＿＿＿＿＿＿＿＿＿＿＿＿＿＿＿＿＿＿

＿＿＿＿＿＿＿＿＿＿＿＿＿＿＿＿＿＿＿＿＿＿＿＿＿＿＿＿＿＿＿＿＿＿＿

4. 工作任务

工作地点或地段	工作内容

5. 计划工作时间

自＿＿＿＿＿年＿＿＿月＿＿＿日＿＿＿时＿＿＿分

至＿＿＿＿＿年＿＿＿月＿＿＿日＿＿＿时＿＿＿分

6. 工作条件（停电或不停电，或邻近及保留带电设备名称）

＿＿＿＿＿＿＿＿＿＿＿＿＿＿＿＿＿＿＿＿＿＿＿＿＿＿＿＿＿＿＿＿＿＿＿

＿＿＿＿＿＿＿＿＿＿＿＿＿＿＿＿＿＿＿＿＿＿＿＿＿＿＿＿＿＿＿＿＿＿＿

＿＿＿＿＿＿＿＿＿＿＿＿＿＿＿＿＿＿＿＿＿＿＿＿＿＿＿＿＿＿＿＿＿＿＿

7. 注意事项（安全措施）＿＿＿＿＿＿＿＿＿＿＿＿＿＿＿＿＿＿＿＿＿＿＿

＿＿＿＿＿＿＿＿＿＿＿＿＿＿＿＿＿＿＿＿＿＿＿＿＿＿＿＿＿＿＿＿＿＿＿

＿＿＿＿＿＿＿＿＿＿＿＿＿＿＿＿＿＿＿＿＿＿＿＿＿＿＿＿＿＿＿＿＿＿＿

工作票签发人签名＿＿＿＿＿＿＿　　签发日期＿＿＿＿年＿＿＿月＿＿＿日＿＿＿时＿＿＿分

8. 补充安全措施（工作许可人填写）

＿＿＿＿＿＿＿＿＿＿＿＿＿＿＿＿＿＿＿＿＿＿＿＿＿＿＿＿＿＿＿＿＿＿＿

＿＿＿＿＿＿＿＿＿＿＿＿＿＿＿＿＿＿＿＿＿＿＿＿＿＿＿＿＿＿＿＿＿＿＿

9. 确认本工作票1～8项

工作负责人签名_____　　　　　　　　　　　　　　　　工作许可人签名_____

许可工作时间 _____年_____月_____日_____时_____分

10. 确认工作负责人布置的任务和本施工项目安全措施

工作班人员签名：

_____

_____

_____

11. 工作票延期

有效期延长到_____年_____月_____日_____时_____分

工作负责人签名_____　　　　　_____年_____月_____日_____时_____分

工作许可人签名_____　　　　　_____年_____月_____日_____时_____分

12. 工作票终结

全部工作于_____年_____月_____日_____时_____分结束，作业人员已全部撤离，材料工具已清理完毕。

工作负责人签名_____　　　　　_____年_____月_____日_____时_____分

工作许可人签名_____　　　　　_____年_____月_____日_____时_____分

13. 备注

_____

_____

_____

附录 D　电力电缆第二种工作票格式

电力电缆第二种工作票

单位_____　　　　　编号_____

1. 工作负责人（监护人）_____　　　班组_____

2. 工作班人员（不包括工作负责人）

_____

_____

共_____人

3. 工作任务

电力电缆双重名称	工作地点或地段	工作内容

4. 计划工作时间

自_____年____月____日____时____分

至_____年____月____日____时____分

5. 工作条件和安全措施

_____

_____

工作票签发人签名_____　　　　　签发日期_____年____月____日____时____分

6. 确认本工作票1～5项内容

工作负责人签名_____

7. 补充安全措施（工作许可人填写）

_____

_____

_____

8. 工作许可

（1）在线路上的电缆工作：工作开始时间_____年____月____日____时____分。

工作负责人签名_____

（2）在变电站或发电厂内的电缆工作：

安全措施项所列措施中_____（变、配电站/发电厂）部分，已执行完毕。

许可自_____年____月____日____时____分起开始工作。

工作许可人签名_____　　　　　　　　工作负责人签名_____

9. 确认工作负责人布置的本施工项目安全措施

工作班人员签名：

_____

_____

_____

10. 工作票延期

有效期延长到_____年____月____日____时____分

工作负责人签名_____　　_____年____月____日____时____分

工作许可人签名_____　　_____年____月____日____时____分

11. 工作票终结

（1）在线路上的电缆工作：

工作结束时间_____年____月____日____时____分

工作负责人签名_____

（2）在变、配电站/发电厂内的电缆工作：

在_____（变、配电站/发电厂）工作于_____年____月____日____时____分结束，作业人员已全部退出，材料工具已清理完毕。

工作负责人签名_____　　　　　　　　　　工作许可人签名_____

12. 备注

_____

_____

_____

注：若使用总、分票，总票的编号上前缀"总（n）号含分（m）"，分票的编号上前缀"总（n）号第分（n）"。

附录 E　变电站（发电厂）带电作业工作票格式

变电站（发电厂）带电作业工作票

单位_____　　　编号_____

1. 工作负责人（监护人）_____　　班组_____
2. 工作班人员（不包括工作负责人）

_____

_____

共_____人

3. 工作的变、配电站名称及设备双重名称

_____

4. 工作任务

工作地点或地段	工作内容

5. 计划工作时间

自_____年____月____日____时____分

至_____年____月____日____时____分

6. 工作条件（等电位、中间电位或地电位作业，或邻近带电设备名称）

_____

_____

_____

7. 注意事项（安全措施）

_____

_____

_____

工作票签发人签名_____　　　签发日期_____年____月____日____时____分

8. 确认本工作票 1～7 项

工作负责人签名_____

9. 指定_____为专责监护人　　　　　　专责监护人签名_____

10. 补充安全措施（工作许可人填写）

_____

_____

11. 许可工作时间_____年_____月_____日_____时_____分

　　工作许可人签名_____　　　　　　　　　　　　　　　　工作负责人签名_____

12. 确认工作负责人布置的任务和本施工项目安全措施

　　工作班组人员签名：

_____

_____

_____

13. 工作票终结

　　全部工作于_____年_____月_____日_____时_____分结束，作业人员已全部撤离，材料工具已清理完毕。

　　工作负责人签名_____　　　　　　　　　　　　　　　　工作许可人签名_____

14. 备注

_____

_____

_____

附录 F　变电站（发电厂）事故紧急抢修单格式

变电站（发电厂）事故紧急抢修单

单位＿＿＿＿＿＿＿＿＿　　　编号＿＿＿＿＿＿＿＿

1. 抢修工作负责人（监护人）＿＿＿＿＿＿＿＿　班组＿＿＿＿＿＿＿＿

2. 抢修班人员（不包括抢修工作负责人）＿＿＿＿＿＿＿＿＿＿＿＿＿＿＿
＿＿＿＿＿＿＿＿＿＿＿＿＿＿＿＿＿＿＿＿＿＿＿＿＿共＿＿＿＿＿人

3. 抢修任务（抢修地点和抢修内容）＿＿＿＿＿＿＿＿＿＿＿＿＿＿＿＿
＿＿＿＿＿＿＿＿＿＿＿＿＿＿＿＿＿＿＿＿＿＿＿＿＿＿＿＿＿＿＿＿
＿＿＿＿＿＿＿＿＿＿＿＿＿＿＿＿＿＿＿＿＿＿＿＿＿＿＿＿＿＿＿＿

4. 安全措施
＿＿＿＿＿＿＿＿＿＿＿＿＿＿＿＿＿＿＿＿＿＿＿＿＿＿＿＿＿＿＿＿
＿＿＿＿＿＿＿＿＿＿＿＿＿＿＿＿＿＿＿＿＿＿＿＿＿＿＿＿＿＿＿＿
＿＿＿＿＿＿＿＿＿＿＿＿＿＿＿＿＿＿＿＿＿＿＿＿＿＿＿＿＿＿＿＿

5. 抢修地点保留带电部分或注意事项
＿＿＿＿＿＿＿＿＿＿＿＿＿＿＿＿＿＿＿＿＿＿＿＿＿＿＿＿＿＿＿＿
＿＿＿＿＿＿＿＿＿＿＿＿＿＿＿＿＿＿＿＿＿＿＿＿＿＿＿＿＿＿＿＿

6. 上述 1～5 项由抢修工作负责人＿＿＿＿＿＿根据抢修任务布置人＿＿＿＿＿＿的布置填写。

7. 经现场勘察需补充下列安全措施
＿＿＿＿＿＿＿＿＿＿＿＿＿＿＿＿＿＿＿＿＿＿＿＿＿＿＿＿＿＿＿＿
＿＿＿＿＿＿＿＿＿＿＿＿＿＿＿＿＿＿＿＿＿＿＿＿＿＿＿＿＿＿＿＿

经许可人（调控/运维人员）＿＿＿＿＿＿同意（＿＿＿＿年＿＿月＿＿日＿＿时＿＿分）后，已执行。

8. 许可抢修时间
＿＿＿＿＿＿年＿＿＿月＿＿＿日＿＿＿时＿＿＿分

许可人（调控/运维人员）＿＿＿＿＿＿＿

9. 抢修结束汇报
本抢修工作于＿＿＿＿＿年＿＿＿月＿＿＿日＿＿＿时＿＿＿分结束

现场设备状况及保留安全措施＿＿＿＿＿＿＿＿＿＿＿＿＿＿＿＿＿＿＿
＿＿＿＿＿＿＿＿＿＿＿＿＿＿＿＿＿＿＿＿＿＿＿＿＿＿＿＿＿＿＿＿
＿＿＿＿＿＿＿＿＿＿＿＿＿＿＿＿＿＿＿＿＿＿＿＿＿＿＿＿＿＿＿＿

抢修班人员已全部撤离，材料工具已清理完毕，事故紧急抢修单已终结

抢修工作负责人＿＿＿＿＿＿＿　　　　　　许可人（调控/运维人员）＿＿＿＿＿

填写时间＿＿＿＿年＿＿＿月＿＿＿日＿＿＿时＿＿＿分

附录 G 现场勘察记录格式

现 场 勘 察 记 录

勘察单位＿＿＿＿＿＿＿＿＿＿ 编号＿＿＿＿＿＿＿＿＿＿

勘察负责人＿＿＿＿＿＿＿＿ 勘察人员＿＿＿＿＿＿＿＿＿＿＿
勘察的线路或设备的双重名称（多回应注明双重名称）

＿＿＿＿＿＿＿＿＿＿＿＿＿＿＿＿＿＿＿＿＿＿＿＿＿＿＿＿＿＿＿＿＿＿＿＿
工作任务（工作地点或地段以及工作内容）＿＿＿＿＿＿＿＿＿＿＿＿＿＿＿＿

＿＿＿＿＿＿＿＿＿＿＿＿＿＿＿＿＿＿＿＿＿＿＿＿＿＿＿＿＿＿＿＿＿＿＿＿

现场勘察内容
1. 需要停电的范围：
2. 保留的带电部位：
3. 作业现场的条件、环境及其他危险点：
4. 应采取的安全措施：
5. 附图与说明：

记录人：＿＿＿＿＿＿＿ 勘察日期：＿＿＿＿＿年＿＿月＿＿日＿＿时＿＿分至＿＿日＿＿时＿＿分

附录 H 电力线路第一种工作票格式

电力线路第一种工作票

单位_____   编号_____

1. 工作负责人（监护人）_____   班组 _____
2. 工作班人员（不包括工作负责人）_____共_____人
3. 工作的线路或设备双重名称（多回路应注明双重称号）

_____

4. 工作任务

工作地点或地段 （注明分、支线路名称、线路的起止杆号）	工作内容

5. 计划工作时间

自_____年___月___日___时___分

至_____年___月___日___时___分

6. 安全措施（必要时可附页绘图说明）

6.1 应改为检修状态的线路间隔名称和应拉开的断路器（开关）、隔离开关（刀闸）、熔断器（包括分支线、用户线路和配合停电线路）：_____

_____

_____

6.2 保留或邻近的带电线路、设备：_____

_____

_____

6.3 其他安全措施和注意事项：_____

_____

_____

6.4 应挂的接地线：

挂设位置 （线路名称及杆号）	接地线编号	挂设时间	拆除时间

工作票签发人签名_____　_____年___月___日___时___分

工作负责人签名_____　_____年___月___日___时___分收到工作票

7. 确认本工作票1～6项，许可工作开始

许可方式	许可人	工作负责人签名	许可工作的时间
			年　　月　　日　　时　　分
			年　　月　　日　　时　　分
			年　　月　　日　　时　　分

8. 确认工作负责人布置的工作任务和安全措施

工作班组人员签名：

_____

_____

9. 工作负责人变动情况

原工作负责人_____离去，变更_____为工作负责人。

工作票签发人签名_____　_____年___月___日___时___分

10. 作业人员变动情况（变动人员姓名、日期及时间）

_____

_____

_____

工作负责人签名_____

11. 工作票延期

有效期延长到_____年___月___日___时___分

工作负责人签名_____　_____年___月___日___时___分

工作许可人签名_____　_____年___月___日___时___分

12. 工作票终结

12.1 现场所挂的接地线编号_____共_____组，已全部拆除、带回。

12.2 工作终结报告：

终结报告的方式	许可人	工作负责人签名	终结报告时间
			年　　月　　日　　时　　分
			年　　月　　日　　时　　分
			年　　月　　日　　时　　分

13. 备注

（1）指定专责监护人_____负责监护_____

_____（人员、地点及具体工作）

（2）其他事项_____

_____

_____

附录I 电力线路第二种工作票格式

电力线路第二种工作票

单位_____   编号_____

1. 工作负责人（监护人）_____   班组_____
2. 工作班人员（不包括工作负责人）_____共____人
3. 工作任务

线路或设备名称	工作地点、范围	工作内容

4. 计划工作时间

自_____年___月___日___时___分

至_____年___月___日___时___分

5. 注意事项（安全措施）_____

_____

_____

工作票签发人签名_____   _____年___月___日___时___分

工作负责人签名_____   _____年___月___日___时___分

6. 确认工作负责人布置的工作任务和安全措施

工作班组人员签名：

_____

_____

_____

7. 工作开始时间_____年___月___日___时___分   工作负责人签名_____

工作完工时间_____年___月___日___时___分   工作负责人签名_____

8. 工作票延期

有效期延长到_____年___月___日___时___分

9. 备注

_____

_____

_____

附录 J　电力线路带电作业工作票格式

电力线路带电作业工作票

单位＿＿＿＿＿＿＿＿　　　编号＿＿＿＿＿＿＿＿

1. 工作负责人（监护人）＿＿＿＿＿＿＿＿　　班组＿＿＿＿＿＿＿＿
2. 工作班人员（不包括工作负责人）

＿＿

＿＿＿＿＿＿＿＿＿＿＿＿＿＿＿＿＿＿＿＿＿＿＿＿＿＿＿＿＿＿＿＿＿＿＿＿＿＿共＿＿＿＿人

3. 工作任务

线路或设备名称	工作地点、范围	工作内容

4. 计划工作时间

自＿＿＿＿＿＿年＿＿＿月＿＿＿日＿＿＿时＿＿＿＿分

至＿＿＿＿＿＿年＿＿＿月＿＿＿日＿＿＿时＿＿＿＿分

5. 停用重合闸线路（应写线路名称）

＿＿

＿＿

6. 工作条件（等电位、中间电位或地电位作业，或邻近带电设备名称）

＿＿

＿＿

7. 注意事项（安全措施）

＿＿

＿＿

工作票签发人签名＿＿＿＿＿＿＿　　　　　签发日期＿＿＿＿＿＿年＿＿＿月＿＿＿日＿＿＿时＿＿＿分

8. 确认本工作票1～7项

工作负责人签名＿＿＿＿＿＿＿＿＿＿＿

9. 工作许可

调控许可人（联系人）＿＿＿＿＿＿＿＿　　　　许可时间＿＿＿＿＿年＿＿＿月＿＿＿日＿＿＿时＿＿＿分

工作负责人签名＿＿＿＿＿＿＿＿＿＿　＿＿＿＿＿年＿＿＿月＿＿＿日＿＿＿时＿＿＿分

10. 指定＿＿＿＿＿＿＿＿为专责监护人

专责监护人签名＿＿＿＿＿＿＿＿＿＿

11. 补充安全措施

_____

_____

_____

12. 确认工作负责人布置的工作任务和安全措施

　　工作班人员签名：

_____

_____

_____

13. 工作终结汇报调控许可人（联系人）_____

　　工作负责人签名_____ 　_____年___月___日___时___分

14. 备注

_____

_____

_____

附录 K　电力线路事故紧急抢修单格式

电力线路事故紧急抢修单

单位＿＿＿＿＿＿＿＿　　　　编号＿＿＿＿＿＿＿＿

1. 抢修工作负责人（监护人）＿＿＿＿＿＿＿　　　班组＿＿＿＿＿＿＿

2. 抢修班人员（不包括抢修工作负责人）

＿＿＿＿＿＿＿＿＿＿＿＿＿＿＿＿＿＿＿＿＿＿＿＿＿＿＿＿＿＿＿＿＿＿

＿＿＿＿＿＿＿＿＿＿＿＿＿＿＿＿＿＿＿＿＿＿＿＿＿＿＿＿共＿＿＿人

3. 抢修任务（抢修地点和抢修内容）

＿＿＿＿＿＿＿＿＿＿＿＿＿＿＿＿＿＿＿＿＿＿＿＿＿＿＿＿＿＿＿＿＿＿

＿＿＿＿＿＿＿＿＿＿＿＿＿＿＿＿＿＿＿＿＿＿＿＿＿＿＿＿＿＿＿＿＿＿

4. 安全措施

＿＿＿＿＿＿＿＿＿＿＿＿＿＿＿＿＿＿＿＿＿＿＿＿＿＿＿＿＿＿＿＿＿＿

＿＿＿＿＿＿＿＿＿＿＿＿＿＿＿＿＿＿＿＿＿＿＿＿＿＿＿＿＿＿＿＿＿＿

＿＿＿＿＿＿＿＿＿＿＿＿＿＿＿＿＿＿＿＿＿＿＿＿＿＿＿＿＿＿＿＿＿＿

5. 抢修地点保留带电部分或注意事项

＿＿＿＿＿＿＿＿＿＿＿＿＿＿＿＿＿＿＿＿＿＿＿＿＿＿＿＿＿＿＿＿＿＿

＿＿＿＿＿＿＿＿＿＿＿＿＿＿＿＿＿＿＿＿＿＿＿＿＿＿＿＿＿＿＿＿＿＿

6. 上述 1～5 项由抢修工作负责人＿＿＿＿＿＿根据抢修任务布置人＿＿＿＿＿的布置填写。

7. 经现场勘察需补充下列安全措施

＿＿＿＿＿＿＿＿＿＿＿＿＿＿＿＿＿＿＿＿＿＿＿＿＿＿＿＿＿＿＿＿＿＿

＿＿＿＿＿＿＿＿＿＿＿＿＿＿＿＿＿＿＿＿＿＿＿＿＿＿＿＿＿＿＿＿＿＿

经许可人（调控/运维人员）＿＿＿＿＿＿同意（＿＿月＿＿日＿＿时＿＿分）后，已执行。

8. 许可抢修时间

＿＿＿＿＿＿年＿＿月＿＿日＿＿时＿＿分　　　　　许可人（调控/运维人员）＿＿＿＿＿＿

9. 抢修结束汇报

本抢修工作于＿＿＿＿＿＿年＿＿月＿＿日＿＿时＿＿分结束

现场设备状况及保留安全措施：＿＿＿＿＿＿＿＿＿＿＿＿＿＿＿＿＿＿＿＿

＿＿＿＿＿＿＿＿＿＿＿＿＿＿＿＿＿＿＿＿＿＿＿＿＿＿＿＿＿＿＿＿＿＿

＿＿＿＿＿＿＿＿＿＿＿＿＿＿＿＿＿＿＿＿＿＿＿＿＿＿＿＿＿＿＿＿＿＿

抢修班人员已全部撤离，材料工具已清理完毕，事故紧急抢修单已终结。

抢修工作负责人＿＿＿＿＿＿　　　　　许可人（调控/运维人员）＿＿＿＿＿

填写时间＿＿＿＿＿年＿＿月＿＿日＿＿时＿＿分

附录 L 配电第一种工作票格式

配 电 第 一 种 工 作 票

单位＿＿＿＿＿＿＿＿＿　　　　　　　　　　　　　　　　　编号＿＿＿＿＿＿＿＿

1. 工作负责人（监护人）＿＿＿＿＿＿＿＿　　　　　　　　　班组＿＿＿＿＿＿＿＿

2. 工作班人员（不包括工作负责人）＿＿＿＿＿＿＿＿＿＿＿＿＿＿＿＿＿＿＿＿＿＿

＿＿＿＿＿＿＿＿＿＿＿＿＿＿＿＿＿＿＿＿＿＿＿＿＿＿＿＿＿＿＿＿＿共＿＿＿人

3. 工作任务

工作地点或地段［注明变（配）电站、线路名称、设备双重名称及起止杆号］	工作内容

4. 计划工作时间

自＿＿＿＿＿年＿＿月＿＿日＿＿时＿＿＿分至＿＿＿＿＿年＿＿月＿＿日＿＿时＿＿＿分

5. 安全措施［应改为检修状态的线路、设备名称，应断开的断路器（开关）、隔离开关（刀闸）、熔断器，应合上的接地开关，应装设的接地线、绝缘隔板、遮栏（围栏）和标志牌等，装设的接地线应明确具体位置，必要时可附页绘图说明］

5.1　调控人员或运维人员［变（配）电站、发电厂］应采取的安全措施	已执行
5.2　工作班完成的安全措施	已执行

5.3　工作班装设（或拆除）的接地线

线路名称或设备双重名称和装设位置	接地线编号	装设时间	拆除时间

5.4　配合停电线路应采取的安全措施	已执行

5.5　保留或邻近的带电线路、设备

_____

_____

5.6　其他安全措施和注意事项

_____

_____

_____

　　工作票签发人签名_____　_____年___月___日___时___分

　　工作负责人签名_____　_____年___月___日___时___分

5.7　其他安全措施和注意事项补充（由工作负责人或工作许可人填写）

_____

_____

6. 工作许可

许可的线路或设备	许可方式	工作许可人	工作负责人签名	许可工作的时间
				年　　月　　日　　时　　分
				年　　月　　日　　时　　分
				年　　月　　日　　时　　分

7. 工作任务单登记

工作任务单编号	工作任务	小组负责人	工作许可时间	工作结束报告时间

8. 现场交底，工作班成员确认工作负责人布置的工作任务、人员分工、安全措施和注意事项并签名

_____

_____

9. 人员变更

9.1 工作负责人变动情况

原工作负责人_____离去，变更_____为工作负责人

工作票签发人签名_____　　　　　　　　_____年_____月_____日_____时____分

原工作负责人签名确认_____　　　新工作负责人签名确认_____

　　　　　　　　　　　　　　　　　　　　　　　_____年_____月_____日_____时____分

9.2 工作人员变动情况

新增人员	姓名					
	变更时间					
离开人员	姓名					
	变更时间					

工作负责人签名_____

10. 工作票延期

有效期延长到_____年____月___日____时____分

工作负责人签名_____　_____年___月___日___时____分

工作许可人签名_____　_____年___月___日___时____分

11. 每日开工和收工记录（使用一天的工作票不必填写）

收工时间	工作负责人	工作许可人	开工时间	工作许可人	工作负责人

12. 工作终结

12.1 工作现场所装设的接地线共_____组，个人保安线共_____组，已全部拆除，工作班人员已全部撤离现场，材料工具已清理完毕，杆塔、设备上已无遗留物

12.2 工作终结报告

终结的线路或设备	报告方式	工作负责人	工作许可人	终结报告时间				
				年	月	日	时	分
				年	月	日	时	分
				年	月	日	时	分

13. 备注

13.1 指定专责监护人_____负责监护_____

_____（地点及具体工作）

13.2 其他事项_____

_____

附录 M　配电第二种工作票格式

配 电 第 二 种 工 作 票

单位＿＿＿＿＿＿＿＿＿＿　　　　　　　　　　　　　　　　　编号＿＿＿＿＿＿＿＿＿＿

1. 工作负责人＿＿＿＿＿＿＿＿＿＿　　　　　　　　　　　　班组＿＿＿＿＿＿＿＿＿＿

2. 工作班人员（不包括工作负责人）＿＿＿＿＿＿＿＿＿＿＿＿＿＿＿＿＿＿＿＿＿＿＿＿＿＿＿

＿＿＿＿＿＿＿＿＿＿＿＿＿＿＿＿＿＿＿＿＿＿＿＿＿＿＿＿＿＿＿＿＿＿＿＿共＿＿＿＿人

3. 工作任务

工作地点或地段［注明变（配）电站、线路名称、设备双重名称及起止杆号］	工作内容

4. 计划工作时间：自＿＿＿＿＿＿年＿＿＿月＿＿＿日＿＿＿时＿＿＿分至＿＿＿＿＿＿年＿＿＿月＿＿＿日＿＿＿时＿＿＿分

5. 工作条件和安全措施（必要时可附页绘图说明）

＿＿

＿＿

＿＿

＿＿

工作票签发人签名＿＿＿＿＿＿＿＿＿＿　　　　　　＿＿＿＿＿＿年＿＿＿月＿＿＿日＿＿＿时＿＿＿分

工作负责人签名　＿＿＿＿＿＿＿＿＿＿　　　　　　＿＿＿＿＿＿年＿＿＿月＿＿＿日＿＿＿时＿＿＿分

6. 现场补充的安全措施

＿＿

＿＿

7. 工作许可

许可的线路、设备	许可方式	工作许可人	工作负责人签名	许可工作（或开工）时间
				年　　月　　日　　时　　分
				年　　月　　日　　时　　分
				年　　月　　日　　时　　分

8. 现场交底，工作班成员确认工作负责人布置的工作任务、人员分工、安全措施和注意事项并签名：

_____

_____

　　工作开始时间_____年___月___日___时___分　　　　　　工作负责人签名 _____

9. 工作票延期：有效期延长到_____年___月___日___时___分。

　　工作票签发人签名_____　　　　　　　　_____年___月___日___时___分

　　工作负责人签名 _____　　　　　　　　_____年___月___日___时___分

10. 工作完成时间 _____年___月___日___时___分　　　　工作负责人签名 _____

11. 工作终结

11.1　工作班人员已全部撤离现场，材料工具已清理完毕，杆塔、设备上已无遗留物。

11.2　工作终结报告：

终结的线路或设备	报告方式	工作负责人签名	工作许可人	终结报告（或结束）时间
				年　　月　　日　　时　　分
				年　　月　　日　　时　　分
				年　　月　　日　　时　　分
				年　　月　　日　　时　　分

12. 备注

12.1　指定专责监护人_____负责监护_____

_____（地点及具体工作）

12.2　其他事项

_____

_____

附录 N 配电带电作业工作票格式

配电带电作业工作票

单位＿＿＿＿＿＿＿＿＿＿ 编号＿＿＿＿＿＿＿＿＿

1. 工作负责人（监护人）＿＿＿＿＿＿＿＿＿＿ 班组＿＿＿＿＿＿＿＿
2. 工作班人员（不包括工作负责人）＿＿＿＿＿＿＿＿＿＿＿＿＿＿＿＿＿＿＿＿
＿＿＿＿＿＿＿＿＿＿＿＿＿＿＿＿＿＿＿＿＿＿＿＿＿＿＿＿共＿＿＿人

3. 工作任务

线路名称或设备双重名称	工作地段、范围	工作内容及人员分工	专责监护人

4. 计划工作时间
    自＿＿＿＿年＿＿月＿＿日＿＿时＿＿分至＿＿＿＿年＿＿月＿＿日＿＿时＿＿分

5. 安全措施

5.1 调控人员或运维人员应采取的安全措施

线路名称或设备双重名称	是否需要停用重合闸	作业点负荷侧需要停电的线路、设备	应装设的安全遮栏（围栏）和悬挂的标志牌

5.2 其他安全措施和注意事项＿＿＿＿＿＿＿＿＿＿＿＿＿＿＿＿＿＿＿＿＿＿＿＿
＿＿＿＿＿＿＿＿＿＿＿＿＿＿＿＿＿＿＿＿＿＿＿＿＿＿＿＿＿＿＿＿＿＿＿＿＿
＿＿＿＿＿＿＿＿＿＿＿＿＿＿＿＿＿＿＿＿＿＿＿＿＿＿＿＿＿＿＿＿＿＿＿＿＿
＿＿＿＿＿＿＿＿＿＿＿＿＿＿＿＿＿＿＿＿＿＿＿＿＿＿＿＿＿＿＿＿＿＿＿＿＿

工作票签发人签名＿＿＿＿＿＿＿＿ ＿＿＿＿＿年＿＿月＿＿日＿＿时＿＿分
工作负责人签名＿＿＿＿＿＿＿＿＿ ＿＿＿＿＿年＿＿月＿＿日＿＿时＿＿分

6. 确认工作票 1~5 项正确完备，许可工作开始

许可的线路、设备	许可方式	工作许可人	工作负责人签名	许可工作的时间
				年　　月　　日　　时　　分
				年　　月　　日　　时　　分
				年　　月　　日　　时　　分

7. 现场补充的安全措施

_____
_____
_____

8. 现场交底，工作班成员确认工作负责人布置的工作任务、人员分工、安全措施和注意事项并签名

_____
_____

9. 工作终结

9.1　工作班人员已全部撤离现场，材料工具已清理完毕，杆塔、设备上已无遗留物。

9.2　工作终结报告：

终结的线路或设备	报告方式	工作许可人	工作负责人签名	终结报告时间
				年　　月　　日　　时　　分
				年　　月　　日　　时　　分
				年　　月　　日　　时　　分
				年　　月　　日　　时　　分

10. 备注

_____
_____

附录 O　低压工作票格式

低 压 工 作 票

单位_____　　　　　　　　　　　　　　编号_____

1. 工作负责人（监护人）_____　　　　　班组_____
2. 工作班人员（不包括工作负责人）_____
_____共_____人
3. 工作的线路名称或设备双重名称（多回路应注明双重称号及方位）、工作任务
_____
_____
4. 计划工作时间：自_____年___月___日___时___分至_____年___月___日___时___分
5. 安全措施（必要时可附页绘图说明）
5.1　工作的条件和应采取的安全措施（停电、接地、隔离和装设的安全遮栏、围栏、标志牌等）
_____
_____
5.2　保留的带电部位
_____
_____
5.3　其他安全措施和注意事项
_____
_____
_____
　　工作票签发人签名_____　　　　　　_____年___月___日___时___分
　　工作负责人签名_____　　　　　　　_____年___月___日___时___分
6. 工作许可
6.1　现场补充的安全措施
_____
6.2　确认本工作票安全措施正确完备，许可工作开始
　　许可方式_____　许可工作时间_____年___月___日___时___分
　　工作许可人签名_____　　　　　　工作负责人签名_____
7. 现场交底，工作班成员确认工作负责人布置的工作任务、人员分工、安全措施和注意事项并签名
_____
_____
8. 工作票终结

工作班现场所装设的接地线共_____组,个人保安线共_____组已全部拆除,工作班人员已全部撤离现场,材料工具已清理完毕,杆塔、设备上已无遗留物。

工作负责人签名_____ 工作许可人签名_____

工作终结时间_____年___月___日___时___分

9. 备注

_____

_____

附录 P　配电故障紧急抢修单格式

配电故障紧急抢修单

单位_____　　　　　　　　　　　　　　　编号_____

1. 抢修工作负责人_____　　　　　　　班组_____

2. 抢修班人员（不包括抢修工作负责人）

_____

_____共____人

3. 抢修工作任务

工作地点［注明变（配）电站、线路名称、设备双重名称及起止杆号］	工作内容

4. 安全措施

内　容	安　全　措　施				
由调控中心完成的线路间隔名称、状态（检修、热备用、冷备用）					
现场应断开的断路器（开关）、隔离开关（刀闸）、熔断器					
应装设的遮栏（围栏）及悬挂的标志牌					
应装设的接地线位置					
保留带电部位及其他安全注意事项					

5. 上述 1 至 4 项由抢修工作负责人_____根据抢修任务布置人_____的指令，并根据现场勘察情况填写。

6. 许可抢修时间 _____年___月___日___时___分 工作许可人_____

7. 抢修结束汇报：本抢修工作于_____年___月___日___时___分结束。抢修班人员已全部撤离，材料、工具已清理完毕，故障紧急抢修单已终结。

　　现场设备状况及保留安全措施_____

_____

_____

　　工作许可人_____

　　抢修工作负责人_____ 填写时间_____年___月___日___时___分

8. 备注

_____

_____

附录 Q　变电站（发电厂）倒闸操作票格式

变电站（发电厂）倒闸操作票

单位＿＿＿＿＿＿＿＿　　　编号＿＿＿＿＿＿＿＿

发令人		受令人		发令时间		年　月　日　时　分
操作开始时间： 　年　　月　　日　　时　　分				操作结束时间： 　　年　　月　　日　　时　　分		
（　　）监护下操作（　　）单人操作（　　）检修人员操作						
操作任务：						

顺序	操作项目	√

备注：
操作人：　　　监护人：　　　运维负责人（值长）：

369

附录 R 电力线路倒闸操作票格式

电力线路倒闸操作票

单位＿＿＿＿＿＿＿＿　　　　　编号＿＿＿＿＿＿＿＿

发令人		受令人		发令时间： 年　月　日　时　分	
操作开始时间： 年　月　日　时　分				操作结束时间： 年　月　日　时　分	
操 作 任 务					
顺序	操 作 项 目				√
备注					
操作人：			监护人：		

附录S 二次工作安全措施票格式

二次工作安全措施票

单位_____   编号_____

被试设备名称					
工作负责人		工作时间	月 日	签发人	

工作内容：

安全措施：包括应打开及恢复连接片、直流线、交流线、信号线、连锁线和连锁开关等，按工作顺序填用安全措施

序号	执行	安全措施内容	恢复
3			

执行人：   监护人：   恢复人：   监护人：

附录 T　变电检修作业指导书

变电检修作业指导书

1　结构

由封面、范围、引用文件、修前准备、流程图、作业程序及作业标准、验收记录、作业指导书执行情况评估和附录 9 项内容组成。

2　内容及格式

2.1　封面

a）内容

由作业名称、编号、编写人及时间、审核人及时间、批准人及时间、作业负责人、作业日期、编写单位 8 项内容组成。

1）作业名称

包含作业地点、设备的电压等级、设备名称、编号及作业的性质。如"××变电站×××kV××线×××断路器大修作业指导书"。

2）编号

应具有唯一性和可追溯性，便于查找。可采用企业标准编号，Q/×××，位于封面的右上角。

3）编写人及时间

负责作业指导书的编写，在指导书编写人一栏内签名，并注明编写时间。

4）审核人及时间

负责作业指导书的审核，对编写的正确性负责。在指导书审核人一栏内签名，并注明审核时间。

5）批准人及时间

作业指导书执行的批准人，在指导书批准人一栏内签名，并注明批准时间。

6）作业负责人

组织执行作业指导书，对作业的安全、质量负责。在指导书作业负责人一栏内签名。

7）作业日期

现场作业具体工作时间。

8）编写单位

指作业指导书的具体编写单位。

b）格式

```
                                        编号：  Q/×××

    ××变电站×××kV××线×××断路器大修作业指导书

      编　写：_____    _____年_____月_____日
      审　核：_____    _____年_____月_____日
      批　准：_____    _____年_____月_____日
      作业负责人：_____
      作业日期    年  月  日  时至    年  月  日  时
                  ××供  电  公  司×××
```

2.2　范围

对作业指导书的应用范围做出具体的规定。如本作业指导书针对××变电站×××kV××线×××断路器大修工作，仅适用于该断路器的大修工作。

2.3　引用文件

明确编写作业指导书所引用的法规、规程、标准、设备说明书及企业管理规定和文件。

2.4　修前准备

2.4.1　准备工作安排

a）内容

1）明确作业项目，确定作业人员并组织学习作业指导书；

2）确定准备检修所需物品的时间和要求；

3）核定工作票、动火票的时间和要求；

4）现场定置摆放的时间和要求。

b）格式

√	序号	内　容	标准	责任人	备注

2.4.2　作业人员要求

a）内容

1）规定工作人员的精神状态；

2）规定工作人员的资格，包括作业技能、安全资质和特殊工种资质。

b）格式

√	序号	内　容	责任人	备注

2.4.3　备品备件

a）内容

根据检修项目，确定所需的备品备件。

b）格式

√	序号	名　称	规　格	单位	数量	备注

2.4.4　工器具

a）内容

专用工具、常用工器具、仪器仪表、电源设施、消防器材等。

b）格式

√	序号	名　称	规格/编号	单位	数量	备注

2.4.5　材料

a）内容

消耗性材料、装置性材料等。

b）格式

√	序号	名　称	规　格	单位	数量	备注

2.4.6　定置图及围栏图

规定检修现场所需材料、工器具的放置位置及现场围栏装设位置。如"××变电站×××kV××线路×××断路器大修定置图及围栏图"。

2.4.7　危险点分析

a）分析内容

1）作业场地的特点，如带电、交叉作业、高处等可能给作业人员带来的危险因素；

2）工作环境的情况，如高温、高压、易燃、易爆、有害气体、缺氧等，可能给工作人员安全健康造成的危害；

3）工作中使用的机械、设备、工具等可能给工作人员带来的危害或设备异常；

4）操作程序、工艺流程颠倒，操作方法的失误等可能给工作人员带来的危害或设备异常；

5）作业人员的身体状况不适、思想波动、不安全行为、技术水平能力不足等可能带来的危害或设备异常；

6）其他可能给作业人员带来危害或造成设备异常的不安全因素。

b）格式

√	序号	内　容

2.4.8　安全措施

a）内容

1）各类工器具的使用措施，如梯子、吊车、电动工具等；

2）特殊工作措施，如高处作业、电气焊、油气处理、汽油的使用管理等；

3）专业交叉作业措施，如高压试验、保护传动等；

4）储压、旋转元件检修措施，如储压器、储能电机等；

5）对危险点、相邻带电部位所采取的措施；

6）工作票中所规定的安全措施；

7）规定着装。

b）格式

√	序号	内　容

2.4.9　人员分工

a）内容

明确作业人员所承担的具体作业任务。

b）格式

√	序号	作业项目	检修负责人	作业人员

2.5　流程图

根据检修设备的结构，将现场作业的全过程以最佳的检修顺序，对检修项目完成时间进行量化，明确完成时间和责任人，而形成的检修流程。如"××变电站×××kV××线×××断路器大修流程图"，见附图 T-1。

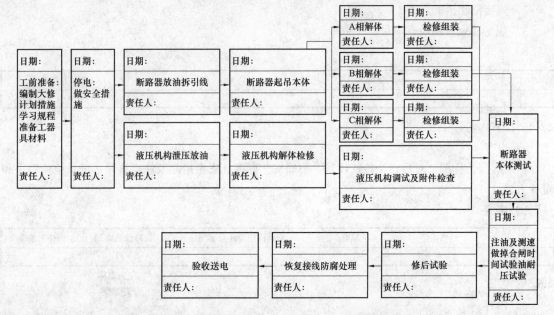

附图 T-1　××变电站×××kV××线×××断路器大修流程图

2.6 作业程序及作业标准

2.6.1 开工

a）内容

1）规定办理开工许可手续前应检查落实的内容；

2）规定开工会的内容；

3）规定现场到位人员。

b）格式

√	序号	内　容	到位人员签字

2.6.2 检修电源的使用

a）内容

1）规定电源接取的位置；

2）规定配电箱的配置；

3）规定接取电源的注意事项；

4）对导线的要求。

b）格式

√	序号	内　容	标　准	责任人签字

2.6.3 动火

a）内容

1）规定动火人员的资格、防护措施；

2）规定消防措施；

3）规定动火前的检查项目。

b）格式

√	序号	内　容	标　准	责任人签字

2.6.4 检修内容和工艺标准

a）内容

按照检修流程图，对每一个检修项目，明确工艺标准、安全措施及注意事项，记录检修结果和责任人。

b）格式

√	序号	检修内容	工艺标准	安全措施及注意事项	检修结果	责任人签字

2.6.5 竣工

a）内容

规定工作结束后的注意事项，如清理工作现场、关闭检修电源、清点工具、回收材料、办理工作票终结等。

b）格式

√	序号	内　容	责任人员签字

2.7　验收

a）内容

1）记录改进和更换的零部件；

2）存在问题及处理意见；

3）检修班组验收意见及签字；

4）运行单位验收意见及签字；

5）检修车间验收意见及签字；

6）公司验收意见及签字。

b）格式

自验记录	记录改进和更换的零部件	
	存在问题及处理意见	
验收单位意见	检修班组验收总结评价	
	检修车间验收意见及签字	
	运行单位验收意见及签字	
	公司验收意见及签字	

注：应根据需要确定参加验收的单位和人员。

2.8　作业指导书执行情况评估

a）内容

1）对指导书的符合性、可操作性进行评价；

2）对可操作项、不可操作项、修改项、遗漏项、存在问题做出统计；

3）提出改进意见。

b）格式

评估内容	符合性	优		可操作项	
		良		不可操作项	
	可操作性	优		修改项	
		良		遗漏项	
存在问题					
改进意见					

2.9　附录

1）设备主要技术参数，必要时附设备简图，说明作业现场情况；

2）调试数据记录。

附录 U 国家电网公司常用安全标志及设置规范

1. 变电部分

附表 U-1   **常用禁止标志及设置规范**

序号	禁止标志示例	名称	设置范围和地点	备注
1	禁止吸烟	禁止吸烟	设备区入口、主控制室、继电器室、通信室、自动装置室、变压器室、配电装置室、电缆夹层、隧道入口、危险品存放点等处	
2	禁止烟火	禁止烟火	主控制室、继电器室、蓄电池室、通信室、自动装置室、变压器室、配电装置室、检修工作场所、试验工作场所、电缆夹层、隧道入口、危险品存放点等处	
3	禁止用水灭火	禁止用水灭火	变压器室、配电装置室、继电器室、通信室、自动装置室等处（有隔离油源设施的室内油浸设备除外）	
4	禁止跨越	禁止跨越	不允许跨越的深坑（沟）等危险场所、安全遮栏等处	
5	禁止攀登	禁止攀登	不允许攀爬的危险地点，如有坍塌危险的建筑物、构筑物等处	
6	禁止停留	禁止停留	对人员有直接危害的场所，如高处作业现场、吊装作业现场等处	
7	未经许可 禁止入内	未经许可不得入内	易造成事故或对人员有伤害的场所的入口处，如高压设备室入口、消防泵室、雨淋阀室等处	

续表

序号	禁止标志示例	名称	设置范围和地点	备注
8	禁止通行	禁止通行	有危险的作业区域，如起重、爆破现场，道路施工工地的入口等处	
9	禁止堆放	禁止堆放	消防器材存放处、消防通道、逃生通道及变电站主通道、安全通道等处	
10	禁止穿化纤服装	禁止穿化纤服装	设备区入口、电气检修试验、焊接及有易燃易爆物质的场所等处	
11	禁止使用 无线通信	禁止使用无线通信	继电器室、自动装置室等处	
12	禁止合闸 有人工作	禁止合闸有人工作	一经合闸即可送电到施工设备的断路器（开关）和隔离开关（刀闸）操作把手上等处	
13	禁止合闸 线路有人工作	禁止合闸线路有人工作	线路断路器（开关）和隔离开关（刀闸）把手上	
14	禁止分闸	禁止分闸	接地开关与检修设备之间的断路器（开关）操作把手上	
15	禁止攀登 高压危险	禁止攀登高压危险	高压配电装置构架的爬梯上，变压器、电抗器等设备的爬梯上	

附表 U-2　　　　　　　　　　　常用警告标志及设置规范

序号	警告标志示例	名称	设置范围和地点	备注
1	**注意安全**	注意安全	易造成人员伤害的场所及设备等处	
2	**注意通风**	注意通风	SF$_6$装置室、蓄电池室、电缆夹层、电缆隧道入口等处	
3	**当心火灾**	当心火灾	易发生火灾的危险场所,如电气检修试验、焊接及有易燃易爆物质的场所	
4	**当心爆炸**	当心爆炸	易发生爆炸危险的场所,如易燃易爆物质的使用或受压容器等地点	
5	**当心中毒**	当心中毒	在装有SF$_6$断路器、GIS组合电器的配电装置室入口,生产、储运、使用剧毒品及有毒物质的场所	
6	**当心触电**	当心触电	有可能发生触电危险的电气设备和线路,如配电装置室、开关等处	
7	**当心电缆**	当心电缆	暴露的电缆或地面下有电缆处施工的地点	
8	**当心机械伤人**	当心机械伤人	易发生机械卷入、轧压、碾压、剪切等机械伤害的作业地点	

续表

序号	警告标志示例	名称	设置范围和地点	备注
9	当心伤手	当心伤手	易造成手部伤害的作业地点,如机械加工工作场所等处	
10	当心扎脚	当心扎脚	易造成脚部伤害的作业地点,如施工工地及有尖角散料等处	
11	当心吊物	当心吊物	有吊装设备作业的场所,如施工工地等处	
12	当心坠落	当心坠落	易发生坠落事故的作业地点,如脚手架、高处平台、地面的深沟(池、槽)等处	
13	当心落物	当心落物	易发生落物危险的地点,如高处作业、立体交叉作业的下方等处	
14	当心腐蚀	当心腐蚀	蓄电池室内墙壁等处	
15	当心坑洞	当心坑洞	生产现场和通道临时开启或挖掘的孔洞四周的围栏等处	
16	当心弧光	当心弧光	易发生由于弧光造成眼部伤害的焊接作业场所等处	

序号	警告标志示例	名称	设置范围和地点	备注
17	当心塌方	当心塌方	有塌方危险的区域,如堤坝及土方作业的深坑、深槽等处	
18	当心车辆	当心车辆	生产场所内车、人混合行走的路段,道路的拐角处、平交路口,车辆出入较多的生产场所出入口处	
19	当心滑跌	当心滑跌	地面有易造成伤害的滑跌地点,如地面有油、冰、水等物质及滑坡处	
20	止步 高压危险	止步高压危险	带电设备固定遮栏上,室外带电设备构架上,高压试验地点安全围栏上,因高压危险禁止通行的过道上,工作地点临近室外带电设备的安全围栏上,工作地点临近带电设备的横梁上等处	

附表 U-3　　　　　　　　　　　**常用指令标志及设置规范**

序号	指令标志示例	名称	设置范围和地点	备注
1	必须戴防护眼镜	必须戴防护眼镜	对眼睛有伤害的作业场所,如机械加工、各种焊接等处	
2	必须戴防毒面具	必须戴防毒面具	具有对人体有害的气体、气溶胶、烟尘等作业场所,如有毒物散发的地点或处理有毒物造成的事故现场等处	
3	必须戴安全帽	必须戴安全帽	生产现场(办公室、主控制室、值班室和检修班组室除外)佩戴	

序号	指令标志示例	名称	设置范围和地点	备注
4	必须戴防护手套	必须戴防护手套	易伤害手部的作业场所,如具有腐蚀、污染、灼烫、冰冻及触电危险的作业等处	
5	必须穿防护鞋	必须穿防护鞋	易伤害脚部的作业场所,如具有腐蚀、灼烫、触电、砸(刺)伤等危险的作业地点	
6	必须系安全带	必须系安全带	易发生坠落危险的作业场所,如高处建筑、检修、安装等处	
7	必须穿防护服	必须穿防护服	具有放射、微波、高温及其他需穿防护服的作业场所	

附表 U-4　　　　　　　　　　常用提示标志及设置规范

序号	提示标志示例	名称	设置范围和地点	备注
1	在此工作	在此工作	工作地点或检修设备上	
2	从此上下	从此上下	工作人员可以上下的铁(构)架、爬梯上	
3	从此进出	从此进出	工作地点遮栏的出入口处	

续表

序号	提示标志示例	名称	设置范围和地点	备注
4		紧急洗眼水	悬挂在从事酸、碱工作的蓄电池室、化验室等洗眼水喷头旁	
5	220kV 设备不停电时的 安全距离	安全距离	根据不同电压等级标出人体与带电体最小安全距离。设置在设备区入口处	

附表 U-5　　　　　　　　　　常用交通警示标志及设置规范

序号	交通标志示例	名称	设置范围和地点	备注
1	3.5m	限制高度标志牌	变电站入口处、不同电压等级设备区入口处等最大容许高度受限制的地方应设置限制高度标志牌	
2	5	限制速度标志牌	变电站入口处、变电站主干道及转角处等需要限制车辆速度的路段的起点应设置限制速度标志牌	

附表 U-6　　　　　　　　　　常用消防安全标志及设置规范

序号	消防标志示例	名称	设置范围和地点	备注
1		消防手动启动器	依据现场环境，设置在适宜、醒目的位置	
2	119	火警电话	依据现场环境，设置在适宜、醒目的位置	
3	消火栓 火警电话：119 厂内电话：*** A001	消火栓箱	生产场所构筑物内的消火栓处	

续表

序号	消防标志示例	名称	设置范围和地点	备注
4		地上消火栓	固定在距离消火栓 1m 的范围内，不得影响消火栓的使用	组合标志
5		地下消火栓	固定在距离消火栓 1m 的范围内，不得影响消火栓的使用	组合标志
6		灭火器	悬挂在灭火器、灭火器箱的上方或存放灭火器、灭火器箱的通道上。泡沫灭火器器身上应标注"不适用于电火"字样	组合标志
7		消防水带	指示消防水带、软管卷盘或消火栓箱的位置	
8		灭火设备或报警装置的方向（衬底色为红色）	指示灭火设备或报警装置的方向	方向辅助标志
9		疏散通道方向（衬底色为绿色）	指示到紧急出口的方向。用于电缆隧道指向最近出口处	方向辅助标志
10		紧急出口	便于安全疏散的紧急出口处，与方向箭头结合设在通向紧急出口的通道、楼梯口等处	组合标志

续表

序号	消防标志示例	名称	设置范围和地点	备注
11	 从此跨越	从此跨越	悬挂在横跨桥栏杆上，面向人行横道	组合标志
12	1号消防水池	消防水池	装设在消防水池附近醒目位置，并应编号	
13	1号消防沙地	消防沙池（箱）	装设在消防沙池（箱）附近醒目位置，并应编号	
14	1号防火墙	防火墙	在变电站的电缆沟（槽）进入主控制室、继电器室处和分接处、电缆沟每间隔约 60m 处应设防火墙，将盖板涂成红色，标明"防火墙"字样，并应编号	

2. 线路部分

附表 U-7   常用禁止标志及设置规范

序号	禁止标志示例	名称	设置范围和地点	备注
1	禁止吸烟	禁止吸烟	电缆隧道出入口、电缆井内、检修井内、电缆接续作业的临时围栏等处	
2	禁止烟火	禁止烟火	电缆隧道出入口等处	
3	禁止跨越	禁止跨越	不允许跨越的深坑（沟）等危险场所、安全遮栏等处	

序号	禁止标志示例	名称	设置范围和地点	备注
4	禁止停留	禁止停留	对人员有直接危害的场所，如高处作业现场、吊装作业现场等处	
5	未经许可 不得入内	未经许可不得进入	易造成事故或对人员有伤害的场所，如电缆隧道入口处	
6	禁止通行	禁止通行	有危险的作业区域入口处或安全遮栏等处	
7	禁止堆放	禁止堆放	消防器材存放处、消防通道等处	
8	禁止合闸 线路有人工作	禁止合闸线路有人工作	线路断路器（开关）和隔离开关（刀闸）把手上	
9	禁止攀登 高压危险	禁止攀登高压危险	高压配电装置构架的爬梯上，变压器、电抗器等设备的爬梯上	
10	禁止开挖 下有电缆	禁止开挖下有电缆	禁止开挖的地下电缆线路保护区内	
11	禁止在高压线下钓鱼	禁止在高压线下钓鱼	跨越鱼塘线路下方的适宜位置	
12	禁止取土	禁止取土	线路保护区内杆塔、拉线附近适宜位置	

序号	禁止标志示例	名称	设置范围和地点	备注
13	 禁止在高压线附近放风筝	禁止在高压线附近放风筝	经常有人放风筝的线路附近适宜位置	
14	 禁止在保护区内建房	禁止在保护区内建房	线路下方及保护区内	
15	 禁止在保护区内植树	禁止在保护区内植树	线路电力设施保护区内植树严重地段	
16	 禁止在保护区内爆破	禁止在保护区内爆破	线路电力设施保护区内植树严重地段	
17	 线路保护区内禁止植树	线路保护警示牌	（1）对应装设易发生外力破坏的线路保护区内。 （2）尺寸：1000mm×600mm。 （3）材料工艺：使用水泥预制，表面光滑，双面白底红字（黑体字），下方要有举报电话。 （4）警示牌文字可选下列内容或根据实际情况采用适宜内容： 线路保护区内禁止植树； 线路保护区内禁止采石放炮； 线路保护区内禁止取土； 线路保护区内禁止建房； 线路保护区内禁止垂钓； 线路保护区内禁止放风筝	

附表 U-8 　　　　　　　　　　　　常用警告标志及设置规范

序号	警告标志示例	名称	设置范围和地点	备注
1	 注意安全	注意安全	易造成人员伤害的场所及设备等处	
2	 注意通风	注意通风	电缆隧道入口等处	

续表

序号	警告标志示例	名称	设置范围和地点	备注
3	当心火灾	当心火灾	易发生火灾的危险场所，如电气检修试验、焊接及有易燃易爆物质的场所	
4	当心爆炸	当心爆炸	易发生爆炸危险的场所，如易燃易爆物质的使用或受压容器等地点	
5	当心中毒	当心中毒	可能产生有毒物质的电缆隧道等地点	
6	当心触电	当心触电	有可能发生触电危险的电气设备和线路，如配电装置室、开关等处	
7	当心电缆	当心电缆	暴露的电缆或地面下有电缆处施工的地点	
8	当心机械伤人	当心机械伤人	易发生机械卷入、轧压、碾压、剪切等机械伤害的作业地点	
9	当心伤手	当心伤手	易造成手部伤害的作业地点，如机械加工工作场所等处	
10	当心扎脚	当心扎脚	易造成脚部伤害的作业地点，如施工工工地及有尖角散料等处	
11	当心吊物	当心吊物	有吊装设备作业的场所，如施工工工地等处	

续表

序号	警告标志示例	名称	设置范围和地点	备注
12	当心坠落	当心坠落	易发生坠落事故的作业地点,如脚手架、高处平台、地面的深沟(池、槽)等处	
13	当心落物	当心落物	易发生落物危险的地点,如高处作业、立体交叉作业的下方等处	
14	当心坑洞	当心坑洞	生产现场和通道临时开启或挖掘的孔洞四周的围栏等处	
15	当心弧光	当心弧光	易发生由于弧光造成眼部伤害的焊接作业场所等处	
16	当心车辆	当心车辆	施工区域内车、人混合行走的路段,道路的拐角处、平交路口,车辆出入较多的施工区域出入口处	
17	当心滑跌	当心滑跌	地面有易造成伤害的滑跌地点,如地面有油、冰、水等物质及滑坡处	
18	止步 高压危险	止步 高压危险	带电设备固定遮栏上,高压试验地点安全围栏上,因高压危险禁止通行的过道上,工作地点临近室外带电设备的安全围栏上等处	

附表 U-9   **常用指令标志及设置规范**

序号	指令标志示例	名称	设置范围和地点	备注
1	必须戴防护眼镜	必须戴防护眼镜	对眼睛有伤害的作业场所,如机械加工、各种焊接等处	

序号	指令标志示例	名称	设置范围和地点	备注
2	必须戴安全帽	必须戴安全帽	生产现场主要通道入口处,如电缆隧道入口、线路检修现场等可能产生高处落物的场所	
3	必须戴防护手套	必须戴防护手套	易伤害手部的作业场所,如具有腐蚀、污染、灼烫、冰冻及触电危险的作业等处	
4	必须穿防护鞋	必须穿防护鞋	易伤害脚部的作业场所,如具有腐蚀、灼烫、触电、砸(刺)伤等危险的作业地点	
5	必须系安全带	必须系安全带	易发生坠落危险的作业场所,如高处作业现场	

附表 U-10　　　　　　　　常用提示标志及设置规范

序号	提示标志示例	名称	设置范围和地点	备注
1	从此上下	从此上下	工作人员可以上下的铁(构)架、爬梯上	
2	从此进出	从此进出	工作地点遮栏的出入口处	
3	在此工作	在此工作	工作地点或检修设备上	

附表 U-11　　　　　常用消防安全标志及设置规范

序号	消防标志示例	名称	设置范围和地点	备注
1		消防手动启动器	依据现场环境，设置在适宜、醒目的位置	
2		火警电话	依据现场环境，设置在适宜、醒目的位置	
3	消火栓　火警电话: 119　厂内电话: ***　A001	消火栓箱	生产场所构筑物内的消火栓处	
4	灭火器　编号: ***	灭火器	悬挂在灭火器、灭火器箱的上方或存放灭火器、灭火器箱的通道上。泡沫灭火器器身上应标注"不适用于电火"字样	组合标志
5		消防水带	指示消防水带、软管卷盘或消火栓箱的位置	
6		灭火设备或报警装置的方向（衬底色为红色）	指示灭火设备或报警装置的方向	方向辅助标志
7		疏散通道方向（衬底色为绿色）	指示到紧急出口的方向。用于电缆隧道指向最近出口处	方向辅助标志
8	紧急出口　紧急出口	紧急出口	便于安全疏散的紧急出口处，与方向箭头结合设在通向紧急出口的通道、楼梯口等处	组合标志
9	从此跨越	从此跨越	悬挂在横跨桥栏杆上，面向人行横道	组合标志

附录 V　国家电网公司常用设备标志及设置规范

1. 变电站部分

附表 V-1　　　　　　　　　变电站部分常用设备标志及设置规范

序号	图形示例	名称	设置规范
1	1号主变压器 1号主变压器 A相	变压器（电抗器）标志牌	（1）安装固定于变压器器身中部，面向主巡视检查路线。 （2）单相变压器每相均应安装标志牌，并注明名称、编号及相别。 （3）线路电抗器每相应安装标志牌，并注明线路电压等级、名称及相别
2	1号主变压器 110kV穿墙套管 Ⓐ　Ⓑ　Ⓒ 1号主变压器 110kV穿墙套管 Ⓑ	主变压器（线路）穿墙套管标志牌	（1）安装于主变压器（线路）穿墙套管内、外墙处。 （2）标明主变压器（线路）编号、电压等级、名称。分相布置的还应标明相别
3	3601ACF 交流滤波器	滤波器组、电容器组标志牌	（1）在滤波器组（包括交、直流滤波器，PLC噪声滤波器、RI噪声滤波器）、电容器组的围栏门上分别装设，安装于离地面1.5m处，面向主巡视检查路线。 （2）标明设备名称、编号
4	020FQ　换流阀 A相 02DCCT 电流互感器	阀厅内直流设备标志牌	（1）在阀厅顶部巡视走道遮栏上固定，正对设备，面向走道，安装于离地面1.5m处。 （2）标明设备名称、编号
5	C1　电容器 R1　电阻器 L1　电抗器	滤波器、电容器组围栏内设备标志牌	（1）安装固定于设备本体上醒目处，本体上无位置安装时考虑落地固定，面向围栏正门。 （2）标明设备名称、编号

序号	图形示例	名称	设置规范
6	500kV 姚郑线 5031 断路器 500kV 姚郑线 5031 断路器 A相	断路器标志牌	（1）安装固定于断路器操作机构箱上方醒目处。 （2）分相布置的断路器标志牌安装在每相操作机构箱上方醒目处，并标明相别。 （3）标明设备电压等级、名称、编号
7	500kV 姚郑线 50314 隔离开关 500kV 姚 郑 线 50314	隔离开关标志牌	（1）手动操作型隔离开关安装于隔离开关操作机构上方100mm处。 （2）电动操作型隔离开关安装于操作机构箱门上醒目处。 （3）标志牌应面向操作人员。 （4）标明设备电压等级、名称、编号
8	500kV 姚郑线 电流互感器 A相 220kV Ⅱ段母线 1号避雷器 A相	电流互感器、电压互感器、避雷器、耦合电容器等标志牌	（1）安装在单支架上的设备，标志牌还应标明相别，安装于离地面1.5m处，面向主巡视检查路线。 （2）三相共支架设备，安装于支架横梁醒目处，面向主巡视检查线路。 （3）落地安装加独立遮栏的设备（如避雷器、电抗器、电容器、所用变压器专用变压器等），标志牌安装在设备围栏中部，面向主巡视检查线路。 （4）标明设备电压等级、名称、编号及相别
9	LTT 换流阀 空气冷却器 1号屋顶式 组合空调机组	换流站特殊辅助设备标志牌	（1）安装在设备本体上醒目处，面向主巡视检查线路。 （2）标明设备名称、编号
10	500kV 姚郑线 5031 断路器端子箱	控制箱、端子箱标志牌	（1）安装固定于控制箱门，端子箱门。 （2）标明间隔或设备电压等级、名称、编号
11	500kV 姚郑线 503147 接地开关 A相 500kV 姚 郑 线 503147	接地开关标志牌	（1）安装于接地开关操作机构上方100mm处。 （2）标志牌应面向操作人员。 （3）标明设备电压等级、名称、编号、相别

序号	图形示例	名称	设置规范
12	220kV 滨人线光纤纵差保护屏	控制、保护、直流、通信等盘柜标志牌	（1）安装于盘柜前后顶部门楣处。 （2）标明设备电压等级、名称、编号
13	220kV滨人线 Ⓐ Ⓑ Ⓒ	室外线路出线间隔标志牌	（1）安装于线路出线间隔龙门架下方或相对应围墙墙壁上。 （2）标明电压等级、名称、编号、相别
14	220kV Ⅰ 段母线 Ⓐ Ⓑ Ⓒ 220kV Ⅰ 段母线 Ⓐ	敞开式母线标志牌	（1）室外敞开式布置母线，母线标志牌安装于母线两端头正下方支架上，背向母线。 （2）室内敞开式布置母线，母线标志牌安装于母线端部对应墙壁上。 （3）标明电压等级、名称、编号、相序
15	220kV Ⅰ 段母线 Ⓐ Ⓑ Ⓒ 10kV Ⅱ 段母线 Ⓐ Ⓑ Ⓒ	封闭式母线标志牌	（1）GIS 设备封闭母线，母线标志牌按照实际相序排列位置，安装于母线筒端部。 （2）高压开关柜母线标志牌安装于开关柜端部对应母线位置的柜壁上。 （3）标明电压等级、名称、编号、相序
16	10kV凤燕线 Ⓐ Ⓑ Ⓒ	室内出线穿墙套管标志牌	（1）安装于出线穿墙套管内、外墙处。 （2）标明出线线路电压等级、名称、编号、相序
17	回路名称： 型　号： 熔断电流：	熔断器、交（直）流开关标志牌	（1）悬挂在二次屏中的熔断器、交（直）流开关处。 （2）标明回路名称、型号、额定电流
18	1号避雷针	避雷针标志牌	（1）安装于避雷针距地面 1.5m 处。 （2）标明设备名称、编号
19	←100mm→	明敷接地体	全部设备的接地装置（外露部分）应涂宽度相等的黄绿相间条纹。间距以 100～150mm 为宜

序号	图形示例	名称	设置规范
20	接地端 ⏚	地线接地端（临时接地线）	固定于设备压接型地线的接地端
21	220kV设备区 电源箱	低压电源箱标志牌	（1）安装于各类低压电源箱上的醒目位置。 （2）标明设备名称及用途

2. 线路部分

附表 V-2   **线路部分常见设备标志及设置规范**

序号	图形示例	名称	设置范围和地点	备注
1	500kV姚郑线 001号	单回路杆号标志牌	安装在杆塔的小号侧。特殊地形的杆塔，标志牌可悬挂在其他的醒目方位上	
2	500kV嵩郑Ⅰ线 001号 500kV嵩郑Ⅱ线 001号	双回路杆号标志牌	安装在杆塔的小号侧的杆塔水平材上。标志牌底色应与本回路色标一致，字体为白色黑体字（黄底时为黑色黑体字）	
3	500kV马嵩Ⅰ线 001号 500kV马嵩Ⅱ线 001号	多回路杆号标志牌	安装在杆塔的小号侧的杆塔水平材上。标志牌底色应与本回路色标一致，字体为白色黑体字（黄底时为黑色黑体字）。色标颜色按照红黄绿蓝白紫排列使用	
4	500kV 马嵩Ⅱ线	涂刷式杆号标志双（多）	涂刷在铁塔主材上，涂刷宽度为主材宽度，长度为宽度的4倍。双（多）回路塔号以鲜明的异色标志加以区分。各回路标志底色应与本回路色标一致，白色黑体字（黄底时为黑色黑体字）	

续表

序号	图形示例	名称	设置范围和地点	备注
5	500kV 马嵩Ⅰ线　　500kV 马嵩Ⅱ线	回路杆塔标志	标志牌装设在杆塔横担上，以鲜明异色区分	
			涂刷在杆塔横担上，以鲜明异色区分	
6	Ⓐ Ⓑ Ⓒ	相位标志牌	装设在终端塔、耐张塔、换位塔及其前后一基直线塔的横担上。电缆为单相时，应注明相别标志	
7		涂刷式相位标志	涂刷在杆号标志的上方，涂刷宽度为铁塔主材宽度，长度为宽度的3倍。	
8	10kV金凤线　001号变压器	配电变压器、箱式变压器标志牌	装设于配电变压器横梁上适当位置或箱式变压器的醒目位置。基本形式是矩形，白底，红色黑体字	
9	10kV金凤线　001号环网柜	环网柜、电缆分接箱标志牌	装设于环网柜或电缆分接箱醒目处。基本形式是矩形，白底，红色黑体字	
10	10kV金凤线　001号分段断路器	分段断路器标志牌	装设于分支线杆上的适当位置。基本形式是矩形，白底，红色黑体字	
11	110kV东月线 自：东风变 至：月季变 型号：YJLW02	电缆标志牌	电缆线路均应配置标志牌，标明电缆线路的名称、电压等级、型号参数、长度和起止变电站名称。基本形式是矩形，白底，红色黑体字	
12	220kV滨人线 自：滨河变 至：人民变	电缆接头盒标志牌	电缆接头盒应悬挂标明电缆编号、始点、终点及接头盒编号的标志牌	
13	220kV滨人线 自：滨河变 至：人民变 长度：600m	电缆接地盒标志牌	电缆接地盒应悬挂标明电缆编号、始点、起点至接头盒长度及接头盒编号的标志牌	

附录 W　变电站一级动火工作票格式

盖"合格/不合格"章　　　　盖"已终结/作废"章

变电站一级动火工作票

单位（车间）＿＿＿＿＿＿＿＿　　　编号＿＿＿＿＿＿＿＿

1. 动火工作负责人＿＿＿＿＿＿＿＿＿　　班组＿＿＿＿＿＿＿＿

2. 动火执行人＿＿＿＿＿＿＿＿＿＿＿

3. 动火地点及设备名称＿＿＿＿＿＿＿＿＿＿＿＿＿＿＿＿＿＿＿＿＿＿＿

＿＿＿＿＿＿＿＿＿＿＿＿＿＿＿＿＿＿＿＿＿＿＿＿＿＿＿＿＿＿＿＿＿＿＿

4. 动火工作内容（必要时可附页绘图说明）

＿＿＿＿＿＿＿＿＿＿＿＿＿＿＿＿＿＿＿＿＿＿＿＿＿＿＿＿＿＿＿＿＿＿＿

＿＿＿＿＿＿＿＿＿＿＿＿＿＿＿＿＿＿＿＿＿＿＿＿＿＿＿＿＿＿＿＿＿＿＿

5. 动火方式＿＿＿＿＿＿＿＿＿＿＿＿＿＿＿＿＿＿＿＿＿＿＿＿＿＿＿＿＿＿＿

动火方式可填写焊接、切割、打磨、电钻、使用喷灯等。

6. 申请动火时间

自＿＿＿＿＿＿年＿＿月＿＿日＿＿时＿＿分至＿＿＿＿＿＿年＿＿月＿＿日＿＿时＿＿分

7. （设备管理方）应采取的安全措施

＿＿＿＿＿＿＿＿＿＿＿＿＿＿＿＿＿＿＿＿＿＿＿＿＿＿＿＿＿＿＿＿＿＿＿

＿＿＿＿＿＿＿＿＿＿＿＿＿＿＿＿＿＿＿＿＿＿＿＿＿＿＿＿＿＿＿＿＿＿＿

8. （动火作业方）应采取的安全措施

＿＿＿＿＿＿＿＿＿＿＿＿＿＿＿＿＿＿＿＿＿＿＿＿＿＿＿＿＿＿＿＿＿＿＿

＿＿＿＿＿＿＿＿＿＿＿＿＿＿＿＿＿＿＿＿＿＿＿＿＿＿＿＿＿＿＿＿＿＿＿

动火工作票签发人签名＿＿＿＿＿＿　　　　签发日期＿＿＿＿＿＿年＿＿月＿＿日＿＿时＿＿分

（动火作业方）消防管理部门负责人签名＿＿＿＿＿＿＿＿＿

（动火作业方）安监部门负责人签名＿＿＿＿＿＿＿＿＿

分管生产的领导或技术负责人（总工程师）签名＿＿＿＿＿＿＿＿＿

9. 确认上述安全措施已全部执行

动火工作负责人签名＿＿＿＿＿＿＿＿＿　　　　运维许可人签名＿＿＿＿＿＿＿＿＿

许可时间＿＿＿＿＿＿年＿＿月＿＿日＿＿时＿＿分

10. 应配备的消防设施和采取的消防措施、安全措施已符合要求。可燃性、易爆气体含量或粉尘浓度测定合格

（动火作业方）消防监护人签名＿＿＿＿＿＿＿＿＿＿＿＿＿＿＿＿＿＿＿

（动火作业方）安监部门负责人签名＿＿＿＿＿＿＿＿＿＿＿＿＿＿＿＿＿

（动火作业方）消防管理部门负责人签名＿＿＿＿＿＿＿＿＿＿＿＿＿＿＿

动火部门负责人签名＿＿＿＿＿＿＿＿＿＿＿＿＿＿＿＿＿＿＿＿＿＿＿

动火工作负责人签名＿＿＿＿＿＿＿＿＿　　　　动火执行人签名＿＿＿＿＿＿＿＿＿

分管生产的领导或技术负责人（总工程师）签名_____

许可动火时间_____年____月____日____时____分

11. 动火工作终结

动火工作于_____年____月____日____时____分结束，材料、工具已清理完毕，现场确无残留火种，参与现场动火工作的有关人员已全部撤离，动火工作已结束。

动火执行人签名_____　　　　　　（动火作业方）消防监护人签名_____

动火工作负责人签名_____　　　　　　　　运维许可人签名_____

12. 备注

（1）对应的检修工作票、工作任务单和事故紧急抢修单编号_____

（2）其他事项_____

_____

_____

_____

_____

_____

附录 X　变电站二级动火工作票格式

盖"合格/不合格"章		盖"已终结/作废"章

变电站二级动火工作票

单位（车间）＿＿＿＿＿＿＿＿　　　　　编号＿＿＿＿＿＿＿＿

1. 动火工作负责人＿＿＿＿＿＿＿＿＿　班组＿＿＿＿＿＿＿＿

2. 动火执行人＿＿＿＿＿＿＿＿＿＿＿

3. 动火地点及设备名称＿＿＿＿＿＿＿＿＿＿＿＿＿＿＿＿＿＿＿＿
＿＿＿＿＿＿＿＿＿＿＿＿＿＿＿＿＿＿＿＿＿＿＿＿＿＿＿＿＿＿

4. 动火工作内容（必要时可附页绘图说明）＿＿＿＿＿＿＿＿＿＿＿
＿＿＿＿＿＿＿＿＿＿＿＿＿＿＿＿＿＿＿＿＿＿＿＿＿＿＿＿＿＿
＿＿＿＿＿＿＿＿＿＿＿＿＿＿＿＿＿＿＿＿＿＿＿＿＿＿＿＿＿＿

5. 动火方式＿＿＿＿＿＿＿＿＿＿＿＿＿＿＿＿＿＿＿＿＿＿＿＿＿＿
动火方式可填写焊接、切割、打磨、电钻、使用喷灯等。

6. 申请动火时间
自＿＿＿＿＿年＿＿月＿＿日＿＿时＿＿＿分至＿＿＿＿＿年＿＿＿月＿＿＿日＿＿＿时＿＿＿分

7. （设备管理方）应采取的安全措施
＿＿＿＿＿＿＿＿＿＿＿＿＿＿＿＿＿＿＿＿＿＿＿＿＿＿＿＿＿＿
＿＿＿＿＿＿＿＿＿＿＿＿＿＿＿＿＿＿＿＿＿＿＿＿＿＿＿＿＿＿

8. （动火作业方）应采取的安全措施
＿＿＿＿＿＿＿＿＿＿＿＿＿＿＿＿＿＿＿＿＿＿＿＿＿＿＿＿＿＿
＿＿＿＿＿＿＿＿＿＿＿＿＿＿＿＿＿＿＿＿＿＿＿＿＿＿＿＿＿＿
＿＿＿＿＿＿＿＿＿＿＿＿＿＿＿＿＿＿＿＿＿＿＿＿＿＿＿＿＿＿

动火工作票签发人签名＿＿＿＿＿＿　　　　签发日期＿＿＿＿＿＿年＿＿＿月＿＿＿日＿＿＿时＿＿＿分
消防人员签名＿＿＿＿＿＿＿＿＿＿　安监人员签名＿＿＿＿＿＿＿＿＿＿＿
分管生产的领导或技术负责人（总工程师）签名＿＿＿＿＿＿＿＿＿＿＿

9. 确认上述安全措施已全部执行
动火工作负责人签名＿＿＿＿＿＿＿＿＿　　　　　运维许可人签名＿＿＿＿＿＿＿＿＿＿
许可时间＿＿＿＿＿年＿＿＿月＿＿＿日＿＿＿时＿＿＿分

10. 应配备的消防设施和采取的消防措施、安全措施已符合要求。可燃性、易爆气体含量或粉尘浓度测定合格
（动火作业方）消防监护人签名＿＿＿＿＿＿＿＿＿＿＿＿＿＿＿＿＿＿
（动火作业方）安监人员签名＿＿＿＿＿＿＿＿＿＿＿＿＿＿＿＿＿＿
动火工作负责人签名＿＿＿＿＿＿＿＿　　　　动火执行人签名＿＿＿＿＿＿＿＿＿
许可动火时间＿＿＿＿＿年＿＿＿月＿＿日＿＿＿时＿＿＿分

11. 动火工作终结
动火工作于＿＿＿＿＿年＿＿＿月＿＿＿日＿＿＿时＿＿＿分结束，材料、工具已清理完毕，现场确无残留火种，参

与现场动火工作的有关人员已全部撤离，动火工作已结束。

　　动火执行人签名＿＿＿＿＿＿＿＿＿　　　　（动火作业方）消防监护人签名＿＿＿＿＿＿

　　动火工作负责人签名＿＿＿＿＿＿　　　　　运维许可人签名＿＿＿＿＿＿＿＿＿＿＿＿

12. 备注

　　（1）对应的检修工作票、工作任务单或事故紧急抢修单编号＿＿＿＿＿＿＿＿＿＿＿＿＿＿

　　（2）其他事项＿＿＿＿＿＿＿＿＿＿＿＿＿＿＿＿＿＿＿＿＿＿＿＿＿＿＿＿＿＿＿＿＿＿＿

＿＿

＿＿

＿＿

＿＿

＿＿